普通高等教育精品教材

物理化学

主　编　王　雷
副主编　李学田　王　昕　唐祝兴
毕韶丹　崔　勇　周　丽

北京理工大学出版社
BEIJING INSTITUTE OF TECHNOLOGY PRESS

内 容 提 要

本书秉持工程化教育的理念，在明晰基本概念和理论的基础上突出理论知识的实践意义，运用一些物理化学理论对日常生活现象的解释，启发学生的感性认知向理性知识转化。全书主要内容包括绪论、气体的性质、热力学第一定律、热力学第二定律、多组分系统热力学、化学平衡、相平衡、电化学、化学反应动力学、界面化学和胶体化学。知识的讲解注重应用性和启发性，弱化推导，习题和例题与生产生活结合紧密，有助于学生对物理化学知识的理解和接受。

本书可作为高等院校化工、轻工、材料、农业、冶金、安全、环保等专业的物理化学教材，也可供工矿企业有关专业的工程科技人员参考。

图书在版编目(CIP)数据

物理化学 / 王雷主编. --北京：北京理工大学出版社，2022.7

ISBN 978-7-5763-1479-3

Ⅰ.①物… Ⅱ.①王… Ⅲ.①物理化学-高等学校-教材 Ⅳ.①O64

中国版本图书馆CIP数据核字（2022）第118361号

出版发行 / 北京理工大学出版社有限责任公司
社　　址 / 北京市海淀区中关村南大街5号
邮　　编 / 100081
电　　话 / (010)68914775(总编室)
(010)82562903(教材售后服务热线)
(010)68944723(其他图书服务热线)
网　　址 / http://www.bitpress.com.cn
经　　销 / 全国各地新华书店
印　　刷 / 河北鑫彩博图印刷有限公司
开　　本 / 787毫米×1092毫米 1/16
印　　张 / 20
字　　数 / 471千字
版　　次 / 2022年7月第1版 2022年7月第1次印刷
定　　价 / 54.80元

责任编辑 / 王梦春
文案编辑 / 闫小惠
责任校对 / 周瑞红
责任印制 / 王美丽

前　言

我们现在能够读到很多版本的物理化学教程，它们各有特色，其内容或深刻，或丰富，或详尽。编者从这些物理化学教材中撷取长处，做适当的取舍和凝练，编写本书。现在教育趋向于减少简单的教与学的固有模式比例，减轻学生的课业负担，提高学生自主支配学习的时间，激发学生的学习兴趣。本书适当地精简教材的篇幅，简化了一些艰深的理论阐述和推导过程，使学生更容易接受。另外，工程化教育的推进以及专业课程体系整体设计对教材提出了更多工程实践应用方面的要求。本书在明晰基本概念和理论的基础上突出理论知识的实践意义，运用一些物理化学理论对日常生活现象解释，促进学生的感性认知向理性知识转化，侧重工程实际应用的培养和训练。

全书内容未包含物质结构，即量子力学部分。统计热力学理论性较强，而且大部分专业罕有涉及，因此本书未收入统计热力学部分。

绪论介绍什么叫物理化学、物理化学的特点以及学习的特殊性。第1章通过理想气体的学习，了解物理化学理论学习基本思路，从理想化状态的共性学习到真实状况特殊性的掌握，总结思维拓展的脉络，学会物理化学理论构建的思考方式。第2章和第3章主要介绍热力学三个基本定律以及封闭系统热力学。第4章介绍多组分多相系统热力学，为第5章化学反应平衡的学习奠定基础。第6章介绍相律、相图的内容，为材料和冶金相关专业方向的基础。第7章中电化学的基本概念和理论是物理化学的重要组成部分。第8章对化学反应动力学进行介绍。把化学动力学放在界面化学和胶体化学之前，为吸附动力学和胶体中扩散动力学等提供动力学基础知识。第9章界面化学是现代物理化学的前沿方向之一。第10章胶体化学是环境科学、纳米材料、水性涂料等新兴学科的重要基础。

本书由沈阳理工大学环境与化学工程学院王雷担任主编，由沈阳理工大学环境与化学工程学院李学田、王昕、唐祝兴、毕韶丹、崔勇和辽宁中医药大学杏林学院周丽担任副主编。

本书内容来自编者对众多物理化学教材长处的博采，但限于编者自身的能力，书中难免存在不足，望各位读者批评指正。

编　者

目 录

绪论……………………………………………1

0.1 什么是物理化学 ……………………………1

0.2 物理化学的内容 ……………………………1

0.3 学习的准备 …………………………………2

第1章 气体的性质 ……………………………4

1.1 低压气体的经验定律 ………………………4

1.2 理想气体及其状态方程 ……………………5

1.3 理想气体混合物 ……………………………6

1.4 真实气体 ……………………………………8

1.5 真实气体状态方程 …………………………10

第2章 热力学第一定律 ………………………17

2.1 热力学的基本概念及术语 …………………18

2.2 热力学第一定律与焦耳实验 ………………22

2.3 恒容热、恒压热及焓 ………………………23

2.4 摩尔热容 ……………………………………26

2.5 相变焓 ………………………………………30

2.6 化学反应焓 …………………………………33

2.7 标准摩尔反应焓的计算 ……………………36

2.8 可逆过程与可逆体积功 ……………………41

2.9 节流膨胀与焦耳-汤姆逊实验 ………………46

第3章 热力学第二定律 ………………………51

3.1 热功转换和热力学第二定律 ………………52

3.2 卡诺循环与卡诺定理 ………………………54

3.3 熵与熵判据 …………………………………57

3.4 熵变的计算 …………………………………60

3.5 热力学第三定律及化学变化过程熵变 ……65

3.6 亥姆霍兹函数和吉布斯函数 ………………68

3.7 热力学基本方程及麦克斯韦关系式 ………72

3.8 单组分相平衡系统温度和压力的关系 ……76

第4章 多组分系统热力学 ……………………83

4.1 偏摩尔量 ……………………………………83

4.2 化学势 ………………………………………86

4.3 气体组分的化学势 …………………………89

4.4 逸度及逸度因子 ……………………………92

4.5 拉乌尔定律和亨利定律 ……………………94

4.6 理想液态混合物 ……………………………97

4.7 理想稀溶液 …………………………………99

4.8 活度及活度因子 ……………………………102

4.9 稀溶液的依数性 ……………………………105

第5章 化学平衡 ………………………………114

5.1 化学反应的方向及平衡条件 ………………114

5.2 理想气体反应的等温方程及标准平衡常数……116
5.3 平衡常数及平衡组成的计算……120
5.4 温度对标准平衡常数的影响……122
5.5 压力等因素对理想气体反应平衡移动的影响……125
5.6 真实气体反应的化学平衡……127
5.7 混合物和溶液中的化学平衡……128

第6章 相平衡……135

6.1 相与相律……135
6.2 单组分系统相图……138
6.3 二组分系统理想液态混合物的气-液平衡相图……142
6.4 二组分真实液态混合物的气-液平衡相图……146
6.5 液态部分互溶及完全不互溶系统的气-液平衡相图……151
6.6 二组分固态不互溶固-液平衡相图及相图分析……156
6.7 生成化合物的二组分凝聚系统相图……161
6.8 二组分固态互溶系统固-液平衡相图……164

第7章 电化学……172

7.1 电化学的基本概念和法拉第定律……173
7.2 离子的迁移数……176
7.3 电导、电导率和摩尔电导……180
7.4 电解质溶液的活度、活度因子及德拜-休克尔极限公式……186
7.5 可逆电池及其电动势的测定……192
7.6 可逆电池热力学……196
7.7 电极电势和液体接界电势……199
7.8 电极的分类……206
7.9 原电池的设计……210
7.10 分解电压……214
7.11 极化作用……216
7.12 电解时的电极反应……218

第8章 化学反应动力学……224

8.1 化学反应动力学的基本概念……225
8.2 速率方程的积分形式……230
8.3 速率方程的确定……236
8.4 温度对反应速率的影响……239
8.5 反应机理简介……243

第9章 界面化学……252

9.1 界面张力……253
9.2 弯曲液面的附加压力及其后果……256
9.3 气固吸附……262
9.4 固-液界面……266
9.5 溶液的表面吸附……268

第10章 胶体化学……276

10.1 溶胶的制备……278
10.2 溶胶的光学特性……279
10.3 溶胶的动力学性质……281
10.4 溶胶的电学性质……283
10.5 溶胶的稳定与聚沉……289
10.6 乳状液……293

附　录……299

参考文献……314

绪　论

0.1　什么是物理化学

罗蒙诺索夫

最早记载的"物理化学"名词出现于18世纪中叶，俄国化学家罗蒙诺索夫(Михаи́л Васи́льевич Ломоно́сов)明确提出"物理化学"一词及其研究范围，认为物理化学是根据物理学原理和实验来解释各种混合物受到化学作用后的变化，并拟订了一项研究计划。但是，由于受地域等多种因素的限制，这一理论很少被同时代人了解和接受，而当时整个化学发展的水平也未能给物理化学的建立奠定足够的理论、实验基础。直到19世纪下半叶，德国籍科学家奥斯特瓦尔德(Wilhelm Ostwald)联合荷兰科学家范特霍夫(Jacobus Henricus van't Hoff)创立德语期刊《物理化学杂志》(全名为《物理化学杂志，化学计量学与相关原理》)，1887年2月15日《物理化学杂志》的创刊，标志着化学四大基础学科之一——物理化学的成熟与独立。不久之后，美国和法国相继创立《物理化学杂志》同名期刊。如今，德文《物理化学杂志》仍在出版，以英、德两种文字发表论文。刊物上印着奥斯特瓦尔德携手范特霍夫创办于1887年的字样，接受物理化学和化学物理方面的文章，可看出其宗旨和主题已远不同于当初，这足以反映100多年来物理化学领域所经历的巨大而深刻的进步。

奥斯特瓦尔德

今天，人们通常把物理学化学概括为，借助物理原理和方法研究化学的基本规律与理论的一门学科。因为其是对化学现象背后基本规律的提取和总结，所以物理化学研究的是普遍适用各种化学现象的基础理论、原理和方法，是化学的理论基础，所以物理化学曾被称为理论化学。

0.2　物理化学的内容

物理化学从物理现象和化学现象的联系入手，于大量实践经验中总结、归纳出化学变化及其相关物理变化的普遍规律。物理化学一般以化学热力学和化学动力学理论为两个主干部分，一般还会包含电化学、界面现象、胶体化学、统计热力学等，甚至还会涉及非平衡态热力学，有些教材中还包含结构化学(量子力学或物质结构基础)的内容。

在本书中，化学热力学包含平衡热力学内容，通过研究化学体系的平衡性质，学习化学变化的方向、限度和能量效应的基本规律。化学反应动力学部分研究化学反应的动态性质，通过反应速率得出反应机理性质。本书内容还包括电化学、界面现象和胶体化学的基础理论部分。

0.3 学习的准备

物理化学作为联系物理现象和化学现象的桥梁，涉及很多物理和化学交叉重叠的内容，相对于其他化学学科更具特殊性，学习之前需有一些准备知识。

0.3.1 物理量的表示

物理化学的很多理论将用定量公式来表达，定量公式一般由物理量和常数组成，所以物理量的规范表示及运算就构成了本课程的重要组成部分。正确地掌握物理量的严格表示法及其运算规则是学好物理化学课程的必要条件，也是培养严谨科学作风的基本要求。本书严格执行国家标准和国际标准(ISO)关于物理量的表示方法及运算规则的规定。

物理量由数值和单位组成(物理量=数值×单位)。物理量的符号通常用拉丁字母或希腊字母表示，有时用上、下标加以说明。物理量的符号统一斜体印刷，上、下标记如果为物理量也用斜体，物理量的单位符号则用正体，如物理量，压力符号 p，温度符号 T，摩尔定压热容 $C_{p,\mathrm{m}}$ 等，单位符号有 Pa、$\mathrm{mol/m^3}$、J/(mol·K)等。

例如，某压力 $p=101\ 325\ \mathrm{Pa}$，$p=101.325\ \mathrm{kPa}$ 或 $p/\mathrm{kPa}=101.325$，其中 p 是物理量的符号，Pa 是压力的国际单位制(SI)单位。

0.3.2 热力学温标

开尔文于 1848 年提出热力学温标，又称开氏温标或绝对温标，以 K 表示。开氏温标的零点被称为绝对零度。

开氏温度计的刻度单位与摄氏温度计上的刻度单位一致，也就是说，开氏温度计上的一度等于摄氏温度计上的一度，只是零点规定不同，常压下冰水混合物为摄氏温标的零点，此时开氏温标为 273.15 K。

开氏温度 T 与摄氏温度 t 的关系是 $T/\mathrm{K}=t/℃+273.15$。

0.3.3 表达式计算的表示

教材中计算时，需先列出量值方程式，再将数值和单位代入运算。例如，计算在 25 ℃，100 kPa 下理想气体的摩尔体积时，用量值方程式运算为

$$V_{\mathrm{m}}=\frac{RT}{p}=\frac{8.314\ \mathrm{J/(mol\cdot K)}\times 298.15\ \mathrm{K}}{101.325\times 10^{3}\ \mathrm{Pa}}=2.45\times 10^{-2}\ \mathrm{m^3/mol}$$

也可不列出每一个物理量的单位，而直接给出最后单位，如

$$V_m=\frac{RT}{p}=\left(\frac{8.314\times298.15}{101.325\times10^3}\right)m^3/mol=2.45\times10^{-2}\ m^3/mol$$

注意：在用量值方程式进行计算时，代入的数值一定要与前一步方程式中的物理量相对应。

0.3.4 化学反应的表示

物理化学涉及化学反应的能量效应，所以对参与化学反应的物质状态有严格要求，因此书写化学反应时需要标注物质的存在状态，反应写法示例如下：

$$C(s)+O_2(g)\longrightarrow CO_2(g)$$

某些情况下还需标注具体压力、浓度或活度等，下列电池表达式中 H_2 除标记气态外，还标注了压力。

$$Pb(s)\,|\,PbSO_4(s)\,|\,H_2SO_4(aq)\,|\,H_2(g,\ p^{\ominus})\,|\,Pt$$

0.3.5 标准压力

压力的标准态又称标准压力，在 1993 年以前为 1 atm 或 101.325 kPa，在此之前的热力学数据表与现行的有微小差异。到 1993 年，《国际单位制及其应用》(GB 3100—1993)规定标准压力为 100 kPa，与国际标准化组织规定一致，这给运算带来了方便，但会影响与体积有关的一些热力学函数值，影响不是太大。本书的标准态或标准压力数值均为 100 kPa。

通常所说的正常沸点或凝固点，都是指在大气压力下的相变温度，所以压力仍指常压 101.325 kPa。

第1章　气体的性质

学习目标

理解理想气体模型；掌握理想气体状态方程并熟练应用；明确气体压力的实质以及混合气体中压力的定义；熟悉道尔顿分压定律；了解真实气体的液化、饱和蒸气压、沸腾、沸点、临界点；掌握真实气体状态方程的建立方法；建立从共性到特殊性之间的差异修正处理的拓展性思维。

实践意义

我们知道通常蒸汽机的热机效率远低于内燃机，但利用蒸汽机原理的超临界压力汽轮机可以极大地提高汽轮机的热机效率，使其高于内燃机，了解什么是超临界压力，超临界流体具有什么性质，还有哪些用途。

对于一定量纯物质组成的均相体系，经验表明，体系的 p、V、T 三个性质中任意两个量确定后，第三个量即随之确定，此时物质处于确定的状态。此时物质的各种宏观性质都有确定的值和确定的关系。气体的 n、p、V、T 之间关系的方程称为气体状态方程。状态方程经常作为研究物质其他性质的基础关系。

1.1　低压气体的经验定律

17世纪中叶到19世纪初，人们陆续发现了低压气体 n、p、V、T 之间的三个关系式。人们在研究低压气体性质时，发现各种纯气体在低压时都适用的经验规律，即低压气体三定律。

波义耳

1.1.1　波义耳-马略特(Boyle-Mariotte)定律

1662年，波义耳发现，在物质的量和温度恒定的条件下，低压气体的体积与压力成反比，即

$$pV=\text{常数} \tag{1.1.1}$$

1679年，法国科学家马略特也独立发现了这一定律。

1.1.2 查理-盖-吕萨克(Charles-Gay Lussac)定律

法国科学家盖-吕萨克在 1802 年研究发现，当物质的量和压力恒定时，低压气体的体积与热力学温度成正比，即

$$V/T=\text{常数} \tag{1.1.2}$$

1787 年，法国科学家查理也独立发现了这一定律，只是当时并未发表。

盖-吕萨克

1.1.3 阿伏伽德罗(Avogadro A)定律

1811 年，意大利科学家阿伏伽德罗发现，在相同的温度、压力下，每摩尔任何低压气体占有相同的体积，即

$$V/n=\text{常数} \tag{1.1.3}$$

该定律提出时被认为是一个假说，直至阿伏伽德罗去世后才被公认为定律。

阿伏伽德罗

基于以上低压气体三定律，借助数学函数之间的关系或者利用物理化学中经常用到的状态函数法，可以得到理想气体状态方程。

1.2 理想气体及其状态方程

1.2.1 理想气体模型

理想气体可看作真实气体在压力趋于零时的极限情况，压力越低，偏差越小。在极低的压力下，理想气体状态方程可较准确地描述气体的行为。极低的压力意味着分子间的距离非常大。此时分子间的相互作用非常小，而分子体积与分子间的距离相比可忽略不计，因此可将分子看作没有体积的质点。于是，人们由此提出抽象的理想气体模型。

严格来说，只有符合理想气体模型的气体才能在任何温度和压力下均服从理想气体状态方程，因此，人们把在任何温度、压力下均符合理想气体模型，或服从理想气体状态方程的气体称为理想气体。所以，理想气体模型具有以下两个特征：

(1)分子间无相互作用；

(2)分子本身不占体积。

同时具有以上两个特征的气体，也一定适用理想气体状态方程，所以，某些教材也用上面两个特征来定义理想气体模型。

1.2.2 理想气体状态方程

在总结 1.1 中三个低压气体定律的基础上，人们归纳出一个对各种纯低压气体都适用的气体状态方程：

$$pV=nRT \tag{1.2.1}$$

并引入理想气体模型，将其称为理想气体状态方程。式中，p 为压力，单位为 Pa；V 为体积，单位为 m^3；n 为物质的量，单位为 mol；T 为温度，单位为 K；R 是一个与物质种类无关的常数，称为摩尔气体常数。经精确实验测定得

$$R=8.314\,472\ \mathrm{J/(mol\cdot K)}$$

在一般计算中，可取 $R=8.314\ \mathrm{J/(mol\cdot K)}$，因为摩尔体积 $V_m=V/n$，理想气体状态方程还可变换为以下形式：

$$pV_m=RT \tag{1.2.2}$$

n 又等于气体的质量 m 与摩尔质量 M 之比 m/M，而密度 $\rho=m/V$，故通过式(1.2.1)和式(1.2.2)可进行气体 p、V、T、n、m、M、ρ 等各种性质之间的相关计算。

【例 1.2.1】 用管道输送天然气，当输送压力为 200 kPa、温度为 25 ℃时，管道内天然气的密度为多少？假设天然气可看作纯甲烷理想气体。

解：因甲烷的摩尔质量 $M=16.04\times10^{-3}\ \mathrm{kg/mol}$，由式(1.2.2)可得

$$\rho=\frac{m}{V}=\frac{pM}{RT}=\frac{200\times10^3\ \mathrm{Pa}\times16.04\times10^{-3}\ \mathrm{kg/mol}}{8.314\ \mathrm{Pa\cdot m^3/(mol\cdot K)}\times(25+273.15)\mathrm{K}}=1.294\ \mathrm{kg/m^3}$$

众所周知，现实是不存在真正的理想气体的，这只是一种假想的气体状态。实践中，把较低压力下的气体作为理想气体处理，把理想气体状态方程用作低压气体近似服从的、简单的关系，具有重要的实际意义。

至于在多大压力范围内可以使用理想气体状态方程来计算真实气体的 pVT 关系，尚无明确的界限。因为这不仅与气体的种类和性质有关，还取决于对计算结果的精度要求。通常，在几百千帕的压力下，理想气体状态方程往往能满足一般的工程计算需要。

1.3 理想气体混合物

前面讨论了对纯理想气体适用的状态方程，在实际的生活和生产、科研中，还经常会遇到由多种气体组成的气体混合物，例如空气、反应气体、煤层气等。本节讨论理想气体混合物的 pVT 关系。

1.3.1 混合物组成

混合物系统含有两种或两种以上的组分，需要知道每个组分的含量及组成。组成有多种表示方法，下面介绍其中的三种。

1. 摩尔分数

混合物中物质 B 的摩尔分数用 x_B 或 y_B 表示。物质 B 的摩尔分数定义式为

$$x_B(\text{或 } y_B)\overset{\mathrm{def}}{=}\frac{n_B}{\sum_A n_A} \tag{1.3.1}$$

即物质 B 的摩尔分数等于 B 的物质的量与混合物总的物质的量之比，其量纲为 1。显然

$\sum_{B} x_B = 1$ 或 $\sum_{B} y_B = 1$。本书一般用 y_B 表示气体混合物的摩尔分数，用 x_B 表示液体混合物的摩尔分数，以便区分。

2. 质量分数

混合物中物质 B 的质量分数用 w_B 来表示，物质 B 的质量分数定义式为

$$w_B \overset{\text{def}}{=} m_B / \sum_{A} m_A \tag{1.3.2}$$

即物质 B 的质量分数等于 B 的质量与混合物的总质量之比，其量纲为 1。显然 $\sum_{B} w_B = 1$。

3. 体积分数

混合物中物质 B 的体积分数用 φ_B 表示，物质 B 的体积分数定义式为

$$\varphi_B \overset{\text{def}}{=} V_B^* / \sum_{A} V_A^* \tag{1.3.3}$$

式中，V_A^* 和 V_B^* 分别表示在一定温度、压力下纯物质 A 和纯物质 B 的体积，上标 * 表示纯物质。物质 B 的体积分数等于混合前纯 B 的体积与混合前各纯组分体积总和之比，其量纲为 1，即 $\sum_{B} \varphi_B = 1$。

1.3.2 理想气体混合物的状态方程

由理想气体模型的特征知道，理想气体的分子之间没有相互作用，分子本身又不占体积，故理想气体的 pVT 性质与气体的种类无关，一种理想气体的部分分子被另一种理想气体的分子所置换，形成理想气体混合物后，理想气体的 pVT 性质并不改变，只是此时理想气体状态方程中的 n 代表混合物中总的物质的量，所以，理想气体混合物的状态方程为

$$pV = nRT = \sum_{B} n_B RT \tag{1.3.4}$$

需要注意的是，式中 p、V 为混合物的总压力和总体积。

道尔顿

1.3.3 道尔顿分压定律

对于混合气体，无论是理想的还是非理想的，都可用分压力的概念来描述其中某一种气体的压力。混合气体总压中某气体组分的摩尔分数对应的压力量值称为气体的分压力，简称分压，定义式为

$$p_B \overset{\text{def}}{=} y_B p \tag{1.3.5}$$

式中，y_B 为组分 B 的摩尔分数；p 为总压力；p_B 为 B 的分压。

因为混合气体中各种气体的摩尔分数之和 $\sum_{B} y_B = 1$，所以各种气体的分压力之和等于总压力：

$$p = \sum_{B} p_B \tag{1.3.6}$$

式(1.3.5)及式(1.3.6)对所有混合气体都适用，也包括远离理想状态的真实气体混合物。

对于理想气体混合物，将 $y_B = n_B / \sum_{A} n_A$ 及分压定义式(1.3.5)代入式(1.3.4)，可得

$$p_B V = n_B RT \tag{1.3.7}$$

即理想气体混合物中任一组分的分压等于该组分在相同温度 T 下单独占有总体积 V 时所具有的压力。还可以描述成，混合气体的总压力等于各组分单独存在于混合气体的温度、体积条件下所产生压力的总和，此即为道尔顿分压定律。它是道尔顿于 1810 年在研究低压气体性质时提出的，也称为道尔顿定律或简称分压定律。

道尔顿定律严格讲只适用理想气体混合物，但是对于低压下的真实气体混合物也可近似适用。压力较高时，分子间的相互作用不可忽略，且混合气体中分子间的相互作用不同于同种分子，情况会更复杂，所以道尔顿分压定律和式(1.3.7)都不再适用。

【例 1.3.1】 今有 300 K、104.365 kPa 的湿烃混合气体(含水蒸气的烃类混合气体)，其中水蒸气的分压为 3.167 kPa。现欲得到除去水蒸气的 1 kmol 干烃类混合气体，试求：

(1)应从湿烃混合气中除去水蒸气的物质的量；

(2)所需湿烃类混合气体的初始体积。

解：(1)设湿烃类混合气体中烃类混合气(A)和水蒸气(B)的分压分别为 p_A 与 p_B，$p_B=3.167\ \text{kPa}$，$p_A=p-p_B=101.198\ \text{kPa}$。由公式 $p_B=y_Bp=\dfrac{n_B}{\sum\limits_B n_B}p$ 可得

$$\frac{n_B}{n_A}=\frac{p_B}{p_A}$$

其中 n_A、n_B 分别为同样温度、体积中烃类混合气体和水蒸气的物质的量。现 $n_A=1\ \text{kmol}$，故得

$$n_B=\frac{p_B}{p_A}n_A=\frac{3.167\ \text{kPa}}{101.198\ \text{kPa}}\times 1\,000\ \text{mol}=31.30\ \text{mol}$$

(2) 设所求初始体积为 V。

$$V=\frac{nRT}{p}=\frac{n_ART}{p_A}=\frac{n_BRT}{p_B}$$

$$=\frac{31.30\ \text{mol}\times 8.314\ \text{Pa}\cdot\text{m}^3/(\text{mol}\cdot\text{K})\times 300\ \text{K}}{3.167\times 10^3\ \text{Pa}}=24.65\ \text{m}^3$$

1.4 真实气体

1.4.1 真实气体的液化

理想气体分子间没有相互作用，所以在任何温度、压力下都不可能液化。真实气体不同，降低温度与增加压力均可使气体的摩尔体积减小，即分子间距离减小，这可使分子间相互吸引作用增加，最后分子间相互束缚，气体变成液体。

在一个抽空的密闭容器中装有一定量某种纯物质的液体，在某一适当温度下，液体与其蒸气可达成一种动态平衡，即单位时间内由液体分子变为气体分子的数目与由气体分子变为液体分子的数目相同，宏观上看即液体的蒸发速度与气体的凝结速度相同。这种状态称为气-液平衡状态，将处于气-液平衡时的气体称为饱和蒸气，液体称为饱和液体。饱和蒸气所具有的压力称为饱和蒸气压，以 p_B^* 表示。上标 * 表示纯物质，下标 B 表示物质 B。

众所周知，不同物质在同一温度下具有不同的饱和蒸气压，所以饱和蒸气压首先是由物质的本性决定的，显然相同温度下物质的“汽化”能力或挥发性越强，其饱和蒸气压越大。此外，同一种物质不同温度下具有不同的饱和蒸气压，所以饱和蒸气压又是温度的函数。一般饱和蒸气压随温度的升高而迅速增加。当饱和蒸气压与外界压力相等时，液体沸腾，此时相应的温度称为液体的沸点。通常将常压 101.325 kPa 下的沸点称为正常沸点。如水的正常沸点为 100 ℃，乙醇的正常沸点为 78.42 ℃，苯的正常沸点为 80.1 ℃。在 101.325 kPa 的压力下，如果把水从 20 ℃加热，随温度的上升，水的饱和蒸气压会不断上升。当加热到 100 ℃时，水的饱和蒸气压达到 101.325 kPa，这时不仅液体表面的水分子会发生汽化，液体内部的水分子也会发生汽化，在液体内部产生气泡，使液体沸腾。如图 1.4.1 所示，真空容器中物质 B 的气液平衡时系统压力即饱和蒸气压 p_B^*。

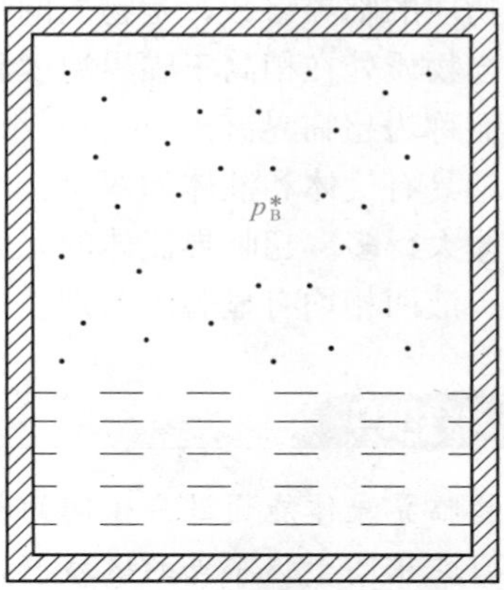

图 1.4.1　真空容器中液体饱和蒸气压

一般情况下，当外压不是很高时，如果共存气体不溶于该液体，纯物质的饱和蒸气压不受其他气体存在的影响。例如，液体水在大气中的饱和蒸气压与它单独存在于容器中时基本是一样的。

在一定温度下，某一物质的蒸气压力如果小于其饱和蒸气压，液体将蒸发变为气体，直至蒸气压增至该温度下的饱和蒸气压，达到气-液平衡为止；反之，如果某物质的蒸气压力大于其饱和蒸气压，则蒸气将部分凝结为液体，直至蒸气的压力降至该温度下的饱和蒸气压，达到气-液平衡为止。

水在 20 ℃时的饱和蒸气压为 2.338 kPa，在大气环境中尽管有其他气体存在，只要大气中水的分压小于 2.338 kPa，液体水就会蒸发成水蒸气；反之，如果大气中水蒸气的分压大于该温度下的饱和蒸气压，水蒸气就会凝结成液体水。秋夜温度降低，使大气中水蒸气的分压大于其饱和蒸气压，于是结出露珠。人们将大气中水蒸气的分压与同温度下水的饱和蒸气压之比称为相对湿度，当大气中水蒸气的压力达到其饱和蒸气压时，相对湿度为 100%。北方冬季的相对湿度一般在 30%左右，液体水很容易蒸发为水蒸气；而夏季的相对湿度最高可达到约 90%，几近饱和蒸气压，这时液体水不再容易变为水蒸气。这就是人们在冬季感觉气候干燥，夏季感觉天气闷热的原因。

与液体类似，固体也存在饱和蒸气压。固体升华成蒸气、蒸气凝华成固体的现象，与液气之间的蒸发、凝结现象是类似的。

1.4.2　临界参数

液体的饱和蒸气压随温度的升高而增大，从另一个角度来说，即温度越高，使气体液化所需的压力也越大。实验证明，每种液体都存在一个特殊的温度，在该温度以上，无论加多大压力，都不再能使气体液化。这个温度称为临界温度，以 T_c 或 t_c 表示。临界温度是使气体能够液化所允许的最高温度。

在临界温度以上不再有液体存在，所以饱和蒸气压与温度的关系曲线将终止于临界温度。临界温度 T_c 时的饱和蒸气压称为临界压力，以 p_c 表示。临界压力是临界温度下使气体液化所需要的最低压力。在临界温度和临界压力下，物质的摩尔体积称为临界摩尔体积，以 $V_{m,c}$ 表示。物质处于临界温度、临界压力下的状态称为临界状态。T_c、p_c、$V_{m,c}$ 统称为物质的临界参数，是物质的特性参数。

当物质处在稍高于临界温度和压力的状态时，它既不是一般意义上的气体，也不是液体，而称为超临界流体(Supercritical Fluid，简称 SF 或 SCF)。超临界流体是一种高密度流体，具有气体和液体的双重特性，其黏度与气体相似，但密度和液体相近，而扩散系数比液体大得多。超临界流体的介电常数、极化率、分子行为、溶解能力和分子之间的氢键与气、液两相均有显著的差别。

小知识

超临界流体能通过分子间的相互作用和扩散作用将许多物质溶解，因此是一种优良的溶剂。在稍高于临界点的区域内，很小的压力变化，可引起密度的很大变化，从而引起溶解度的很大变化。人们利用超临界流体的这种性质提取和分离某些物质，这种技术称为超临界萃取。超临界萃取由于具有无毒、无污染、操作简单及能耗低等优点，正在得到越来越广泛的应用。例如，从咖啡豆和茶叶中脱除咖啡因，从植物中萃取香精、色素或中药有效活性物质等高附加值产品，以及从高分子材料中萃取杂质等。除此之外，近年来超临界流体与许多学科和工程领域交叉，不断扩展着其应用范围。例如，利用超临界水为工质提高热机效率的超临界压力蒸汽轮机或效率更高的超超临界压力蒸汽轮机；利用超临界流体成核技术在材料及医药领域中制备超细粉粒；超临界条件下的生物酶催化反应；超临界流体干燥；超临界煤的反应萃取；超临界水处理等。随着人们对超临界流体技术研究的不断深入，它的应用范围还会不断拓展。

1.5 真实气体状态方程

在压力较高时，将理想气体状态方程用于真实气体，真实气体状态将产生偏差。为了描述真实气体的性质，人们曾经提出过上百种状态方程。真实气体的状态方程通常有一个共同的特点，就是它们大多是在理想气体状态方程的基础上，经过修正得出的，在压力趋于零时，可还原为理想气体状态方程。

1.5.1 范德华方程

真实气体的状态方程一般可分为两类：一类是有一定物理模型的半经验方程，其中最有代表性的是范德华方程；另一类是纯经验公式，如维里方程。

1873 年，荷兰科学家范德华(Johannes Diderik van der Waals)从理想气体与真实气体的差别出发，用硬球模型来处理真实气体，提出了用压力修正项(a/V_m^2)、体积修正项 b 来修正压力和体积的思想，导出适于中低压力下的真实气体状态方程。范德华认为，理想气体的压力是指分子间无相互作用时的压力，摩尔体积是每摩尔气体分子自由活动的空间；而真实气体处在实际的 p、V_m、T 条件时，由于分子间有相互作用，压力 p 实际上是理想气体在同等 T、V_m 时所应有的压力减去由于内部吸引力造成的压力后的结果，即 $p=(p_{理}-a/V_m^2)$；而体积应该是去除分子本身占有的体积 b 之后的自由活动的空间 $V_{m,自由}$，即 $V_{m,自由}$ 应是(V_m-b)。他将修正后的压力、体积项代入理想气体状态方程 $p_{理}V_{m,自由}=RT$，得到

$$\left(p+\frac{a}{V_m^2}\right)(V_m-b)=RT \tag{1.5.1}$$

这即是著名的范德华方程。将 $V_m=V/n$ 代入式(1.5.1)，经整理可得到适用气体物质的量为 n 的范德华方程：

$$\left(p+\frac{n^2a}{V^2}\right)(V-nb)=nRT \tag{1.5.2}$$

式中，a、b 称为范德华常数。

压力修正项(a/V_m^2)又称作内压力，说明分子间相互吸引力对压力的影响反比于 V_m^2，也就是反比于分子间距离 r 的 6 次方。a 是与气体种类有关的一种特性常数。一般来说，分子间引力越大，则 a 值越大。a 的单位是 $Pa\cdot m^6/mol^{-2}$。范德华还认为，常数 a 只与气体种类有关，与温度条件无关。

体积修正项 b 表示每摩尔真实气体因分子本身占有体积而使分子自由活动空间减小的数值。显然，常数 b 应与气体的性质有关，也是物质的一种特性常数。b 的单位是 m^3/mol。范德华还曾按照硬球模型，进一步导出 b 是 1 mol 硬球气体分子本身体积的 4 倍，范德华认为常数 b 也应与气体的温度无关。

真实气体当压力 $p\to 0$ 时，$V_m\to\infty$，此时范德华方程中$(p+a/V_m^2)$及(V_m-b)两项分别化为 p 及 V_m，范德华方程还原为理想气体状态方程。

从现代观点来看，范德华提出的内压力反比于 V_m^2，以及 b 的导出等观点都不尽完善，所以范德华方程是一种被简化的真实气体的数学模型。人们常常把任何温度、压力条件下均服从范德华方程的气体称作范德华气体。各种真实气体的范德华常数 a 与 b，可由实验测定的 p、V_m、T 数据拟合得出，也可以通过气体的临界参数求取。精确测定表明，a、b 除与气体种类有关外，还与气体的温度有关，甚至不同的拟合方法也会得出不同的数值。

实验证明，范德华常数与临界参数相关联，并推导出表达式

$$V_{m,c}=3b,\quad T_c=8a/(27Rb),\quad p_c=a/(27b^2) \tag{1.5.3}$$

式(1.5.3)不但明确了范德华常数与临界参数的关系，更经常被用来求范德华常数，由于 $V_{m,c}$ 值较难测准，故多用 p_c、T_c 求算 a、b。

范德华方程提供了一种真实气体的简化模型，从理论上分析了真实气体与理想气体的区别，是被人们公认的处理真实气体的经典方程。实践表明，许多气体在几个兆帕的中压范围内，其 pVT 性质能较好地服从范德华方程，计算精度要高于理想气体状态方程。由于范德华方程没有考虑温度对 a、b 值的影响，故在压力较高时，还不能满足工程计算上的需要。值得指出的是，范德华提出的从分子间相互作用力与分子本身所占体积两个方面来修正理想气体状态方程的思想和方法，为以后建立一些更准确的真实气体状态方程奠定了很好的基础。

1.5.2 压缩因子

描述真实气体关系的状态方程中，最直接、最准确、形式最简单、适用的压力范围也

最广泛的，是将理想气体状态方程用压缩因子 Z 来加以修正，即

$$pV=ZnRT \tag{1.5.4}$$

或

$$pV_m=ZRT \tag{1.5.5}$$

由此可知，压缩因子的定义为

$$Z\overset{\text{def}}{=}\frac{pV}{nRT}=\frac{pV_m}{RT} \tag{1.5.6}$$

压缩因子的量纲为 1。压缩因子 Z 并不是一个常数，而是 T、p 的函数。测量真实气体在不同温度、压力下的 pVT 数据，可由式(1.5.6)算得压缩因子。许多气体在不同条件下的压缩因子或 pVT 数据可由手册或文献查到。由于压缩因子是由实验测量得到的，没有引入任何假设，所以往往具有较高的准确性。

式(1.5.6)中的 V_m 为真实气体在 p、T 条件下的摩尔体积，而理想气体在同样 p、T 下具有的摩尔体积 V_m 代入式(1.5.6)可有

$$Z=\frac{V_{m,真实}}{V_{m,理想}} \tag{1.5.7}$$

式(1.5.7)表明，当 $Z<1$ 时，真实气体的摩尔体积比相同条件下理想气体的要小，说明真实气体比理想气体易于压缩；反之，当 $Z>1$ 时，真实气体的摩尔体积比相同条件下理想气体的要大，说明真实气体比理想气体难于压缩；而对于理想气体，$Z=1$。由于 Z 的大小反映真实气体比理想气体压缩的难易程度，所以将它称为压缩因子。

精确计算真实气体的压缩因子，需把实测的真实气体 pVT 数据，代入定义式(1.5.6)来求算。许多气体的 pVT 数据可以从手册或文献中查到。在实际工作中，可根据需要查出某气体的 pVT 数据，算出某一温度下的 Z-p 关系，画图或用计算机关联，然后求出工作压力下 Z 的数值，代入式(1.5.4)来计算真实气体的 Z。在压力变化较大的情况下，计算机关联可采用分段进行的方法，以提高关联精度。

将气体的临界参数代入 Z 的定义式，可得出临界压缩因子 Z_c 表达式

$$Z_c=\frac{p_cV_{m,c}}{RT_c} \tag{1.5.8}$$

将实际各气体的 p_c、V_m、T 代入式(1.5.8)计算得到的 Z_c 值为 0.26～0.29。若将气体的临界参数与范德华常数之间的关系式(1.5.3)代入式(1.5.8)，可得 $Z_c=3/8=0.375$，即所有范德华气体在临界点处压缩因子相同均为 0.375，与气体性质无关。这说明各种气体在临界状态下的性质具有一定的普遍规律，这为以后在工程计算中建立一些普遍化的 pVT 经验关系奠定了一定的基础。但是由范德华常数计算的 Z_c 值与实验值有一定的差距，说明临界点附近的计算用范德华方程会有较大误差，同时也说明范德华气体只是一个近似的模型，与气体的真实情况还有一定的差距。

1.5.3 对应状态原理

真实气体种类不同时，分子之间相互作用不同，因此 pVT 关系中的修正项不同，临界参数也不同。但各种气体有一个共同的性质，即在各自临界点处的饱和蒸气与饱和液体无区别。以临界参数为基准，将气体的 p、V_m、T 除以各自的临界参数，则有

$$p_r=\frac{p}{p_c},\ V_r=\frac{V_m}{V_{m,c}},\ T_r=\frac{T}{T_c} \tag{1.5.9}$$

p_r、V_r、T_r 分别称为对比压力、对比体积和对比温度，又统称为气体的对比参数。对比参数反映了气体所处状态偏离临界点的倍数。三个量的量纲均为 1。注意对比温度必须使用热力学温度。

范德华指出，当不同气体有两个对比参数相等时，第三个对比参数也将大致相等。这即是对应状态原理。人们把具有相同对比参数的气体称为处于相同的对应状态。对应状态原理对球形分子组成的气体最为适用，对非球形或极性分子组成的气体有时会有较大偏差。

1.5.4 普遍化压缩因子图

把对比参数的表达式(1.5.9)引入压缩因子的定义式(1.5.6)，并结合式(1.5.8)可得

$$Z=Z_c\frac{p_rV_r}{T_r} \tag{1.5.10}$$

实验表明，大多数气体的临界压缩因子 Z_c 为 0.26～0.29，可近似作为常数处理，所以，式(1.5.10)说明无论气体各自的性质如何，处在相同的对应状态时，不同气体将具有相同的压缩因子。换言之，也就是当不同气体处在偏离临界状态相同倍数的状态时，它们偏离理想气体的程度也相同。对于一定量的气体来说，因三个变量中只有两个是独立变量，所以对比参数 p_r、V_r、T_r 中也只有两个是独立变量，因此可以将 Z 表示成两个对比参数的函数。通常选 p_r、T_r 为变量：

$$Z=f(p_r, T_r) \tag{1.5.11}$$

荷根(Hongen O A)及华德生(Watson K M)在 20 世纪 40 年代用若干种无机、有机气体实验数据的平均值，描绘出图 1.5.1 所示的等 T_r 线，该图表达了式(1.5.11)的普遍化关系，称为双参数普遍化压缩因子图。由于不同气体的 Z 有一定的差别，尤其是像水蒸气、

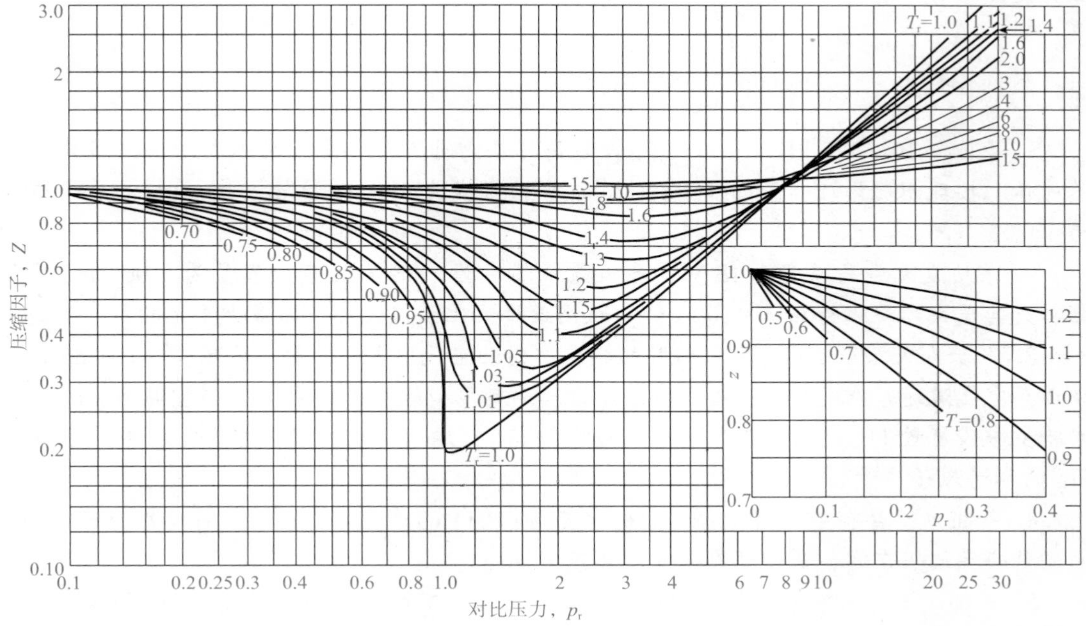

图 1.5.1 双参数普遍化压缩因子图

氨气这类强极性分子组成的气体，所以将普遍化压缩因子图用于各种气体时，由图中查到的压缩因子有时准确性并不高，不过通常可满足工业上的应用，具有一定的方便性，但在需要精确计算气体 pVT 关系时，还是该使用各自气体的压缩因子。

由图 1.5.1 可知，在任何 T_r 下，当 $p_r \to 0$ 时，$Z \to 1$；而在 p_r 相同时，T_r 越大，Z 偏离 1 的程度越小，这说明低压高温气体更接近理想气体。$T_r < 1$ 时，$Z\text{-}p_r$ 曲线均中断于某一 p_r 点，这是因为 $T_r < 1$ 的真实气体在升压到饱和蒸气压时会发生液化。在 $T_r \geqslant 1$ 但不太高时，大多数 $Z\text{-}p_r$ 曲线随 p_r 的增加先下降后上升，经历一个最低点。这反映出真实气体在加压过程中从开始的较易压缩转变到后来的较难压缩的情况。

本章小结

本章主要介绍了描述理想气体和真实气体 p、V、T 性质的状态方程。

理想气体是用于理论研究时的抽象气体，它假定气体分子间没有相互作用、气体分子本身不占有体积。理想气体状态方程具有最简单的形式，可以作为研究真实气体 p、V、T 性质的一个比较基准，压力极低下的真实气体可近似作为理想气体处理。理想气体混合物符合道尔顿分压定律。

真实气体由于分子之间具有相互作用，分子本身占有体积，故真实气体会发生液化，并具有临界性质，真实气体之间的关系往往偏离理想气体的行为。描述真实气体 pVT 关系的状态方程多是在理想气体状态方程的基础上修正得到的，如范德华方程、维里方程，以及引入压缩因子来修正理想气体状态方程等。在对应状态原理的基础上，人们得出了双参数普遍化压缩因子图，使得在精度要求不高时的计算得以简化。真实气体的状态方程在压力趋于零时一般均可还原为理想气体状态方程。

习题

1. 1 kg，101.325 kPa，100 ℃的水变成同温、同压的水蒸气时体积增加了多少？水蒸气体积按理想气体计算。已知：100 ℃下水的密度为 958.8 kg/m^3，水的相对分子质量为 18.02。

2. 某地夏天最高温度为 42 ℃，冬天最低温度为 −38 ℃。有一容量为 2 000 m^3 的气柜，若其压力始终维持在 p=100 kPa，试问最冷天比最热天可多储多少千克的氢?

3. 人长期吸入 Hg 蒸气会引起肾的损伤，因此空气中 Hg 含量不应超过 0.01 mg/m^3。设由于空气流通，空气中 Hg 蒸气的分压力只是其饱和蒸气压的 10%。当室温为 25 ℃时，实验室中残留的 Hg 产生的蒸气是否超过允许值。已知 25 ℃时 Hg 的蒸气压为 0.24 Pa，Hg 的相对原子质量为 200.6。

4. 气柜内储存有 120 kPa，27 ℃的氯乙烯(C_2H_3Cl)气体 300 m^3。若以每小时 90 kg 的流量输往使用车间，试问储存的气体能用多少小时?

5. 一抽成真空的球形容器，质量为 25 g，充以 4 ℃的水之后，总质量为 125 g。若改充以 25 ℃，13.33 kPa 的某碳氢化合物气体，则总质量为 25.016 3 g。试估算该气体的摩尔质量。水的密度按 1 g/cm^3 计算。

6. 管式裂解炉的入口温度为 600 ℃，通入压力为 300 kPa，质量比为 1∶1 的丁烷和水蒸气的混合气体，试计算两者的分压力。已知相对分子质量：C_4H_{10}，58.12；H_2O，18.02。

7. 今有 20 ℃的乙烷-丁烷混合气体，充入一抽成真空的 200 cm^3 容器中，直至压力达到 101.325 kPa，测得容器中混合气体的质量为 0.389 7 g。试求该混合气体中两种组分的摩尔分数及分压力。

8. 如图 1.1 所示，两球充以氮气，当两球浸入沸水中时，系统内气体压力为 50 kPa。然后将一球浸入冰水混合物，另一球仍保持在沸水中，忽略连接细管中气体体积，求系统的压力为多少。

9. 如图 1.2 所示，有两个体积相等的玻璃球，中间用细管连通(管的容积可忽略不计)，开始时两球温度为 27 ℃，共含有 0.7 mol H_2，压力是 50 kPa，若将其中一个球放在 127 ℃的油浴中，另一个球仍保持在 27 ℃，试计算此时球内的压力和各球中 H_2 的物质的量为多少。

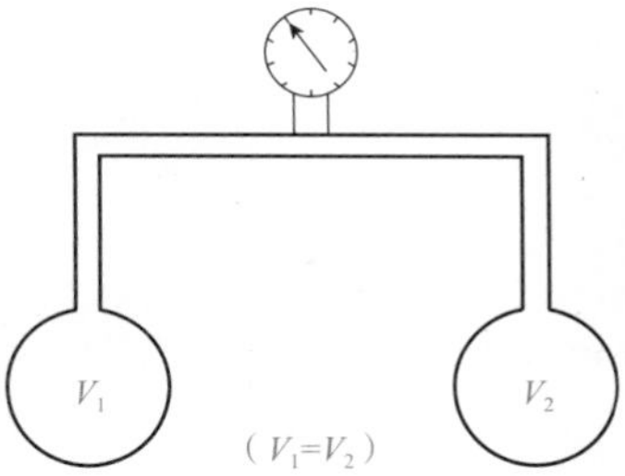

图 1.1　8 题图

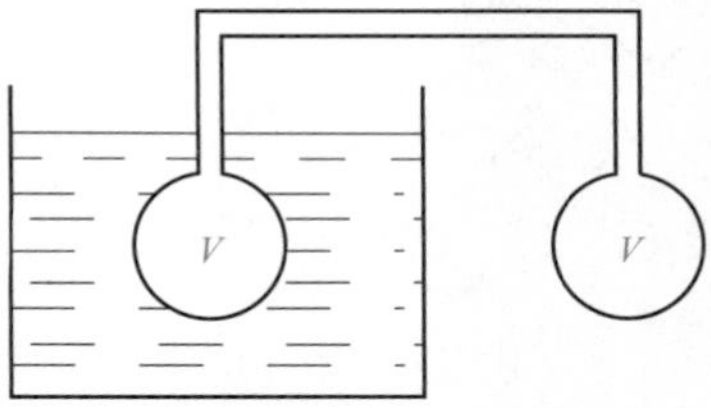

图 1.2　9 题图

10. 碘(I_2)在 137 ℃时的蒸气压是 26.665 kPa。问最少需要多少体积的空气从 10 g 碘上通过才能使 5 g 碘升华。已知空气的入口温度是 20 ℃，压力是 101.325 kPa，出口压力也是 101.325 kPa，出口温度是 137 ℃，碘的相对原子质量为 126.9。

11. 欲制备 0.05 丁烷、0.95 氩的混合气(均为摩尔分数)。设有一个钢瓶，体积为 0.04 m^3，抽空后先充入丁烷使瓶中压力达 101.325 kPa，然后再充入氩气。为使混合气的组成达到上述要求，试求应充入氩气多少千克，瓶中最后的压力为多少，操作温度为 298.15 K，计算时可作理想气体处理，氩的摩尔原子质量为 40 g/mol。

12. 室温下一高压釜内有常压的空气，为确保实验安全进行，需采用同样温度的纯氮进行置换，步骤如下：向釜内通氮气直到 4 倍于空气的压力，然后将釜内混合气体排出直至恢复常压。重复 3 次。求釜内最后排气至常压时，该空气中氧的摩尔分数。设空气中氧、氮摩尔分数之比为 1∶4。

13. 有某温度下的 2 dm^3 湿空气，其压力为 101.325 kPa，相对湿度为 60%。设空气中 O_2 与 N_2 的体积分数分别为 0.21 与 0.79，求水蒸气与 N_2 的分体积。已知该温度下水的饱和蒸气压为 20.55 kPa(相对湿度即该温度下水蒸气的分压与水的饱和蒸气压之比)。

14. 氯乙烯、氯化氢及乙烯构成的混合气体中，各组分的摩尔分数分别为 0.89、0.09 及 0.02。于恒定压力 101.325 kPa 条件下用水吸收掉其中的氯化氢，所得混合气体中增加了分压力为 2.666 kPa 的水蒸气。试求洗涤后的混合气体中氯乙烯的分压力。

15. 1 mol 空气和 1 mol 水蒸气混合物从 100 ℃，101.3 kPa 等压冷却到 50 ℃，101.3 kPa，求冷凝水量和 50 ℃混合气的组成(摩尔分数)。已知 50 ℃下水的饱和蒸气压为 12.36 kPa，且空气中氧与氮的物质的量之比为 21∶79。

16. 水煤气中各气体的质量分数 w 见表 1.1。

表 1.1　16 题表

气体	H_2	CO	N_2	CO_2	CH_4
w	0.064 3	0.678 2	0.107 1	0.140 2	0.012

(1)求这些气体的摩尔分数和混合物的平均摩尔质量。

(2)设 400 ℃及 150 kPa 时可用理想气体状态方程，求此时混合气体的体积质量(密度)。

(已知元素的相对原子质量：H，1.008；C，12.01；O，16.00；N，14.01)

第 2 章　热力学第一定律

学习目标

理解状态函数的定义和特性，熟悉热力学能 U、焓 H 的定义，掌握它们在发生 pVT 变化、相变化和化学变化的增量计算，以及利用状态函数法求解某些特殊过程的状态函数增量。掌握热力学第一定律及其数学表达式，熟悉不同过程的热 Q、功 W 的计算，掌握可逆过程的定义和热力学研究中的重要意义。

实践意义

相变的热效应又称为潜热，我们进食烫嘴的饮食之前会不自觉地吹一下，真的能达到快速降温的效果吗？原理是什么？除压缩机制冷和半导体制冷外还有一种无污染的气体节流膨胀制冷在工业上也有诸多应用，它的制冷原理源自焦耳-汤姆逊的节流膨胀实验。

热力学是自然科学中建立最早的学科之一。19 世纪中叶，能量守恒定律开始萌芽，首先德国人迈尔(Meyer)提出了能量之间可以转化，同期焦耳(Joule)精确测定了热功当量，到亥姆霍兹明确提出力(power)的守恒原理，至此热力学第一定律基本成型；开尔文(Kelvin)和克劳修斯(Clausius)分别在卡诺(Carnot)工作的基础上总结了热力学第二定律。这两个定律的提出标志着热力学体系的雏形建立。之后，能斯特(Nernst)等于 1912 年建立了热力学第三定律。随后人们总结热力学第零定律，逐步完善了热力学理论，其内容被不断加以补充和完善，现在经典热力学已经成为比较完善的科学体系，非平衡态热力学也被提出，且逐渐在发展。

热力学第一定律被利用解决各种变化过程中的能量衡算问题；利用热力学第二定律可解决变化的方向、限度问题；热力学第三定律的确立，可以由热性质计算物质在一定状态下的规定熵，实现了由热性质判断化学变化的方向，解决有关化学平衡的计算问题。热力学第零定律描述了热平衡的互通性，并为温度建立了严格的科学定义。

热力学基本定律是人类在长期生产经验和科学实验的基础上总结出来的，它们虽不能用其他理论方法加以证明，但由它们出发得出的热力学关系及结论都与事实或经验相符，这有力地说明了热力学基本定律的正确性。

克劳修斯

2.1 热力学的基本概念及术语

2.1.1 系统与环境

热力学把作为研究对象的那部分物质称为系统，系统根据研究者的需要而定。例如，要研究一台运行着的热机气缸内气体的性质时，气缸内的气体即为系统。又如研究一高压气体钢瓶喷射至某一时刻钢瓶内剩余气体的性质时，钢瓶内剩余的那部分气体就是系统。

环境是系统以外与之相联系的那部分物质，其又称外界。隔开系统与环境的界面可以是实际存在的，如上述热机的气缸壁及活塞；也可以是假想的虚拟界面。

系统与环境的联系包括两者之间的物质交换和能量交换。根据两者之间联系情况的不同，系统可分为以下三类：

1. 隔离系统

隔离系统也称为孤立系统，是指与环境既没有物质交换，也没有能量交换的系统。环境对隔离系统中发生的一切变化不会有任何影响。在热力学中，有时将所研究的系统与其环境作为一个整体来对待，这个整体就是隔离系统。

2. 封闭系统

封闭系统是指与环境间没有物质交换，但可以有能量交换的系统。如在前面提及的热机气缸内的气体及钢瓶内的剩余气体，它们因被封闭于实有的气缸壁或假想的界面内，与环境无物质的交换，器壁非绝热可以有热交换，热机气缸的活塞和喷射气体钢瓶内假想的界面均可移动而与环境有体积功的交换，故均属于封闭系统。

封闭系统是热力学研究的基础，在本书中，除有特别注明者外，均以封闭系统作为研究对象，且忽略地心引力等外力场的作用，也不涉及系统本身的宏观运动，对于这些限制，今后将不再一一赘述。

3. 敞开系统

敞开系统又称开放系统，是指与环境既有物质交换又有能量交换的系统。实验及生产中常遇到一些连续进料、出料的装置，若把处于装置中的物质确定为系统，则系统与环境间的进、出料就构成了两者之间的物质交换，这种系统就是敞开系统。

2.1.2 状态与状态函数

1. 状态与状态函数的概念

如果一定量的空气是我们要研究的系统，那么空气的 T、p、V_m 等就是系统的性质。热力学用系统所有的性质来描述它所处的状态，即系统所有性质确定后，系统就处于确定的状态。反之，系统状态确定后，系统的所有性质均有各自确定的值。换言之，系统的各种性质均随状态的确定而确定，与达到此状态的经历无关。鉴于状态与性质之间的这种对应关系，所以系统的热力学性质又称作状态函数。温度 T、压力 p、体积 V、热力学能 U、焓 H、熵 S、亥姆霍兹函数 A、吉布斯函数 G 等都是热力学里很重要且经常用到的状态函数。

状态函数有如下四个重要的特征：

(1)状态函数是状态的单值函数；

(2)不同状态函数构成的初等函数(和、差、积、商)也是状态函数；

(3)系统状态的微小变化所引起的状态函数 X 的变化用全微分 $\mathrm{d}X$ 表示；

(4)状态函数的增量只与系统的始、末态有关，而与变化的途径无关。

系统由始态 1 变化到末态 2 所引起状态函数的变化应为末态与始态对应状态函数的差值，即 $\Delta X=X_2-X_1$，它只与始态、末态有关，而与变化的具体途径或经历无关，状态函数变化的这一特征，是热力学研究中使用频率非常高的状态函数法的逻辑基础。热力学解决各种实际问题，正是以状态函数的这些特征为基础的。

系统的许多性质间相互关联，例如，理想气体状态方程就是描述理想气体的 p、V、T、n 四个变量之间的关系的方程，故描述系统的状态并不需要罗列出它所有的性质。一般说来，在没有外场作用的情况下，当均相系统中物质的量及组成确定后，只需要再指定两个可以独立变化的性质，系统的状态就随之确定。例如，某混合气体的 n 及组成确定后，p、V、T 三种性质中只有两个可独立变化，当确定其中任意两个后，第三个就随之确定了，此时系统的其他状态函数(如密度 ρ、热力学能 U 等其他性质)也都有定值，即该系统有确定的状态。此时系统的任意状态函数 X 仅是 n、p、T 的函数，可以表述为 $X=f(n,\ p,\ T)$。

2. 状态函数的分类——广度量和强度量

按热力学系统宏观性质(状态函数)的数值是否与物质的数量有关，状态函数可分为广度量(或称广延性质)和强度量(或称强度性质)。

广度量是指与物质的数量成正相关的性质，如系统物质的量、体积、热力学能、熵等。广度量具有加和性。

强度量是指与物质的数量无关的性质，如温度、压力等。强度量不具有加和性。

需要注意的是，由任何两种广度性质之比得出的物理量则为强度量，如摩尔体积、密度等。

3. 平衡态

上面所讨论的状态，指的是平衡状态，简称平衡态。所谓平衡态，是指在一定条件下，系统中各个相的热力学性质不随时间变化，且将系统与环境隔离后，系统的性质仍不改变的状态。当系统处于平衡态时，每个相的各种性质才有确定不变的值。系统若处于平衡态，一般应满足如下的条件：

(1)系统内部处于热平衡，即系统有均一的温度；

(2)系统内部处于力平衡，即系统有均一的压力；

(3)系统内部处于相平衡，即系统内没有相变或相变已经停止；

(4)系统内部处于化学平衡，即宏观上系统内的化学反应已经停止。

总之，系统的温度、压力及各个相中各个组分的物质的量均不随时间变化时的状态，即为平衡态。

需要说明的是，系统内若有绝热壁将其隔开成两部分，则绝热壁两侧温度的不同不再是确定系统是否处于热平衡的条件。同样，系统内若有固定耐压的刚性壁隔开，刚性壁两侧压力的不同也不再是确定系统是否处于力平衡的条件。也就是说，当系统内有绝热壁或刚性壁隔开时，只要壁的两侧各自处在热平衡、力平衡、相平衡和化学平衡态时，壁的两侧各自处在平衡态，则系统也处在平衡态。

2.1.3　过程与途径

当系统从一个状态变化至另一个状态时，系统即进行了一个过程。系统可以从同一始态出发，经不同的途径变化至同一末态。

在物理化学中，按照系统内部物质变化的类型，将过程分为单纯 pVT 变化、相变化和化学变化三类。

根据过程进行的特定条件，将其分为恒温过程($T=T_{环境}=$定值)、恒压过程($p=p_{环境}=$定值)、恒容过程($V=$定值)、绝热过程(系统与环境间无热交换的过程)、循环过程(系统从始态出发经一系列变化又回到始态的过程)等。

2.1.4　功和热

功和热是系统状态发生变化过程中系统与环境交换能量的两种形式，它们的 SI 单位均为焦耳(J)。

1. *功*

功用符号 W 表示。本书中根据国家标准的用法规定功的方向：系统得到环境所做的功时，$W>0$；系统对环境做功时，$W<0$。

物理化学中的功又称为热力学功，是除热交换外的所有能量转换形式的统称。物理化学中功分为体积功和非体积功。体积功是指系统因其体积发生变化反抗环境压力(记作 p_{amb})而与环境交换的能量。除体积功外的一切其他形式的功，如电功、表面功等统称为非体积功。非体积功以符号 W'表示。

体积功本质上就是机械功，可用力与在力作用方向上的位移的乘积计算。如图 2.1.1 所示，一气缸内的气体体积为 V，受热后膨胀了 $\mathrm{d}V$，相应使活塞产生位移 $\mathrm{d}l$。若活塞的面积即气缸的内截面面积为 A_s，则位移 $\mathrm{d}l=\dfrac{\mathrm{d}V}{A_s}$；又假设活塞无质量、与气缸壁无摩擦，则气体膨胀 $\mathrm{d}V$ 时反抗的外力 F 只源于作用在活塞上的环境压力 p_{amb}，根据功的定义有

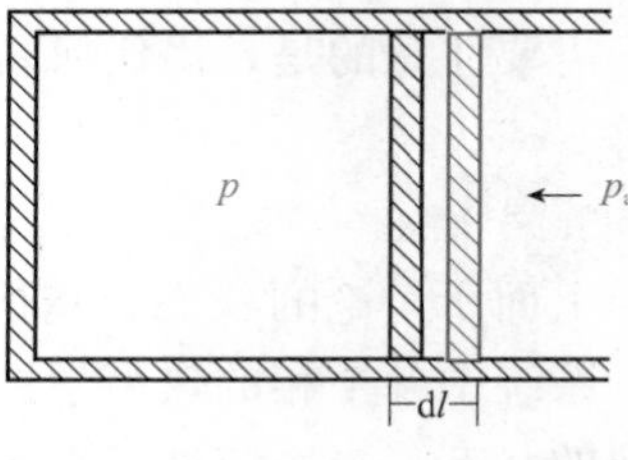

图 2.1.1　体积功定义式示意

$$\delta W=-F\cdot \mathrm{d}l=-p_{amb}\mathrm{d}V \tag{2.1.1}$$

式(2.1.1)即为体积功的定义式。

对于宏观过程，当体积由 V_1 变化到 V_2 时，系统与环境交换的体积功

$$W=-\int_{V_1}^{V_2} p_{amb}\mathrm{d}V \tag{2.1.2}$$

当 $p<p_{amb}$ 时，系统体积缩小，$dV<0$，该过程的 $\delta W<0$，系统得到环境所做的功；当 $p>p_{amb}$ 时，系统体积增大，$dV>0$，该过程的 $\delta W<0$，系统对环境做功。

当气体向真空自由膨胀(或真空蒸发、升华)时，$p_{amb}=0$，$\delta W=0$，系统与环境没有体积功的交换。

当系统进行恒容过程时，$dV=0$，$\delta W=0$，体积不变，没有体积功。

对于恒外压过程，p_{amb} 恒定，有

$$W=-p_{amb}(V_2-V_1)=-p_{amb}\Delta V(\text{恒外压}) \tag{2.1.3}$$

由体积功的定义式(2.1.1)知，计算体积功必须用环境压力 p_{amb}，而非系统压力 p，而环境压力 p_{amb} 不是描述系统状态的变量，或者说不是系统的性质，它与途径密切相关。

可见，过程的功不是状态函数或状态函数的增量，它与过程的具体过程或途径有关，故称其为过程函数或途径函数，另外热也是过程函数。

因为功不是状态函数，所以不能说系统的某一状态有多少功，只有当系统进行一过程时才能说过程的功等于多少。在表示时，因为功不是状态函数，故微量功记作 δW(而非 dW)，以与状态函数的全微分加以区别。

2. 热

系统与环境因温度不同而交换的能量称为热，以符号 Q 表示，且规定：若系统从环境吸热，$Q>0$；若系统向环境放热，则 $Q<0$。

与功类似，热也不是状态函数，而是途径函数。只有系统进行一过程时，才与环境有热交换。微小过程的微量热记作 δQ，有限过程的热记作 Q。

系统进行的不同过程所伴随的热，常冠以不同的名称，如混合热、溶解热、熔化热、蒸发热、反应热等。

2.1.5 热力学能

一个系统在某状态下的总能量包含系统作为整体的动能、外场中的势能及系统内部的能量。系统内部的能量之和即热力学能，以前也称为内能。

热力学系统是由大量微观粒子组成的，系统的热力学能是指系统内部所有粒子全部能量的总和。它包括系统内分子的平动、转动、分子内部各原子间的振动、电子的运动、核运动的能量，以及分子间相互作用的势能等。热力学能以 U 表示，为广度量，单位为 J。热力学能的无穷小增量为 dU，增量为 ΔU。

热力学能概念的引入有着科学的实验基础。焦耳的热功当量实验，证明了使一定量的物质(系统)从同样始态升高同样的温度达到同样的末态，在绝热情况下所需要的各种形式的功(如机械功、电功等)，在数量上是完全相同的。这些实验表明，系统具有一个反映其内部能量的函数，这一函数值只取决于始、末状态，故是一个状态函数。这个函数就是热力学能 U。若始态时系统的热力学能值为 U_1，末态时热力学能值为 U_2，则在绝热条件下

$$\Delta U=U_2-U_1=W_{绝热} \tag{2.1.4}$$

式中，$W_{绝热}$ 为绝热过程中的功。

热力学能 U 的绝对值无法确定，但热力学所关心的是系统状态变化时热力学能的增量 ΔU，所以并不影响热力学能的实际应用。

2.2 热力学第一定律与焦耳实验

从 1840 年起，前后历经 20 多年，焦耳先后用各种不同的实验方法求热功当量，经过精确实验的测量得到 1 kal＝4.184 J。所得到的结果都证实了热和功之间有一定的转换关系，为能量守恒定律的提出提供了有力支持。到 1850 年，科学界已经公认能量守恒是自然界的规律。所谓能量守恒定律，即“自然界的一切物质都具有能量，能量有各种不同形式，能够从一种形式转化为另一种形式，在转化中，能量的总值不变”。换言之，即“在隔离的系统中，能的形式可以转化，但能量的总值不变”。

热力学第一定律的本质是能量守恒原理，即隔离系统无论经历何种变化，其能量守恒。这一原则早在 17 世纪就被提出，经大量的科学实践后直到 19 世纪中叶才成为一条公认的定律。

2.2.1 封闭系统热力学第一定律

对封闭系统，若由始态变到末态的过程中系统从环境吸的热为 Q，环境对系统做的功为 W，则由能量守恒原理，有

$$\Delta U = Q + W \text{（封闭系统）} \tag{2.2.1}$$

对于无限小的过程，则有

$$\mathrm{d}U = \delta Q + \delta W \text{（封闭系统）} \tag{2.2.2}$$

以上两式即为封闭系统热力学第一定律的数学表示式。这两个公式表明，虽然系统在某状态下热力学能的量值不能确定，但封闭系统状态变化时的热力学能变化 ΔU，可由过程中的热与功之和 $Q+W$ 来衡量。两式也说明，尽管 Q、W 均为途径函数，而它们的和 $Q+W$ 与状态函数的增量 ΔU 相等。这表明，沿不同途径所交换的功与热之和 $Q+W$，只取决于封闭系统的始、末态，而与具体途径无关。

在热力学第一定律确定之前，有人幻想制造一种不消耗能量而能不断对外做功的机器，这就是第一类永动机。第一类永动机显然违背能量守恒原理。故热力学第一定律也可以表述为“第一类永动机是不可能实现的”。历史上曾有人付出许多艰辛的努力试图制造这样的机器，实践证明这种不切实际的努力是徒劳无功的。

2.2.2 焦耳实验

焦耳于 1843 年设计了图 2.2.1 所示的焦耳实验装置。在一水浴槽中放有一容器，其左侧充以低压气体，右侧抽成真空，中间以旋塞连接。

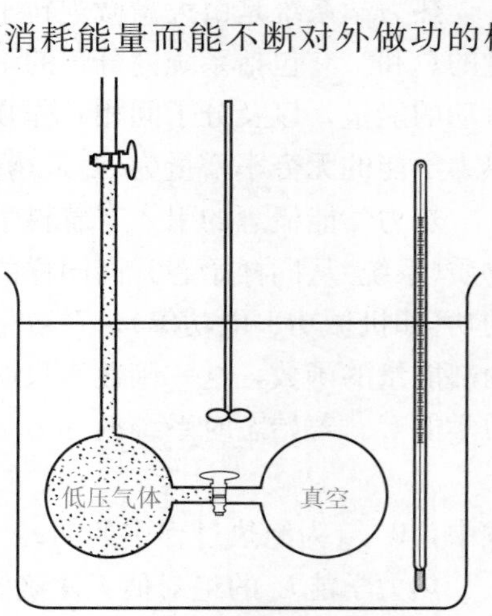

图 2.2.1　焦耳实验示意

实验中打开旋塞，使气体向真空膨胀，直至平衡，

然后通过水浴中的温度计观测水温的变化。实验中发现水温维持不变。

现用热力学第一定律对此过程进行分析：

在向真空膨胀过程中，因 $p_{amb}=0$，则 $W=0$；而过程中水温没变，说明气体温度在膨胀过程中也没有变，系统与环境没有热交换，即 $Q=0$。

根据热力学第一定律，即式(2.2.1)，该过程的 $\Delta U=Q+W=0$，即热力学能保持不变。

实验过程中气体体积和压力均发生变化，热力学能的量值没有变化，由于实验中采用的是低压气体，可看成理想气体。因此可以得出结论，只要温度 T 恒定，理想气体的热力学能 U 就恒定，它不随体积 V 和压力 p 而变化。换言之，理想气体的热力学能 U 只是温度 T 的函数，与体积和压力无关，即

$$U=f(T) \quad \text{（理想气体）} \tag{2.2.3}$$

这一由实验得出的结果也可以用理想气体模型解释：理想气体分子间没有相互作用力，因而不存在分子间相互作用的势能，其热力学能只是分子的平动、转动、分子内部各原子间的振动、电子的运动、核的运动的能量等，而这些能量均只取决于温度。

需要说明的是，焦耳实验的设计是不精确的，因为实验时气体的压力较低，气体自由膨胀后即使与环境水交换了少量的热，但因水槽中的水量相对较大，尚不足以使水的温度改变至由温度计观测出来。尽管如此，焦耳实验的不精确性并不影响“理想气体的热力学能仅仅是温度的函数”这一结论的正确性。看上去好像这仅仅是一个巧合，实际上这一结论是在大量相关联的实验数据基础上和严格数学逻辑推理下，自然而然的结果，是建立在大量前期工作的“因”的基础上的必然的“果”。就像凯库勒在马车上梦到苯环的结构，其实这种“巧合”来自其孜孜不倦研究和不断的思考，所以凯库勒才会日之所思，梦有所得，这种“巧合”实际上是日夜苦思冥想的结果。

2.3　恒容热、恒压热及焓

在化学化工实验及生产中，常常遇到恒容过程和恒压过程，例如，在体积恒定的密闭反应器或设备中进行的各种过程，可以当作恒容过程处理；在大气压力下带活塞气缸中和敞开的容器中进行的过程，可以近似作为恒压过程处理。研究这两类常见过程的热效应对理论和生产实践均具有非常重要的意义。下面对这两类典型过程中的热进行讨论。

2.3.1　恒容热(Q_V)

因恒容过程 $\mathrm{d}V=0$，则过程的体积功为零。若过程中没有非体积功交换，即 $W'=0$，则过程的总功 $W=0$。

由式(2.2.1)可得

$$Q_V=\Delta U(\mathrm{d}V=0,\ W'=0) \tag{2.3.1}$$

可见，这里的恒容热 Q_V 是指系统进行恒容且无非体积功的过程中与环境交换的热，它与过程的 ΔU 在量值上相等。ΔU 只取决于始、末态，故非体积功为 0 时，恒容热 Q_V 也只取决于系统的始、末态。

对一个微小的恒容且无非体积功的过程，有

$$\delta Q_V = \mathrm{d}U(\mathrm{d}V=0,\ W'=0) \tag{2.3.2}$$

2.3.2 恒压热(Q_p)及焓

恒压热 Q_p 是系统进行恒压且非体积功为零的过程中与环境交换的热。

恒压过程是指系统的压力与环境的压力相等且恒定不变的过程，即 $p=p_{\mathrm{amb}}=$常数，由式(2.1.3)可得恒压过程的体积功为

$$W=-p_{\mathrm{amb}}(V_2-V_1)=-p(V_2-V_1)=p_1V_1-p_2V_2 \tag{2.3.3}$$

在非体积功为零的情况下，将式(2.3.3)代入式(2.2.1)可得系统的恒压热 Q_p 为

$$Q_p=(U_2+p_2V_2)-(U_1+p_1V_1)\quad(\mathrm{d}p=0,\ W'=0) \tag{2.3.4}$$

定义：

$$H \overset{\mathrm{def}}{=} U+pV \tag{2.3.5}$$

将 H 称为焓，它具有能量单位(J)，由于 U、p、V 均为状态函数，故 H 也一定是状态函数；另外，U 的广度性质也决定了 H 是广度量。

将 H 的定义式代入式(2.3.4)可得

$$Q_p=\Delta H(\mathrm{d}p=0,\ W'=0) \tag{2.3.6}$$

即过程的恒压热 Q_p 与系统的焓变 ΔH 在量值上相等，故非体积功为 0 时，恒压热 Q_p 只取决于系统的始、末态，与过程的具体途径无关。

对微小的恒压且非体积功为零的过程，有

$$\delta Q_p=\mathrm{d}H(\mathrm{d}p=0,\ W'=0) \tag{2.3.7}$$

焓是热力学中很重要的热力学函数，虽然它没有明确的物理意义，也没有绝对值(因 U 没有绝对值)，但由于其增量与 Q_p 相关联，为热力学的研究带来了很大的方便。

需要说明的是，若一个过程 $p_1=p_2=p_{\mathrm{amb}}=$常数，即仅仅始、末态压力相等且等于恒定的环境压力，而由始态 p_1 变到末态 p_2 过程中系统的压力不一定恒定，这样的过程称为等压过程。等压过程中环境压力始终保持不变，所以计算体积功的公式(2.3.3)同样成立，故式(2.3.6)和式(2.3.7)对等压且非体积功为零的过程同样成立，即上述两式适用恒压或等压且非体积功为零的过程。

虽然系统的热力学能和焓的绝对值目前还无法知道，但是在一定条件下，我们可以从系统和环境间热量的传递来衡量系统的热力学能与焓的变化值。式(2.3.1)和式(2.3.6)表明在没有非体积功的条件下，系统在等容过程中所吸收的热全部用以增加热力学能；系统在等压过程中所吸收的热，全部用于使焓增加。这就是式(2.3.1)和式(2.3.6)的物理意义。由于我们研究的相变和化学反应大多是在等压或恒压下进行的，所以焓更有实用价值。

2.3.3 $Q_V=\Delta U$ 与 $Q_p=\Delta H$ 关系式的意义和状态函数法

以上两式的重要意义体现在以下两个方面：

(1)$Q_V=\Delta U$ 和 $Q_p=\Delta H$ 两式中，左侧均为过程的热，而过程的热是可测量的，或说具有可测量性，而右侧是不可直接测量的，但在热力学里又是极为重要的两个状态函数的增量(ΔU 和 ΔH)，上述两个等式的成立，为 ΔU、ΔH 在热力学中的计算及应用等奠定了

基础。通过在恒容或恒压下对热的测量，可获得一系列重要的基础热数据(热容、相变焓等)，有了这些热数据，才能应用其解决热力学问题。

(2)两式的右侧是状态函数的增量，而状态函数的增量只取决于系统的始、末态，与途径无关，这个特性恰恰是公式左侧原本为途径函数的热所不具备的。有了以上两个公式作为桥梁，使得有关热(Q_V 或 Q_p)的计算也可使用"仅与始、末态有关，而与途径无关"这一特性。现举例说明如下：

下列三个反应在恒定温度 T、恒定压力 p 及非体积功 $W'=0$ 的条件下，分别按计量式进行 1 mol 反应进度时，若其摩尔恒压热分别为 $Q_{p,1}$、$Q_{p,2}$ 及 $Q_{p,3}$：

$$C(s)+O_2(g) = CO_2(g) \qquad Q_{p,1} \qquad (2.3.8)$$

$$C(s)+\frac{1}{2}O_2(g) = CO(g) \qquad Q_{p,2} \qquad (2.3.9)$$

$$CO(g)+\frac{1}{2}O_2(g) = CO_2(g) \qquad Q_{p,3} \qquad (2.3.10)$$

上述三个摩尔恒压热中，$Q_{p,1}$ 及 $Q_{p,3}$ 能够直接由实验测定，而 $Q_{p,2}$ 的实验测定难以实现，因为 C(s)与氧气反应只停留在式(2.3.9)而不产生 $CO_2(g)$ 几乎是不可能的。但是，在同样条件下进行的这三个反应的始态与末态间，存在着下列框图所示的联系，即从始态 $C(s)+O_2(g)$ 直接反应生成末态 $CO_2(g)$(对应第一个反应)；还可以假设先生成 $CO(g)+\frac{1}{2}O_2(g)$，然后反应到达末态 $CO_2(g)$。

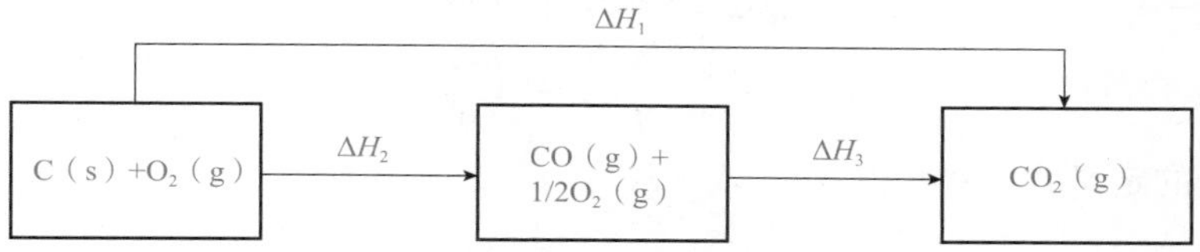

由状态函数的特性可知，两个途径的状态函数增量一定相等，即

$$\Delta H_1=\Delta H_2+\Delta H_3$$

又因恒压热与焓变相等，即 $\Delta H_1=Q_{p,1}$，$\Delta H_2=Q_{p,2}$ 及 $\Delta H_3=Q_{p,3}$，可得

$$Q_{p,1}=Q_{p,2}+Q_{p,3}$$

所以

$$Q_{p,2}=Q_{p,1}-Q_{p,3}$$

该结果表明，由于 $Q_p=\Delta H$ 而使相同始、末态间的恒压热不随具体途径而变化，就可以从实验测定的 $Q_{p,1}$ 及 $Q_{p,3}$ 通过计算得出实验难以测定的 $Q_{p,2}$，上述三个反应若在恒温、恒容且非体积功为零的条件下进行，它们的恒容热 Q_V 之间也存在着类似的关系。

这种利用状态函数的增量只与始态和末态有关的特性，在相同始、末态之间设计不同过程，来求解某一过程状态函数增量的方法称为状态函数法。在热力学计算中经常用到。

上述实例导出的结论，早在 19 世纪中叶已由俄国化学家赫斯(Hess G H)在实验中发现，即一确定的化学反应的恒容热或恒压热只取决于过程的始态与末态，该实验结论称为赫斯定律。依据赫斯定律，在恒容或恒压下，如果某一化学反应可通过其他化学反应线性组合得到，则在非体积功为零时，该反应的反应热遵循同样的代数关系。

概括起来，以上 $Q_V=\Delta U$，$Q_p=\Delta H$ 两式第一方面的重要意义是利用公式左侧过程热的可测性解决了 ΔU 和 ΔH 的测定、计算及应用问题；第二方面的重要意义是利用公式右侧状态函数增量仅与始、末态有关，与途径无关的特性为过程热的计算提供了方便。

2.4 摩尔热容

摩尔热容是热力学中很重要的一类基础热数据，用来计算系统发生单纯 pVT 变化(无相变化、无化学反应)时过程的恒容热 Q_V、恒压热 Q_p 及这类变化中系统的 ΔU 和 ΔH。本节主要介绍物理化学中常用到的摩尔定容热容和摩尔定压热容。

2.4.1 摩尔定容热容($C_{V,\mathrm{m}}$)

1. 定义

在某温度 T 时，物质的量为 n 的物质在恒容且非体积功为零的条件下，若温度升高无限小量 $\mathrm{d}T$ 所需要的热量为 δQ_V，则$\frac{1}{n}\frac{\delta Q_V}{\mathrm{d}T}$就定义为该物质在该温度 T 下的摩尔定容热容，以 $C_{V,\mathrm{m}}$表示，即

$$C_{V,\mathrm{m}}=\frac{1}{n}\frac{\delta Q_V}{\mathrm{d}T}$$

由于 $\delta Q_V=\mathrm{d}U_V=n\mathrm{d}U_{V,\mathrm{m}}$，将其代入上式并写成偏导数形式，得

$$C_{V,\mathrm{m}}=\frac{1}{n}\left(\frac{\partial U}{\partial T}\right)_V=\left(\frac{\partial U_\mathrm{m}}{\partial T}\right)_V \tag{2.4.1}$$

此式即为 $C_{V,\mathrm{m}}$的定义式，单位为 J/(mol·K)。

2. 单纯 pVT 变化过程 ΔU 的计算

利用摩尔定容热容 $C_{V,\mathrm{m}}$，可由下式计算物质的量为 n 的系统发生恒容的单纯 pVT 变化过程的 Q_V 及该过程中系统的 ΔU：

$$Q_V=\Delta U=n\int_{T_1}^{T_2}C_{V,\mathrm{m}}\mathrm{d}T \tag{2.4.2}$$

若过程不恒容，理想气体单纯 pVT 变化过程的 ΔU 也可利用状态函数法进行计算，现讨论如下。

设物质的量为 n 的某理想气体由始态(T_1，V_1)变化到末态(T_2，V_2)，为求此非恒容过程中系统的 ΔU，可将过程分两步实现，即先沿途径 a 恒容变温至 T_2，然后沿途径 b 恒温变容至 V_2。

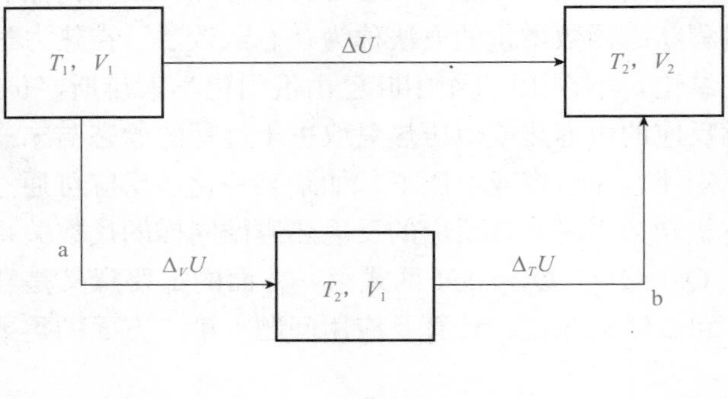

利用状态函数法，有

$$\Delta U=\Delta_V U+\Delta_T U$$

其中 $\Delta_T U=0$（理想气体的 U 仅仅是 T 的函数，T 定则 U 定）。

将式(2.4.2)及 $\Delta_T U=0$ 代入 $\Delta U=\Delta_V U+\Delta_T U$ 中，则有

$$\Delta U=n\int_{T_1}^{T_2} C_{V,\mathrm{m}}\mathrm{d}T \tag{2.4.3}$$

可见，理想气体的单纯 pVT 变化过程中，无论过程恒容与否，系统的热力学能增量 ΔU 均可由 $C_{V,\mathrm{m}}$ 借助式(2.4.3)来进行计算。恒容与否的区别仅在于，恒容时过程的热与系统的热力学能变的量值相等，即 $Q_V=\Delta U$，而不恒容时过程的热 $Q\neq\Delta U$。

2.4.2 摩尔定压热容($C_{p,\mathrm{m}}$)

1. 定义

在某温度 T 时，物质的量为 n 的物质在恒压且非体积功为零的条件下，若温度升高，无限小量 $\mathrm{d}T$ 所需要的热量为 δQ_p，则 $\frac{1}{n}\frac{\delta Q_p}{\mathrm{d}T}$ 就定义为该物质在该温度 T 下的摩尔定压热容，以 $C_{p,\mathrm{m}}$ 表示，即

$$C_{p,\mathrm{m}}=\frac{1}{n}\frac{\delta Q_p}{\mathrm{d}T} \tag{2.4.4}$$

因对恒压且非体积功为零的过程，$\delta Q_p=\mathrm{d}H_p=n\mathrm{d}H_{p,\mathrm{m}}$，代入式(2.4.4)中有

$$C_{p,\mathrm{m}}=\frac{1}{n}\left(\frac{\partial H}{\partial T}\right)_p=\left(\frac{\partial H_\mathrm{m}}{\partial T}\right)_p$$

此式即为 $C_{p,\mathrm{m}}$ 的定义式，单位是 J/(mol·K)。

2. 单纯 pVT 变化过程 ΔH 的计算

由 $C_{p,\mathrm{m}}$ 的定义可知，利用 $C_{p,\mathrm{m}}$ 可计算物质的量为 n 的系统发生恒压的单纯 pVT 变化过程的 Q_p 及该过程中系统的 ΔH：

$$Q_p=\Delta H=n\int_{T_1}^{T_2} C_{p,\mathrm{m}}\mathrm{d}T \tag{2.4.5}$$

若系统发生不恒压的单纯 pVT 变化过程，该过程中系统的计算也要用到 $C_{p,\mathrm{m}}$，需要分理想气体、凝聚态物质(液体、固体)两种情况予以讨论。

(1)理想气体。由焓的定义及理想气体状态方程有

$$H=U+pV=U+nRT$$

因理想气体的热力学能 U 仅仅是 T 的函数，故理想气体的 $H=U+nRT$ 也仅仅是 T 的函数，可写作

$$H=f(T) \quad 或 \quad \left(\frac{\partial H}{\partial V}\right)_T=\left(\frac{\partial H}{\partial p}\right)_T=0$$

基于此结论，则可得出计算理想气体单纯 pVT 变化时的 ΔH 的通式，即

$$\Delta H=n\int_{T_1}^{T_2} C_{p,\mathrm{m}}\mathrm{d}T \tag{2.4.6}$$

所谓通式，是指理想气体发生单纯 pVT 变化时，无论过程恒压与否，均可用来计算理想气体单纯 pVT 变化过程的焓变 ΔH，可采用类似推导式(2.4.3)的方法得出式(2.4.6)。

应注意的是，对于所有物质来说，若过程不恒压，过程的热与过程中系统的焓变不等，即 $Q\neq\Delta H$。

【例 2.4.1】 某压缩机气缸吸入 101.325 kPa，25 ℃的空气，经压缩后压力提高至 192.5 kPa，相应使温度上升到 79 ℃。假设空气可看作理想气体，且已知该温度范围内的 $C_{V,\mathrm{m}}$、$C_{p,\mathrm{m}}$分别为 25.29 J/(mol·K)和 33.60 J/(mol·K)，试求 2 mol 空气压缩过程的 Q、W、ΔU 及 ΔH。

解：低压下空气可看作理想气体，故可利用式(2.4.3)和式(2.4.6)计算过程的 ΔU 及 ΔH。

$$
\begin{aligned}
\Delta U &= n\int_{T_1}^{T_2} C_{V,\mathrm{m}}\mathrm{d}T \\
&= nC_{V,\mathrm{m}}\Delta T \\
&= 2\ \mathrm{mol}\times 25.29\ \mathrm{J/(mol\cdot K)}\times(352.15-298.15)\mathrm{K} \\
&= 2\ 731\ \mathrm{J} \\
\Delta H &= n\int_{T_1}^{T_2} C_{p,\mathrm{m}}\mathrm{d}T \\
&= nC_{p,\mathrm{m}}\Delta T \\
&= 2\ \mathrm{mol}\times 33.60\ \mathrm{J/(mol\cdot K)}\times(352.15-298.15)\mathrm{K} \\
&= 3\ 629\ \mathrm{J}
\end{aligned}
$$

又因压缩机压缩空气的过程速率很快，过程可按绝热过程处理，即

$$Q=0$$

代入热力学第一定律表示式(2.2.1)，可得到该过程的功

$$W=\Delta U=2\ 731\ \mathrm{J}$$

可见，理想气体发生既不恒容，也不恒压的单纯 pVT 变化过程时，可直接利用式(2.4.3)及式(2.4.6)计算过程的功。这是由理想气体的 U 及 H 仅仅是温度 T 的函数所决定的。但过程因既不恒容，也不恒压，故其过程的热 $Q=0$ 与过程的 $\Delta U=2\ 731$ J 及 $\Delta H=3\ 629$ J 均不相等。

(2)凝聚态物质。所谓凝聚态物质，是指处于液态或固态的物质，如液态水、固态金属铜等。对这类物质，在 T 一定时，只要压力变化不大，压力 p 对系统的焓变的影响往往可忽略不计，故凝聚态物质发生单纯变化时系统的焓变，仅取决于始、末态的温度，即有如下计算式：

$$\Delta H=n\int_{T_1}^{T_2} C_{p,\mathrm{m}}\mathrm{d}T \tag{2.4.7}$$

至于过程的 ΔU，因 $\Delta H=\Delta U+\Delta(pV)$，而对凝聚态系统 $\Delta(pV)\approx 0$，故有

$$\Delta U\approx\Delta H=n\int_{T_1}^{T_2} C_{p,\mathrm{m}}\mathrm{d}T\quad（凝聚态物质）\tag{2.4.8}$$

需要注意的是，尽管凝聚态物质变温过程中系统体积改变很小，也不能认为是恒容过程，更不能按 $Q=\Delta U=n\int_{T_1}^{T_2} C_{V,\mathrm{m}}\mathrm{d}T$ 计算过程的热，此式只有在真正恒容时才能使用。

2.4.3 理想气体 $C_{p,\mathrm{m}}$ 与 $C_{V,\mathrm{m}}$ 的关系

由 $C_{p,\mathrm{m}}$ 与 $C_{V,\mathrm{m}}$ 的定义，可导出两者之间的关系，并代入理想气体的性质可以得到两者

之差，此即为摩尔气体常数：

$$C_{p,m}-C_{V,m}=R \tag{2.4.9}$$

计算时若没有给出理想气体的摩尔热容，理想气体的摩尔热容利用统计热力学知识得出如下数据。在常温附近，对单原子理想气体(He 等)

$$C_{V,m}=\frac{3}{2}R，C_{p,m}=\frac{5}{2}R$$

对双原子理想气体(H_2、N_2 等)

$$C_{V,m}=\frac{5}{2}R，C_{p,m}=\frac{7}{2}R$$

在常温附近，理想气体的摩尔定容热容 $C_{V,m}$ 和摩尔定压热容 $C_{p,m}$ 均为常数，代入式(2.4.3)和式(2.4.6)可得理想气体 pVT 变化的热力学能和焓的增量公式：

$$\Delta U=nC_{V,m}\Delta T \tag{2.4.10}$$

$$\Delta H=nC_{p,m}\Delta T \tag{2.4.11}$$

2.4.4 $C_{p,m}$ 随 T 的变化

$C_{p,m}$ 和 $C_{V,m}$ 作为重要的基础热数据，是通过量热实验获得的。实验结果表明：它们往往随温度变化而变化。由于 $C_{p,m}$、$C_{V,m}$ 存在着一定的关系，故只要测定其中一种热数据即可。目前通过各种手册能直接获得的是许多纯物质及空气等组成恒定的混合物的 $C_{p,m}$ 数据。表达 $C_{p,m}$ 随 T 的变化常有如下三种方法：

(1)数据列表：将实测的不同温度 T 下的 $C_{p,m}$ 数据列表，这样可直接读出所给温度 T 下的数值。

(2)$C_{p,m}$-T 曲线：依据不同温度下实测的数据绘制出曲线，其优点是可直观地看出 $C_{p,m}$ 随 T 变化的趋势，但不便进行数学运算。

(3)经验方程：实测的 $C_{p,m}$ 与 T 的数据通常用温度的二次或三次多项式来拟合，得到经验方程

如
$$C_{p,m}=a+bT+cT^2 \tag{2.4.12}$$
或
$$C_{p,m}=a+bT+cT^2+dT^3 \tag{2.4.13}$$

拟合参数 a、b、c、d 等为与物质有关的特性系数，可从各种手册中查到。用函数关系式表达 $C_{p,m}$ 与 T 关系的优点是便于应用。应用时要注意手册中注明的拟合经验式的适用范围。

真实物质的 $C_{p,m}$ 不仅与 T 有关，还与 p 有关，即 $C_{p,m}$ 是 T、p 的函数。理想气体的 $C_{p,m}$ 与 p 无关。低压下的实际气体可按理想气体处理，也可认为与 p 无关。至于凝聚态物质，压力对凝聚态物质的性质影响不显著，故也可忽略 p 的影响。

2.4.5 平均摩尔热容

工程上常引入平均摩尔热容 $\overline{C}_{p,m}$ 或 $\overline{C}_{V,m}$，可以避免利用 $C_{p,m}$ 与 T 函数关系积分计算 ΔU、ΔH 等的麻烦。

现以 $\overline{C}_{p,m}$ 为例，介绍其定义及应用。

物质的量为 n 的物质，在恒压且非体积功为零的条件下，若温度由 T_1 升至 T_2 时吸热，则该温度范围内的平均摩尔定压热容 $\overline{C}_{p,m}$ 定义式为

$$\overline{C}_{p,\mathrm{m}}=\frac{Q_p}{n(T_2-T_1)}$$

$\overline{C}_{p,\mathrm{m}}$为单位物质的量的物质在恒压且非体积功为零的条件下，在到 T_1 到 T_2 温度范围内，温度平均升高单位温度所需要的热量。

整理上式，得到恒压热的计算公式

$$Q_p=\Delta H=n\overline{C}_{p,\mathrm{m}}(T_2-T_1) \tag{2.4.14}$$

同理可得

$$Q_V=\Delta U=n\overline{C}_{V,\mathrm{m}}(T_2-T_1) \tag{2.4.15}$$

可见，平均摩尔热容的引入使得 Q_V、Q_p、ΔU、ΔH 的计算变得简单。

由于热容是温度的函数，上式表明，同一种物质，不同的温度起止范围，$\overline{C}_{p,\mathrm{m}}$可能不同（$C_{p,\mathrm{m}}$-$T$ 线性关系除外）。如常压下 CO 气体在 0～100 ℃的 $\overline{C}_{p,\mathrm{m}}$为 29.5 J/(mol·K)，而在 0～1 000 ℃的 $\overline{C}_{p,\mathrm{m}}$为 31.6 J/(mol·K)。

2.5 相变焓

系统中物理性质及化学性质完全相同的均匀部分称为相，所以单个相态的系统又称为均相系统。如 0 ℃，101.325 kPa 下水与冰平衡共存的系统，尽管水与冰化学组成相同，但其物理性质(如密度等)不同。水和冰各自为性质完全相同的均匀部分，故水是一个相，冰是另外一个相。系统中的同一种物质在不同相之间的转变即相变化。对纯物质，常遇到的相变化过程有液体的蒸发(vaporization)、凝固(solidify)，固体的熔化(fusion)、升华(sublimation)，气体的凝结(condense)、凝华(desublimate)等，同时，物质的晶型转变(transformation)也是相变化过程。

2.5.1 摩尔相变焓

为了计算含有相变化的各类过程的热及系统的 ΔU、ΔH 等状态函数的增量，需要用到另一类基础热数据，即摩尔相变焓。

摩尔相变焓是指单位物质的量的物质在恒定温度 T 及该温度平衡压力下发生相变时对应的焓变，记作 $\Delta_\alpha^\beta H_\mathrm{m}$(α—相变的始态，β—相变的末态)或 $\Delta_{相变}H_\mathrm{m}$，其 SI 单位为 J/mol 或 kJ/mol。

若物质的量为 n 的物质在温度 T 及该温度平衡压力下发生相变，则其相变焓为

$$\Delta_\alpha^\beta H=n\Delta_\alpha^\beta H_\mathrm{m} \tag{2.5.1}$$

摩尔相变焓的几点说明如下：

(1)因为定义中的相变过程是恒压且无非体积功，所以摩尔相变焓与 $Q_{p,\mathrm{m}}$ 量值相等，即 $\Delta_\alpha^\beta H_\mathrm{m}=Q_{p,\mathrm{m}}$。因此这里的摩尔相变焓 $\Delta_\alpha^\beta H_\mathrm{m}$，在量值上也就是摩尔相变热。

(2)对纯物质两相平衡系统，温度 T 一旦确定，则该温度下的平衡压力也就确定，故摩尔相变焓仅仅是 T 的函数，即 $\Delta_\alpha^\beta H_\mathrm{m}(T)$在一种物质手册上往往给出常压(大气压力 101.325 kPa)及其平衡温度下的摩尔相变焓，如

$$H_2O(l)\xrightarrow[100\ ℃]{101.325\ kPa}H_2O(g)\quad \Delta_{vap}H_m=\Delta_l^g H_m=40.668\ kJ/mol$$

$$H_2O(s)\xrightarrow[0\ ℃]{101.325\ kPa}H_2O(l)\quad \Delta_{fus}H_m=\Delta_s^l H_m=6.008\ kJ/mol$$

其他任意温度及其平衡压力下的摩尔相变焓可利用状态函数法计算，如例 2.5.1。

(3)由焓的状态函数性质可知，同一种物质、相同条件下互为相反的两种相变过程，其摩尔相变焓量值相等，符号相反，即

$$\Delta_\alpha^\beta H_m=-\Delta_\beta^\alpha H_m$$

如水在同样条件下的摩尔蒸发焓与摩尔凝结焓、摩尔升华焓与摩尔凝华焓、摩尔熔化焓与摩尔凝固焓等均存在上述关系。

【例 2.5.1】 3.5 mol 的 $H_2O(l)$于恒定 101.325 kPa 下由 $T_1=25$ ℃升温并全部蒸发成为 $T_2=100$ ℃的 $H_2O(g)$。求过程的热 Q 及系统的 ΔU。已知 $H_2O(l)$的 $\Delta_{vap}H_m$(100 ℃)$=40.668$ kJ/mol，25～100 ℃范围内水的 $\overline{C}_{p,m}=75.6$ J/(mol·K)。

解：系统的状态变化如图 2.5.1 所示。

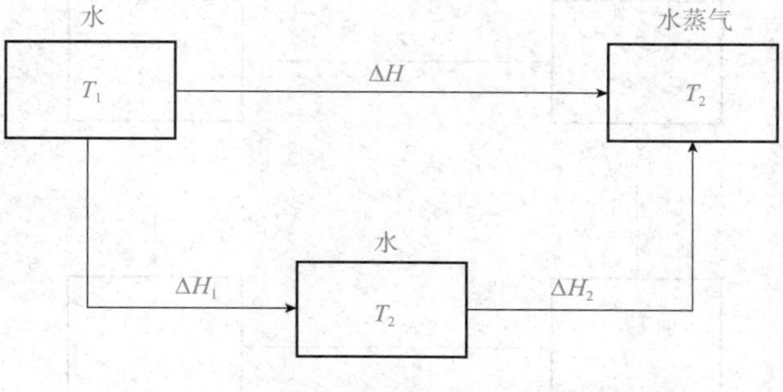

图 2.5.1 系统的状态变化

由状态函数法有

$$\Delta H=\Delta H_1+\Delta H_2$$

其中 ΔH_1 为凝聚态的水恒压变温过程的焓变，有

$$\begin{aligned}\Delta H_1&=nC_{p,m}(T_2-T_1)\\&=[3.5\times75.6\times(373.15-298.15)]\ J\\&=19.8\ kJ\end{aligned}$$

ΔH_2 为恒温恒压相变过程的焓变，由式(2.5.1)有

$$\begin{aligned}\Delta H_2&=n\Delta_{vap}H_m(100\ ℃)\\&=(3.5\times40.668)\ kJ\\&=142.3\ kJ\end{aligned}$$

所以 $$\Delta H=\Delta H_1+\Delta H_2=162.1\ kJ$$

又因过程始终恒压，故过程的热

$$Q=\Delta H=162.1\ kJ$$

现假设气体为理想气体，则有

$$\begin{aligned}\Delta U&=\Delta H-\Delta(pV)\\&=\Delta H-[p_2V_2(g)-p_1V_1(l)]\end{aligned}$$

与气体的体积相比，液体的体积可忽略，故有

$$\begin{aligned}\Delta U &\approx \Delta H - p_2 V_2(\mathrm{g}) \\ &= \Delta H - nRT_2 \\ &= (162.1 - 3.5\times 8.314\times 373.15\times 10^{-3})\ \mathrm{kJ} \\ &= 151.2\ \mathrm{kJ}\end{aligned}$$

2.5.2 摩尔相变焓随温度的变化

前已提及，通常文献中给出的是大气压力 101.325 kPa 及其平衡温度下的相变数据。有时需要其他温度下的相变数据，这可以利用某已知温度下的相变焓及相变前后两种相的热容数据，通过设计途径利用状态函数法求出。

以物质 B 从 α 相变至 β 相的摩尔相变焓为例。已知温度 T_0 及其平衡压力 p_0 下的摩尔相变焓 $\Delta_\alpha^\beta H_\mathrm{m}(T_0)$，求温度 T 及其平衡压力 p 下的摩尔相变焓 $\Delta_\alpha^\beta H_\mathrm{m}(T)$。两相的摩尔定压热容分别为 $C_{p,\mathrm{m}}(\alpha)$ 及 $C_{p,\mathrm{m}}(\beta)$。设计途径如图 2.5.2 所示。

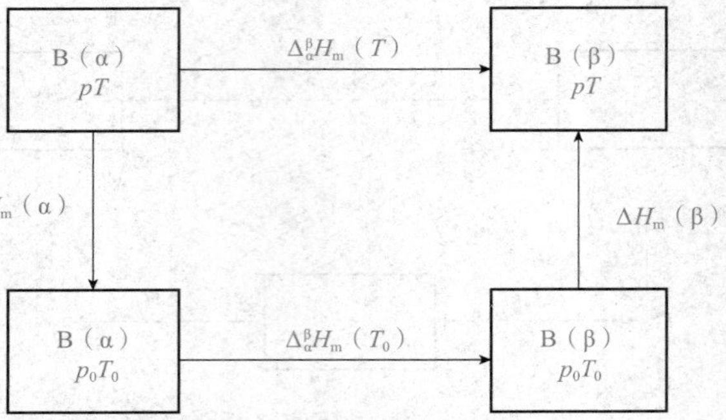

图 2.5.2 设计途径

$$\Delta_\alpha^\beta H_\mathrm{m}(T) = \Delta H_\mathrm{m}(\alpha) + \Delta_\alpha^\beta H_\mathrm{m}(T_0) + \Delta H_\mathrm{m}(\beta)$$

计算 $\Delta H_\mathrm{m}(\alpha)$、$\Delta H_\mathrm{m}(\beta)$时，不论 α、β 是气态、液态还是固态，只要气相可视为理想气体，凝聚态物质(l 或 s)的焓随 p 变化可忽略，均可由下列通式计算：

$$\begin{aligned}\Delta H_\mathrm{m}(\alpha) &= \int_T^{T_0} C_{p,\mathrm{m}}(\alpha)\mathrm{d}T \\ &= -\int_{T_0}^{T} C_{p,\mathrm{m}}(\alpha)\mathrm{d}T\end{aligned}$$

$$\Delta H_\mathrm{m}(\beta) = \int_{T_0}^{T} C_{p,\mathrm{m}}(\beta)\mathrm{d}T$$

代入前式并整理，得

$$\Delta_\alpha^\beta H_\mathrm{m}(T) = \Delta_\alpha^\beta H_\mathrm{m}(T_0) + \int_{T_0}^{T} [C_{p,\mathrm{m}}(\beta) - C_{p,\mathrm{m}}(\alpha)]\mathrm{d}T$$

若令 $\Delta_\alpha^\beta C_{p,\mathrm{m}}$为相变末态、始态摩尔定压热容之差，即

$$\Delta_\alpha^\beta C_{p,\mathrm{m}} = C_{p,\mathrm{m}}(\beta) - C_{p,\mathrm{m}}(\alpha) \tag{2.5.2}$$

积分式

$$\Delta_\alpha^\beta H_\mathrm{m}(T) = \Delta_\alpha^\beta H_\mathrm{m}(T_0) + \int_{T_0}^{T} \Delta_\alpha^\beta C_{p,\mathrm{m}}\mathrm{d}T \tag{2.5.3}$$

此式给出了两个不同温度下摩尔相变焓之间的关系。微分式

$$\frac{d\Delta_\alpha^\beta H_m(T)}{dT}=\Delta_\alpha^\beta C_{p,m} \tag{2.5.4}$$

由以上两式可知，若 $\Delta_\alpha^\beta C_{p,m}=0$，则表明摩尔相变焓 $\Delta_\alpha^\beta H_m(T)$不随温度变化。

【例 2.5.2】 已知 100 ℃，101.325 kPa 下 $H_2O(l)$的摩尔蒸发焓 $\Delta_{vap}H_m(100\ ℃)=40.67$ kJ/mol，100 ℃至 142.9 ℃之间液态水的平均摩尔定压热容 $\overline{C}_{p,m}(l)=76.56$ J/(mol·K)，水蒸气的摩尔定压热容 $C_{p,m}(g)=[29.16+14.49\times10^{-3}(T/K)-2.022\times10^{-6}(T/K)^2]$ J/(mol·K)，试求 $H_2O(l)$在 142.9 ℃平衡条件下的蒸发焓 $\Delta_{vap}H_m(142.9\ ℃)$（实验测定值为 38.43 kJ/mol）。

解：假设水蒸气为理想气体，并忽略 $H_2O(l)$的摩尔蒸发焓随蒸气压力的变化，则按式(2.5.3)可得

$$\Delta_{vap}H_m(142.9\ ℃)=\Delta_{vap}H_m(100\ ℃)+\int_{373.15\ K}^{416.05\ K}\Delta_{vap}C_{p,m}dT$$

又

$$\begin{aligned}\Delta_{vap}C_{p,m}&=C_{p,m}(g)-\overline{C}_{p,m}(l)\\&=[29.16+14.49\times10^{-3}(T/K)-2.022\times10^{-6}(T/K)^2-76.56]\ J/(mol\cdot K)\\&=[-47.40+14.49\times10^{-3}(T/K)-2.022\times10^{-6}(T/K)^2]\ J/(mol\cdot K)\end{aligned}$$

代入并积分得

$$\begin{aligned}\Delta_{vap}H_m(142.9\ ℃)&=\Big\{40.67+\int_{373.15\ K}^{416.05\ K}[-47.40+14.49\times10^{-3}(T/K)\\&\qquad-2.022\times10^{-6}(T/K)^2]\times10^{-3}d(T/K)\Big\}\ kJ/mol\\&=(40.67-1.80)\ kJ/mol\\&=38.87\ kJ/mol\end{aligned}$$

计算结果与实测值相比，相对误差(38.87−38.43)/38.43×100%=1.14%。

2.6 化学反应焓

化学反应的热对于化工生产是极为重要的，化学反应热的研究又称为热化学。生产中常常是在恒压或恒容条件下进行的，故对这两种情况下的热 Q_p 和 Q_V 进行讨论是十分必要的。又因 Q_p、Q_V间存在定量关系，故这里重点讨论 Q_p。在非体积功为零的前提下，Q_p 与反应的焓变 ΔH 量值相等，故恒压反应热也称化学反应焓。

为了研究化学反应焓，先介绍几个基本概念。

2.6.1 反应进度

为了描述反应进行的程度，定义反应进度 ξ。

某化学反应　　　　$aA+bB=yY+zZ$

移项变成　　　　　$0=yY+zZ-aA-bB$

上式可写成如下通式形式：

$$0=\sum_{B}\nu_B B$$

式中，B 表示任一反应组分；ν_B 表示其化学计量数，对产物 ν_B规定为正值，而对反应物 ν_B 规定为负值，ν_B的量纲为 1。

对于反应 $0=\sum_{B}\nu_B B$，反应进度的定义式如下：

$$d\xi \overset{def}{=} \frac{dn_B}{\nu_B} \tag{2.6.1}$$

式中，n_B 为反应方程式中任一物质 B 的物质的量；ν_B 为该物质在方程式中的化学计量数。

将式(2.6.1)积分，若规定反应开始时 $\xi=0$，则有

$$\xi=\frac{\Delta n_B}{\nu_B} \tag{2.6.2}$$

式中，ξ 为反应进度；Δn_B 为 B 的物质的量的增量；ν_B为 B 物质在方程式中的化学计量数。反应进度的单位为 mol。对产物 Δn_B、ν_B 均为正值，而对反应物 Δn_B、ν_B 均为负值，故反应进度总是正值。

又因各反应组分物质的量的变化量正比于各自的计量数 ν_B，则有

$$\xi=\frac{\Delta n_A}{\nu_A}=\frac{\Delta n_B}{\nu_B}=\frac{\Delta n_Z}{\nu_Z}$$

对同一化学反应计量式，用各个组分表示的反应进度都是相同的，这也是反应进度提出的重要目的。

同一反应，物质 B 的物质的量的增量 Δn_B 一定时，因化学反应方程式写法不同，化学计量数不同，故反应进度也不同。因此应用反应进度时须指明化学方程式。

2.6.2 摩尔反应焓

反应热的大小可用摩尔反应焓来衡量。

设有一气相化学反应

$$aA+bB=yY+zZ$$

在温度 T 和压力 p 的条件下，各组分摩尔分数为 y_A、y_B、y_Y、y_Z，参与反应的各物质的摩尔焓(实际为偏摩尔焓)均有定值，分别记作 H_A、H_B、H_Y、H_Z。反应在恒定 T、p 下进行，进度 $d\xi$ 无限小的变化不致引起任何物质 B 的 y_B 和 H_B 发生有意义的变化。反应系统广度量 H 的微变为

$$dH=(yH_Y+zH_Z-aH_A-bH_B)d\xi$$

即

$$dH=\left(\sum_{B}\nu_B H_B\right)d\xi$$

移项可得

$$\frac{dH}{d\xi}=\sum_{B}\nu_B H_B$$

式中，左端为变化率，表示在恒定 T、恒定 p 及反应各组分组成不变的情况下，若进行反应进度 $d\xi$ 无限小的变化引起反应焓的变化为 dH，则进行单位反应进度引起的焓变$\frac{dH}{d\xi}=\sum_{B}\nu_B H_B$。此即为该条件下的摩尔反应焓，记作 $\Delta_r H_m$，单位为 kJ/mol。

$$\Delta_r H_m = \sum_B \nu_B H_B \tag{2.6.3}$$

2.6.3 标准态的规定

化学反应系统多为混合物，其中任一组分 B 的 H_B 不仅与混合物中 B 的状态参数 T、p、y_B 有关，还应与存在的其他组分的种类有关，因不同种类、组成的分子间相互作用，有所差别。然而理想气体除外，因理想气体分子间无相互作用，分子本身也没有体积，在 T、p、y_B 确定后，B 的性质不受其他物种存在的影响。因此为了使同一种物种在不同的化学反应中能够有一个共同的参考状态，以理想气体作为建立基础数据的严格的基准，从而热力学规定了物质的标准状态，简称标准态：

(1)气体的标准态：任意温度 T，标准压力 $p^{\ominus}=100$ kPa 下表现出理想气体性质的纯气体状态。

(2)凝聚态物质的标准态：任意温度 T，标准压力 $p^{\ominus}=100$ kPa 的纯液体或纯固体状态。

(3)溶液中各组分的标准态：不同的组成表达方式下各有规定，将在后面章节中介绍。

标准态对温度没有做出规定，即物质每一个温度 T 下都有各自的标准态，学习时与标准状况区分。

2.6.4 标准摩尔反应焓

标准摩尔反应焓反应中的各个组分均处在温度 T 的标准态下，其摩尔反应焓就称为该温度下的标准摩尔反应焓，定义式如下：

$$\Delta_r H_m^{\ominus} = \sum_B \nu_B H_B^{\ominus}$$

由标准态的规定可知，各种物质的 $H_B^{\ominus}$ 仅是温度的函数，即

$$\Delta_r H_m^{\ominus}(T) = \sum_B \nu_B H_B^{\ominus}(T) = f(T) \tag{2.6.4}$$

由标准摩尔反应焓表达式可知，反应各组分均处于温度 T 的标准态下，根据标准态的定义，它们均为 $p^{\ominus}$压力下的纯态，这与实际反应系统中混合物状态是有差别的。

$\Delta_r H_m^{\ominus}$ 为一个假想反应(反应前各反应物组分单独存在，生成的产物组分也单独存在)，但是可以用状态函数法得出 $\Delta_r H_m^{\ominus}$ 与相同温度 T 下实际反应的焓变 $\Delta_r H_m$ 的定量关系，而且多数情况下，如理想气体反应，$\Delta_r H_m^{\ominus}$ 与 $\Delta_r H_m$ 相等或接近，因而研究 $\Delta_r H_m^{\ominus}$ 是有意义的。

2.6.5 化学反应 $Q_{p,m}$ 和 $Q_{V,m}$ 的关系

设有一恒温反应，分别在恒压且非体积功为零、恒容且非体积功为零条件下进行 1 mol 反应进度，如图 2.6.1 所示。

若在恒压条件下反应引起的热力学能变为 $\Delta_r U'_m$，则由状态函数法，有

$$\Delta_r U_m = \Delta_r U'_m - \Delta_T U_m$$

其中 $\Delta_T U_m$ 为图 2.6.1 所示的产物的恒温过程热力学能变。

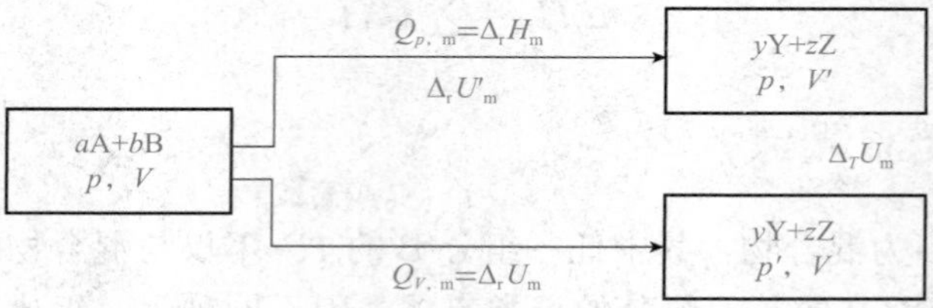

图 2.6.1　恒温反应

又因为恒压过程的反应焓变与其热力学能变有如下关系：

$$\Delta_r H_m = \Delta_r U'_m + p\Delta V$$

其中 ΔV 为恒压下进行 1 mol 反应进度时产物与反应物体积之差。将上述两式相减得

$$\Delta_r H_m - \Delta_r U_m = p\Delta V + \Delta_T U_m$$

即

$$Q_{p,m} - Q_{V,m} = p\Delta V + \Delta_T U_m$$

对理想气体，$\Delta_T U_m = 0$。对液体、固体等凝聚态物质，恒容与恒压过程末态压力变化不大时，可忽略压力对热力学能的影响，即 $\Delta_T U_m = 0$，则

$$Q_{p,m} - Q_{V,m} = p\Delta V \tag{2.6.5}$$

又因液体、固体等凝聚态物质与气体相比所引起的体积变化可忽略，故恒压条件下进行 1 mol 反应进度的 ΔV 只考虑进行 1 mol 反应进度前后气态物质引起的体积变化。按理想气体处理时，有 $p\Delta V = \sum_B \nu_{B(g)} RT$ 代入式(2.6.5)，有

$$Q_{p,m} - Q_{V,m} = \sum_B \nu_{B(g)} RT \tag{2.6.6}$$

上式中仅为参与反应的气态物质计量数代数和，如

$$2H_2(g) + O_2(g) = 2H_2O(l) \qquad \sum_B \nu_{B(g)} = -3$$

$$NH_2COONH_4(s) = 2NH_3(g) + CO_2(g) \qquad \sum_B \nu_{B(g)} = 3$$

$$C_6H_6(l) + \frac{7}{2}O_2(g) = 6CO_2(g) + 3H_2O(g) \qquad \sum_B \nu_{B(g)} = 5.5$$

2.7　标准摩尔反应焓的计算

标准摩尔生成焓和标准摩尔燃烧焓是计算标准摩尔反应焓 $\Delta_r H_m^\ominus$ 的基础热数据。通过 $\Delta_r H_m^\ominus$ 可以计算化学反应过程的 Q_p、Q_V 及系统的 $\Delta_r H$、$\Delta_r U$ 等。现对这两个基础热数据分别予以介绍。

2.7.1　标准摩尔生成焓

1. 定义

在温度为 T 的标准态下，由稳定相态的单质生成化学计量数 $\nu_B = 1$ 的 β 相态的化合物

B(β)，该生成反应的焓变即为该化合物 B(β)在温度 T 时的标准摩尔生成焓，以 $\Delta_f H_m^{\ominus}$(B，β，T)表示，单位为 kJ/mol。

在标准摩尔生成焓的定义中，强调生成反应的反应物单质必须是相应条件下稳定的相态。如 298.15 K，$p^{\ominus}$下碳有石墨、金刚石、无定形碳等几种相态，其中石墨从热力学上看相态是最稳定的，因而在定义含碳元素化合物的 $\Delta_f H_m^{\ominus}$ 时以 C(石墨)为标准。同理，因 298.15 K，$p^{\ominus}$下硫的热力学稳定态为正交硫而非单斜硫，故定义含硫元素化合物的 $\Delta_f H_m^{\ominus}$ 时以 S(正交)为准。据此，CO_2(g)和 H_2SO_4(l)在 298.15 K 的标准摩尔生成焓分别对应如下生成反应的焓变：

$$\text{C(石墨)} + O_2(g) \longrightarrow CO_2(g)$$

$$H_2(g) + \text{S(正交)} + 2O_2(g) \longrightarrow H_2SO_4(l)$$

对稳定相态的单质，其 $\Delta_f H_m^{\ominus}$ 应为零；而不稳定相态单质的 $\Delta_f H_m^{\ominus}$ 则不为零，如 298.15 K 时，C(金刚石)的 $\Delta_f H_m^{\ominus} = -241.82$ kJ/mol，它实际是 298.15 K，$p^{\ominus}$下 C(石墨)⟶C(金刚石)的晶型转变焓。

显然，同一种物质相态不同，$\Delta_f H_m^{\ominus}$ 也不同，因此，以后在写化学反应计量式时，需要注明物质的相态，对固态物质，有不同晶型的，也一定要注明，否则无法进行化学反应的计算。

2. 由 $\Delta_f H_m^{\ominus}$ 计算 $\Delta_r H_m^{\ominus}$

化学反应都有一个共同的特性，即始态反应物与末态产物含有相同种类和相同物质的量的单质(元素)。换言之，任何反应的始态和末态，均可由同样物质的量的相同种类的单质生成。

现以 298.15 K 下反应 $aA(\alpha) + bB(\beta) = yY(\gamma) + zZ(\delta)$ 为例予以说明(图 2.7.1)：

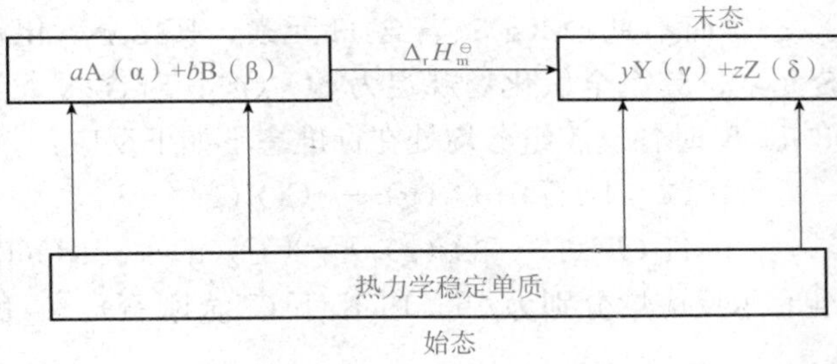

图 2.7.1　由 $\Delta_f H_m^{\ominus}$ 计算 $\Delta_r H_m^{\ominus}$

由状态函数法有

$$\Delta_r H_m^{\ominus} = \Delta H_2 - \Delta H_1$$

而

$$\Delta H_2 = y\Delta_f H_m^{\ominus}(Y) + z\Delta_f H_m^{\ominus}(Z)$$

$$\Delta H_1 = a\Delta_f H_m^{\ominus}(A) + b\Delta_f H_m^{\ominus}(B)$$

将 ΔH_1、ΔH_2 代入

$$\Delta_r H_m^{\ominus} = [y\Delta_f H_m^{\ominus}(Y) + z\Delta_f H_m^{\ominus}(Z)] - [a\Delta_f H_m^{\ominus}(A) + b\Delta_f H_m^{\ominus}(B)]$$

整理得通式

$$\Delta_r H_m^{\ominus} = \sum_B \nu_B \Delta_f H_m^{\ominus}(B) \qquad (2.7.1)$$

298.15 K 下的标准摩尔反应焓 $\Delta_f H_m^{\ominus}$ 等于同样温度下参与反应的各组分标准摩尔生成焓 $\Delta_f H_m^{\ominus}$(B)与其计量数乘积的代数和。考虑到 ν_B 的符号，其实质：末态各产物总的标准

摩尔生成焓之和减去始态各反应物总的标准摩尔生成焓之和即为反应的 $\Delta_r H_m^\ominus$。

【例 2.7.1】 试计算如下反应在 298.15 K 下的 $\Delta_r H_m^\ominus$：

$$C_2H_5OH(l)+3O_2(g)\xrightarrow{298.15\ K}2CO_2(g)+3H_2O(g)$$

解：由式(2.7.1)有

$$\Delta_r H_m^\ominus=\sum_B \nu_B \Delta_f H_m^\ominus(B)$$

$$=[2\Delta_f H_m^\ominus(CO_2,g)+3\Delta_f H_m^\ominus(H_2O,g)]-[\Delta_f H_m^\ominus(C_2H_5OH,l)+3\Delta_f H_m^\ominus(O_2,g)]$$

由附录 1 得

$$\Delta_f H_m^\ominus(CO_2,g)=-393.51\ kJ/mol$$

$$\Delta_f H_m^\ominus(H_2O,g)=-241.825\ kJ/mol$$

$$\Delta_f H_m^\ominus(C_2H_5OH,l)=-277.63\ kJ/mol$$

又由标准摩尔生成焓的定义知 $\Delta_f H_m^\ominus(O_2,g)=0$，将以上数据代入前式，得

$$\Delta_f H_m^\ominus=\{[2\times(-393.51)+3\times(-241.825)]-[(-277.63)+0]\}kJ/mol=-1\ 235\ kJ/mol$$

2.7.2 标准摩尔燃烧焓

1. 定义

在温度为 T 的标准态下，由化学计量数 $\nu_B=-1$ 的 β 相态的物质 B(β)与氧进行完全氧化反应时，该反应的焓变即为该物质在温度 T 时的标准摩尔燃烧焓，以 $\Delta_c H_m^\ominus(B,\beta,T)$ 表示，单位为 kJ/mol。

上述定义中，“完全氧化”是指在没有催化剂作用下的燃烧。如物质中含 C 元素，完全氧化后的最终产物为 $CO_2(g)$，而不是 $CO(g)$；若含 H 元素，其完全氧化物规定为 $H_2O(l)$，而非 $H_2O(g)$；若含 S 元素，其完全氧化物规定为 $SO_2(g)$；若含 N 元素，完全氧化后规定生成 $N_2(g)$。如 298.15 K 时各反应组分均处在标准态下如下反应：

$$C(金刚石)+O_2(g)\longrightarrow CO_2(g)$$

$$C_2H_5OH(l)+3O_2(g)\longrightarrow 2CO_2(g)+3H_2O(l)$$

这两个反应的标准摩尔反应焓分别为 298.15 K 下 C(金刚石)、$C_2H_5OH(l)$ 的标准摩尔燃烧焓。

由 $\Delta_c H_m^\ominus(B,\beta,T)$ 的定义可知，上述各元素完全氧化物如 $CO_2(g)$、$H_2O(l)$ 的 $\Delta_c H_m^\ominus$ 为零。部分有机化合物 298.15 K 下的 $\Delta_c H_m^\ominus$ 见附录 2。

2. 由 $\Delta_c H_m^\ominus$ 计算 $\Delta_r H_m^\ominus$

在化学反应中，若令其反应物、产物分别进行完全氧化反应，会生成种类、物质的量完全相同的完全氧化产物，如乙苯脱氢制苯乙烯的反应，其完全氧化物均为 $CO_2(g)$ 和 $H_2O(l)$，且物质的量相同，如图 2.7.2 所示。

由状态函数法，可推导得

$$\Delta_r H_m^\ominus=\Delta H_1-\Delta H_2$$

$$=-\sum_B \nu_B \Delta_c H_m^\ominus(B) \tag{2.7.2}$$

利用 $\Delta_c H_m^\ominus$ 计算 $\Delta_r H_m^\ominus$ 时，其值等于参与反应的各反应组分的标准摩尔燃烧焓与其化学计量数乘积的代数和的负值。

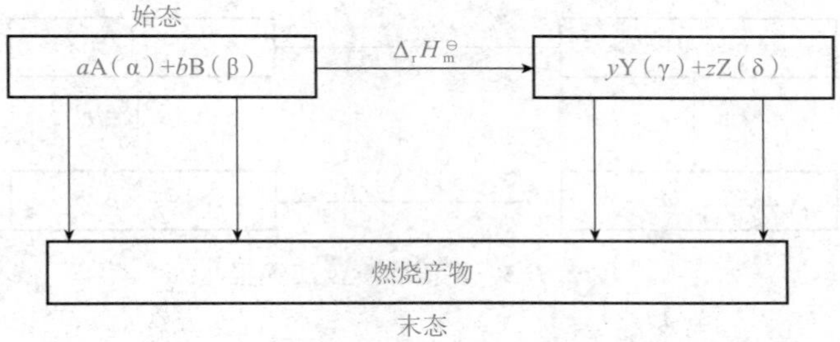

图 2.7.2　由 $\Delta_c H_m^{\ominus}$ 计算 $\Delta_r H_m^{\ominus}$

【例 2.7.2】 许多有机化合物与氧进行完全氧化反应很容易，而要由单质直接合成难以在实验中进行。因此，有些化合物的标准摩尔生成焓是可以由标准摩尔燃烧焓推算得出的。已知 298.15 K 时苯乙烯(g)的 $\Delta_c H_m^{\ominus}=-4\ 437$ kJ/mol，试求其同温度下 $\Delta_f H_m^{\ominus}$。

解：298.15 K 时各组分均处于标准态时，苯乙烯(g)的生成反应为

$$8C(石墨)+4H_2(g)\xrightarrow{298.15\ K}C_6H_5C_2H_3(g)$$

若由 $\Delta_c H_m^{\ominus}$ 计算，其标准摩尔反应焓为

$$\Delta_r H_m^{\ominus}=-[\Delta_c H_m^{\ominus}(C_6H_5C_2H_3，g)-8\Delta_c H_m^{\ominus}(C，石墨)-4\Delta_c H_m^{\ominus}(H_2，g)]$$

式中，$\Delta_c H_m^{\ominus}(C_6H_5C_2H_3，g)$是已知的。又由于

$$C(石墨)+O_2(g)\longrightarrow CO_2(g)$$

$$H_2(g)+O_2(g)\longrightarrow H_2O(l)$$

故 $\Delta_c H_m^{\ominus}(C，石墨)$、$\Delta_c H_m^{\ominus}(H_2，g)$分别与 $\Delta_f H_m^{\ominus}(CO_2，g)$、$\Delta_f H_m^{\ominus}(H_2O，l)$相等。

由附录 1 知

$$\Delta_f H_m^{\ominus}(CO_2，g)=-393.511\ kJ/mol$$

$$\Delta_f H_m^{\ominus}(H_2O，l)=-285.838\ kJ/mol$$

因此对苯乙烯有

$$\begin{aligned}\Delta_f H_m^{\ominus}=\Delta_r H_m^{\ominus}&=-[-4\ 437-8\times(-393.511)-4\times(-285.838)]\ kJ/mol\\&=145.6\ kJ/mol\end{aligned}$$

2.7.3　温度对标准摩尔反应焓的影响——基尔霍夫公式

利用 298.15 K 下物质的 $\Delta_f H_m^{\ominus}$或 $\Delta_c H_m^{\ominus}$等基础热数据可以计算反应在 298.15 K 下的标准摩尔反应焓 $\Delta_r H_m^{\ominus}(298.15\ K)$。以此为基础，可以利用状态函数法计算反应温度 T 下的标准摩尔反应焓。设 298.15 K 至温度 T 范围内各物质不发生相变化，则两个温度的标准态下，反应的始末态之间可以设计如图 2.7.3 中虚线所示的单纯 pVT 途径：

由状态函数法有

$$\Delta_r H_m^{\ominus}(T)=\Delta_r H_m^{\ominus}(298.15\ K)+\Delta H_1+\Delta H_2$$

而

$$\Delta H_1=\int_T^{298.15\ K}[aC_{p,m}(A，\alpha)+bC_{p,m}(B，\beta)]dT$$

$$\Delta H_2=\int_{298.15k}^{T}[yC_{p,m}(Y，\gamma)+zC_{p,m}(Z，\delta)]dT$$

代入上式并整理，得通式

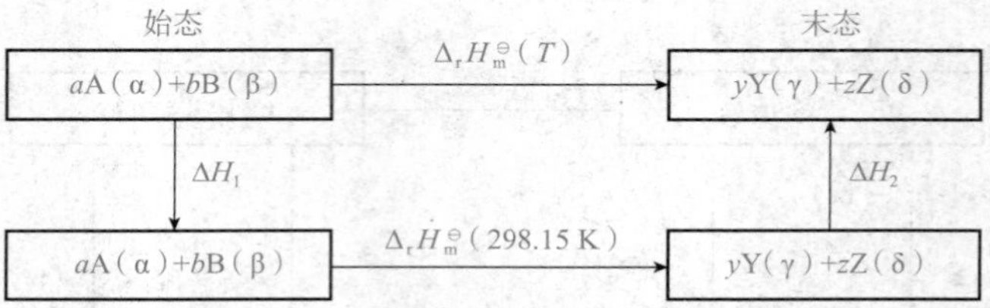

图 2.7.3　不同温度反应途径

$$\Delta_r H_m^\ominus(T)=\Delta_r H_m^\ominus(T_0)+\int_{T_0}^{T}\Delta_r C_{p,m}\mathrm{d}T \tag{2.7.3}$$

式中

$$\Delta_r C_{p,m}=yC_{p,m}(\mathrm{Y},\ \gamma)+zC_{p,m}(\mathrm{Z},\ \delta)-[aC_{p,m}(\mathrm{A},\ \alpha)+bC_{p,m}(\mathrm{B},\ \beta)]$$

$$\Delta_r C_{p,m}=\sum_{\mathrm{B}}\nu_{\mathrm{B}}C_{p,m}(\mathrm{B},\ \beta) \tag{2.7.4}$$

式(2.7.3)即为描述 $\Delta_r H_m^\ominus$ 随 T 变化的基尔霍夫(Kirchhoff)公式，其微分形式通过将式(2.7.3)两边对 T 求导，有

$$\frac{\mathrm{d}\Delta_r H_m^\ominus(T)}{\mathrm{d}T}=\Delta_r C_{p,m} \tag{2.7.5}$$

若 $\Delta_r C_{p,m}=0$，即 $\frac{\mathrm{d}\Delta_r H_m^\ominus(T)}{\mathrm{d}T}=0$，表示标准摩尔反应焓不随温度变化。

若 $\Delta_r C_{p,m}=$常数$\neq 0$，则由式(2.7.3)有

$$\Delta_r H_m^\ominus(T)=\Delta_r H_m^\ominus(T_0)+\Delta_r C_{p,m}(T-T_0)$$

若 $\Delta_r C_{p,m}=f(T)$，只要将关于 T 的具体函数关系表达式代入式(2.7.3)并积分即可。

【例 2.7.3】 已知如下合成氨反应的 $\Delta_r H_m^\ominus(298.15\ \mathrm{K})=-46.1\ \mathrm{kJ/mol}$

$$\frac{1}{2}\mathrm{N_2(g)}+\frac{3}{2}\mathrm{H_2(g)}\longrightarrow \mathrm{NH_3(g)}$$

试计算常压、500 K 的始态下于恒温恒容过程中生成 1 mol NH_3(g)的 Q_V。298.15～500 K 温度范围内各物质的平均摩尔热容分别为 $\bar{C}_{p,m}(\mathrm{H_2},\ \mathrm{g})=28.56\ \mathrm{J/(mol\cdot K)}$，$\bar{C}_{p,m}(\mathrm{N_2},\ \mathrm{g})=29.65\ \mathrm{J/(mol\cdot K)}$，$\bar{C}_{p,m}(\mathrm{NH_3},\ \mathrm{g})=40.12\ \mathrm{J/(mol\cdot K)}$。

解：298.15～500 K 范围内，始态压力为常压且随恒温恒容反应的进行还会逐步下降，且参加反应的三种气体不会发生相变，故反应可视为为理想气体反应。

对理想气体反应，因混合过程焓变为零，故有

$$\Delta_r H_m(500\ \mathrm{K})=\Delta_r H_m^\ominus(500\ \mathrm{K})$$

由基尔霍夫公式(2.7.3)有

$$\Delta_r H_m^\ominus(500\ \mathrm{K})=\Delta_r H_m^\ominus(298.15\ \mathrm{K})+\int_{298.15\ \mathrm{K}}^{500\ \mathrm{K}}\Delta_r \bar{C}_{p,m}\mathrm{d}T$$

这里

$$\begin{aligned}\Delta_r \bar{C}_{p,m}&=\bar{C}_{p,m}(\mathrm{NH_3},\ \mathrm{g})-\frac{1}{2}\bar{C}_{p,m}(\mathrm{N_2},\ \mathrm{g})-\frac{3}{2}\bar{C}_{p,m}(\mathrm{H_2},\ \mathrm{g})\\&=\left(40.12-\frac{1}{2}\times 29.65-\frac{3}{2}\times 28.56\right)\mathrm{J/(mol\cdot K)}\\&=-17.55\ \mathrm{J/(mol\cdot K)}\end{aligned}$$

代入前式并计算得

$$\begin{aligned}\Delta_r H_m^{\ominus}(500\ K) &= \Delta_r H_m^{\ominus}(298.15\ K) + \int_{298.15\ K}^{500\ K} \Delta_r \overline{C}_{p,m} dT \\ &= \Delta_r H_m^{\ominus}(298.15\ K) + \Delta_r \overline{C}_{p,m}(500 - 298.15) \times 10^{-3}\ K \\ &= -49.64\ kJ/mol\end{aligned}$$

又由式(2.6.6)有

$$\begin{aligned}\Delta_r U_m(500\ K) &= \Delta_r H_m(500\ K) - \sum_B \nu_{B(g)} RT \\ &= \left[-49.64 - \left(1 - \frac{1}{2} - \frac{3}{2}\right) \times 8.314 \times 500 \times 10^{-3}\right] kJ/mol \\ &= (-49.64 + 4.157)\ kJ/mol \\ &= -45.48\ kJ/mol\end{aligned}$$

$$Q_V = \Delta_r U_m(500\ K) = -45.48\ kJ/mol$$

2.7.4 非恒温反应热

以上介绍的均是恒温、恒压的标准态下反应过程的热。在实际化学化工生产中，情况往往复杂得多，反应不在标准态下进行，且反应前后系统的温度可能有变化(非恒温反应)；系统中还可能有不参与反应的惰性组分等。不管情况如何复杂，均可通过利用状态函数法，设计合理途径(往往包含 298.15 K、标准态下的反应)，充分利用物质的 $\Delta_f H_m^{\ominus}$ 或 $\Delta_c H_m^{\ominus}$ 等基础热数据使问题得以解决。

现以最常见的非恒温反应——绝热反应为例予以介绍。

(1)如计算物质恒压燃烧所能达到的最高火焰温度时，“最高”意味着没有热损失，即绝热，此时计算依据为

$$Q_p = \Delta H = 0(\text{恒压、绝热})$$

(2)如计算某恒容燃烧爆炸反应的最高温度、最高压力时，也完全可作为绝热过程处理。因燃烧爆炸反应往往瞬间完成，不会有热损失；而要使爆炸反应产生最高的压力，反应只有在恒容容器中进行才能达到，故这类反应的计算依据为

$$Q_V = \Delta U = 0(\text{恒容、绝热})$$

2.8 可逆过程与可逆体积功

过程的进行需要有推动力。传热过程的推动力是环境与系统间的温差，气体膨胀压缩过程的推动力是环境与系统间的压力差。本节主要讨论一类推动力无限小的理想化的过程，即可逆过程。可逆过程在热力学第二定律的确立和熵的定义过程是非常重要的。

2.8.1 可逆过程

将推动力无限小、系统内部及系统与环境之间在无限接近平衡条件下进行的过程，称为可逆过程。

下面以一定量理想气体在气缸内恒温膨胀和恒温压缩过程为例讨论可逆过程的特点。

设 1 mol 理想气体，置于一带有理想活塞的气缸，活塞为单位面积，整个气缸置于温度为 T 的恒温热源中，活塞上放置有两堆极细的砂粒(每堆砂粒产生的压力与大气压力 p_0 相同)。现将理想气体在恒 T 下由始态(T，$3p_0$，V_0)膨胀至末态(T，p_0，$3V_0$)，如图 2.8.1 所示。

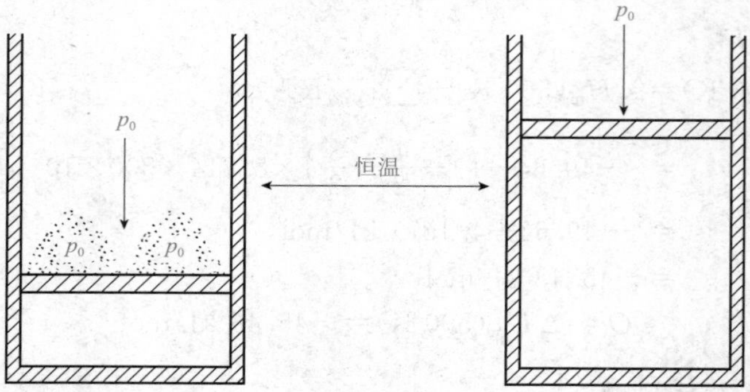

图 2.8.1 理想气体恒温可逆体积功变化示意

假设此膨胀过程沿如下三条途径实现：

(1)将两堆细砂一次拿掉：系统反抗大气压力 p_0，体积直接膨胀至 $3V_0$，此时系统对环境做功

$$W_{(1)}=-p_0(3V_0-V_0)=-2p_0V_0$$

因气缸内气体满足理想气体状态方程

$$3p_0V_0=RT，即\ p_0V_0=\frac{1}{3}RT$$

代入上式，有

$$W_{(1)}=-\frac{2}{3}RT$$

(2)将两堆细砂分两次拿掉：系统先反抗外压 $2p_0$ 膨胀至气缸内外压力相等时体积为 $1.5V_0$，然后反抗 p_0，体积膨胀至 $3V_0$，此时系统对环境做功

$$W_{(2)}=-[2p_0(1.5V_0-V_0)+p_0(3V_0-1.5V_0)]=-2.5p_0V_0=-\frac{2.5}{3}RT$$

(3)每次拿掉一无限小的细砂，体积由无限小膨胀后重新达到平衡，以此类推，直至将细砂全部拿完，体积膨胀至 $3V_0$。此过程中，每拿掉一粒细砂，环境压力减小无限小量 dp，系统在反抗($p-dp$)压力下体积有无限小的膨胀 dV 使系统达到平衡。此微小过程的功

$$\delta W_{(3)}=-(p-dp)dV=-pdV+dpdV$$

忽略二阶无穷小量 $dpdV$ 有

$$\delta W_{(3)}=-pdV$$

积分上式，细砂全部拿掉后，整个膨胀过程的功

$$W_{(3)}=-\int_{V_0}^{3V_0}pdV=-\int_{V_0}^{3V_0}\frac{RT}{V}dV=-RT\ln 3$$

与过程(1)、(2)相比，过程(3)中，无论是系统内部还是系统与环境之间，均是在无限接近平衡条件下进行的，变化过程的任何瞬间均无限接近平衡，因而过程可认为是可逆过程，而过程(1)、(2)则是不可逆过程。

比较过程的功，有$|W_{(1)}|<|W_{(2)}|<|W_{(3)}|$，即恒温膨胀中可逆功最大，或说恒温可逆膨胀时，系统对环境做最大功。

为了理解“可逆”两字的含义，现将系统由末态再压缩至始态，途径如下：

①将两堆细砂一次加上，使系统在反抗$3p_0$外压下体积由$3V_0$变至V_0，则环境对系统做功。

$$W_{①}=-3p_0(V_0-3V_0)=6p_0V_0=2RT$$

②分两次将两堆细砂加上，即加上一堆细砂后，系统在外压$2p_0$下其体积由$3V_0$减小至$1.5V_0$，然后加上另一堆细砂，系统在外压$3p_0$下被压缩，体积由$1.5V_0$变为V_0，此时环境对系统做功。

$$W_{②}=-2p_0(1.5V_0-3V_0)-3p_0(V_0-1.5V_0)=4.5p_0V_0=1.5RT$$

③将细砂一粒粒加到活塞上直至加完，系统体积逐渐变至V_0，此过程中环境对系统做功。

$$W_{③}=-\int_{3V_0}^{V_0}p\mathrm{d}V=RT\ln3$$

与过程(3)类似，该压缩过程也可视为可逆过程。比较三个被压缩过程功的大小，有$|W_{①}|>|W_{②}|>|W_{③}|$，说明在恒温可逆压缩过程中，环境对系统做最小功。

恒温过程做功规律：恒温膨胀过程可逆功最大，恒温压缩过程可逆功最小。

如果将上述各途径的膨胀与压缩过程的功相加，即得各途径进行一循环后的总功，有

(1)+①途径的总功： $W=\dfrac{4}{3}RT$

(2)+②途径的总功： $W=\dfrac{2}{3}RT$

(3)+③途径的总功： $W=0$

可见，只有可逆循环过程的$W=0$，又因循环过程的$\Delta U=0$，由热力学第一定律$\Delta U=Q+W$可知，可逆循环过程的$Q=0$，这表明系统经可逆膨胀及沿原途径的可逆压缩这一循环过程后，总的结果：系统与环境既没有得功，也没有失功；既没有吸热，也没有放热。系统与环境完全复原，没有留下任何“能量痕迹”，这正是“可逆”两字的含义所在。不可逆过程(1)+①及(2)+②，经循环过程后，系统复原，环境的功转化为等量的热，留下了“痕迹”，所不同的是(1)+①的功损失更大，即不可逆程度更大。

以上着重从能量角度解释了“可逆”的含义，是比较容易理解的。下面换一个角度，将着眼点放在过程的每一个瞬间来对可逆与不可逆过程予以分析。

在过程发生前，状态是处于平衡的，即平衡态，可用p、V、T等状态函数来描述。一旦状态变化了，平衡马上被破坏，此时，系统内部的性质一般是不均匀的，且在不断变化，系统不具有一个确定的、能加以描述的状态，这种情况直至重新达到平衡为止。换言之，所谓不可逆过程，其实质就是由一个平衡态(始态)出发，经历一系列无法描述的非平衡的瞬间状态而最终达到另一平衡状态(末态)的过程。

在可逆过程中，因系统状态对平衡的偏离始终是无限小，可认为任何瞬间系统内部的性质各处是均匀的，即任何瞬间都处于平衡，因此，可逆过程实质可看成从平衡的始态出发，经历一系列平衡状态，沿某一路径到达平衡末态的过程。

有了以上的分析后，若令过程逆向进行，逆向可逆过程(如上述的压缩过程)一定经历

原可逆过程(即可逆膨胀)所经历的所有平衡状态点而沿原路径回到始态，充分体现了过程“可逆”的含义。在逆向不可逆过程中，因不存在明确的中间状态，可逆过程所体现的含义在这里根本无从谈起。

需要指明的是，可逆过程是从实际过程趋近极限而抽象出来的理想化过程，它在客观世界中是不存在的。因为过程要想在无限接近平衡条件下进行，过程的推动力应无限小，过程进行应无限缓慢，而实际过程往往都是在有限时间内以一定速度进行的，故实际存在的过程严格意义上讲均是不可逆过程。但这不影响以后将一些过程按可逆过程处理，如恒定 T 及其平衡压力下的相变、平衡态下的化学反应等，因经典热力学没有考虑时间因素，这点特予以说明。

2.8.2 可逆体积功的计算

由前边可逆过程的定义及其分析可知，在可逆过程中，$p_{\mathrm{amb}}=p$，在计算体积功时就可以用系统压力 p 代替环境压力 p_{amb}，则可逆体积功

$$W_{\mathrm{r}}=-\int_{V_1}^{V_2} p\mathrm{d}V \tag{2.8.1}$$

应用此式计算理想气体的可逆体积功时，只要将理想气体的状态方程 $p=\dfrac{nRT}{V}$ 代入上式并积分即可。理想气体的恒温可逆及绝热可逆过程将在第 3 章中用到，现在针对这两种情况予以讨论。

1. 理想气体的恒温可逆体积功 $W_{T,\mathrm{r}}$

对物质的量为 n 的理想气体在温度 T 下由始态(p_1，V_1，T)恒温可逆变化到末态(p_2，V_2，T)时过程的体积功为

$$W_{T,\mathrm{r}}=-\int_{V_1}^{V_2} p\mathrm{d}V=-\int_{V_1}^{V_2}\frac{nRT}{V}\mathrm{d}V$$

整理得

$$W_{T,\mathrm{r}}=nRT\ln\frac{V_1}{V_2}=nRT\ln\frac{p_2}{p_1} \tag{2.8.2}$$

2. 理想气体绝热可逆体积功 $W_{\mathrm{a,r}}$

(1)理想气体绝热可逆过程方程式。

对封闭体系，绝热非体积功为零的过程，由热力学第一定律表达式(2.2.2)有

$$\mathrm{d}U=\delta W$$

当理想气体进行可逆变化时，因 $\mathrm{d}U=nC_{V,\mathrm{m}}\mathrm{d}T$，体积功 $\delta W=-p\mathrm{d}V=-\dfrac{nRT}{V}\mathrm{d}V$，故有

$$nC_{V,\mathrm{m}}\mathrm{d}T=-\frac{nRT}{V}\mathrm{d}V$$

即

$$\frac{C_{V,\mathrm{m}}}{T}\mathrm{d}T=-\frac{R}{V}\mathrm{d}V$$

当理想气体由始态(p_1，V_1，T_1)绝热可逆变化到末态(p_2，V_2，T_2)时，积分上式得

$$\int_{T_1}^{T_2} \frac{C_{V,\mathrm{m}}}{T} \mathrm{d}T = -\int_{V_1}^{V_2} \frac{R}{V} \mathrm{d}V$$

对理想气体，$C_{V,\mathrm{m}}$为常数，则有

$$C_{V,\mathrm{m}} \ln \frac{T_2}{T_1} = R \ln \frac{V_1}{V_2}$$

$$\frac{T_2}{T_1} = \left(\frac{V_1}{V_2}\right)^{R/C_{V,\mathrm{m}}}$$

将$\frac{V_1}{V_2} = \frac{T_1}{T_2} \cdot \frac{p_2}{p_1}$代入上式，并利用理想气体摩尔热容间的关系 $C_{p,\mathrm{m}} - C_{V,\mathrm{m}} = R$ 可得

$$\frac{T_2}{T_1} = \left(\frac{p_2}{p_1}\right)^{R/C_{p,\mathrm{m}}}$$

整理得

$$\frac{T_2}{T_1} = \left(\frac{p_2}{p_1}\right)^{R/C_{p,\mathrm{m}}} = \left(\frac{V_1}{V_2}\right)^{R/C_{V,\mathrm{m}}} \tag{2.8.3}$$

此式即为理想气体绝热可逆过程方程式。之所以称为过程方程式，是因为该方程描述了理想气体绝热可逆过程始、末态状态变量 pVT 间的关系。

引入热容比 $\gamma = \frac{C_{p,\mathrm{m}}}{C_{V,\mathrm{m}}}$，代入上述绝热可逆过程方程式进行整理还会得到以下两种形式：

$$\frac{T_2}{T_1} = \left(\frac{V_1}{V_2}\right)^{\gamma-1} \quad 或者 \quad TV^{\gamma-1} = 常数 \tag{2.8.4}$$

$$\frac{T_2}{T_1} = \left(\frac{p_1}{p_2}\right)^{\frac{1-\gamma}{\gamma}} \quad 或者 \quad Tp^{\frac{1-\gamma}{\gamma}} = 常数 \tag{2.8.5}$$

$$\frac{p_2}{p_1} = \left(\frac{V_1}{V_2}\right)^{\gamma} \quad 或者 \quad pV^{\gamma} = 常数 \tag{2.8.6}$$

式中，$\gamma = \frac{C_{p,\mathrm{m}}}{C_{V,\mathrm{m}}}$称为理想气体热容比。以上两种形式六个方程也称为理想气体绝热可逆过程方程式。

(2)理想气体绝热可逆体积功 $W_{\mathrm{a,r}}$。理想气体绝热可逆体积功可由可逆功计算通式(2.8.1)结合过程方程式(2.8.6)求得。将理想气体绝热可逆过程方程式 $p = p_1\left(\frac{V_1}{V}\right)^{\gamma}$ 代入式(2.8.1)并积分，有

$$\begin{aligned} W_{\mathrm{a,r}} &= -\int_{V_1}^{V_2} p \mathrm{d}V \\ &= -p_1 V_1^{\gamma} \int_{V_1}^{V_2} \frac{1}{V^{\gamma}} \mathrm{d}V \\ &= \frac{p_1 V_1^{\gamma}}{\gamma - 1}\left(\frac{1}{V_2^{\gamma-1}} - \frac{1}{V_1^{\gamma-1}}\right) \end{aligned} \tag{2.8.7}$$

但利用该式计算 $W_{\mathrm{a,r}}$ 比较烦琐。

简便的方法是利用绝热过程 $W_{\mathrm{a,r}} = \Delta U$，通过计算过程的 ΔU 计算 $W_{\mathrm{a,r}}$，即有

$$W_{\mathrm{a,r}} = \Delta U = nC_{V,\mathrm{m}}(T_2 - T_1) \tag{2.8.8}$$

【例 2.8.1】 某双原子理想气体 4 mol，从始态 $p_1 = 50$ kPa，$V_1 = 160$ dm^3 经绝热可逆压缩到末态压力 $p_2 = 200$ kPa。求末态温度 T_2 及过程的 W、ΔU 及 ΔH。

解：先求出始态温度

$$T_1=\frac{p_1V_1}{nR}=\left(\frac{50\times10^3\times160\times10^{-3}}{4\times8.314}\right)\text{K}=240.56\ \text{K}$$

对双原子理想气体，其 $C_{p,\text{m}}=7/2R$。再利用式(2.8.3)求出末态温度

$$T_2=T_1\left(\frac{p_2}{p_1}\right)^{R/C_{p,\text{m}}}=\left[240.56\times\left(\frac{200}{50}\right)^{2/7}\right]\text{K}=357.47\ \text{K}$$

因理想气体热力学能仅是温度的函数，故

$$\begin{aligned}\Delta U&=nC_{V,\text{m}}(T_2-T_1)\\&=[4\times2.5\times8.314\times(357.47-240.56)]\ \text{J}\\&=9\ 720\ \text{J}\end{aligned}$$

$$\begin{aligned}\Delta H&=nC_{p,\text{m}}(T_2-T_1)\\&=[4\times3.5\times8.314\times(357.47-240.56)]\ \text{J}\\&=13\ 608\ \text{J}\end{aligned}$$

又因过程绝热 $Q=0$，故 $W=\Delta U=9\ 720$ J。

2.9 节流膨胀与焦耳-汤姆逊实验

在前面的焦耳实验中曾提到，实验设计不够精确，如用它来研究真实气体的膨胀，因水的热容很大，会使实验因温度测量困难而难以得出正确的结论。针对这种问题，焦耳和汤姆逊(Thomson)于 1825 年设计了另一实验，即焦耳-汤姆逊实验，并以此对真实气体进行了研究，得出 U、H 不仅是 T 的函数，还与 p 或 V 有关。

2.9.1 焦耳-汤姆逊实验

如图 2.9.1 所示，在一绝热圆筒中有两个绝热活塞，其中置有一刚性多孔塞。实验前，作为研究对象的气体(T_1，p_1，V_1)全在多孔塞左侧[图 2.9.1(a)]，在维持左、右两侧压力分别保持 p_1、p_2($p_1>p_2$)不变的前提下，将左侧气体通过多孔塞逐渐压入其右侧，直至气体全部通过多孔塞[图 2.9.1(b)]。现考察此过程系统温度的变化情况。

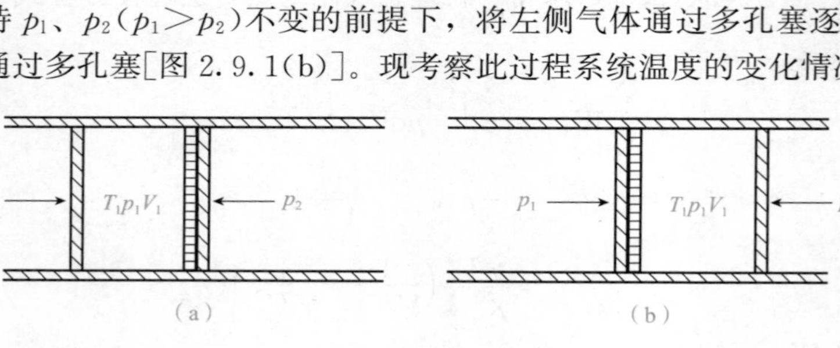

图 2.9.1 节流膨胀示意

(a)始态；(b)末态

这种在绝热条件下，气体的始、末态压力分别保持恒定不变情况下的膨胀过程，称为节流膨胀。

由焦耳-汤姆逊实验结果可知：当始态为室温、常压时，多数气体经节流膨胀后温度下降，产生致冷效应；而氢、氦等少数气体经节流膨胀后温度升高，产生致热效应。实验还发现，各种气体在压力足够低时(低压气体)，经节流膨胀后温度基本不变，即理想气体经节流膨胀温度不变。

在实际工业生产中，当稳定流动的气体在流动时突然受阻而使压力下降的情况，即可认为是节流膨胀。

2.9.2 节流膨胀的热力学特征

1. 节流膨胀过程的焓

节流膨胀过程绝热 $Q=0$，过程的功由两部分组成：因左侧活塞运动至多孔塞处的过程中，环境对系统做功 $W_1=-p_1(0-V_1)=p_1V_1$；同时，右侧活塞由多孔塞处移动至末态位置时，系统对环境也做了功，$W_2=-p_2(V_2-0)=-p_2V_2$，故整个节流膨胀过程的功为

$$W=p_1V_1-p_2V_2$$

将 Q、W 表达式代入热力学第一定律表达式，有

$$U_2-U_1=p_1V_1-p_2V_2$$

整理得

$$U_2+p_2V_2=U_1+p_1V_1$$

即

$$H_2=H_1$$

由上式可知，节流膨胀为恒焓过程。

2. 理想气体的节流膨胀

因为理想气体节流膨胀温度不变，由理想气体状态方程可知

$$p_1V_1=p_2V_2$$

即

$$W=0$$

又因过程绝热，所以

$$\Delta U=Q+W=0$$

这一结果再次验证了理想气体的热力学能和焓仅仅是 T 的函数，即 $U=f(T)$，$H=g(T)$，事实上可以根据两者与热容的关系证明，热力学能和焓均与温度呈正相关的量值关系，理想气体的温度 T 升高，热力学能 U 和焓 H 均增大；反之亦然。

对真实气体，节流膨胀后温度改变，这从实验上证明了真实气体的热力学能和焓是 T、p 的函数，即 $U=f(T,\ p)$，$H=g(T,\ p)$。真实气体经节流膨胀后产生致冷(T 降低)或致热效应(T 升高)是 $H=g(T,\ p)$这一关系的必然结果。

2.9.3 焦耳-汤姆逊系数

为了描述气体节流膨胀致冷或致热能力的大小，引入如下的焦耳-汤姆逊系数又称节流膨胀系数：

$$\mu_{J-T}=\left(\frac{\partial T}{\partial p}\right)_H \tag{2.9.1}$$

显然，理想气体的 $\mu_{J-T}=0$；对真实气体，若节流膨胀后产生致冷效应，其 $\mu_{J-T}>0$ (因 $\mathrm{d}p<0$，$\mathrm{d}T<0$，同号)，若节流膨胀后产生致热效应，其 μ_{J-T}(因 $\mathrm{d}p<0$，$\mathrm{d}T>0$，异号)。$|\mu_{J-T}|$越大，表明其致冷或致热效应能力越强。

本章小结

热力学第一定律即能量转化与守恒定律，利用它可解决过程的能量衡算问题。

在本章中，热力学能 U、焓 H、热 Q、功 W 等物理量被引入，其中 U 和 H 为状态函数，Q 和 W 为途径函数，它们均具有能量单位。

为了计算过程的热 Q、热力学能变 ΔU 及焓变 ΔH 等，本章重点介绍了三类基础热数据，即物质的摩尔定容热容及摩尔定压热容 $C_{V,\mathrm{m}}$ 及 $C_{p,\mathrm{m}}$、摩尔相变焓 $\Delta_\alpha^\beta H_\mathrm{m}$、物质的标准摩尔生成焓 $\Delta_\mathrm{f} H_\mathrm{m}^\ominus$ 及标准摩尔燃烧焓 $\Delta_\mathrm{c} H_\mathrm{m}^\ominus$ 分别是单纯 pVT 变化、相变化及化学变化过程热力学计算的基础。

在热力学计算过程中，常常用到状态函数法，即“系统状态函数的增量仅仅与始、末态有关，而与变化的具体途径无关”。利用这一方法，可通过设计途径使每一步对应的状态函数变化值都已知或能直接计算出来，然后相加减求解待求过程相应状态函数变化值的计算问题。状态函数法在热力学中是极为重要的。

可逆过程是热力学的一个重要模型。在可逆变化过程中，系统内部及系统与环境间在任何瞬间均无限接近平衡(例如，膨胀过程中系统内外压差为无限小，传热过程中系统内外温差为无限小)，当系统沿可逆途径逆转复原时，系统及环境均能完全复原，不留任何“痕迹”。

习题

1. 1 mol 理想气体在恒定压力下温度升高 10 ℃，求过程中系统与环境交换的功。

2. 1 mol 水蒸气(H_2O，g)在 100 ℃，101.325 kPa 下全部凝结成液态水，求过程的功。假设相对于水蒸气的体积，液态水的体积可以忽略不计。

3. 系统由相同的始态经过不同的途径达到相同的末态。若途径 a 的 $Q_\mathrm{a}=59$ kJ，$W_\mathrm{a}=-61$ kJ，而途径 b 的 $Q_\mathrm{b}=-29$ kJ，求 W_b。

4. 设一教室的体积是 1 000 m^3，室温是 290 K，气压为 $p^\ominus$，今欲将温度升至 300 K，需吸收热量多少？[若将空气视为理想气体，并已知其 $C_{p,\mathrm{m}}$ 为 29.29 J/(mol·K)]

5. 2 mol 某理想气体的 $C_{V,\mathrm{m}}=1.5R$。由始态 100 kPa，100 dm^3 恒压冷却使体积缩小至 50 dm^3。求过程的 Q、W、ΔU 和 ΔH。

6. 5 mol 某理想气体于 300 K，100 kPa 的始态下，恒定外压 50 kPa 恒温压缩至平衡态，求过程的 Q、W、ΔU 和 ΔH。已知气体的 $C_{V,\mathrm{m}}=2.5R$。

7. 5 mol 某理想气体于 300 K，100 kPa 的始态下，恒温自由膨胀至 50 kPa，求过程的 Q、W、ΔU 和 ΔH。已知气体的 $C_{V,\mathrm{m}}=2.5R$。

8. 2 mol 理想气体，从始态 300 K，50 dm^3，经下列不同过程等温膨胀至 100 dm^3，计算各过程的 W、Q、ΔU、ΔH。

(1)可逆膨胀。

(2)真空膨胀。

(3)对抗恒外压 100 kPa。

9. 10 mol 甲苯在正常沸点 110.6 ℃下蒸发为气体，求该过程的 Q、W、ΔU、ΔH。已知该温度下，甲苯的汽化热为 362 kJ/kg，甲苯的摩尔质量为 92.14 g/mol。

10. 将 1 mol 苯 $C_6H_6(l)$在正常沸点 353 K 和 101.325 kPa 压力下，向真空蒸发为同温、同压的蒸气，已知在该条件下，苯的摩尔汽化焓为 $\Delta_{vap}H_m = 30.77$ kJ/mol，设气体为理想气体。试求 Q、W、ΔU、ΔH。

11. 2 mol 某双原子理想气体从始态 100 kPa、100 dm^3，恒温可逆压缩使体积缩小至 50 dm^3，求过程的 Q、W、ΔU、ΔH。

12. 在 298.15 K 时，将 10 mol 理想气体 A(g)从标准压力等温可逆压缩到 3 倍标准压力，求此过程的 Q、W、ΔU、ΔH。已知 A(g)气体的定压热容 $C_{p,m} = 29.10$ J/(K·mol)。

13. 10 mol 水在 100 ℃，101.325 kPa 下变成同温、同压下的水蒸气(视水蒸气为理想气体)，然后等温可逆膨胀到 500 kPa，计算全过程的 Q、W、ΔU、ΔH。已知蒸发焓 $\Delta_l^g H_m(H_2O$，373.15 K，101.325 kPa$) = 40.67$ kJ/mol。

14. 某高压容器中含有未知气体，可能是氮气 N_2 或氩气 Ar。在 300 K 时取出 50 dm^3 样品，绝热可逆膨胀到 138 dm^3，温度下降到 200 K。能否判断容器中是何种气体？

15. 在 298.15 K，600 kPa 压力下，2 mol 单原子理想气体进行绝热可逆膨胀，末态压力为 $p^{\ominus}$，求：

(1)气体的末态温度。

(2)过程的 Q、W、ΔU 和 ΔH。

16. 2 mol 单原子理想气体，由 600 K，1.0 MPa 对抗恒外压 $p^{\ominus}$ 绝热膨胀到平衡态。计算该过程的 Q、W、ΔU 和 ΔH。($C_{p,m} = 2.5R$)

17. 在一个带活塞的绝热容器中有一块绝热隔板，隔板的两侧分别为 10 mol，0 ℃的单原子理想气体 A 及 5 mol，100 ℃的双原子理想气体 B，两气体的压力均为 100 kPa。活塞外的压力维持在 100 kPa 不变。今将容器内的隔板撤去，使两种气体混合达到平衡态。求末态的温度 T 及过程的 W、ΔU。

18. 1 mol 某双原子理想气体从始态 350 K，200 kPa，经过如下五个不同过程达到各自的平衡态，求各过程的功 Q、W、ΔU 和 ΔH。

(1)恒温可逆膨胀到 50 kPa。

(2)恒温反抗 50 kPa 恒外压不可逆膨胀。

(3)恒温向真空膨胀到 50 kPa。

(4)绝热可逆膨胀到 50 kPa。

(5)绝热反抗 50 kPa 恒外压不可逆膨胀。

19. 应用附录中有关物质的热化学数据，计算 25 ℃时下面反应的标准摩尔反应焓 $\Delta_r H_m^{\ominus}$：

$$CH_4(g) + H_2O(g) = CO(g) + 3H_2(g)$$

(1)由附录中化合物的标准摩尔生成焓计算。

(2)由附录中化合物的标准摩尔燃烧焓计算。

20. 已知 298 K 时，$CH_4(g)$、$CO_2(g)$、$H_2O(l)$的标准生成热分别为-74.8 kJ/mol、-393.5 kJ/mol、-285.8 kJ/mol，求 298 K 时 $CH_4(g)$的燃烧热。

21. 已知 25 ℃时，CO(g)和 $CH_3OH(g)$的标准摩尔生成焓 $\Delta_f H_m^{\ominus}$分别为-110.52 kJ/mol 和-201.2 kJ/mol；又知 25 ℃甲醇的摩尔汽化焓为 38.0 kJ/mol。蒸气可视为理想气体，求反应 $CO(g)+2H_2(g)=\!=\!=CH_3OH(l)$的 $\Delta_r H_m^{\ominus}(298.15\ K)$。

22. 0.500 g 正庚烷放在弹式量热计中，燃烧后温度升高 2.94 K，若量热计本身及其附件的热容量为 8.177 kJ/K，计算 298 K 时正庚烷的摩尔燃烧焓(量热计的平均温度为 298 K)，正庚烷的摩尔质量为 0.100 2 kg/mol。

第3章　热力学第二定律

学习目标

理解热力学第二定律，掌握判断过程方向和限度的方法，熟悉熵判据、亥姆霍兹判据和吉布斯判据的使用条件；掌握熵 S、亥姆霍兹函数 A、吉布斯函数 G 三个热力学函数的物理意义和增量的计算方法；掌握热力学基本方程及其应用，了解纯物质两相平衡时 T-p 间的关系式，即克拉佩龙方程。

实践意义

蒸汽机和内燃机统称为热机，热机从高温热源吸热，一部分对外做功，然后余热传给低温热源恢复始态进行下一周期循环，所以热机效率不可能达到100%。提到热机，自然想到内燃机气缸中燃烧的火焰，而制冷压缩机让人想到寒冷的冰霜，其实逆向运转热机就是压缩机制冷的工作原理。

热力学第一定律即能量守恒原理，作为自然界的普遍规律之一，已经被证明，违背热力学第一定律的变化与过程是一定不能发生的。不是遵循热力学第一定律的变化与过程就能自动发生，例如温度不同的两个物体相接触，最后达到平衡态，两物体具有相同的温度。具有相同温度的两个物体，不会自动回到温度不同的状态，尽管该逆过程不违背热力学第一定律但这过程不可能自动发生。因此，利用热力学第一定律无法判断什么过程能不能进行，进行的最大限度是什么。要解决此类过程方向与限度的判断问题，需要用到自然界的另一普遍规律——热力学第二定律。

人们很早就进行了有关于反应方向和平衡的探索。19世纪中叶，汤姆逊和贝塞路(Berthelot)曾把反应热看作反应的策动力，认为只有放热反应才能自发地进行。现在我们知道这种说法并不具有普遍意义，因此不能作为一般性的准则。关于平衡的问题，法国物理化学家勒夏特列(Le Chatelier)曾总结出著名的勒夏特列原理，指出了平衡移动的方向，但这个原理缺乏有关平衡的定量关系。

热力学第二定律是随着蒸汽机的发明、应用及热机效率等理论研究逐步发展、完善并建立起来的。卡诺(Carnot)、克劳修斯(Clausius)、开尔文等在热力学第二定律的建立过程中做出了重要贡献。

热力学第二定律是人类长期生产、生活实践经验的总结。反过来，它对于指导工业生产、开发新的工艺路线等具有重要的意义。

热力学第二定律关于某过程不能发生的断言是一定的，但是，关于某过程可能发生的断言则仅指有发生的可能性，是否真正能够发生还要考虑动力学因素。

3.1 热功转换和热力学第二定律

3.1.1 自发过程

在自然条件下，能够发生的过程，称为自发过程。自发过程的逆过程称为非自发过程。所谓自然条件，是指不需要人为加入功的条件；所谓人为地加入功，是指人为地加入机械功或电功等。

自发过程的实例很多，现举几例加以说明：

(1)前面提到温度不同的两个物体的传热过程，自动进行的方向是热量由高温物体流向低温物体，直到两物体的温度相等。其相反的过程，即热量从低温物体流向高温物体，使高温物体的温度更高，低温物体的温度更低的过程，不可能自动发生。

(2)钢瓶内有高压空气时，一旦打开阀门，钢瓶内的空气会自动流出，直至钢瓶内气体压力与大气压力相等，该过程即为自发过程，而其逆过程不可能自动发生，大气中的空气不可能自动流入钢瓶而使钢瓶内的压力升高。

(3)一定温度下，将 Zn 放入 $CuSO_4$ 溶液，Zn 可以自动地将 $CuSO_4$ 溶液中的 Cu^{2+} 还原成 Cu，而 Zn 变成 Zn^{2+}。在同样条件下，相反的过程，即 Cu 与 Zn^{2+} 变成 Cu^{2+} 和 Zn 的过程，却不可能自动进行。

从上面三个例子可以看出，自发过程都有一定的变化方向，其逆过程都是不可能自动进行的。换言之，自发过程是热力学中的不可逆过程。这是自发过程的共同特征，也是热力学第二定律的基础。

虽然在自然条件下自发过程的逆过程不能自动进行，但并不能说，在其他条件下逆过程也不能进行。如果对系统做功，就可以使自发过程的逆过程能够进行。如上述三个实例中，通过空调压缩机做功就可以把热从低温物体转移到高温物体；通过空气压缩机做功就可以把空气压入钢瓶；而将铜和硫酸铜溶液作为正极、锌和硫酸锌溶液作为负极，通过电解做功就可以实现 $Cu+Zn^{2+}=\!=\!=Cu^{2+}+Zn$ 这一反应。

3.1.2 热功转换

热力学第二定律是人们在研究热机效率的基础上建立起来的，因此早期的研究都与热功转换有关。

人们很早就发现，热功转换是有方向性的，即功可以全部转化为热，钻木取火就是通过摩擦做功生热的典型实例，而热转化为功是有限度的。

假设有一个带活塞的气缸，其内的气体通过吸热导致气缸内的气体温度、压力升高，进而气体膨胀推动活塞而对外做功，吸收的热转换成功，但在上述热转换为功的同时，气体膨胀了，如要使气体恢复到原来的状态，必须把活塞压回来，而这需要环境对系统做功，这使得在膨胀过程中环境得到的功要被消耗一部分，所以一个总的循环结果是热没有完全转换为功。上面的实例说明，要想利用热对外做功，必须借助一种能够循环操作的机器——热机来实现。

最早的热机是 18 世纪发明的蒸汽机，其工作原理：利用燃料煤燃烧产生的热，使水（工作介质）在高压锅炉内变为高温、高压水蒸气，然后进入绝热的气缸膨胀（绝热膨胀过程）对外做功，而膨胀后的水蒸气进入冷凝器降温并凝结为水（向冷凝器散热过程），然后水又被泵入高压锅炉循环使用。将上述蒸汽热机能量转化抽象出来总的结果：从高温热源吸收的热（Q_1），一部分对外做了功（$-W$），另一部分（Q_2）传给了低温热源（冷凝器），如图 3.1.1 所示。

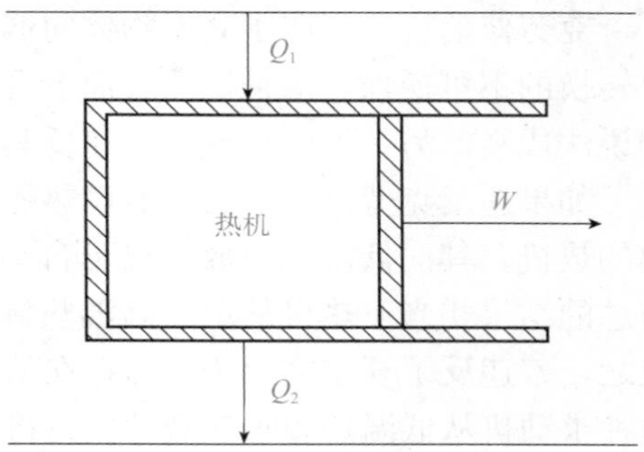

图 3.1.1　热机工作示意

蒸汽机的发明及其后来在各生产领域的广泛应用，不仅对当时欧洲的产业革命，而且对后来人类社会的进步与文明具有划时代的意义。但是当时的热机效率太低，还不足 5%。如何提高热机效率，以提高能源利用率，进而降低成本，是当时人们关心的一个重要问题，这也直接导致了热力学第二定律的最终确立。

所谓热机效率，是指热机对外做的功与从高温热源吸收的热量之比，用 η 表示，即

$$\eta=\frac{-W}{Q_1} \tag{3.1.1}$$

若热机不向低温热源散热 $Q_2=0$，即吸收的热全部用来对外做功，此时热机效率可达到 100%，实践证明，这样的热机是根本不能实现的。人们将这种从单一热源吸热全部用来对外做功的机器，或说热机效率为 100%的机器称为第二类永动机。假设如果能够制得第二类永动机，则可从大气、大地、海洋这类巨大的热源吸热而对外做功，那样人们目前所面临的矿产能源危机就能从根本上予以解决。很遗憾，这样的永动机是不可能的。第二类永动机的不可能性说明热转化为功是有限度的。

既然第二类永动机不可能，热机效率不可能无限制提高到 100%，那么它是否有一个理论极限，这个极限是由法国工程师卡诺于 1824 年研究可逆热机时发现的，同时他提出了著名的卡诺定理。他得到了正确的结论，可是他在证明这个定理时引用了错误的“热质论”。为了从理论上进一步阐明卡诺定理，需要建立一个新的理论。克劳修斯在 1854 年和开尔文在 1852 年就是从这里得到启发而提出了热力学第二定律。

3.1.3　热力学第二定律

人们在生活和生产实践中遇到许许多多只能自动向单方向进行的过程，它们的共同特性就是不可逆性。自发过程都是热力学的不可逆过程。这些不可逆过程都是相互关联的。从某一个自发过程的不可逆可以推断到另一个自发过程的不可逆。人们逐渐总结出反映同一客观规律的简便说法，即用某种不可逆过程来概括其他不可逆过程，这样一个普遍原理就是热力学第二定律。

在卡诺理论工作的基础上，克劳修斯和开尔文先后对热力学第二定律的内容进行了明确的表述，并被后人广泛采用。

克劳修斯说法：“热不能自动从低温物体传给高温物体而不产生其他变化。”

开尔文说法：“不可能从单一热源吸热使之全部对外做功而不产生其他变化。”

克劳修斯说法指明了高温物体向低温物体传热过程的不可逆性，开尔文说法指明了功热转换的不可逆性。两种说法表面上看起来似乎不相关，但实质上两者是完全等价的。一个说法成立，另一说法也成立；违反其中一个说法，则必然会违反另一个说法。

如果违反克劳修斯说法，假设热能自动由低温物体流向高温物体，则工作于两个热源间的热机，其向低温热源散的热可自动流回到高温热源，这样就会使低温热源得以复原，而总的结果相当于热机从单一高温热源吸热而全部对外做功，这显然违反了开尔文说法。反之，若违反了开尔文说法，即存在从单一热源吸热而全部对外做功的永动机，则可通过这种永动机从低温热源吸热做功，再将永动机做的功全部转化为高温热源的热，总结果是实现了热由低温向高温的传递，这又违反了克劳修斯说法。

热力学第二定律与热力学第一定律一样，也是人类长期实践经验的总结，它虽不能通过数学逻辑来证明，但由它出发推演出的无数结论，无一与事实相违背。热力学第二定律的正确性已经被长期的实践检验。

卡诺

3.2 卡诺循环与卡诺定理

3.2.1 卡诺循环

1824 年，卡诺在他的著作《论火的动力》中，首次明确提出，热机效率是有理论极限的，即使在最理想的情况下，热也不能全部转化为功，而存在一个限度。为此，他提出了由如下四个可逆步骤组成的循环过程作为可逆热机的模型，即恒温可逆膨胀、绝热可逆膨胀、恒温可逆压缩、绝热可逆压缩，后来人们将这种循环称为卡诺循环，如图 3.2.1 所示，将按卡诺循环工作的热机称为卡诺热机。

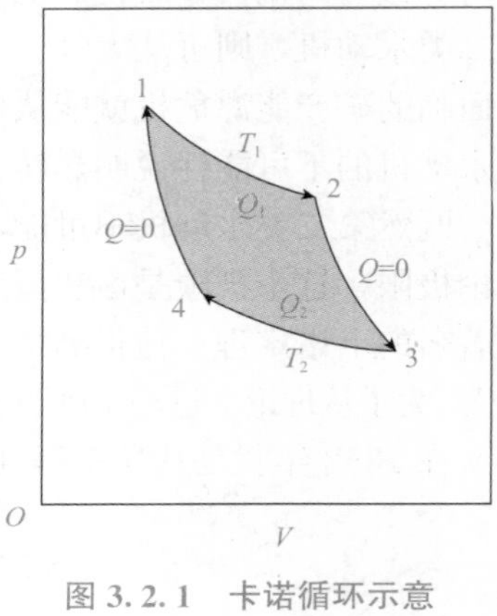

图 3.2.1　卡诺循环示意

通过对卡诺循环的能量分析，推导以理想气体为工作介质，工作于 T_1 和 T_2 两个热源之间的卡诺热机的热机效率，步骤如下：

1. 恒温可逆膨胀(1→2)

状态 1 到状态 2 的过程为恒温可逆膨胀过程，气缸中物质的量为 n 的理想气体由状态点 1(p_1，V_1，T_1)经恒温可逆膨胀至状态点 2(p_2，V_2，T_1)，此过程中，系统从高温热源 T_1 吸收热量 Q_1，对外做功 $-W_1$。

因　　$\Delta U_1=0$　(理想气体、恒温过程)

故 $$Q_1 = -W_1 = nRT_1 \ln \frac{V_2}{V_1} \tag{3.2.1}$$

2. 绝热可逆膨胀(2→3)

理想气体由状态点 2(p_2, V_2, T_1)经绝热可逆膨胀至状态点 3(p_3, V_3, T_2)，因过程绝热 $Q=0$，故有

$$W_2 = \Delta U_2 = nC_{V,\mathrm{m}}(T_2 - T_1) \tag{3.2.2}$$

系统消耗了自身的热力学能而膨胀对外做功。

3. 恒温可逆压缩(3→4)

将温度降为 T_2 的理想气体与恒定温度为 T_2 的低温热源接触，使系统从状态点 3(p_3, V_3, T_2)经恒温可逆压缩至状态点 4(p_4, V_4, T_2)，系统得功，同时向温度为 T_2 的低温热源放热。

因 $$\Delta U_3 = 0$$

故 $$Q_2 = -W_3 = nRT_2 \ln \frac{V_4}{V_3} \tag{3.2.3}$$

4. 绝热可逆压缩(4→1)

将系统从状态点 4(p_4, V_4, T_2)经绝热可逆压缩回到状态点 1(p_1, V_1, T_1)，完成一个循环操作。系统得功而不放热，功全部转化为系统的热力学能。因过程绝热 $Q=0$，则

$$W_4 = \Delta U_4 = nC_{V,\mathrm{m}}(T_1 - T_2) \tag{3.2.4}$$

整个循环过程能量转换如图 3.2.1 所示，即从高温热源 T_1 吸热 Q_1，一部分对外做功 $-W$，另一部分 $-Q_2$ 传给了低温热源 T_2。

整个过程系统对外做的功

$$-W = -(W_1 + W_2 + W_3 + W_4) = nRT_1 \ln \frac{V_2}{V_1} + nRT_2 \ln \frac{V_4}{V_3} \tag{3.2.5}$$

因 2→3 过程和 4→1 过程为绝热可逆过程，应用理想气体绝热可逆过程方程式，分别有

$$\frac{T_1}{T_2} = \left(\frac{V_4}{V_1}\right)^{\frac{R}{C_{V,\mathrm{m}}}}$$

和

$$\frac{T_1}{T_2} = \left(\frac{V_3}{V_2}\right)^{\frac{R}{C_{V,\mathrm{m}}}}$$

以上两式联立，有

$$\frac{V_4}{V_1} = \frac{V_3}{V_2}$$

即 $$\frac{V_4}{V_3} = \left(\frac{V_2}{V_1}\right)^{-1}$$

代入式(3.2.5)有

$$-W = nR(T_1 - T_2) \ln \frac{V_2}{V_1} \tag{3.2.6}$$

现将 $-W$ 的表达式(3.2.6)及 Q_1 的表达式(3.2.1)代入热机效率定义式(3.1.1)，有

$$\eta=\frac{-W}{Q_1}=\frac{nR(T_1-T_2)\ln\dfrac{V_2}{V_1}}{nRT_1\ln\dfrac{V_2}{V_1}}=\frac{T_1-T_2}{T_1}=1-\frac{T_2}{T_1} \tag{3.2.7}$$

由上式可知：

(1)卡诺热机的热机效率仅与两个热源的温度有关。要提高热机效率，应尽可能提高高温热源温度 T_1，降低低温热源温度 T_2。实际上，低温热源通常是大气或冷却水，通过降低它来提高 η 往往不经济，故提高 η 应设法提高热机高温热源(燃烧室)的温度 T_1。在现有热机中，最好的喷气发动机的热机效率在比较理想的情况下也只有60%左右，而应用广泛的内燃机，其效率最多只有40%，大部分能量被浪费了。

(2)在低温热源温度 T_2 相同的条件下，高温热源的温度 T 越高，热机效率越大。这意味着从高温热源传出同样的热量时，T_1 越高，热机对环境所做的功越大。例如同样是100 kJ 的热量，由1 000 ℃热源传出与由500 ℃热源传出，当经卡诺热机对外做功时(假设低温热源温度相同)，前者能对外做更多的功，其“做功能力”更大。这告诉我们，能量除有量的多少外，还有“品位”或“质量”的高低，而热的“品位”或“质量”与温度 T 有关，温度 T 越高，热的“品位”或“质量”越高。

(3)由于卡诺循环为可逆循环，故当所有四步都逆向进行时，W 和 Q 仅改变符号，绝对值不变，故 η 不变。因此，若环境对系统做功，则可把热从低温物体转移到高温物体，这就是冷冻机的工作原理。例如利用电能可使冷冻机运转，使冰箱制冷，空调降温。

(4)将式(3.2.7)进行整理，将得出一个重要结果：在卡诺循环中，因 $\Delta U=0$，故

$$-W=Q=Q_1+Q_2$$

代入式(3.1.1)得

$$\eta=\frac{-W}{Q_1}=\frac{Q_1+Q_2}{Q_1}$$

将其代入式(3.2.7)有

$$\frac{Q_1+Q_2}{Q_1}=\frac{T_1-T_2}{T_1}$$

$$\frac{Q_2}{Q_1}=\frac{-T_2}{T_1}$$

整理得

$$\frac{Q_1}{T_1}+\frac{Q_2}{T_2}=0 \tag{3.2.8}$$

式中，Q_1、Q_2 为可逆热；T_1、T_2 为热源温度；Q/T 为热温商。因过程可逆，故 T 也为系统的温度。上式表明，在卡诺循环中，可逆热温商之和等于零，这一重要结果将被用于后边熵函数的导出。

3.2.2 卡诺定理

前面推导了以理想气体为工作介质的卡诺热机效率。由推导过程可知：在卡诺循环中，两个绝热可逆过程的功数值相等，符号相反，而两个恒温可逆过程的功不同。气体恒温可逆膨胀时因过程可逆使得热机对外做的功最大，而恒温可逆压缩时因过程可逆使系统从外界得到的功最小，故一个循环过程(气缸复原)的总结果是热机以极限的做功能力向外界提供了最大功，因而其效率是最大的。对此卡诺以定理形式给出了如下表述：

"在相同高低温热源之间工作的所有热机，可逆热机效率最大"，称为卡诺定理。

卡诺定理的推论："在相同高低温热源之间工作的所有可逆热机，其效率都相等，且与工作介质、变化的种类无关。"也就是说，不论工作介质是理想气体还是其他物质(如真实气体或液体)，也不论进行的是可逆的 pVT 变化，还是可逆的相变化或化学变化，只要两个热源温度确定，则所有可逆热机的效率均相同。若不相同，其效率必为一大一小，则当两热机联合操作并令热机效率小的热机逆向循环时，其结果必然违反热力学第二定律。

卡诺定理及其推论告诉人们：

(1)工作于两个热源之间的热机，热机效率存在理论极限，即热转化为功是有最高限度的，且这个最高限度仅与两个热源温度有关。

(2)可逆循环过程的可逆热温商之和为零，即式(3.2.8)，不限于理想气体的 pVT 变化，而具有普遍意义。

3.3 熵与熵判据

卡诺循环在热力学的研究中占有极为重要的地位，不仅因为它给出了热功转化的极限，更重要的是，在此基础上克劳修斯推导出一个在热力学中应用很广的状态函数——熵。热功转换的问题，虽然最初源于讨论热机的效率，但客观世界总是彼此相互联系、相互制约、相互渗透的，将特殊性寓于共性之中。克劳修斯正是抓着了事物的共性，根据热功转换的规律，提出了具有普遍意义的熵函数。根据这个函数以及由此导出的其他热力学函数，进而建立了热力学第二定律的数学表达式，使得人们可以定量地对过程的方向与限度进行判断。

3.3.1 熵的导出

在前面的卡诺循环中，我们推导得出一个重要结果，即式(3.2.8)。

对一个无限小的卡诺循环，工作介质只从热源吸收或放出微量的热 δQ，故有

$$\frac{\delta Q_1}{T_1}+\frac{\delta Q_2}{T_2}=0$$

即任何卡诺循环的可逆热温商之和为零。

下面利用此结果对任意可逆循环进行讨论。

假设有一任意可逆循环，如图 3.3.1 所示。若在此 p-V 图上引入许多绝热可逆线(虚

线）和恒温可逆线（实线），则可将这个任意的可逆循环分割成许多由两条绝热可逆线和两条恒温可逆线所构成的小卡诺循环。虚线所示的绝热可逆线在进行热温商的计算时是不存在的，因为每一条绝热可逆线的 Q 等于零，对热温商的计算结果没有影响。当卡诺循环无限多时，折线长度收缩成无穷小，成为无穷多个点和曲线完全重叠，这样任意的可逆循环的热温商完全可用无限多个小卡诺循环的热温商之和来代替。

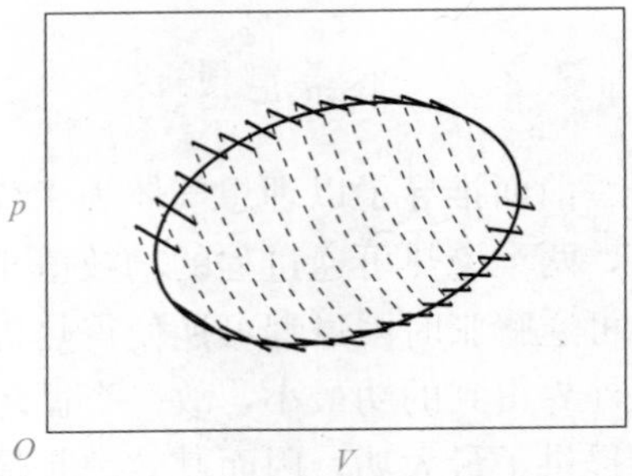

图 3.3.1　可逆循环的卡诺循环切割

由于每个小卡诺循环的可逆热温商之和均为 0，即

$$\frac{\delta Q_1}{T_1}+\frac{\delta Q_2}{T_2}=0$$

$$\frac{\delta Q_1'}{T_1'}+\frac{\delta Q_2'}{T_2'}=0$$

$$\cdots\cdots$$

式中，T_1、T_2、T_1'、T_2' 均为各小卡诺循环中热源的温度。上述各式相加，有

$$\left(\frac{\delta Q_1}{T_1}+\frac{\delta Q_2}{T_2}\right)+\left(\frac{\delta Q_1'}{T_1'}+\frac{\delta Q_2'}{T_2'}\right)+\cdots=0$$

即

$$\sum\frac{\delta Q_r}{T}=0 \tag{3.3.1}$$

式中，δQ_r 为各小卡诺循环中系统与温度为 T 的热源交换的微量可逆热。因过程是可逆的，故 T 也是系统的温度。在极限情况下，上式可写成

$$\oint\frac{\delta Q_r}{T}=0 \tag{3.3.2}$$

即任意可逆循环的可逆热温商 $\frac{\delta Q_r}{T}$ 沿封闭曲线的环积分为 0。

根据高等数学中的积分定理，若沿封闭曲线的环积分为零，则所积变量应当是某函数的全微分。该变量的积分值就应当只取决于系统的始、末态，而与过程的具体途径无关。该变量为状态函数。

1. 熵的定义

克劳修斯将此状态函数定义为熵，以 S 表示，即

$$dS\overset{\text{def}}{=}\frac{\delta Q_r}{T} \tag{3.3.3}$$

此式即为熵的定义式 。熵 S 的单位为 J/K。

显然，任何绝热可逆过程熵变均为 0，即绝热可逆过程为等熵过程。

对于一个由状态 1 到状态 2 的宏观变化过程，其熵变为

$$\Delta S=\int_1^2\frac{\delta Q_r}{T} \tag{3.3.4}$$

对于无非体积功的微小可逆过程，应用热力学第一定律，有 $\delta Q_r=dU+pdV$，代入熵的定义式(3.3.3)得

$$dS=\frac{dU+pdV}{T}$$

右边出现的变量 U、p、V、T 均为系统的状态函数，状态确定后，它们就有确定的值，故熵 S 必然也是状态函数；又因 U 为广度量，则 S 也是广度量。

2. 熵的物理意义

玻尔兹曼借助统计热力学建立玻尔兹曼公式，给出熵的物理意义及其微观解释，明确熵是系统无序度的量度，系统的无序度增加时熵增加。物质的固、液、气三种聚集状态中，气态的无序度最大，因为气体分子可在整个空间自由运动；而固态的无序度最小，分子只能在其平衡位置附近振动；液体的无序度介于气态、固态之间。所以，固、液、气三者熵的绝对值大小顺序为 $S_g>S_l>S_s$。

3.3.2 克劳修斯不等式

卡诺定理指出，工作于 T_1、T_2 两个热源间的任意热机 i 与可逆热机 r，其热机效率有如下关系：

$$\eta_i\leqslant\eta_r$$

式中，任意热机可逆时取“＝”，当任意热机不可逆时取“＜”，于是可得

$$\frac{Q_1+Q_2}{Q_1}\leqslant\frac{T_1-T_2}{T_1}$$

整理得

$$\frac{Q_1}{T_1}+\frac{Q_2}{T_2}\leqslant 0$$

对于微小循环，有

$$\frac{\delta Q_1}{T_1}+\frac{\delta Q_2}{T_2}\leqslant 0$$

即任意热机完成一微小循环后，其热温商之和小于或等于零，不可逆时小于零，可逆时等于零。

可采用与推导式(3.3.2)类似的办法，将任意的一个循环用无限多个微小的循环代替，则有

$$\oint\frac{\delta Q_r}{T}\leqslant 0$$

设有一如图 3.3.2 所示的不可逆循环，由不可逆途径 a 和可逆途径 b 组成。

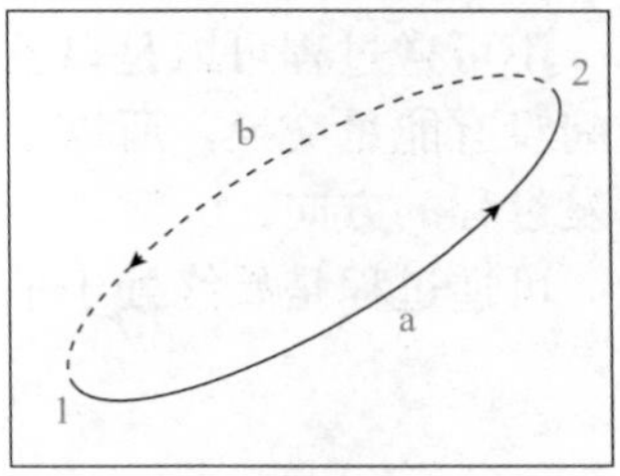

图 3.3.2 利用不可逆循环推导克劳修斯不等式

应用上式并拆成两项，有

$$\int_1^2\frac{\delta Q_{ir}}{T}+\int_2^1\frac{\delta Q_r}{T}<0$$

对于可逆途径 b，则

$$\int_1^2\frac{\delta Q_r}{T}=-\int_2^1\frac{\delta Q_r}{T}$$

故有

$$\int_1^2\frac{\delta Q_r}{T}<\int_1^2\frac{\delta Q_{ir}}{T}$$

式中，下标 ir 表示不可逆过程；δQ_r、δQ_{ir}分别为 1→2 过程对应的可逆热(途径 b)、不可逆热(途径 a)。

利用熵的定义式，并结合上式，可得

$$\Delta_1^2 S \geqslant \int_1^2 \frac{\delta Q}{T} \quad \begin{matrix}\text{不可逆}\\ \text{可逆}\end{matrix} \tag{3.3.5}$$

对微小过程：

$$dS \geqslant \frac{\delta Q}{T} \quad \begin{matrix}\text{不可逆}\\ \text{可逆}\end{matrix} \tag{3.3.6}$$

以上两式即为克劳修斯不等式。利用它，可由过程的热温商与熵差(可逆热温商)的比较来判断过程的方向与限度，若过程的热温商小于熵差，则过程不可逆；若过程的热温商等于熵差，则过程可逆。热力学第二定律的核心问题是解决过程的方向与限度，故克劳修斯不等式也称为热力学第二定律的数学表达式。由它出发，可得到后边的熵判据、亥姆霍兹判据和吉布斯判据。

3.3.3 熵增原理

由克劳修斯不等式，即式(3.3.5)知，若过程绝热，$\delta Q=0$，则有

$$\Delta S \geqslant 0 \quad \begin{matrix}\text{不可逆}\\ \text{可逆}\end{matrix} \quad (\text{绝热过程})$$

即在绝热过程中熵不可能减小，这就是熵增原理。

大多数情况下，系统与环境间往往并不绝热，这时可将系统(sys)与环境(amb)组成的隔离系统(iso)作为一个整体，它显然满足绝热的条件，因此有

$$\Delta S_{iso} = \Delta S_{sys} + \Delta S_{amb} \geqslant 0 \quad \begin{matrix}\text{不可逆}\\ \text{可逆}\end{matrix} \tag{3.3.7}$$

即隔离系统的熵不可能减小，这是熵增原理的另一种表述。

不可逆过程可以是自发过程，也可以是非自发过程(靠环境做功驱动)，隔离系统与环境间没有能量交换，所以上式中的不可逆过程一定是自发过程。不可逆过程的方向也就是自发过程的方向。

可逆过程是始终处于平衡状态的过程，意味着过程的限度。所以，式(3.3.7)即

$$\Delta S_{iso} = \Delta S_{sys} + \Delta S_{amb} \geqslant 0 \quad \begin{matrix}\text{自发}\\ \text{平衡}\end{matrix} \tag{3.3.8}$$

$$dS_{iso} = dS_{sys} + dS_{amb} \geqslant 0 \quad \begin{matrix}\text{自发}\\ \text{平衡}\end{matrix} \tag{3.3.9}$$

上式是利用隔离系统的熵差来判断过程的方向与限度，故又称熵判据。

3.4 熵变的计算

人们以热力学第二定律为基础定义了熵函数，并推导出热力学第二定律数学表达式——

克劳修斯不等式，将其应用于隔离系统，得出了隔离系统熵判据。通过定量计算系统及环境的熵变，可利用熵判据判断一个过程的方向与限度。下面将分别介绍如何计算系统的熵变 ΔS 及环境的熵变 ΔS_{amb}。

系统熵变 ΔS 的计算，可分为单纯 pVT 变化、相变及化学变化三种情况。

3.4.1 单纯 pVT 变化过程熵变计算

单纯 pVT 变化过程熵变的计算，利用熵的定义式结合热力学第一定律导出的关系式。

$$\mathrm{d}S=\frac{\delta Q_{\mathrm{r}}}{T}$$

$$\delta Q_{\mathrm{r}}=\mathrm{d}U+p\mathrm{d}V$$

联立

$$\mathrm{d}S=\frac{\mathrm{d}U+p\mathrm{d}V}{T} \tag{3.4.1}$$

又 $\mathrm{d}U=\mathrm{d}H-\mathrm{d}(pV)=\mathrm{d}H-p\mathrm{d}V-V\mathrm{d}p$，代入上式得

$$\mathrm{d}S=\frac{\mathrm{d}H-V\mathrm{d}p}{T} \tag{3.4.2}$$

现从以上两式出发讨论理想气体、凝聚态物质单纯 pVT 变化过程熵变的计算。

1. 理想气体单纯 pVT 变化过程

对理想气体，假设其 $C_{V,\mathrm{m}}$、$C_{p,\mathrm{m}}$ 均为常数，又因 U、H 仅仅是温度的函数，将 $\mathrm{d}U=nC_{V,\mathrm{m}}\mathrm{d}T$ 及 $\frac{p}{T}=\frac{nR}{V}$ 代入式(3.4.1)并积分，得

$$\Delta S=nC_{V,\mathrm{m}}\ln\left(\frac{T_2}{T_1}\right)+nR\ln\left(\frac{V_2}{V_1}\right)\quad(\text{理想气体}) \tag{3.4.3}$$

同理，将 $\mathrm{d}H=nC_{p,\mathrm{m}}\mathrm{d}T$ 及 $\frac{V}{T}=\frac{nR}{p}$ 代入式(3.4.2)并积分，有

$$\Delta S=nC_{p,\mathrm{m}}\ln\left(\frac{T_2}{T_1}\right)+nR\ln\left(\frac{p_1}{p_2}\right)\quad(\text{理想气体}) \tag{3.4.4}$$

将理想气体状态方程的关系 $\frac{T_2}{T_1}=\frac{p_2}{p_1}\cdot\frac{V_2}{V_1}$ 代入上式，并利用 $C_{p,\mathrm{m}}-C_{V,\mathrm{m}}=R$ 整理，则有

$$\Delta S=nC_{p,\mathrm{m}}\ln\left(\frac{V_2}{V_1}\right)+nC_{V,\mathrm{m}}\ln\left(\frac{p_2}{p_1}\right)\quad(\text{理想气体}) \tag{3.4.5}$$

以上三式是计算理想气体单纯 pVT 变化过程熵变的通式。

理想气体绝热可逆过程为等熵过程，即 $\Delta S=0$，由上述三式移项、整理，可得出

$$\frac{T_2}{T_1}=\left(\frac{p_2}{p_1}\right)^{R/C_{p,\mathrm{m}}}=\left(\frac{V_1}{V_2}\right)^{R/C_{V,\mathrm{m}}}$$

即前面的理想气体绝热可逆过程方程式(2.8.3)。

需要说明的是，上述计算熵变的公式尽管是由式(3.4.1)、式(3.4.2)推导而来，而它们又是熵定义式与可逆过程热力学第一定律的结合式，但由于熵是状态函数，其熵变只与始、末态有关，而与途径无关，故由式(3.4.1)、式(3.4.2)得出的式(3.4.3)～式(3.4.5)对不可逆过程同样适用。

【例 3.4.1】 2 mol 双原子理想气体，由始态 $T_1=400\ \mathrm{K}$，$p_1=200\ \mathrm{kPa}$ 经绝热、反抗

恒定的环境压力 $p_2=150$ kPa 膨胀到平衡态，求该膨胀过程系统的熵变 ΔS。

解：欲使用公式(3.4.3)～(3.4.5)求解 ΔS，需先求过程的末态温度 T_2。

因为过程绝热 $Q=0$，由热力学第一定律，有

$$\Delta U=W=-p_{\text{amb}}(V_2-V_1)$$

对理想气体，上式变为

$$nC_{V,\text{m}}(T_2-T_1)=-p_2V_2+p_2V_1=-nRT_2+\frac{nRT_1}{p_1}p_2$$

代入已知数值，并化简，可求得末态温度

$$T_2=371.4\ \text{K}$$

由式(3.4.4)，结合双原子理想气体的 $C_{V,\text{m}}=\frac{5}{2}R$，$C_{p,\text{m}}=\frac{7}{2}R$，有

$$\begin{aligned}\Delta S&=nC_{p,\text{m}}\ln\left(\frac{T_2}{T_1}\right)+nR\ln\left(\frac{p_1}{p_2}\right)\\&=\left(2\times3.5\times8.314\times\ln\frac{371.4}{400}+2\times8.314\times\ln\frac{200}{150}\right)\ \text{J/K}\\&=0.466\ \text{J/K}\end{aligned}$$

注：该过程绝热，但因为过程不可逆，其熵变不为零。

2. 凝聚态物质单纯 pVT 变化过程

(1)对恒容过程：

$\mathrm{d}V=0$，$\mathrm{d}U=nC_{V,\text{m}}\mathrm{d}T$ 代入式(3.4.1)并积分，有

$$\Delta_V S=n\int_{T_1}^{T_2}\frac{C_{V,\text{m}}}{T}\mathrm{d}T\xlongequal[\text{恒定}]{C_{V,\text{m}}}nC_{V,\text{m}}\ln\left(\frac{T_2}{T_1}\right)\quad(\text{恒容过程})\tag{3.4.6}$$

(2)对恒压过程：

$\mathrm{d}p=0$，$\mathrm{d}H=nC_{p,\text{m}}\mathrm{d}T$ 代入式(3.4.2)并积分，有

$$\Delta_p S=n\int_{T_1}^{T_2}\frac{C_{p,\text{m}}}{T}\mathrm{d}T\xlongequal[\text{恒定}]{C_{p,\text{m}}}nC_{p,\text{m}}\ln\left(\frac{T_2}{T_1}\right)\quad(\text{恒压过程})\tag{3.4.7}$$

(3)对非恒容、非恒压过程：

压力对凝聚态物质的熵 S 的影响一般很小，这结合熵的物理意义很容易理解。假设有一铜块，在其他条件不变时，仅仅改变其压力，如由标准压力 $p^\ominus$ 加压至 $2p^\ominus$，其内部质点的无序度(混乱程度)改变是极小的，完全可忽略不计。对凝聚态物质仍有 $\mathrm{d}H=nC_{p,\text{m}}\mathrm{d}T$，代入式(3.4.2)并积分，有

$$\Delta S=n\int_{T_1}^{T_2}\frac{C_{p,\text{m}}}{T}\mathrm{d}T\tag{3.4.8}$$

当 $C_{p,\text{m}}$ 为常数时，由式(3.4.8)得

$$\Delta S=nC_{p,\text{m}}\ln\left(\frac{T_2}{T_1}\right)$$

当 $C_{p,\text{m}}=f(T)$ 时，将其代入式(3.4.7)并积分即可。

3.4.2 相变过程熵变计算

计算相变过程的熵变，需要区分可逆相变与不可逆相变。对于可逆相变过程熵变的计

算，可直接利用熵的定义式(3.3.3)。对于不可逆相变过程，则需设计可逆过程来计算熵变。

1. 可逆相变

由前面可逆过程的定义可知，可逆相变是无限接近平衡条件下进行的相变。如果一个相变过程始终保持在某一温度及其平衡压力下进行，则该相变即为可逆相变，也称平衡相变。如水在恒定 100 ℃及饱和蒸气压 101.325 kPa 的条件下汽化为水蒸气的过程就是可逆相变。

第 2 章学习过摩尔相变焓 $\Delta_\alpha^\beta H_m$，由其定义可知，它即为摩尔可逆相变焓。因可逆相变过程恒温、恒压、可逆，结合熵的定义式

$$dS=\frac{\delta Q_r}{T}$$

可逆相变恒温，可对熵的定义式积分，得

$$\Delta_\alpha^\beta S=\frac{Q_r}{T}$$

因为可逆相变热和可逆相变焓数值相等，所以

$$\Delta_\alpha^\beta S=\frac{n\Delta_\alpha^\beta H_m}{T} \tag{3.4.9}$$

式中，T 为可逆相变温度；n 为发生相变物质的物质的量；$\Delta_\alpha^\beta H_m$ 为摩尔相变焓。

【例 3.4.2】 10 mol 水在 373.15 K，101.325 kPa 下汽化为水蒸气，已知该条件下的汽化焓 $\Delta_{vap}H_m=4.07\times10^4$ J/mol，求过程的 $\Delta_{vap}S$。

解：因该相变过程为可逆相变，故由式(3.4.9)有

$$\Delta_{vap}S=\frac{n\Delta_{vap}H_m}{T}=\frac{10\times4.07\times10^4}{373.15}\ \text{J/K}=1\ 088\ \text{J/K}$$

若温度 T 下的可逆摩尔相变焓未知，但另一温度 T_0 下的可逆摩尔相变焓 $\Delta_\alpha^\beta H_m(T_0)$ 已知，则可先利用式(2.5.3)求出温度 T 下的 $\Delta_\alpha^\beta H_m(T)$，然后代入式(3.4.9)，即有

$$\Delta_\alpha^\beta S(T)=\frac{n\left[\Delta_\alpha^\beta H_m(T_0)+\int_{T_0}^{T}\Delta_\alpha^\beta C_{p,m}dT\right]}{T} \tag{3.4.10}$$

例如已知 100 ℃，101.325 kPa 下水的摩尔蒸发焓，现要计算 25 ℃及其饱和蒸气压下的摩尔相变熵，即可利用上式。

2. 不可逆相变

凡不在无限接近平衡条件下进行的相变均为不可逆相变。例如在 101.325 kPa，−5 ℃条件下的过冷水结冰即为不可逆相变。要计算不可逆相变过程的熵变，需要借助状态函数法，在不可逆相变过程的始、末态间，设计一包含可逆相变及单纯 pVT 变化的途径，利用基础热数据可逆摩尔相变焓及摩尔热容来进行计算。具体过程通过下例予以介绍。

【例 3.4.3】 1 mol，263.15 K 的过冷水于恒定的 101.325 kPa 下凝固为 263.15 K 下的冰，求系统的相变 ΔS。已知水的凝固焓 $\Delta_l^s H_m$(273.15 K，101.325 kPa)＝−6 020 J/mol，冰的 $C_{p,m}$(冰)＝37.6 J/(mol·K)，水的 $C_{p,m}$(水)＝75.3 J/(mol·K)。

解：水在 273.15 K，101.325 kPa 下的结冰过程为可逆相变，而过冷水在 263.15 K，101.325 kPa 下的凝固过程为不可逆相变。现利用题给条件设计如图 3.4.1 所示的途径。

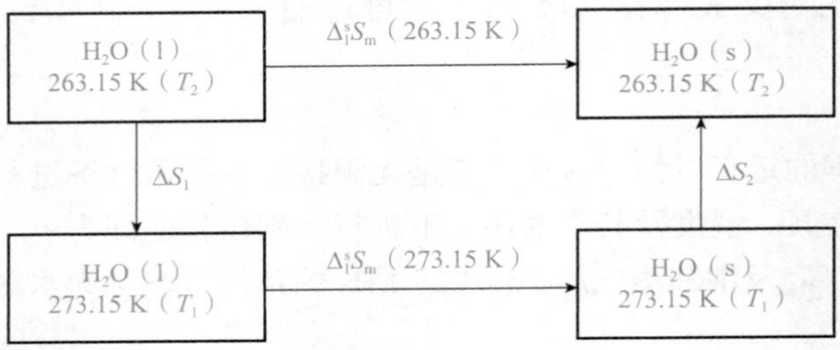

图 3.4.1　相变途径

由状态函数法有

$$\Delta_l^s S(263.15\ \text{K}) = \Delta_l^s S(273.15\ \text{K}) + \Delta S_1 + \Delta S_2$$

其中

$$\Delta_l^s S(273.15\ \text{K}) = n\frac{\Delta_l^s H_m}{T} = \left(1\times\frac{-6\ 020}{273.15}\right)\ \text{J/K} = -22.039\ \text{J/K}$$

$$\begin{aligned}\Delta S_1 &= nC_{p,m}(\text{水})\ln\frac{T_1}{T_2}\\ &= \left(1\times 75.3\times\ln\frac{273.15}{263.15}\right)\ \text{J/K}\\ &= 2.808\ \text{J/K}\end{aligned}$$

$$\begin{aligned}\Delta S_2 &= nC_{p,m}(\text{冰})\ln\frac{T_2}{T_1}\\ &= \left(1\times 37.6\times\ln\frac{263.15}{273.15}\right)\ \text{J/K}\\ &= -1.402\ \text{J/K}\end{aligned}$$

故 $\Delta S(263.15\ \text{K}) = (-22.039+2.808-1.402)\ \text{J/K} = -20.633\ \text{J/K}$

熵变为负值，说明系统的有序度增加了，不过此时不能将此熵变结果作为熵判据，因为它只是系统的熵变。要判断过程是否自发还要计算环境的熵变。对非绝热过程，必须用隔离系统的熵变作为判据。

3.4.3　环境熵变计算

一般所指的环境往往是大气或很大的热源，当系统与环境间发生有限量的热量交换时，仅引起环境温度、压力无限小的变化，环境可认为时刻处于无限接近平衡的状态。这样，整个热交换过程对环境而言可看成在恒温下的可逆过程，则由熵的定义，有

$$\Delta S_{amb} = \frac{Q_{amb}}{T_{amb}}$$

式中，T_{amb} 为环境温度。

又因 $Q_{amb} = -Q_{sys}$，代入上式，得

$$\Delta S_{amb} = \frac{-Q_{sys}}{T_{amb}} \tag{3.4.11}$$

此式即为环境熵变计算公式。上式表明，系统与环境交换热量的负值与环境温度的商

即为环境的熵变。

计算了 ΔS_{amb} 及前面介绍的系统的 ΔS_{sys}，则可由 $\Delta S_{iso}=\Delta S_{amb}+\Delta S_{sys}$ 来判断过程的方向与限度。

【例 3.4.4】 在例 3.4.3 中，已求出 1 mol，263.15 K 的过冷水在大气压力下凝固为 263.15 K 下的冰的系统熵变 ΔS_{sys}，试求环境的熵变 ΔS_{amb} 及隔离系统的熵变 ΔS_{iso}。

解：在例 3.4.3 中过冷水的凝固因是恒温恒压过程，故与环境交换的热为该过程的熵变，即

$$Q_{sys}=\Delta_l^s H(263.15\ \mathrm{K})$$

利用例 3.4.3 中的图 3.4.1，得

$$\begin{aligned}\Delta_l^s H(263.15\ K)&=\Delta_l^s H(273.15\ \mathrm{K})+\Delta H_1+\Delta H_2\\&=-6\ 020\ \mathrm{J}+nC_{p,\mathrm{m}}(\text{水})(T_1-T_2)+nC_{p,\mathrm{m}}(\text{冰})(T_2-T_1)\\&=[-6\ 020+1\times75.3\times10+1\times37.6\times(-10)]\ \mathrm{J}\\&=-5\ 643\ \mathrm{J}\end{aligned}$$

将 $Q_{sys}=\Delta_l^s H(263.15\ \mathrm{K})=-5\ 643\ \mathrm{J}$ 代入式(3.4.11)得

$$\Delta S_{amb}=\frac{-Q_{sys}}{T_{amb}}=\frac{5\ 643}{263.15}\ \mathrm{J/K}=21.44\ \mathrm{J/K}$$

则

$$\begin{aligned}\Delta S_{iso}&=\Delta S_{sys}+\Delta S_{amb}\\&=(-20.63+21.44)\ (\mathrm{J/K})\\&=0.81\ \mathrm{J/K}>0\end{aligned}$$

$\Delta S_{iso}>0$，说明过冷水凝固是自发的不可逆过程。

3.5 热力学第三定律及化学变化过程熵变

一定条件下化学变化通常是不可逆的，化学反应热也是不可逆热，因而化学反应热与反应温度之比并不等于化学反应的熵变。因此应该与求标准摩尔反应焓类似，利用标准摩尔生成焓和标准摩尔燃烧焓之类的基础热数据求解。

热力学第三定律的提出，物质标准摩尔熵的确立，使得化学变化熵变的计算变得十分简单。

3.5.1 热力学第三定律

1. 热力学第三定律的实验基础

在 20 世纪初，理查兹(Richards T W)于 1902 年对低温下凝聚系统电池反应的测量发现，随着温度的降低，凝聚系统恒温反应的吉布斯函数增量 ΔG 和焓变 ΔH 趋于相等，即熵变 ΔS 在下降，当温度趋于 0 K 时，趋于最小。在此基础上，能斯特(Nernst W H)1906 年提出如下假定：

随温度趋于 0 K，凝聚系统在恒温过程中的熵变趋于零，即

$$\lim_{T\to 0\ \mathrm{K}}\Delta_T S=0 \tag{3.5.1}$$

此假定被称为能斯特热定理，它奠定了热力学第三定律的基础。

在不违背能斯特热定理的前提下，为了应用方便，1911 年，普朗克(Planck M)进一步做了如下假定：0 K 下凝聚态纯物质熵为零，即

$$S^*(0\ \text{K，凝聚态})=0$$

这就是普朗克有关热力学第三定律最初的说法。在这里，0 K 下的凝聚态没有特别明确，同种物质存在不同晶型排列的凝聚态，故为了严格起见，路易斯(Lewis G N)和吉布森(Gibson G E)在 1920 年对此进行了严格界定，提出了完美晶体的概念，这才使得热力学第三定律的表述更加科学、严谨。

2. 热力学第三定律

纯物质完美晶体，0 K 时的熵为零，即

$$S^*(0\ \text{K，完美晶体})=0 \tag{3.5.2}$$

这就是热力学第三定律普遍的表述。这里的完美晶体是指没有任何缺陷的晶体，即所有质点均处于最低能级、规则地排列在完全有规律的点阵结构中，以形成具有唯一排布方式的晶体。例如，NO 分子晶体中，若所有分子均按规则排列顺序 NONONO……排列，它就是完美晶体；若有的分子反向排列成 ONONON……，它就不是完美晶体，同样条件下其熵比完美晶体的熵要大。

上述表述与熵的物理意义是一致的。0 K 下，纯物质完美晶体的有序度是最大的，其熵是最小的，热力学第三定律将其规定为零也就顺理成章了。

3.5.2 规定熵与标准熵

热力学第三定律实际是对熵的基准进行了规定。有了这个基准，就可以计算出一定量的 B 物质在某一状态(T，p)下的熵，称为该物质在该状态下的规定熵，也称为第三定律熵。1 mol 物质在标准态下、温度 T 时的规定熵即为温度 T 时的标准摩尔熵，记作 $S_m^{\ominus}(T)$。

现以气态 B 物质为例说明如何通过计算获得物质的标准摩尔熵。

设有 1 mol 的 B 物质，从 0 K，101.325 kPa 下的固态(完美晶体)经历如下过程变至温度为 T，标准状态下的气体(设固体不发生晶型转变，即只有一种晶型)：

$$\begin{array}{llllllll} \text{B(s)}\xrightarrow{1} & \text{B(s)}\xrightleftharpoons{2} & \text{B(l)}\xrightarrow{3} & \text{B(l)}\xrightleftharpoons{4} & \text{B(g)}\xrightarrow{5} & \text{B(g)}\xrightarrow{6} & \text{B(pg)}\xrightarrow{7} & \text{B(pg)} \\ 0\ \text{K} & T_f & T_f & T_b & T_b & T & T & T \\ p=101.325\ \text{kPa} & p & p & p & p & p & & p^{\ominus} \end{array}$$

这里，温度的下标 f 代表熔化，b 代表沸腾，pg 代表理想气体。

根据前面介绍的熵变计算方法，有

$$\begin{aligned} S_m^{\ominus}(\text{g}, T) &= \Delta S_1+\Delta S_2+\Delta S_3+\Delta S_4+\Delta S_5+\Delta S_6+\Delta S_7 \\ &= \int_{0\,\text{K}}^{T_f}\frac{C_{p,m}(\text{s})}{T}\text{d}T+\frac{\Delta_s^l H_m}{T_f}+\int_{T_f}^{T_b}\frac{C_{p,m}(\text{l})}{T}\text{d}T+\frac{\Delta_l^g H_m}{T_b} \\ &\quad +\int_{T_b}^{T}\frac{C_{p,m}(\text{g})}{T}\text{d}T+\Delta_g^{pg}S_m+R\ln\frac{p}{p^{\ominus}} \end{aligned} \tag{3.5.3}$$

这里需要说明的是 ΔS_1 及 ΔS_6：

(1)计算 ΔS_1 时需要固体的热容 $C_{p,m}$，而极低温度下实际测定 $C_{p,m}$ 是极为困难的，故一般缺乏 15 K 以下的热容数据。此时人们常常通过德拜(Debye)公式计算 0～15 K 的热

容，即

$$C_{p,\mathrm{m}} \approx C_{V,\mathrm{m}} = aT^3 \tag{3.5.4}$$

式中，a 为与物质有关的特性常数。

这样，就有

$$\Delta S_1 = \int_{0\,\mathrm{K}}^{15\,\mathrm{K}} aT^2 \mathrm{d}T + \int_{15\,\mathrm{K}}^{T_\mathrm{f}} \frac{C_{p,\mathrm{m}}(\mathrm{s})}{T} \mathrm{d}T$$

(2)ΔS_6 指的是由实际气体变为理想气体过程的熵变，后面章节有具体实例说明。

物质的标准摩尔熵 $S_\mathrm{m}^\ominus(T)$ 是热力学中另一重要的基础热数据，各种化学化工手册往往给出了 298.15 K 下的数据，本书附录 1 摘录了部分物质的 $S_\mathrm{m}^\ominus$(298.15 K)。

3.5.3　标准摩尔反应熵

通过物质的标准摩尔熵 $S_\mathrm{m}^\ominus$ 可以很方便地计算化学变化过程的熵变。

1. 298.15 K 下标准摩尔反应熵 $\Delta_\mathrm{r} S_\mathrm{m}^\ominus$

若反应是在恒定温度为 298.15 K 下进行，且各反应组分均处于标准态，则反应式为

$$a\mathrm{A}(\alpha) + b\mathrm{B}(\beta) \xrightarrow{298.15\ \mathrm{K}} y\mathrm{Y}(\gamma) + z\mathrm{Z}(\delta)$$

进行了 1 mol 反应进度时，对应的熵变即为标准摩尔反应熵，它可直接利用 298.15 K 下各物质的 $S_\mathrm{m}^\ominus$ 通过下式进行计算：

$$\begin{aligned}\Delta_\mathrm{r} S_\mathrm{m}^\ominus &= [yS_\mathrm{m}^\ominus(\mathrm{Y}) + zS_\mathrm{m}^\ominus(\mathrm{Z})] - [aS_\mathrm{m}^\ominus(\mathrm{A}) + bS_\mathrm{m}^\ominus(\mathrm{B})] \\ &= \sum \nu_\mathrm{B} S_\mathrm{m}^\ominus(\mathrm{B}) \end{aligned} \tag{3.5.5}$$

即 298.15 K 下标准摩尔反应熵 $\Delta_\mathrm{r} S_\mathrm{m}^\ominus$ 等于末态各产物标准摩尔熵与化学计量数乘积之和减去始态各反应物标准摩尔熵与化学计量数乘积之和。

需要注意的是，由于物质在恒温、恒压下混合时存在熵变，故利用式(3.5.5)计算的 $\Delta_\mathrm{r} S_\mathrm{m}^\ominus$ 并非物质 A 与物质 B 混合后发生反应，生成混合的产物 Y 与产物 Z 时的熵变，而是假定反应物和产物均处于各自标准态时，进行 1 mol 反应进度这一假想过程所对应的熵变。

2. 任意温度 T 下的标准摩尔反应熵 $\Delta_\mathrm{r} S_\mathrm{m}^\ominus$

多数情况下，反应并非在 298.15 K 下进行，此时要利用 298.15 K 下各物质的 $S_\mathrm{m}^\ominus$ 计算任意温度下的标准摩尔反应熵 $\Delta_\mathrm{r} S_\mathrm{m}^\ominus(T)$，就需要借助状态函数法。

$$\begin{aligned}\Delta_\mathrm{r} S_\mathrm{m}^\ominus(T) &= \Delta_\mathrm{r} S_\mathrm{m}^\ominus(298.15\ \mathrm{K}) + \Delta S_1 + \Delta S_2 \\ &= \Delta_\mathrm{r} S_\mathrm{m}^\ominus(298.15\ \mathrm{K}) + \int_T^{298.15\ \mathrm{K}} \frac{aC_{p,\mathrm{m}}(\mathrm{A}) + bC_{p,\mathrm{m}}(\mathrm{B})}{T} \mathrm{d}T + \int_{298.15\ \mathrm{K}}^{T} \frac{yC_{p,\mathrm{m}}(\mathrm{Y}) + zC_{p,\mathrm{m}}(\mathrm{Z})}{T} \mathrm{d}T \end{aligned}$$

整理得

$$\Delta_\mathrm{r} S_\mathrm{m}^\ominus(T) = \Delta_\mathrm{r} S_\mathrm{m}^\ominus(T_0) + \int_{T_0}^{T} \frac{\Delta_\mathrm{r} C_{p,\mathrm{m}}}{T} \mathrm{d}T \tag{3.5.6}$$

式中

$$\begin{aligned}\Delta_\mathrm{r} C_{p,\mathrm{m}} &= \sum \nu_\mathrm{B} C_{p,\mathrm{m}}(\mathrm{B}) \\ &= [yC_{p,\mathrm{m}}(\mathrm{Y}) + zC_{p,\mathrm{m}}(\mathrm{Z})] - [aC_{p,\mathrm{m}}(\mathrm{A}) + bC_{p,\mathrm{m}}(\mathrm{B})] \end{aligned}$$

由式(3.5.6)可知，如果反应的 $\Delta_\mathrm{r} C_{p,\mathrm{m}} = 0$，则反应的熵变 $\Delta_\mathrm{r} S_\mathrm{m}^\ominus(T)$ 不随温度变化。

【例 3.5.1】 试用附录 1 中的数据，计算 500.15 K 时如下反应的标准摩尔反应熵 $\Delta_r S_m^{\ominus}(500.15\ \text{K})$。

$$2CO(g)+O_2(g)\xrightarrow{500.15\ \text{K}}2CO_2(g)$$

已知 $C_{p,m}(CO)$、$C_{p,m}(O_2)$及 $C_{p,m}(CO_2)$分别为 29.29 J/(mol·K)，32.22 J/(mol·K)及 49.96 J/(mol·K)。

解：上述反应的

$$\begin{aligned}\Delta_r C_{p,m}&=\sum \nu_B C_{p,m}(B)\\&=2C_{p,m}(CO_2)-2C_{p,m}(CO)-C_{p,m}(O_2)\\&=(2\times 49.96-2\times 29.29-32.22)\ \text{J/(mol·K)}\\&=9.12\ \text{J/(mol·K)}\end{aligned}$$

$$\begin{aligned}\Delta_r S_m^{\ominus}(298.15\ \text{K})&=\sum \nu_B S_m^{\ominus}(B)\\&=2S_m^{\ominus}(CO_2)-2S_m^{\ominus}(CO)-S_m^{\ominus}(O_2)\\&=(2\times 213.76-2\times 198.016-205.138)\ \text{J/(mol·K)}\\&=-173.65\ \text{J/(mol·K)}\end{aligned}$$

代入式(3.5.6)有

$$\begin{aligned}\Delta_r S_m^{\ominus}(T)&=\Delta_r S_m^{\ominus}(T_0)+\int_{T_0}^{T}\frac{\Delta_r C_{p,m}}{T}dT\\&=\Delta_r S_m^{\ominus}(298.15\ \text{K})+\int_{298.15\ \text{K}}^{T}\frac{\Delta_r C_{p,m}}{T}dT\\&=\left(-173.65+9.12\times\ln\frac{500.15}{298.15}\right)\ \text{J/(mol·K)}\\&=-168.93\ \text{J/(mol·K)}\end{aligned}$$

3.6 亥姆霍兹函数和吉布斯函数

前面将克劳修斯不等式应用于隔离系统，得出了熵判据(熵增原理)，但应用熵判据时，不仅需要计算系统的熵变，还要计算环境的熵变，方可判断过程的可能性。

在化学化工生产中，常遇到的是恒温恒容或恒温恒压且非体积功为零的过程。针对这两种情况得到更直接的判据具有实用意义。本节从克劳修斯不等式出发，可分别引出两个新的状态函数，亥姆霍兹函数、吉布斯函数及相应的判据适合以上两种情况的过程方向与限度的判断，只需计算系统的变化，避免了计算环境熵变的麻烦。

3.6.1 亥姆霍兹函数

吉布斯

克劳修斯不等式

$$dS\geqslant\frac{\delta Q}{T}\quad\begin{matrix}\text{不可逆}\\\text{可逆}\end{matrix}$$

对恒温恒容且 $W'=0$ 的过程，有

$$\delta Q_V = \mathrm{d}U$$

将上式代入克劳修斯不等式中，有

$$\mathrm{d}S \geqslant \frac{\mathrm{d}U}{T}$$

两边乘以 T 并移项，得

$$\mathrm{d}U - T\mathrm{d}S \leqslant 0$$

因 T 恒定，故有

$$\mathrm{d}(U-TS) \leqslant 0 \quad \begin{matrix} \text{不可逆} \\ \text{可逆} \end{matrix} \tag{3.6.1}$$

1. 定义

$$A \overset{\text{def}}{=} U - TS \tag{3.6.2}$$

这里 A 称为亥姆霍兹函数。显然，因为 U、T、S 均为状态函数，故 A 也为状态函数，它是一个广度量，其单位为 J 或 kJ。

2. 判据

将定义式(3.6.2)代入式(3.6.1)，有

$$\mathrm{d}A_{T,V} \leqslant 0 \quad \begin{matrix} \text{自发} \\ \text{平衡} \end{matrix} \quad (W'=0) \tag{3.6.3}$$

对宏观过程，则有

$$\Delta A_{T,V} \leqslant 0 \quad \begin{matrix} \text{自发} \\ \text{平衡} \end{matrix} \quad (W'=0) \tag{3.6.4}$$

以上两式即亥姆霍兹函数判据，该判据表明：恒温恒容且 $W'=0$ 条件下，自发过程的亥姆霍兹函数减小，换言之，恒温恒容且 $W'=0$ 条件下，亥姆霍兹函数减小是自发过程，系统平衡时，亥姆霍兹函数不变。

与熵判据相比，此判据不需考虑环境的变化，仅由系统状态函数亥姆霍兹函数的增量即可实现对恒温恒容、$W'=0$ 的过程的方向和限度的判断，应用起来十分方便。

3. 物理意义

由 A 的定义有

$$\Delta A = \Delta U - \Delta(TS)$$

恒温时

$$\begin{aligned} \Delta A_T &= \Delta U - T\Delta S \\ &= \Delta U - Q_r \end{aligned}$$

将热力学第一定律应用于可逆过程，即 $\Delta U = Q_r + W_r$，代入上式，得

$$\Delta A_T = W_r \tag{3.6.5}$$

恒温过程系统亥姆霍兹函数的增量等于过程的可逆功。过程恒温可逆进行时，系统对环境做的功最大，可逆功 W_r 表示系统所具有的对外做功的能力，故 ΔA_T 反映了系统进行恒温状态变化时所具有的对外做功能力的大小。

上式(3.6.5)右边可逆功 W_r 应为可逆体积功 $-\int_{V_1}^{V_2} p\mathrm{d}V$ 与可逆非体积功 W'_r 之和，代

入有

$$\Delta A_T = -\int_{V_1}^{V_2} p\mathrm{d}V + W'_{\mathrm{r}}$$

若过程除恒温以外，恒容，即 $\mathrm{d}V=0$，则有

$$\Delta A_{T,V} = W'_{\mathrm{r}} \tag{3.6.6}$$

此式表明，恒温恒容过程系统亥姆霍兹函数的增量表示系统所具有的对外做非体积功的能力。

3.6.2 吉布斯函数

对恒温恒压且 $W'=0$ 的过程，有

$$\delta Q_p = \mathrm{d}H$$

代入克劳修斯不等式，有

$$\mathrm{d}S \geqslant \frac{\mathrm{d}H}{T}$$

两边乘以 T 并移项，得

$$\mathrm{d}H - T\mathrm{d}S \leqslant 0$$

因 T 恒定，故有

$$\mathrm{d}(H-TS) \leqslant 0 \quad \begin{matrix} \text{不可逆} \\ \text{可逆} \end{matrix} \tag{3.6.7}$$

1. 定义

$$G \overset{\text{def}}{=} H - TS \tag{3.6.8}$$

这里新定义的函数 G 称为吉布斯函数。它同 A 一样，也是一个具有广度性质的状态函数，其单位为 J 或 kJ。

2. 判据

定义了吉布斯函数，则式(3.6.7)即为

$$\mathrm{d}G_{T,p} \leqslant 0 \quad \begin{matrix} \text{自发} \\ \text{平衡} \end{matrix} \quad (W'=0) \tag{3.6.9}$$

对宏观过程，则有

$$\Delta G_{T,p} \leqslant 0 \quad \begin{matrix} \text{自发} \\ \text{平衡} \end{matrix} \quad (W'=0) \tag{3.6.10}$$

以上两式即吉布斯函数判据，该判据应用非常广泛，因为许多相变、化学变化均是在恒温恒压、$W'=0$ 下进行的，且它与亥姆霍兹函数判据一样，也不需考虑环境，仅由系统状态函数的增量 ΔG 即可对过程的可能性进行判断。

在恒温恒压且 $W'=0$ 的条件下，自发过程的吉布斯函数减小，换言之，恒温恒压且 $W'=0$ 条件下，吉布斯函数减小是自发过程，系统平衡时，其吉布斯函数不变。

3. 物理意义

由 G 的定义有

$$\begin{aligned}\Delta G &= \Delta H - \Delta(TS) \\ &= \Delta U + \Delta(pV) - \Delta(TS)\end{aligned}$$

在恒温恒压条件下

$$\Delta G_{T,p}=\Delta U+p\Delta V-T\Delta S \tag{3.6.11}$$

这里 $T\Delta S$ 即为恒温可逆热 Q_r，即

$$T\Delta S=Q_r$$

又由可逆、恒压过程热力学第一定律，有

$$\begin{aligned}\Delta U&=Q_r+W_r\\&=Q_r-\int_{V_1}^{V_2}p\mathrm{d}V+W_r'\\&=Q_r-p\Delta V+W_r'\end{aligned}$$

将以上各式代入式(3.6.11)，得

$$\Delta G_{T,p}=W_r' \tag{3.6.12}$$

由此式可知，在恒温恒压过程中，系统吉布斯函数的改变 ΔG 等于系统对外所做的可逆非体积功。

3.6.3 ΔA 及 ΔG 的计算

计算一个过程的 ΔA 和 ΔG，通常是从其定义式出发，即

$$\Delta A=\Delta U-\Delta(TS) \tag{3.6.13}$$

$$\Delta G=\Delta H-\Delta(TS) \tag{3.6.14}$$

现举例予以说明。

【例 3.6.1】 1 mol 过冷水于 263.15 K 及 101.325 kPa 下凝固为冰，求过程的 ΔG。已知条件同例 3.4.3，已知水的凝固焓 $\Delta_l^s H_m$(273.15 K，101.325 kPa)＝－6 020 J/mol，冰的 $C_{p,m}$(冰)＝37.6 J/(mol·K)，水的 $C_{p,m}$(水)＝75.3 J/(mol·K)。

解：因过程恒温、恒压，故有

$$\Delta G=\Delta H-\Delta(TS)=\Delta H-T\Delta S$$

由例 3.4.4 得

$$\Delta H=\Delta H(263.15\ \mathrm{K})=-5\ 643\ \mathrm{J}$$

由例 3.4.3 得

$$\Delta S=\Delta S(263.15\ \mathrm{K})=-20.63\ \mathrm{J/K}$$

代入得

$$\begin{aligned}\Delta G&=\Delta H-T\Delta S\\&=[-5\ 643-263.15\times(-20.633)]\ \mathrm{J}\\&=-213.426\ \mathrm{J}\end{aligned}$$

计算所得 $\Delta G=-213.426\ \mathrm{J}<0$，过程恒温恒压，所以可以应用吉布斯函数判据，可知过冷水于 263.15 K 及 101.325 kPa 下凝固为冰的过程是能够自发进行的。

【例 3.6.2】 2 mol 氦在标准压力下从 200 ℃加热到 400 ℃，求该过程的 ΔH、ΔS 及 ΔG。已知氦的 $S_m^{\ominus}$(200 ℃)＝135.7 J/(mol·K)。

解：氦可看成单原子理想气体，$C_{p,m}=\frac{5}{2}R$。对理想气体，焓仅仅是温度的函数，故有

$$\begin{aligned}\Delta H &= nC_{p,\mathrm{m}}(T_2-T_1)\\ &= [2\times2.5\times8.314\times(400-200)]\ \mathrm{J}\\ &= 8\ 314\ \mathrm{J}\end{aligned}$$

又由理想气体熵的计算式(3.4.4)得

$$\begin{aligned}\Delta S &= nC_{p,\mathrm{m}}\ln\frac{T_2}{T_1}\\ &= \left(2\times2.5\times8.314\times\ln\frac{673.15}{473.15}\right)\ \mathrm{J/K}\\ &= 14.7\ \mathrm{J/K}\end{aligned}$$

由 G 的定义式，得

$$\begin{aligned}\Delta G &= \Delta H-\Delta(TS)\\ &= \Delta H-(T_2S_2-T_1S_1)\end{aligned}$$

这里

$$\begin{aligned}S_1 &= 2\ \mathrm{mol}\times S_{\mathrm{m}}^{\ominus}(200\ ℃)\\ &= 2\ \mathrm{mol}\times135.7\ \mathrm{J/(mol\cdot K)}\\ &= 271.4\ \mathrm{J/K}\\ S_2 &= S_1+\Delta S\\ &= (271.4+14.7)\ \mathrm{J/K}\\ &= 286.1\ \mathrm{J/K}\end{aligned}$$

代入并计算得

$$\begin{aligned}\Delta G &= [8\ 314-(673.15\times286.1-473.15\times271.4)]\ \mathrm{J}\\ &= -55\ 861\ \mathrm{J}\end{aligned}$$

式(3.6.14)也适用化学反应过程 ΔG 的计算。对恒温、标准态下的反应，有

$$\Delta_{\mathrm{r}}G_{\mathrm{m}}^{\ominus}=\Delta_{\mathrm{r}}H_{\mathrm{m}}^{\ominus}-T\Delta_{\mathrm{r}}S_{\mathrm{m}}^{\ominus} \tag{3.6.15}$$

此外，化学反应过程的 $\Delta_{\mathrm{r}}G_{\mathrm{m}}^{\ominus}$，还可通过参与反应的各物质的标准摩尔生成吉布斯函数 $\Delta_{\mathrm{f}}G_{\mathrm{m}}^{\ominus}$ 来直接计算，$\Delta_{\mathrm{f}}G_{\mathrm{m}}^{\ominus}$ 的定义与标准摩尔生成焓类似。

在温度为 T 的标准态下，由稳定相态的单质生成化学计量数 $\nu_{\mathrm{B}}=1$ 的 β 相态的化合物 B(β)，该生成反应的吉布斯函数变即为该化合物 B(β) 在温度 T 时的标准摩尔生成吉布斯函数，以 $\Delta_{\mathrm{f}}G_{\mathrm{m}}^{\ominus}(\mathrm{B},\beta,T)$ 表示，单位为 kJ/mol。

显然，对热力学稳定相态的单质，其 $\Delta_{\mathrm{f}}G_{\mathrm{m}}^{\ominus}=0$。由各物质的 $\Delta_{\mathrm{f}}G_{\mathrm{m}}^{\ominus}$ 可直接利用下式计算反应的 $\Delta_{\mathrm{r}}G_{\mathrm{m}}^{\ominus}$：

$$\Delta_{\mathrm{r}}G_{\mathrm{m}}^{\ominus}=\sum_{\mathrm{B}}\nu_{\mathrm{B}}\Delta_{\mathrm{f}}G_{\mathrm{m}}^{\ominus}(\mathrm{B}) \tag{3.6.16}$$

即一定温度下化学反应的标准摩尔反应吉布斯函数 $\Delta_{\mathrm{r}}G_{\mathrm{m}}^{\ominus}$，等于同样温度下参与反应的各组分标准摩尔生成吉布斯函数 $\Delta_{\mathrm{r}}G_{\mathrm{m}}^{\ominus}(\mathrm{B})$ 与其化学计量数的乘积之和。

附录 1 给出了一些物质的标准摩尔生成吉布斯函数。

3.7 热力学基本方程及麦克斯韦关系式

前面已学到的热力学状态函数可分为两大类：一类是可直接测定的，如 p、V、T、

$C_{V,m}$及$C_{p,m}$等；另一类是不能直接测定的，如U、H、S、A、G等。后面不可测的五个状态函数中，U和S是最基本的状态函数，这两个函数分别为热力学第一定律和热力学第二定律的自然结果。H、A、G是由U、S及p、V、T组合得出的状态函数。人为地引出这三个状态函数是为了应用的方便。U、H主要用于解决能量衡算问题，而S、A、G主要用于讨论过程方向和限度的问题。

为了解决上述实际问题，还必须找出各函数间的关系，尤其是要找出可测变量与不可直接测定的函数间的关系。下面就从热力学第一定律和热力学第二定律出发，导出状态函数间的各种关系。

3.7.1 热力学基本方程

将封闭系统热力学第一定律应用于可逆、$W'=0$的过程，有

$$\begin{aligned}\mathrm{d}U &= \delta Q_r + \delta W_r \\ &= \delta Q_r - p\mathrm{d}V\end{aligned}$$

又由熵的定义式有

$$\delta Q_r = T\mathrm{d}S$$

两式联立，得

$$\mathrm{d}U = T\mathrm{d}S - p\mathrm{d}V \tag{3.7.1}$$

由焓的定义式$H=U+pV$，得$\mathrm{d}H=\mathrm{d}U+p\mathrm{d}V+V\mathrm{d}p$，将式(3.7.1)代入得

$$\mathrm{d}H = T\mathrm{d}S + V\mathrm{d}p \tag{3.7.2}$$

由亥姆霍兹函数的定义式$A=U-TS$，得$\mathrm{d}A=\mathrm{d}U-T\mathrm{d}S-S\mathrm{d}T$，将式(3.7.1)代入得

$$\mathrm{d}A = -S\mathrm{d}T - p\mathrm{d}V \tag{3.7.3}$$

由吉布斯函数的定义式$G=H-TS$，得$\mathrm{d}G=\mathrm{d}H-T\mathrm{d}S-S\mathrm{d}T$，将式(3.7.2)代入得

$$\mathrm{d}G = -S\mathrm{d}T + V\mathrm{d}p \tag{3.7.4}$$

以上四式即称为热力学基本方程。之所以称为基本方程，不仅仅因为这些方程是热力学第一定律和第二定律的结合式，更主要的是后边的许多热力学关系式都是由这四个微分形式的方程出发导出的。

由推导过程可知，热力学基本方程的适用条件为封闭系统、$W'=0$的可逆过程。它不仅适用于无相变、无化学变化的平衡系统（纯物质或多组分、单相或多相）发生的单纯pVT变化的可逆过程，也适用于同时发生pVT变化、相变和化学变化的可逆过程。

由于热力学基本方程中所有物理量均为状态函数，而由状态函数的性质，状态函数的变化仅仅取决于始、末态，故系统从同一始态到同一末态间不论过程可逆与否，状态函数的变化均可由热力学基本方程计算，但积分时要找出可逆途径时V-p及T-S间的函数关系。

热力学基本方程是热力学中重要的公式，有着广泛的应用。现通过式(3.7.4)说明一下其在热力学计算中的直接应用。

封闭系统发生pVT变化时，若过程恒温、$W'=0$，由式(3.7.4)有

$$\mathrm{d}G = V\mathrm{d}p$$

则当系统在恒温下压力由p_1变到p_2时，有

$$\Delta G=\int_{p_1}^{p_2} V \mathrm{d}p \tag{3.7.5}$$

对理想气体，将 $V=\frac{nRT}{p}$ 代入并积分，得

$$\Delta G=\int_{p_1}^{p_2} V \mathrm{d}p = nRT\ln\frac{p_2}{p_1}$$

与由定义式 $\Delta G=\Delta H-\Delta(TS)$ 计算相比，有些情况下利用热力学基本方程进行计算更为简单。

对非理想气体、凝聚态物质，只要有相应的状态方程 $V=f(T,\ p)$，代入式(3.7.5)积分即可精确计算恒温变压过程的 ΔG。不过与气体相比，凝聚态物质的 V 随压力变化很小，通常可将 V 看作常数，故 $\Delta G=\int_{p_1}^{p_2} V\mathrm{d}p=V\Delta p$，又由于凝聚态物质的 V 较小，在压力变化不大时，可忽略 p 对 G 的影响，即 $\Delta G\approx 0$。但在压力改变较大时，则不可忽略 p 对 G 的影响。

另外，前面计算单纯变化过程 ΔS 的两个原始公式，即式(3.4.1)和式(3.4.2)，实际是热力学基本方程(3.7.1)和式(3.7.2)的积分式，换言之，热力学基本方程是计算单纯 pVT 变化过程 ΔS 的基础。

3.7.2 U、H、A、G 的一阶偏导数关系式

从 $U=U(S,\ V)$ 出发，可写出如下的全微分表达式：

$$\mathrm{d}U=\left(\frac{\partial U}{\partial S}\right)_V \mathrm{d}S+\left(\frac{\partial U}{\partial V}\right)_S \mathrm{d}V$$

将上式与热力学基本方程式(3.7.1) $\mathrm{d}U=T\mathrm{d}S-p\mathrm{d}V$ 进行比较，对应项相等，有

$$\begin{cases}\left(\dfrac{\partial U}{\partial S}\right)_V=T\\[2ex]\left(\dfrac{\partial U}{\partial V}\right)_S=-p\end{cases} \tag{3.7.6}$$

同理，由另外三个基本方程可分别得出

$$\begin{cases}\left(\dfrac{\partial H}{\partial S}\right)_p=T\\[2ex]\left(\dfrac{\partial H}{\partial p}\right)_S=V\end{cases} \tag{3.7.7}$$

$$\begin{cases}\left(\dfrac{\partial A}{\partial T}\right)_V=-S\\[2ex]\left(\dfrac{\partial A}{\partial V}\right)_T=-p\end{cases} \tag{3.7.8}$$

$$\begin{cases}\left(\dfrac{\partial G}{\partial T}\right)_p=-S\\[2ex]\left(\dfrac{\partial G}{\partial p}\right)_T=V\end{cases} \tag{3.7.9}$$

以上各式左边是 U、H、A、G 四个具有能量单位的状态函数的一阶偏导数，即状态函数 U、H、A、G 等在一个独立变量不变的情况下随另一独立变量的变化率。其中 $\left(\frac{\partial G}{\partial p}\right)_T=V$

及$\left(\frac{\partial A}{\partial V}\right)_T=-p$可用来计算恒 T 下 G 随 p 以及 A 随 V 的变化。另外，通过右边变量的符号，还可判断变化率的符号，如在$\left(\frac{\partial G}{\partial T}\right)_p=-S$中，因规定熵 S 一定大于 0，则恒压下 G 随 T 的变化率小于 0，即随着温度 T 的升高，系统的 G 一定减小。大家可对其他几个关系式进行类似的分析。

3.7.3 吉布斯-亥姆霍兹方程

在上述一阶偏导数关系式基础上，很容易得出如下的两个关系式：

$$\left[\frac{\partial(G/T)}{\partial T}\right]_p=\frac{1}{T}\left(\frac{\partial G}{\partial T}\right)_p-\frac{G}{T^2}$$
$$=-\frac{S}{T}-\frac{G}{T^2}$$
$$=-\frac{TS+G}{T^2}$$
$$=-\frac{H}{T^2}$$

即

$$\left[\frac{\partial(G/T)}{\partial T}\right]_p=-\frac{H}{T^2} \tag{3.7.10}$$

同理有

$$\left[\frac{\partial(A/T)}{\partial T}\right]_V=-\frac{U}{T^2} \tag{3.7.11}$$

这两个关系式被称为吉布斯-亥姆霍兹方程，它们是后边讨论温度对化学反应平衡影响的基础。

3.7.4 麦克斯韦(Maxwell)关系式

现从 $U=U(S，V)$出发，利用二阶偏导数与求导顺序无关这一性质，举例推导麦克斯韦关系式如下：

$$U=U(S，V)$$

U 先对 S 后对 V 的二阶偏导数，结合一阶偏导关系式，可得

$$\left[\frac{\partial}{\partial V}\left(\frac{\partial U}{\partial S}\right)_V\right]_S=\left(\frac{\partial T}{\partial V}\right)_S$$

U 先对 V 后对 S 的二阶偏导数：

$$\left[\frac{\partial}{\partial S}\left(\frac{\partial U}{\partial V}\right)_S\right]_V=-\left(\frac{\partial p}{\partial S}\right)_V$$

上述两式左边均为 U 对 S、V 的二阶偏导数，区别只是求导顺序的不同，由已学过的数学知识知，二阶偏导数与求导顺序无关，即左边相等，则右边必然相等。

$$\left(\frac{\partial T}{\partial V}\right)_S=-\left(\frac{\partial p}{\partial S}\right)_V \tag{3.7.12}$$

同理，通过求 H、A、G 分别对各自两个独立变量的二阶偏导数，可得出如下三式：

$$\left(\frac{\partial T}{\partial p}\right)_S=\left(\frac{\partial V}{\partial S}\right)_p \tag{3.7.13}$$

$$\left(\frac{\partial S}{\partial V}\right)_T=\left(\frac{\partial p}{\partial T}\right)_V \tag{3.7.14}$$

$$\left(\frac{\partial S}{\partial p}\right)_T=-\left(\frac{\partial V}{\partial T}\right)_p \tag{3.7.15}$$

式(3.7.12)～式(3.7.15)称为麦克斯韦关系式。

这四个关系式中，仅出现三个可测变量 p、V、T 和一个不可测变量 S，其意义在于将不可直接测量的量用易于直接测量的量表示出来。例如最后两个关系式，公式左侧分别为恒温下 S 随 V、p 的变化率，它们均不可直接测量，但公式右侧 p 或 V 随 T 的变化率很容易直接测定。正因为如此，麦克斯韦关系式在热力学中占有极其重要的地位。

3.8 单组分相平衡系统温度和压力的关系

热力学基本方程揭示了热力学状态函数间的普遍关系。现以纯物质的两相平衡为例，推导两相平衡时系统的温度与压力之间的函数关系。

3.8.1 克拉佩龙方程

设纯物质 B 的 α 相与 β 相在恒定温度 T、压力 p 下处于平衡：

$$\mathrm{B}(\alpha,\ T,\ p)\xrightleftharpoons{\text{平衡}}\mathrm{B}(\beta,\ T,\ p)$$

这里 α 和 β 分别代表两个不同的相，可以是气、液、固或不同的晶型。

由吉布斯函数判据知，恒温恒压下 α 和 β 两相平衡时，两相的摩尔吉布斯函数相等，即

$$G_\mathrm{m}(\alpha)=G_\mathrm{m}(\beta)$$

现将上述两相平衡的温度 T 变为 $T+\mathrm{d}T$，要使系统仍维持两相平衡，则压力 p 必须相应地随之变化，设变为了 $p+\mathrm{d}p$。两相在新的温度($T+\mathrm{d}T$)、压力($p+\mathrm{d}p$)下处于新的平衡：

$$\mathrm{B}(\alpha,\ T+\mathrm{d}T,\ p+\mathrm{d}p)\xrightleftharpoons{\text{平衡}}\mathrm{B}(\beta,\ T+\mathrm{d}T,\ p+\mathrm{d}p)$$

由吉布斯函数判据，新平衡下两相的摩尔吉布斯函数仍应相等，即

$$G_\mathrm{m}(\alpha)+\mathrm{d}G_\mathrm{m}(\alpha)=G_\mathrm{m}(\beta)+\mathrm{d}G_\mathrm{m}(\beta)$$

这里 $\mathrm{d}G_\mathrm{m}(\alpha)$、$\mathrm{d}G_\mathrm{m}(\beta)$分别为新、旧平衡间两相摩尔吉布斯函数的增量。

上述两式相减，有

$$\mathrm{d}G_\mathrm{m}(\alpha)=\mathrm{d}G_\mathrm{m}(\beta)$$

将热力学基本方程分别应用于 α、β 相，有

$$-S_\mathrm{m}(\alpha)\mathrm{d}T+V_\mathrm{m}(\alpha)\mathrm{d}p=-S_\mathrm{m}(\beta)\mathrm{d}T+V_\mathrm{m}(\beta)\mathrm{d}p$$

移相整理得

$$[V_\mathrm{m}(\beta)-V_\mathrm{m}(\alpha)]\mathrm{d}p=[S_\mathrm{m}(\beta)-S_\mathrm{m}(\alpha)]\mathrm{d}T$$

令

$$\Delta_\alpha^\beta V_m = V_m(\beta) - V_m(\alpha), \quad \Delta_\alpha^\beta S_m = S_m(\beta) - S_m(\alpha)$$

则

$$\frac{dp}{dT} = \frac{\Delta_\alpha^\beta S_m}{\Delta_\alpha^\beta V_m}$$

又因 $\Delta_\alpha^\beta S_m = \Delta_\alpha^\beta H_m / T$，代入上式得

$$\frac{dp}{dT} = \frac{\Delta_\alpha^\beta H_m}{T \Delta_\alpha^\beta V_m} \tag{3.8.1}$$

此式称为克拉佩龙(Clapeyron)方程。它描述的是纯物质两相平衡时，平衡压力 p 与平衡温度 T 之间应满足的关系。上述关系适用纯物质任何两相平衡，如蒸发、熔化、升华、晶型转变等。在蒸发、升华过程中，平衡压力 p 即为温度为 T 时的饱和蒸气压，dp/dT 即为气-液、气-固平衡时，饱和蒸气压随 T 的变化率。

在单组分 p-T 相图中，气-液、气-固、液-固等两相平衡线的变化趋势可通过克拉佩龙方程分析。

小知识

可以由克拉佩龙方程的微分式定性地讨论凝固点随压力的变化关系：

$$\frac{dp}{dT} = \frac{\Delta_s^l H_m}{T \Delta_s^l V_m}$$

以水为例，式中冰的摩尔熔化焓 $\Delta_s^l H_m > 0$，由于水的反常膨胀使得 $\Delta_s^l V_m < 0$，则 $\frac{dp}{dT} < 0$。冰、水平衡时的温度为凝固点，压力升高时凝固点降低，此时冰更易融化为水。滑冰时，专业速滑运动员的速度可以轻松达到 60 km/h 以上，冰刀锋利的刀刃在冰的表面产生很高的压强，接触位置凝固点大幅降低，再加上摩擦生热的作用，会使得与冰刀接触位置的冰迅速融化成液态水，在冰与刀之间形成液态水润滑过渡层，这种运动时的低摩擦力现象使得速滑比赛被称为人类在不借助外力情况下最快的运动。

3.8.2 克劳修斯-克拉佩龙方程

克拉佩龙方程适用纯物质任何两相平衡，且是严格成立的。将其用于气-液、气-固平衡，并做合理的近似，可导出描述气-液、气-固平衡时饱和蒸气压 p 与温度 T 关系的克劳修斯-克拉佩龙方程。

以液体蒸发过程为例，其克拉佩龙方程形式为

$$\frac{dp}{dT} = \frac{\Delta_l^g H_m}{T \Delta_l^g V_m} \tag{3.8.2}$$

在远低于临界温度的条件下，与蒸气的摩尔体积 $V_m(g)$ 相比，液体的摩尔体积 $V_m(l)$ 很小，可以近似认为 $\Delta_l^g V_m = V_m(g) - V_m(l) \approx V_m(g)$。假设蒸气为理想气体，由理想气体状态方程，有 $V_m(g) = RT/p$，将其代入克拉佩龙方程式(3.8.2)，有

$$\frac{dp}{dT} = \frac{\Delta_l^g H_m}{RT^2} p$$

即

$$\frac{\mathrm{d}\ln p}{\mathrm{d}T}=\frac{\Delta_{\mathrm{l}}^{\mathrm{g}}H_{\mathrm{m}}}{RT^2} \tag{3.8.3}$$

此式即为克劳修斯-克拉佩龙方程(简称克-克方程)的微分式。

当温度变化不大时，假设摩尔蒸发焓 $\Delta_{\mathrm{l}}^{\mathrm{g}}H_{\mathrm{m}}$ 不随温度 T 变化，将上式积分，可得克-克方程的积分形式如下：

不定积分式

$$\ln p=-\frac{\Delta_{\mathrm{l}}^{\mathrm{g}}H_{\mathrm{m}}}{R}\cdot\frac{1}{T}+C \tag{3.8.4}$$

定积分式

$$\ln\frac{p_2}{p_1}=-\frac{\Delta_{\mathrm{l}}^{\mathrm{g}}H_{\mathrm{m}}}{R}\left(\frac{1}{T_2}-\frac{1}{T_1}\right) \tag{3.8.5}$$

若实验测得某液体或固体一系列不同 T 下的饱和蒸气压数据时，可利用不定积分式(3.8.4)，将 $\ln p$ 对 $\frac{1}{T}$ 作图，可得一直线，由直线斜率及截距可求得液体的摩尔蒸发焓 $\Delta_{\mathrm{l}}^{\mathrm{g}}H_{\mathrm{m}}$ 和积分常数 C。

若已知两个不同温度下的饱和蒸气压，可利用定积分式(3.8.5)计算摩尔蒸发焓；若已知摩尔蒸发焓及一个温度 T_1 的饱和蒸气压，则可计算另一温度 T_2 下的饱和蒸气压 p_2。

应当指出，式(3.8.4)及式(3.8.5)导出时假设摩尔蒸发焓 $\Delta_{\mathrm{l}}^{\mathrm{g}}H_{\mathrm{m}}$ 不随 T 变化，这种假设只在温度间隔不太大时近似成立，因此欲导出一个不受温度限制的普遍的蒸气压与温度的关系，必须考虑摩尔蒸发焓 $\Delta_{\mathrm{l}}^{\mathrm{g}}H_{\mathrm{m}}$ 与温度的关系，即需有 $\Delta_{\mathrm{l}}^{\mathrm{g}}H_{\mathrm{m}}=f(T)$ 的关系式代入积分。但这样得出的方程比较复杂，计算麻烦，很少直接使用。目前工程上最常用的是安托万(Antoine)方程：

$$\lg p=A-\frac{B}{t+C} \tag{3.8.6}$$

式中，A、B、C 都是与物质有关的特性常数，称为安托万常数；t 为摄氏温标的温度。各种物质的安托万常数可在有关手册中查到。需要注意的是，应用该经验方程时，要注意压力的单位及适用的温度范围。安托万常数都是一定温度范围内由实测蒸气压与温度数据拟合而来的，其精度受温度范围限制。

【例 3.8.1】 已知 101.325 kPa 下水的沸点为 100 ℃，摩尔蒸发焓为 40.668 kJ/mol，假设其不随温度变化。试计算西藏某地区大气压力为 78.50 kPa 下水的沸点。

解：将已知条件代入克-克方程定积分式(3.8.5)：

$$\ln\frac{p_2}{p_1}=-\frac{\Delta_{\mathrm{l}}^{\mathrm{g}}H_{\mathrm{m}}}{R}\left(\frac{1}{T_2}-\frac{1}{T_1}\right)$$

有

$$\ln\frac{78.50}{101.325}=-\frac{40.668\times10^3}{8.314}\left(\frac{1}{T_2}-\frac{1}{373.15}\right)$$

解得

$$T_2=366.02\ \mathrm{K}$$

$$t_2=92.87\ ℃$$

即在大气压为 78.50 kPa 的高原地区，水沸腾时的温度为 92.87 ℃。

本章小结

利用热力学第二定律，可判断热力学过程的方向和限度。

在本章中引入熵 S、亥姆霍兹函数 A、吉布斯函数 G 等热力学函数，其中熵 S 是热力学第二定律中基本的状态函数。

熵 S 是通过可逆过程的热温商定义的，即 $\mathrm{d}S=\frac{\delta Q_r}{T}$。定义了 S 以后，在卡诺定理的基础上，得出了热力学第二定律的数学表达式，即克劳修斯不等式 $\mathrm{d}S\geqslant\frac{\delta Q}{T}$，将其应用于不同的过程、系统分别得出熵判据(熵增原理)、亥姆霍兹函数判据和吉布斯函数判据：

$$\mathrm{d}S\geqslant\frac{\delta Q}{T}\begin{cases}\xrightarrow{\text{绝热 }Q=0}\Delta S\geqslant 0\xrightarrow{\text{隔离系统}}\Delta S_{\mathrm{iso}}\geqslant 0\\ \xrightarrow{\text{恒 }T\text{，恒 }V}\Delta A_{T,V}\leqslant 0\\ \xrightarrow[W'=0]{\text{恒 }T\text{，恒 }P}\Delta G_{T,p}\leqslant 0\end{cases}$$

S、A、G 三个热力学函数的引入，使得人们可通过热力学的定量计算来判断过程的方向和限度。

计算过程中系统的 ΔS、ΔA、ΔG 也常常要用到状态函数法，所用到的基础热数据除上一章介绍的之外，标准摩尔熵 $S_m^{\ominus}$ 是基于热力学第三定律得出的，它是计算化学变化过程熵变 $\Delta_r S_m^{\ominus}$ 的基础数据，而 $\Delta_f G_m^{\ominus}$ 在计算化学变化过程的吉布斯函数变 $\Delta_r G_m^{\ominus}$ 中常常用到。

热力学基本方程及麦克斯韦关系式等热力学关系式是本章的另一重要内容。这些关系式将 U、H、S、A、G 等不可测量的量与 p、V、T 等可测量的量联系起来。利用这些关系式，在单纯 pVT 变化中，热力学状态函数的增量(ΔU、ΔH、ΔS、ΔA、ΔG)均可通过基础热数据 $C_{V,m}$、$C_{p,m}$ 及 pVT 关系求出。它们具有普遍性，适用理想气体、真实气体、凝聚态物质等系统发生单纯变化过程的计算。在相平衡系统中，描述纯物质任何两相平衡(不包含顺磁-铁磁、液晶相变和超导相变等第二类相变)时 T-p 间的关系式即克拉佩龙方程，也是热力学基本关系式的必然结果。在化学平衡系统中，标准平衡常数 $K^{\ominus}$ 随 T 的变化也是通过利用吉布斯-亥姆霍兹方程这一热力学关系式得出的。热力学关系式在整个热力学中是极为重要的。

习题

1. 卡诺热机在 $T_1=600$ K 的高温热源和 $T_2=300$ K 的低温热源间工作。求：

(1) 热机效率 η；

(2) 当向环境做功 $-W=1\ 000$ kJ 时，系统从高温热源吸收的热 Q_1 及向低温热源放出的热 Q_2。

2. 高温热源温度 $T_1=600$ K，低温热源温度 $T_2=300$ K。今有 120 kJ 的热直接从高温热源传递给低温热源，求此过程两热源的总熵变 ΔS。

3. 已知有 5 mol 理想气体 He，从始态 273 K，100 kPa 变到末态 298 K，1 000 kPa，计算该过程的熵变 ΔS。

4. 1 mol 理想气体在 $T=300$ K 下，从始态 100 kPa 经历下列各过程达到各自的平衡态。求各过程的 Q、ΔS_{sys}、ΔS_{amb}、ΔS_{iso}。

(1)可逆膨胀至末态压力 50 kPa。

(2)反抗恒定外压 50 kPa 不可逆膨胀至平衡态。

(3)向真空自由膨胀至原体积的 2 倍。

5. 绝热恒容容器中有一绝热耐压隔板，隔板一侧为 2 mol 的 200 K，100 dm^3 的单原子理想气体 He，另一侧为 3 mol 的 400 K，100 dm^3 的双原子理想气体 O_2。今将容器中的绝热隔板撤去，气体混合达到平衡。求过程的 ΔS。

6. 绝热恒容容器中有一绝热耐压隔板，隔板两侧均为理想气体 A。一侧容积 100 dm^3，内有 200 K 的 A 气体 2 mol；另一侧容积为 200 dm^3，内有 400 K 的 A 气体 4 mol。今将容器中的绝热隔板撤去，使系统达到平衡态。求过程的 ΔS。

7. 在 298.15 K 时，将 1 mol 理想气体 A(g)从标准压力等温可逆压缩到 3 倍标准压力，求此过程的 Q、W、ΔU、ΔH、ΔS_{sys}、ΔS_{amb}、ΔS_{iso}、ΔA 和 ΔG。已知 A(g)气体的定压热容 $C_{p,m}=29.10$ J/(K · mol)。

8. 300 K 的恒温气缸中有 2 mol 的 SO_2 气体从 1 000 kPa 可逆膨胀到标准压力，求此过程的 Q、W、ΔU、ΔH、ΔS、ΔA 和 ΔG。

9. 在 400 K 时，1 mol 的理想气体甲烷由 10^6 Pa 等温可逆膨胀到 10^5 Pa，计算此过程的 Q、W、ΔU、ΔH、ΔS_{sys}、ΔS_{amb}、ΔS_{iso}、ΔA 和 ΔG。

10. 5 mol 理想气体 He 始态为 0 ℃，300 kPa，经历恒容可逆变化过程，使压力增至 600 kPa。计算该过程的 Q、W、ΔU、ΔH、ΔS、ΔA 和 ΔG[已知 0 ℃，300 kPa 下该气体的摩尔熵为 200 J/(mol · K)]。

11. 5 mol 某双原子理想气体从始态 100 kPa、100 dm^3，先恒温可逆压缩使体积缩小至 50 dm^3，再恒压加热至 150 dm^3，求整个过程的 Q、W、ΔU、ΔH、ΔS。

12. 把 300 K，600 kPa 的 2 mol 单原子理想气体，在 200 kPa 的恒定外压下绝热不可逆膨胀至平衡态。求过程的 Q、W、ΔU、ΔH、ΔS。

13. 在环境压力恒定条件下，一定量的单原子理想气体自 273.15 K、500 kPa、10 dm^3 的始态，快速膨胀为 10^5 Pa 的平衡态，计算此过程的 Q、W、ΔU、ΔH、ΔS，并判断过程是否可逆。

14. 有 2 mol 理想气体，从始态 300 K，20 dm^3，经下列不同过程等温膨胀至 50 dm^3，计算各过程的 ΔU、ΔH、ΔS、W 和 Q 的值。

(1)可逆膨胀。

(2)真空膨胀。

(3)对抗恒外压 100 kPa。

15. 1 mol N_2(g)可看作理想气体，从始态 298 K，100 kPa，经如下两个等温过程，分别到达末态压力 600 kPa，分别求过程的 ΔU、ΔH、ΔA、ΔG、ΔS、ΔS_{iso}、W 和 Q 的值。

(1)等温可逆压缩。

(2)恒外压为 600 kPa 时的压缩。

16. 1 mol 氦气从 473 K 加热到 673 K，并保持恒定 101.325 kPa。已知氦在 298 K 时 $S_m^{\ominus}=126.06$ J/(mol · K)，并假定氦为理想气体，计算 ΔH、ΔS 和 ΔG。是否可以用 $\Delta G<0$，

判断过程不可逆？

17. 将 1 mol 双原子理想气体从始态 298 K，100 kPa，绝热可逆压缩到体积为 5 dm^3，试求末态的温度、压力和过程的 Q、W、ΔU、ΔH、ΔS 的值。

18. 10 mol 单原子理想气体始态为 0 ℃，200 kPa，经过一绝热可逆过程膨胀到压力减小一半，试计算此过程的 Q、W、ΔU、ΔH、ΔS_{sys}、ΔS_{amb}、ΔS_{iso}。

19. 2 mol 单原子理想气体自始态为 273 K，101 325 Pa，绝热反抗恒定外压 0.5×101 325 Pa 膨胀至平衡，试计算此过程的 Q、W、ΔU、ΔH、ΔS_{sys}、ΔS_{amb}、ΔS_{iso}。

20. 在 298.15 K 时，将 1mol 理想气体 A(g)从标准压力经绝热可逆压缩到 6 倍标准压力，求此过程的 Q、W、ΔU、ΔH、ΔS_{sys}、ΔS_{amb}、ΔS_{iso}、ΔA 和 ΔG 各热力学量。已知 A(g)气体的热容 $C_{p,m}$=29.10 J/(mol·K)，$S_m^{\ominus}$(298.15 K)=205.03 J/(mol·K)。

21. 1 mol 某双原子理想气体，从始态 p_1=50 kPa，V_1=160 dm^3 经绝热外压恒定为 200 kPa 下压缩至末态压力 p_2=200 kPa，已知始态的摩尔熵 S_m=205 J/(mol·K)，求过程的 Q、W、ΔU、ΔH、ΔS、ΔA、ΔG。

22. 在 373 K，101.325 kPa 下，10 mol 液态水在真空瓶中挥发完，最终压力为 30.398 kPa，此过程吸热 46.024 kJ，试计算 ΔU、ΔH、ΔS 和 ΔG。计算时忽略液态水的体积。

23. 甲醇(CH_3OH)在 101.325 kPa 下的正常沸点为 64.65 ℃，在此条件下的摩尔凝结焓 $\Delta_g^l H_m$ 为−35.32 kJ/mol。求在上述温度压力下，1 kg 液态甲醇全部成为甲醇蒸气时的 Q、W、ΔU、ΔH、ΔS、ΔA 和 ΔG(已知 M_{CH_3OH}=32 g/mol)。

24. 10 mol 甲苯在正常沸点 383.2 K 下蒸发为气体，求该过程的 Q、W、ΔU、ΔH、ΔS、ΔA 和 ΔG。(已知该温度下，甲苯的汽化热为 362 kJ/kg，甲苯的摩尔质量为 92.14 g/mol)

25. 将 1 mol 苯 C_6H_6(l)在正常沸点 353 K 和 101.325 kPa 压力下，向真空蒸发为同温、同压的蒸气，已知在该条件下，苯的摩尔汽化焓为 $\Delta_{vap}H_m$=30.77 kJ/mol，设气体为理想气体。试求 Q、W、ΔU、ΔH、ΔS、ΔA、ΔG，并判断上述过程是否为不可逆过程。

26. 在 100 ℃、101.325 kPa 时将 2 mol 的水蒸气可逆凝结为 100 ℃、101.325 kPa 的液态水，计算该过程 Q、W、ΔU、ΔH、ΔS、ΔA 和 ΔG。已知 100 ℃、101.325 kPa 下水的摩尔凝结焓 $\Delta_g^l H_m$ 等于−40.67 kJ/mol。

27. 在 100 ℃的恒温槽中有一容积恒定为 50 dm^3 的真空容器，容器内底部有一小玻璃瓶，瓶中有液体水 50 g。现将小瓶打破，水蒸发至平衡态，

(1)求过程的 Q、W、ΔU、ΔH、ΔS_{sys}、ΔS_{amb}、ΔS_{iso}、ΔA 和 ΔG。

(2)298.15 K 时水的饱和蒸气压为多少？

(已知：100 ℃时水的饱和蒸气压为 101.325 kPa，水的摩尔蒸发焓为 40.668 kJ/mol。)

28. 已知反应 C(石墨)+H_2O(g)⟶CO(g)+H_2(g) 的 $\Delta_r H_m^{\ominus}$(298.15 K) =133 kJ/mol，计算该反应在 125 ℃时的 $\Delta_r H_m^{\ominus}$(398.15 K)。假定各物质在 25～125 ℃范围内的平均摩尔定压热容见表 3.1。

表 3.1　28 题表

平均摩尔定压热容	C(石墨)	H_2O(g)	CO(g)	H_2(g)
$C_{p,m}$/(J·mol^{-1}·K^{-1})	8.64	29.11	28.0	33.51

29. 请用吉布斯判据分析反应：

$$H_2(g)+\frac{1}{2}O_2(g)=\!=\!=H_2O(l)$$

在 25 ℃的标准状态下，是否可自发进行？

已知液态水的饱和蒸气压为 $p_A^*=3\ 167.74\ \text{Pa}$，$V_m(H_2O,\ l)=18\ \text{cm}^3/\text{mol}$；假设气体为理想气体，并已知 25 ℃时指标见表 3.2。

表 3.2　29 题表

指标	$H_2O(l)$	$H_2(g)$	$O_2(g)$
$\Delta_f H_m^{\ominus}/(\text{kJ}\cdot\text{mol}^{-1})$	−241.83	0	0
$S_m^{\ominus}/(\text{J}\cdot\text{mol}^{-1}\cdot\text{K}^{-1})$	188.72	130.59	205.03

30. 1 mol 单原子理想气体始态为 273 K，$p^{\ominus}$，分别经历下列变化，试计算上述各过程的 Q、W、ΔU、ΔH、ΔS、ΔA、ΔG。［已知 273 K，$p^{\ominus}$下该气体的摩尔熵为 100 J/(mol・K)］：

(1)恒温可逆下压力加倍。

(2)恒压下体积加倍。

(3)恒容下压力加倍。

(4)绝热可逆膨胀至压力减少一半。

(5)绝热不可逆反抗恒外压 $0.5\times p^{\ominus}$膨胀至平衡。

31. 已知温度为 298.15 K，指标见表 3.3。

表 3.3　31 题表

指标	金刚石	石墨
$\Delta_c H_m^{\ominus}/(\text{kJ}\cdot\text{mol}^{-1})$	−395.3	−393.4
$S_m^{\ominus}/(\text{J}\cdot\text{mol}^{-1}\cdot\text{K}^{-1})$	2.43	5.69
$\rho/(\text{kg}\cdot\text{m}^{-3})$	3 513	2 260

试求：

(1)在 298.15 K 及 $p^{\ominus}$下，石墨到金刚石晶型转变的 $\Delta_{trs}G_m^{\ominus}$。

(2)哪一种晶型较为稳定？

(3)增加压力能否从不稳定的晶体变成稳定的晶体？如有可能，需要多大的压力？

第 4 章　多组分系统热力学

学习目标

了解偏摩尔量为何提出，理解偏摩尔量和摩尔量的区别与联系；掌握化学势的定义和物理意义；熟悉多相多组分系统的热力学基本方程；熟悉理想气体和真实气体的化学势表达式，理解逸度和逸度因子的意义；熟悉理想液态混合物和真实液态混合物的组分的化学势表达式，以及理想稀溶液和真实稀溶液的溶剂与溶质的化学势表达式，理解活度和活度因子的意义；理解稀溶液依数性的原理和使用条件。

实践意义

医院配制输液药品的底液不用纯水而经常使用含 0.9%氯化钠的生理盐水或葡萄糖水溶液，如果用纯水做底液配制药品会致使水自发渗入人体细胞形成水肿，这是由于纯水与人的体液之间会形成渗透压，在农业生产中过量施用化肥的“烧苗”现象也是类似原理。人们利用渗透压原理，开发了反渗透海水淡化技术，2020 年全球淡化水产量已达到 1 亿吨/日。

化学化工生产中经常遇到开放体系多相共存的多组分系统，这里讨论的多组分是以分子水平相互分散的均相系统或几个均相系统共存。热力学上为了讨论问题时的方便，按处理方法的不同，可分为混合物和溶液。对混合物中每种组分选用同样的标准态加以研究；而对溶液将组分区分为溶剂和溶质，且对两者选用不同的标准态加以研究。

按聚集状态的不同，混合物可分为气态混合物、液态混合物和固态混合物；溶液可分为液态溶液和固态溶液。

按照规律性来划分，混合物可分为理想混合物及真实混合物；溶液可分为理想稀溶液及真实溶液。理想混合物在全部浓度范围内；理想稀溶液在适当小的范围内，均有着简单的规律性；真实混合物和真实溶液与理想情况有一定程度的偏差。

4.1　偏摩尔量

在一定温度、压力下，纯液体 B 和纯液体 C 的摩尔体积分别为 $V_{m,B}^{*}$ 和 $V_{m,C}^{*}$，两液体的物质的量分别为 n_B 和 n_C，则混合前系统的体积为 $n_B V_{m,B}^{*} + n_C V_{m,C}^{*}$，将两液体相互混合形成均相液态混合物；根据两纯液体性质的不同，混合物的体积 V 可以等于或不等于混合前的体积。

混合前后体积不变的系统属于将在后面详细讨论的理想液态混合物，即

$$V=n_{\mathrm{B}}V_{\mathrm{m,B}}^{*}+n_{\mathrm{C}}V_{\mathrm{m,C}}^{*} \quad (\text{理想混合物}) \tag{4.1.1}$$

一般来说，真实液态混合物在混合前后体积发生变化，即

$$V\neq n_{\mathrm{B}}V_{\mathrm{m,B}}^{*}+n_{\mathrm{C}}V_{\mathrm{m,C}}^{*} \quad (\text{真实混合物}) \tag{4.1.2}$$

真实液态混合物常见的例子如水和乙醇的混合物。用B、C分别代表 H_2O 和 C_2H_5OH，在 25 ℃及常压下，两纯液体的摩尔体积分别为 $V_{\mathrm{m,B}}^{*}=18.09\ \mathrm{cm^3/mol}$，$V_{\mathrm{m,C}}^{*}=58.35\ \mathrm{cm^3/mol}$。实验表明，这两种液体以任意比例相互混合时体积均缩小。例如 $n_{\mathrm{B}}=n_{\mathrm{C}}=0.5\ \mathrm{mol}$ 的水和乙醇混合后的体积不是 $(0.5\times18.09+0.5\times58.35)\mathrm{cm^3}=38.22\ \mathrm{cm^3}$，而是 $37.2\ \mathrm{cm^3}$。

这说明，真实多组分系统的体积与系统中各组分物质的量及该纯组分的摩尔体积的乘积不再具有线性关系。系统其他广度量存在同样的结论，这意味着包括摩尔体积在内的诸多摩尔量已经不适用多组分混合体系的组分研究，需要引出一个新的概念代替摩尔量。

4.1.1 偏摩尔量

对于一个由 B，C，D，……组成的单相多组分系统，设各组分物质的量分别为 n_{B}，n_{C}，n_{D}，……。系统任一广度量 X 为温度、压力及各组分的物质的量的函数，即

$$X=X(T,\ p,\ n_{\mathrm{B}},\ n_{\mathrm{C}},\ n_{\mathrm{D}},\ \cdots) \tag{4.1.3}$$

系统温度、压力和各个组分组成发生微小变化广度量 X 也微小变化，即有全微分

$$\mathrm{d}X=\left(\frac{\partial X}{\partial T}\right)_{p,n_{\mathrm{B}}}\cdot\mathrm{d}T+\left(\frac{\partial X}{\partial p}\right)_{T,n_{\mathrm{B}}}\cdot\mathrm{d}p+\sum_{\mathrm{B}}\left(\frac{\partial X}{\partial n_{\mathrm{B}}}\right)_{T,p,n_{\mathrm{C}}}\cdot\mathrm{d}n_{\mathrm{B}} \tag{4.1.4}$$

定义偏摩尔量 X_{B}：

$$X_{\mathrm{B}}\overset{\mathrm{def}}{=}\left(\frac{\partial X}{\partial n_{\mathrm{B}}}\right)_{T,p,n_{\mathrm{C}}} \tag{4.1.5}$$

根据定义，偏摩尔量 X_{B} 为在恒温恒压及组分 B 以外其余各组分的量均保持不变的条件下，系统广度量 X 随组分 B 的物质的量的变化率。

恒温恒压条件下对式(4.1.4)积分并代入式(4.1.5)，得

$$X=\sum_{\mathrm{B}}n_{\mathrm{B}}X_{\mathrm{B}} \tag{4.1.6}$$

即系统广度量 X 为系统各组分的物质的量 n_{B} 与其偏摩尔量 X_{B} 乘积的加和，故式(4.1.6)称为偏摩尔量的加和公式。该式与式(4.1.1)的形式相同，只是这里的 X_{B} 为组分 B 的偏摩尔量 X_{B}，而非纯组分的摩尔 X_{B}^{*} 量。

根据式(4.1.6)，$n_{\mathrm{B}}X_{\mathrm{B}}$ 似乎可解释为系统中 B 组分对系统广度量 X 的贡献，但这种解释并不严格。事实上，X_{B} 受系统总体的性质和系统的组成共同控制，而不仅仅只是组分 B 的性质。

按定义式(4.1.5)，对多组分系统中组分 B，有

偏摩尔体积 $$V_{\mathrm{B}}=\left(\frac{\partial V}{\partial n_{\mathrm{B}}}\right)_{T,p,n_{\mathrm{C}}}$$

偏摩尔热力学能 $U_B=\left(\frac{\partial U}{\partial n_B}\right)_{T,p,n_C}$

偏摩尔焓 $H_B=\left(\frac{\partial H}{\partial n_B}\right)_{T,p,n_C}$

偏摩尔熵 $S_B=\left(\frac{\partial S}{\partial n_B}\right)_{T,p,n_C}$

偏摩尔亥姆霍兹函数 $A_B=\left(\frac{\partial A}{\partial n_B}\right)_{T,p,n_C}$

偏摩尔吉布斯函数 $G_B=\left(\frac{\partial G}{\partial n_B}\right)_{T,p,n_C}$

必须强调，只有广度量才有偏摩尔量，强度量是不存在偏摩尔量的；只有恒温恒压下系统的广度量随某一组分的物质的量的变化率才能称为偏摩尔量，任何其他条件(如恒温、恒容，恒熵、恒压等)下的变化率均不能称为偏摩尔量；偏摩尔量和摩尔量一样，也是强度量。

上面虽然讨论的是液态混合物中任一组分的偏摩尔量，然而这些概念及公式对于溶液中的溶剂和溶质也是适用的。

4.1.2 吉布斯-杜亥姆方程

对式(4.1.4)

$$dX=\left(\frac{\partial X}{\partial T}\right)_{p,n_B}\cdot dT+\left(\frac{\partial X}{\partial p}\right)_{T,n_B}\cdot dp+\sum_B\left(\frac{\partial X}{\partial n_B}\right)_{T,p,n_C}\cdot dn_B$$

恒温、恒压条件下，并代入偏摩尔量定义式，成为

$$dX=\sum_B X_B dn_B$$

对偏摩尔量加和公式 $X=\sum_B n_B X_B$ 全微分，得

$$dX=\sum_B n_B dX_B+\sum_B X_B dn_B$$

比较上两式，温度、压力恒定下，有

$$\sum_B n_B dX_B=0 \qquad (4.1.7)$$

将此式除以 $n=\sum_B n_B$，可得

$$\sum_B x_B dX_B=0 \qquad (4.1.8)$$

式(4.1.7)和式(4.1.8)均称为吉布斯-杜亥姆(Gibbs-Duhem)方程。这个方程给出了在恒定的温度、压力下，混合物的组成发生变化时，各组分偏摩尔量变化的相互依赖关系。

若为二组分混合物，则有

$$x_B dX_B=-x_C dX_C$$

可见在恒温恒压下，当混合物的组成发生微小变化时，如果一组分的偏摩尔量增大，则另一组分的偏摩尔量必然减小，且增大与减小的比例与混合物中两组分的摩尔分数(或物质的量)成反比。

4.1.3 偏摩尔量之间的函数关系

前两章介绍了热力学函数之间存在着一定的函数关系，如 $H=U+pV$，$A=U-TS$，$G=H-TS=A+pV$，以及$\left(\frac{\partial G}{\partial p}\right)_T=V$，$\left(\frac{\partial G}{\partial T}\right)_p=-S$ 等这些公式均适用于纯物质或组成不变的系统。将这些公式对于混合物中任一组分 B 的物质的量求偏导数，可知各偏摩尔量之间也有着同样的关系，即

$$H_B=U_B+pV_B$$

$$A_B=U_B-TS_B$$

$$G_B=H_B-TS_B=A_B+pV_B$$

$$\left(\frac{\partial G_B}{\partial p}\right)_T=V_B$$

$$\left(\frac{\partial G_B}{\partial T}\right)_p=-S_B$$

4.2 化学势

4.2.1 化学势的定义

混合物(或溶液)中组分 B 的偏摩尔吉布斯函数 G_B 定义为 B 的化学势，并用符号 μ_B 表示：

$$\mu_B\overset{\text{def}}{=}G_B=\left(\frac{\partial G}{\partial n_B}\right)_{T,p,n_C} \tag{4.2.1}$$

对于纯物质，其化学势就等于它的摩尔吉布斯函数。

$$\mu_B=\mu_B^*=G_{m,B}^*$$

化学势是最重要的热力学函数之一，系统中其他偏摩尔量均可通过化学势、化学势的偏导数或它们的组合表示：

$$S_B=-\left(\frac{\partial \mu_B}{\partial T}\right)_p,\ V_B=\left(\frac{\partial \mu_B}{\partial p}\right)_T$$

$$A_B=\mu_B-pV_B=\mu_B-p\left(\frac{\partial \mu_B}{\partial p}\right)_T$$

$$H_B=\mu_B+TS_B=\mu_B-T\left(\frac{\partial \mu_B}{\partial T}\right)_p$$

$$U_B=A_B+TS_B=\mu_B-p\left(\frac{\partial \mu_B}{\partial p}\right)_T-T\left(\frac{\partial \mu_B}{\partial T}\right)_p$$

系统的各热力学函数由偏摩尔量代入加和公式(4.1.6)得到。

4.2.2 多相多组分系统的热力学基本方程

1. 单相多组分系统

若将混合物的吉布斯函数 G 表示成 T、p 及构成此混合物各组分的物质的量 n_B，n_C，n_D，……的函数，即

$$G=G(T,\ p,\ n_B,\ n_C,\ n_D,\ \cdots)$$

其全微分式

$$\mathrm{d}G=\left(\frac{\partial G}{\partial T}\right)_{p,n_B}\mathrm{d}T+\left(\frac{\partial G}{\partial p}\right)_{T,n_B}\mathrm{d}p+\sum_B\left(\frac{\partial G}{\partial n_B}\right)_{T,p,n_C}\mathrm{d}n_B \qquad (4.2.2)$$

由于 G 对 T 和 p 的偏导数是在系统组成不变的条件下进行的，因此

$$\left(\frac{\partial G}{\partial T}\right)_{p,n_B}=-S,\ \left(\frac{\partial G}{\partial p}\right)_{T,n_B}=V$$

结合定义式(4.2.1)，可得

$$\mathrm{d}G=-S\mathrm{d}T+V\mathrm{d}p+\sum_B\mu_B\mathrm{d}n_B \qquad (4.2.3)$$

此即为单相系统的更为普遍的热力学基本方程，由于其考虑了系统中各组分物质的量的变化对热力学状态函数的影响，因此该方程不仅能应用于变组成的封闭系统，也适用于开放系统。

将式(4.2.3)代入 $\mathrm{d}U=\mathrm{d}(G-pV+TS)$，$\mathrm{d}H=\mathrm{d}(G+TS)$，$\mathrm{d}A=\mathrm{d}(G-pV)$ 的展开式，可得其他三个热力学基本方程：

$$\mathrm{d}U=T\mathrm{d}S-p\mathrm{d}V+\sum_B\mu_B\mathrm{d}n_B \qquad (4.2.4)$$

$$\mathrm{d}H=T\mathrm{d}S+V\mathrm{d}p+\sum_B\mu_B\mathrm{d}n_B \qquad (4.2.5)$$

$$\mathrm{d}A=-S\mathrm{d}T-p\mathrm{d}V+\sum_B\mu_B\mathrm{d}n_B \qquad (4.2.6)$$

这三个公式的适用条件与式(4.2.2)和式(4.2.3)完全相同。

将式(4.2.4)的两端除以 $\mathrm{d}n_B$，并保持 S、V 及除 B 组分外其他组分的物质的量 $\mathrm{d}n_B$不变，可得 $\mu_B=\left(\frac{\partial U}{\partial n_B}\right)_{S,V,n_C}$。对式(4.2.5)及式(4.2.6)做类似的处理，分别有 $\mu_B=\left(\frac{\partial H}{\partial n_B}\right)_{S,p,n_C}$ 及 $\mu_B=\left(\frac{\partial A}{\partial n_B}\right)_{T,V,n_C}$，因此

$$\mu_B=\left(\frac{\partial G}{\partial n_B}\right)_{T,p,n_C}=\left(\frac{\partial U}{\partial n_B}\right)_{S,V,n_C}=\left(\frac{\partial H}{\partial n_B}\right)_{S,p,n_C}=\left(\frac{\partial A}{\partial n_B}\right)_{T,V,n_C} \qquad (4.2.7)$$

只不过这四个偏导数中只有 $\left(\frac{\partial G}{\partial n_B}\right)_{T,p,n_C}$ 是偏摩尔量，其余三个不是。

2. 多相多组分系统

多相多组分系统由若干个单相多组分系统组成，用希腊字母表示相。对于系统中的每一个相，式(4.2.2)～式(4.2.6)均成立。如对于任意相 α 的吉布斯函数有

$$\mathrm{d}G(\alpha)=-S(\alpha)\mathrm{d}T+V(\alpha)\mathrm{d}p+\sum_B\mu_{B(\alpha)}\mathrm{d}n_{B(\alpha)}$$

式中，$G(\alpha)$、$S(\alpha)$、$V(\alpha)$、$\mu_{B(\alpha)}$和 $n_{B(\alpha)}$分别表示 α 相的吉布斯函数、熵、体积、α 相中 B 组分的化学势及 α 相中 B 组分的物质的量。如果忽略相与相之间的界面现象，则系统的热力

学函数为各相热力学函数之和：

$$\sum_{\alpha} \mathrm{d}G(\alpha) = -\sum_{\alpha} S(\alpha)\mathrm{d}T + \sum_{\alpha} V(\alpha)\mathrm{d}p + \sum_{\alpha}\sum_{B} \mu_{B(\alpha)}\mathrm{d}n_{B(\alpha)}$$

由于系统处于热平衡及力平衡，系统中各相的温度 T 和压力 p 相同。此外，有

$$\sum_{\alpha} \mathrm{d}G(\alpha) = \mathrm{d}G,\ \sum_{\alpha} S(\alpha) = S,\ \sum_{\alpha} V(\alpha) = V$$

所以

$$\mathrm{d}G = -S\mathrm{d}T + V\mathrm{d}p + \sum_{\alpha}\sum_{B} \mu_{B(\alpha)}\mathrm{d}n_{B(\alpha)} \tag{4.2.8}$$

同理可得

$$\mathrm{d}U = T\mathrm{d}S - p\mathrm{d}V + \sum_{\alpha}\sum_{B} \mu_{B(\alpha)}\mathrm{d}n_{B(\alpha)} \tag{4.2.9}$$

$$\mathrm{d}H = T\mathrm{d}S + V\mathrm{d}p + \sum_{\alpha}\sum_{B} \mu_{B(\alpha)}\mathrm{d}n_{B(\alpha)} \tag{4.2.10}$$

$$\mathrm{d}G = -S\mathrm{d}T - p\mathrm{d}V + \sum_{\alpha}\sum_{B} \mu_{B(\alpha)}\mathrm{d}n_{B(\alpha)} \tag{4.2.11}$$

式(4.2.8)～(4.2.11)这四个公式不再仅限于封闭系统，热力学基本方程已经扩展为适用非体积功为零的开放系统发生 pVT 变化、相变和化学变化过程。

4.2.3 化学势判据

对于一个封闭系统，如果非体积功为零，由亥姆霍兹函数判据知，系统恒温恒容过程有 $\mathrm{d}A_{T,V} \leqslant 0$，结合式(4.2.11)得出 $\sum_{\alpha}\sum_{B} \mu_{B(\alpha)}\mathrm{d}n_{B(\alpha)} \leqslant 0$；由吉布斯函数判据知，系统的恒温恒压过程 $\mathrm{d}G_{T,p} \leqslant 0$，将之应用于式(4.2.8)，同样得到 $\sum_{\alpha}\sum_{B} \mu_{B(\alpha)}\mathrm{d}n_{B(\alpha)} \leqslant 0$。也就是说，在非体积功为零的情况下，无论是在恒温恒容或是恒温恒压下，当系统达到平衡时均有

$$\sum_{\alpha}\sum_{B} \mu_{B(\alpha)}\mathrm{d}n_{B(\alpha)} = 0 \tag{4.2.12}$$

事实上，可以证明，式(4.2.12)为一个系统是否达到平衡的判据，即系统物质平衡条件，它与系统达到平衡的方式无关。但是，系统的热力学函数在平衡时的极值性质与系统达到平衡的方式有关。例如，平衡若在恒温恒容下达到，平衡时系统的亥姆霍兹函数为极小；若在恒温恒压下达到，则系统的吉布斯函数取极小值。

4.2.4 化学势判据的相平衡应用

设在恒温恒压下有物质的量为 $\mathrm{d}n_{B(\beta)}$ 的 B 组分由 β 相迁移至 α 相，其他组分在各相中物质的量不变，则 $\mathrm{d}n_{B(\alpha)} = -\mathrm{d}n_{B(\beta)}$。化学势判据给出

$$\begin{aligned}\sum_{\alpha}\sum_{B} \mu_{B(\alpha)}\mathrm{d}n_{B(\alpha)} &= \mu_{B(\alpha)}\mathrm{d}n_{B(\alpha)} + \mu_{B(\beta)}\mathrm{d}n_{B(\beta)} \\ &= [\mu_{B(\beta)} - \mu_{B(\alpha)}]\mathrm{d}n_{B(\beta)} \leqslant 0\end{aligned}$$

由于 $\mathrm{d}n_{B(\beta)} < 0$，则

$$\mu_{B(\beta)} \geqslant \mu_{B(\alpha)} \tag{4.2.13}$$

式(4.2.13)说明，物质总是从其化学势高的相向化学势低的相迁移，这一过程将持续

至物质迁移达平衡时为止，此时系统中每个组分在其所处的所有共存相中化学势相等，即

$$\mu_{B(\alpha)}=\mu_{B(\beta)}=\mu_{B(\delta)}=\cdots \tag{4.2.14}$$

例如，在 25 ℃，101.325 kPa 条件下，$\mu_{H_2O(g)}\geqslant\mu_{H_2O(l)}$ 因为在此条件下，水蒸气将完全变为液体水。又如，固体蔗糖的化学势大于相同条件下不饱和水溶液中蔗糖的化学势，而过饱和蔗糖水溶液中蔗糖的化学势大于相同条件下固体蔗糖的化学势。

在有化学反应发生的情况下，假定系统已处于相平衡，由于系统任一组分 B 在其存在的每个相中的化学势相等，可用 μ_B 表示 B 组分的化学势，故

$$\sum_{\alpha}\sum_{B}\mu_{B(\alpha)}\mathrm{d}n_{B(\alpha)}=\sum_{B}\mu_B\sum_{\alpha}\mathrm{d}n_{B(\alpha)}=0$$

式中，$\sum_{\alpha}\mathrm{d}n_{B(\alpha)}$ 为系统中 B 组分在每个相中物质的量的变化量之和，即为系统 B 组分物质的量的改变量，用 $\mathrm{d}n_B$ 表示。由此化学平衡条件表示为

$$\sum_{B}\mu_B\mathrm{d}n_B=0 \tag{4.2.15}$$

该平衡条件与化学反应达到平衡的方式无关。

从上面的讨论看出，化学势决定了系统的物质平衡（相平衡和化学平衡），在这一点上，它与温度和压力具有同等的重要性。温度和压力分别决定系统的热平衡及力平衡，化学势与它们一起共同决定了系统的热力学平衡。

4.3 气体组分的化学势

基于化学势判据的使用需求，如果能给出化学势的解析表达式，能使化学势判据更具有实用意义。

与吉布斯函数一样，化学势没有绝对值，所以在化学热力学中选择一个标准状态作为计算的基准，同时这也是建立化学势的解析表达式所必需的。对于气体，其标准态规定为在标准压力 p=100 kPa 下具有理想气体性质的纯气体，对温度则没有作限制。将该状态下的化学势称为标准化学势，以符号 $\mu^{\ominus}_{B(g)}$ 表示，对于纯气体则省略下标 B。显然，气体的标准化学势仅是温度的函数。

4.3.1 纯理想气体的化学势

今使某纯理想气体 B 在温度 T 下由标准压力 $p^{\ominus}$ 变至某一压力 p，其化学势由 $\mu^{\ominus}_{B(g)}$ 变至 $\mu_{B(pg)}$

$$\begin{array}{ccc} B(pg,\ p^{\ominus}) & \longrightarrow & B(pg,\ p) \\ \mu^{\ominus}(g) & & \mu^{*}(pg) \end{array}$$

将 $\mathrm{d}T=0$，$V_m=\dfrac{RT}{p}$ 代入公式 $\mathrm{d}G_m=-S_m\mathrm{d}T+V_m\mathrm{d}p$，有

$$\mathrm{d}\mu^{*}=\mathrm{d}G^{*}_m=V^{*}_m\mathrm{d}p=\frac{RT}{p}\mathrm{d}p=RT\mathrm{d}\ln p \tag{4.3.1}$$

积分

$$\int_{\mu^{\ominus}(g)}^{\mu^{*}(pg)} d\mu^{*} = RT\int_{p^{\ominus}}^{p} d\ln p$$

得到

$$\mu^{*}(pg) = \mu^{\ominus}(g) + RT\ln\frac{p}{p^{\ominus}} \tag{4.3.2}$$

4.3.2 理想气体混合物中任一组分的化学势

对混合理想气体中的 B 组分，$dT=0$ 的条件下

$$d\mu_{B(pg)} = V_B dp$$

由于理想气体的分子间不存在相互作用，而且分子本身的体积为零，因此理想气体混合物中 B 组分的偏摩尔体积就等于它的摩尔体积，即 $V_B=\dfrac{RT}{p}$，故

$$d\mu_{B(pg)} = RT d\ln p$$

此式与式(4.3.1)相同。对上式积分即可得到 B 组分的化学势表达式，还需要确定积分限，一定温度下理想气体混合物中任一组分 B 的标准态定义为该气体单独存在于该混合物的温度及标准压力下的状态，即

$$B(pg,\ p^{\ominus}) \longrightarrow B(pg,\ mix,\ p_B = p^{\ominus})$$

在此状态下，系统的压力为 $p=\dfrac{p^{\ominus}}{y_B}$（$y_B$为混合物中 B 组分的摩尔分数）。

因此

$$\int_{\mu_{B(g)}^{\ominus}}^{\mu_{B(pg)}} d\mu_{B(pg)} = RT\int_{\frac{p^{\ominus}}{y_B}}^{p} d\ln p$$

即

$$\mu_{B(pg)} = \mu_{B(g)}^{\ominus} + RT\ln\frac{y_B p}{p^{\ominus}} = \mu_{B(g)}^{\ominus} + RT\ln\frac{p_B}{p^{\ominus}} \tag{4.3.3}$$

式中，$p_B = y_B p$ 为理想气体混合物中 B 组分的分压。

4.3.3 纯真实气体的化学势

在一定温度下，真实气体的标准态规定为该温度及标准压力 p 下的假想的纯态理想气体。为了推导纯真实气体在压力 p 下的化学势 $\mu^{*}(g)$ 与标准态下该气体化学势 $\mu^{\ominus}(g)$ 的差值，设立下列途径(图 4.3.1)：

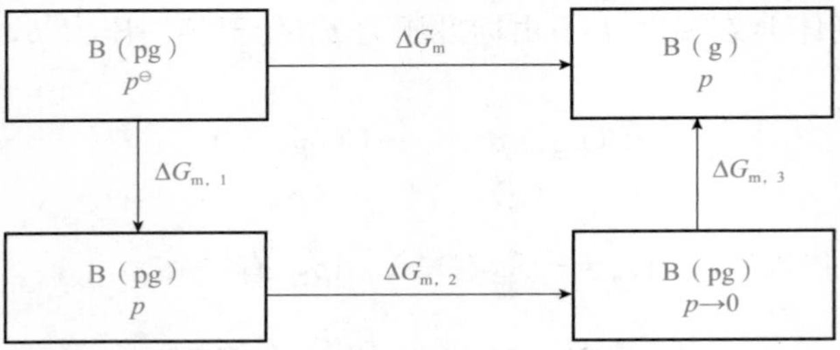

图 4.3.1 纯真实气体化学式的推导途径

此途径分三步，每步均在温度 T 下进行。先让标准态下的假想的理想气体变至压力 p 下的理想气体，再让此气体变至 $p\to 0$ 的气体(真实气体，在 $p\to 0$ 时可看成理想气体)，最后将此 $p\to 0$ 的真实气体变至压力 p 下的真实气体。

根据上述途径，有

$$\Delta G_{\mathrm{m}}=\mu^*(\mathrm{g})-\mu^{\ominus}(\mathrm{g})=\Delta G_{\mathrm{m},1}+\Delta G_{\mathrm{m},2}+\Delta G_{\mathrm{m},3}$$

而 $\Delta G_{\mathrm{m},1}=RT\ln\dfrac{p}{p^{\ominus}}$，$\Delta G_{\mathrm{m},2}=\displaystyle\int_p^0\frac{RT}{p}\mathrm{d}p$，$\Delta G_{\mathrm{m},3}=\displaystyle\int_0^p V_{\mathrm{m}}^*(\mathrm{g})\mathrm{d}p$，因此，

$$\begin{aligned}\mu^*(\mathrm{g})-\mu^{\ominus}(\mathrm{g})&=\Delta G_{\mathrm{m},1}+\Delta G_{\mathrm{m},2}+\Delta G_{\mathrm{m},3}\\&=RT\ln\frac{p}{p^{\ominus}}-\int_0^p\frac{RT}{p}\mathrm{d}p+\int_0^p V_{\mathrm{m}}^*(\mathrm{g})\mathrm{d}p\end{aligned}$$

即

$$\mu^*(\mathrm{g})=\mu^{\ominus}(\mathrm{g})+RT\ln\frac{p}{p^{\ominus}}+\int_0^p\left[V_{\mathrm{m}}^*(\mathrm{g})-\frac{RT}{p}\right]\mathrm{d}p \tag{4.3.4}$$

比较式(4.3.4)和式(4.3.2)，两者只相差积分项 $\displaystyle\int_0^p\left[V_{\mathrm{m}}^*(\mathrm{g})-\frac{RT}{p}\right]\mathrm{d}p$，而 $\left[V_{\mathrm{m}}^*(\mathrm{g})-\dfrac{RT}{p}\right]$ 为相同温度和压力下真实气体与理想气体摩尔体积之差。可见真实气体与理想气体化学势的差别是由两者在同样温度、压力下摩尔体积不同造成的。

4.3.4 真实气体混合物中任一组分的化学势

某一温度 T 下，真实气体混合物中任一组分 B 的化学势 $\mu_{\mathrm{B(g)}}$ 与其标准化学势 $\mu_{\mathrm{B(g)}}^{\ominus}$ 间关系的推导与上述方法类似，设立如下途径(图 4.3.2)：

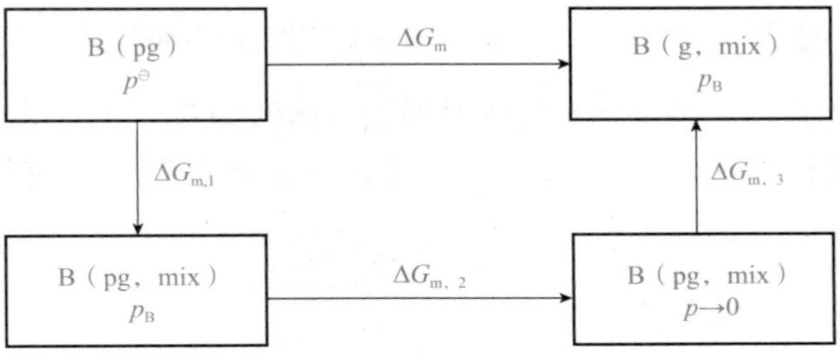

图 4.3.2 真实气体混合物中任一组分的化学势推导途径

显然，B(pg，$p^{\ominus}$)与 B(pg，mix，$p_{\mathrm{B}}=p^{\ominus}$)化学势相同，B(g，mix，$p\to 0$)的状态等同于 B(pg，mix，$p\to 0$)。

始态即标准态，为纯 B 在 T、p 下的理想气体，这等同于组成与真实气体混合物相同的理想气体混合物中分压 $p_{\mathrm{B}}=p^{\ominus}$ 的气体 B，两者的化学势相等。上面所设立的三个步骤分别为：将理想气体混合物改变压力至总压与真实气体混合物压力 p 相等；总压为 p 的理想气体混合物减压至 $p\to 0$，这时的状态与 $p\to 0$ 的真实气体混合物的状态相同；再将 $p\to 0$ 的真实气体混合物压缩至总压为 p 的末态。

类似于 4.3.3 节中纯真实气体的推导：

$$\Delta G_{\mathrm{B}}=\mu_{\mathrm{B(g)}}-\mu_{\mathrm{B(g)}}^{\ominus}=\Delta G_{\mathrm{B},1}+\Delta G_{\mathrm{B},2}+\Delta G_{\mathrm{B},3}$$

式中，$\Delta G_{B,1}=RT\ln\frac{p}{p^{\ominus}}$；$\Delta G_{B,2}=\int_p^0\frac{RT}{p}\mathrm{d}p$；$\Delta G_{B,3}=\int_0^p V_{B(g)}\mathrm{d}p$，其中 $V_{B(g)}$ 为 B 组分在混合气体中的偏摩尔体积。因此，真实气体中任意组分 B 的化学势表达式为

$$\mu_{B(g)}=\mu_{B(g)}^{\ominus}+RT\ln\frac{p_B}{p^{\ominus}}+\int_0^p\left[V_{B(g)}-\frac{RT}{p}\right]\mathrm{d}p \tag{4.3.5}$$

式中，$\left[V_{B(g)}-\frac{RT}{p}\right]$ 为真实气体混合物中组分 B 偏摩尔体积与在同样温度 T 及总压 p 下的理想气体摩尔体积之差。

因为这一关系式具有普遍意义，它对于真实气体、理想气体及它们的混合物中的任一组分 B 均适用，故作为气体 B 在温度 T 及总压 p 下的化学势的定义式。

对于纯真实气体，式(4.3.5)中的 $V_{B(g)}$ 等于纯真实气体摩尔体积 $V_m^*(g)$，于是该式成为式(4.3.4)；对于理想气体混合物，式(4.3.5)中组分 B 在总压 p 下的偏摩尔体积 $V_{B(g)}$ 即等于在同样温度及总压下的摩尔体积 $\frac{RT}{p}$，于是该式中的积分项等于零，即成为式(4.3.3)；对于纯理想气体 $V_{B(g)}=\frac{RT}{p}$，$p_B=p$，于是式(4.3.5)即成为式(4.3.2)。

4.4 逸度及逸度因子

式(4.3.5)给出了气体化学势表达式的一般形式，由于在该式中包含积分项 $\int_0^p\left[V_{B(g)}-\frac{RT}{p}\right]\mathrm{d}p$，使得其难以处理。在气体 pVT 性质的研究中，以理想气体模型为基础，通过引入压缩因子 Z 来修正真实气体对理想气体的偏差，从而得到气体的普适状态方程 $pV=ZnRT$。做类似处理，在式(4.3.3)中引入一个修正因子可使其成为普适的气体化学势表达式。

4.4.1 逸度及逸度因子

为使真实气体及真实气体混合物中任一组分 B 的化学势表达式具有理想气体化学势表达式同样简单的形式，1908 年，路易斯(Lewis G N)提出了逸度及逸度因子的概念。混合气体中 B 组分的逸度 $\tilde{p}_B$ 在温度 T，总压力 p 下应满足如下方程：

$$\mu_{B(g)}=\mu_{B(g)}^{\ominus}+RT\ln\left(\frac{\tilde{p}_B}{p^{\ominus}}\right) \tag{4.4.1}$$

显然逸度 $\tilde{p}_B$ 具有压力的量纲。进一步，定义 B 组分的逸度因子为

$$\varphi_B\overset{\mathrm{def}}{=}\frac{\tilde{p}_B}{p_B} \tag{4.4.2}$$

逸度因子 φ_B 量纲为 1，代入式(4.4.1)成为

$$\mu_{B(g)}=\mu_{B(g)}^{\ominus}+RT\ln\left(\frac{\varphi_B p_B}{p^{\ominus}}\right) \tag{4.4.3}$$

此即为气体的普适化学势表达式，逸度因子 φ_B 起到修正真实气体对理想气体偏差的

作用。比较式(4.4.1)与式(4.3.5)得到

$$\tilde{p}_B = p_B \exp\int_0^p \left[\frac{V_{B(g)}}{RT} - \frac{1}{p}\right] dp \tag{4.4.4}$$

$$\varphi_B = \exp\int_0^p \left[\frac{V_{B(g)}}{RT} - \frac{1}{p}\right] dp \tag{4.4.5}$$

对理想气体混合物而言，式(4.4.4)中的积分为零，从而有 $\tilde{p}_B = p_B$，$\varphi_B = 1$。即理想气体混合物中任一组分的逸度等于其分压，此时逸度因子恒等于 1。

当温度和压力都不大时逸度因子 $\varphi_B < 1$，此时真实气体和理想气体的 $\tilde{p}$-p 关系如图 4.4.1 所示。图中倾斜虚线为理想气体的 $\tilde{p}$-p 线，该线为通过原点且斜率为 1 的直线，在任意压力下均有 $\tilde{p} = p$；图中实线绘出在常压下 $\tilde{p}$-p 的真实气体的示意曲线，在原点处与理想气体的 $\tilde{p}$-p 直线重合，随着压力增大，曲线偏离理想气体的直线，图中可以直观看到压力相同为 p_1 的条件下真实气体逸度 $\tilde{p}_{真}$ 小于理想气体逸度 $\tilde{p}_{理}$。

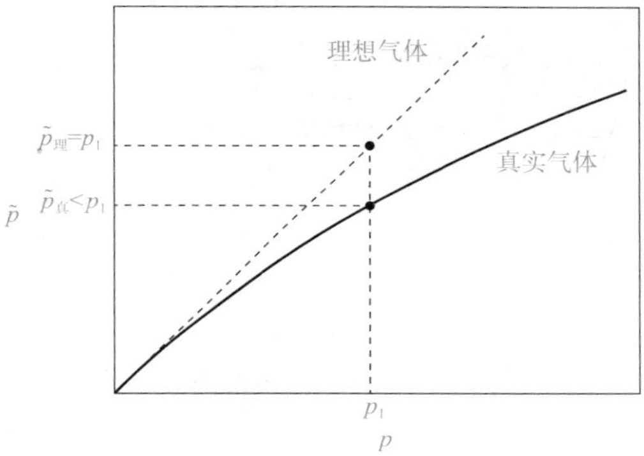

图 4.4.1　真实气体和理想气体的 $\tilde{p}$-p 关系

4.4.2　逸度因子的计算及普遍化逸度因子图

逸度的计算归根结底是逸度因子的计算，因为知道逸度因子后，即可按定义式(4.4.2)计算出逸度 $\tilde{p}_B = \varphi_B p_B$。

对式(4.4.5)取对数可得

$$\ln\varphi_B = \frac{1}{RT}\int_0^p \left[V_{B(g)} - \frac{RT}{p}\right] dp \tag{4.4.6}$$

对于纯气体，式中 $V_{B(g)}$ 等于摩尔体积 $V_m^*(g)$。将真实气体的 $V_m^*(g)$ 表示成压力 p 的函数关系代入上式积分，或在测得不同压力下的 $V_m^*(g)$ 后作 $\left[V_m^*(g) - \frac{RT}{p}\right]$-$p$ 图，进行图解积分，即得该气体在所需压力下的逸度因子 φ。

在求 φ 时更多的是应用普遍化的逸度因子图。将式(4.4.6)中纯真实气体的摩尔体积，用 $V_m = \frac{ZRT}{p}$ 代入，得

$$\ln\varphi_B = \frac{1}{RT}\int_0^p \left[\frac{ZRT}{p} - \frac{RT}{p}\right] dp = \int_0^p \frac{(Z-1)}{p} dp$$

因 $p=p_r p_c$，有 $\frac{dp}{p}=\frac{dp_r}{p_r}$，于是得到

$$\ln\varphi_B=\int_0^p \frac{(Z-1)}{p_r}dp_r \tag{4.4.7}$$

在第 1 章对应状态原理中曾经指出，不同气体在同样的对比温度 T_r 对比压力 p_r 下，有大致相同的压缩因子，因而也有大致相同的逸度因子。根据式(4.4.7)，即可求得一定 T_r，不同 p_r 下纯气体 φ 值。图 4.4.2 绘出了不同 T_r 下的 φ-p_r 曲线。因此图对任何真实气体均适用，故称为普遍化逸度因子图。

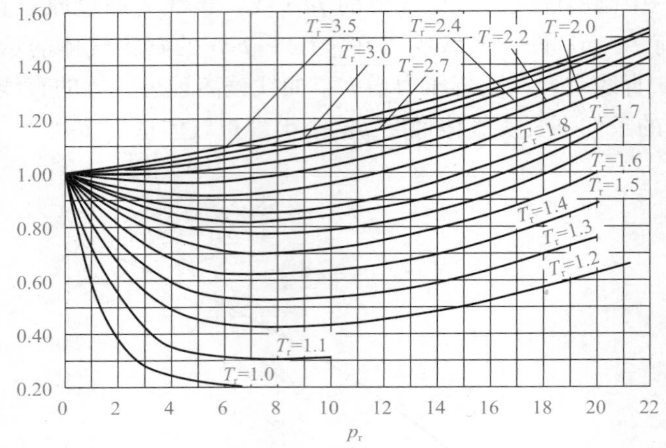

图 4.4.2　普遍化逸度因子图

从图中可以看出，$T_r>2.4$ 时，φ 随 p_r 增大而增大；$T_r<2.4$ 时，φ 先随 p_r 增大先减小，然后增大；在任何 T_r 下，因 $p\to 0$ 时，$Z\to 1$，这时 $\varphi\to 1$，即 $\lim\limits_{p\to 0}\varphi=\lim\limits_{p\to 0}\left(\frac{\tilde{p}_B}{p}\right)$。

4.5　拉乌尔定律和亨利定律

通过概括一类事物的共性建立模型，然后在此基础上研究个别实例对模型的偏离是一种重要的科学方法。例如，理想气体模型反映了气体压力无限降低时分子间相互作用及分子本身的体积可以忽略这一共性，在研究真实气体时就可以针对与两个特性的偏差进行修正。同样在处理液体混合体系时，要建立液体多组分系统的处理模型，拉乌尔定律及亨利定律分别给出了理想液态混合物和理想稀溶液这两种理想液体多组分系统的基本规律，从而成为液态多组分系统研究的基础。

4.5.1　液体组分浓度

前面第 1 章中定义的摩尔分数 x_A，在研究各组分处理方法相同的液体混合物的组成标度时最为方便，因为这种组成的表示对混合物中各个组分均是等价的。溶液中溶质的组

成标度主要用溶质 B 的质量摩尔浓度 b_B 和物质的量浓度 c_B。

1. 质量摩尔浓度 b_B

$$b_B \stackrel{\text{def}}{=} \frac{n_B}{m_A}$$

式中，b_B 单位为 mol/kg，m_A 为溶剂的质量。根据定义，b_B 为与温度和压力无关的量，其标准态为 $b^{\ominus}=1$ mol/kg。

2. 物质的量浓度 c_B

$$c_B \stackrel{\text{def}}{=} \frac{n_B}{V}$$

式中，c_B 单位为 mol/m^3；V 为溶液或混合物的体积。由于 V 与温度有关，因此 c_B 也与温度有关，压力对凝聚相的影响甚小，故可认为 c_B 与压力无关。

x_A、b_B 和 c_B 可相互转换，对于二组分系统：

$$x_B = \frac{M_A b_B}{1+M_A b_B}$$

$$x_B = \frac{M_A c_B}{\rho+(M_A-M_B)c_B}$$

式中，ρ 为溶液的密度。若 ρ_A 以表示纯溶剂 A 的密度，对稀溶液，b_B 和 c_B 均很小，故有

$$x_B \approx M_A b_B \approx \frac{M_A c_B}{\rho_A}$$

4.5.2 拉乌尔定律

在一定温度下于纯溶剂 A 中加入溶质 B，无论溶质挥发与否，溶剂 A 在气相中的蒸气分压 p 都会下降。1886 年，拉乌尔根据实验得出结论：稀溶液中溶剂的蒸气压等于同一温度下纯溶剂的饱和蒸气压与溶液中溶剂的摩尔分数的乘积，此即拉乌尔定律，用公式表示，即

$$p_A = p_A^* x_A \tag{4.5.1}$$

式中，p_A^* 为同样温度下纯溶剂的饱和蒸气压；x_A 为溶液中溶剂的摩尔分数。

当纯溶剂 A 溶解了少量溶质 B 后，虽然 A-B 分子间受力情况与 A-A 分子间受力情况不同，但由于 B 的含量很少，对于每个 A 分子来说，其周围绝大多数的相邻分子还是同种分子 A，实质上可认为其总的受力情况与同温度下在纯液体 A 中的受力情况相同，因而液面上每个 A 分子逸出液面进入气相的概率与纯液体中的概率相同。因溶液中有一定量的溶质 B，使单位液面上 A 分子数占液面总分子数的分数从纯溶剂时的 1 下降至溶液的 x_A，致使单位液面上溶剂 A 的蒸发速率按比例下降，因此 A 在气相中的平衡分压也相应地按比例下降，即有 $p_A \propto x_A$。从 $x_A=1$(纯溶剂)时，$p_A=p_A^*$ 可知，比例系数等于纯溶剂在同温度下的饱和蒸气压。

4.5.3 亨利定律

1803 年，亨利(Henry W)在研究中发现，一定温度下气体在液态溶剂中的溶解度与该气体的压力成正比。这一规律对于稀溶液中挥发性溶质也同样适用。一般来说，气体在

溶剂中的溶解度很小，所形成的溶液属于稀溶液范围。当气体 B 在溶剂 A 中溶液的组成由 B 的摩尔分数 x_B、质量摩尔浓度 b_B、物质的量浓度 c_B 等表示时，均与气体溶质 B 的压力近似成正比。

用公式表示时，亨利定律可以有下列形式。如

$$p_B=k_{x,B}x_B \tag{4.5.2}$$

$$p_B=k_{b,B}b_B \tag{4.5.3}$$

$$p_B=k_{c,B}c_B \tag{4.5.4}$$

因此，亨利定律可表述：在一定温度下，稀溶液中挥发性溶质在气相中的平衡分压与其在溶液中的浓度成正比。比例系数称为亨利系数。

同一系统，当使用不同的组成标度时，亨利系数的单位不同，其数值也不同。$k_{x,B}$、$k_{b,B}$和 $k_{c,B}$的单位为 Pa、Pa/(mol·kg)和 Pa/(mol·m^3)。

当涉及气体在溶剂中的溶解度时，还常用单位体积溶剂中溶解的标准状况下气体的体积来表示。

温度不同，亨利系数不同，温度升高，挥发性溶质的挥发能力增强，亨利系数增大。换言之，同样分压下温度升高，气体的溶解度减小。

若有几种气体同时溶于同一溶剂中形成稀溶液，每种气体的平衡分压与其溶解度关系均分别适用亨利定律。空气中的 N_2 和 O_2 在水中的溶解就是这样的例子。

当挥发性溶质 B 溶于溶剂 A 中形成稀溶液时，B 分子周围几乎完全由 A 分子包围，其受力情况由 A-B 间作用力决定。这种受力情况在稀溶液范围内并不因溶液组成变化而有多大的改变。因此，溶质 B 由单位溶液表面上的蒸发速率正比于溶液表面 B 分子的数目。在溶解平衡时，气相中 B 在单位表面上的凝结速率又与蒸发速率相等，故气相中 B 的平衡分压正比于溶液中 B 的摩尔分数。由于 A-B 间的作用力一般不同于纯液体 B 中 B-B 间的作用力，使得亨利定律中的比例系数 k 不同于纯 B 的饱和蒸气压 p_B^*。

拉乌尔定律对于溶剂和亨利定律对于溶质，均只有对无限稀的溶液即理想稀溶液才是准确的，但在溶质的摩尔分数接近零的很小范围内两个定律近似成立。如果 A 和 B 的性质较接近，适用的范围也随之增大。

【例 4.5.1】 97.11 ℃时，纯水的饱和蒸气压为 91.3 kPa。在此温度下，乙醇的质量分数为 3%的乙醇水溶液上，蒸气总压为 101.325 kPa。今有另一乙醇的摩尔分数为 0.02 的乙醇水溶液，求此水溶液在 97.11 ℃下的蒸气总压。

解：两溶液均按乙醇在水中的稀溶液考虑。水 H_2O(A)适用拉乌尔定律，乙醇 C_2H_5OH(B)适用亨利定律。

在 97.11 ℃下纯水的饱和蒸气压 p_A^* 已知，乙醇在水中的亨利系数需要由题给 $w_B=3\%$ 乙醇水溶液蒸气总压求出。所求溶液的组成以乙醇的摩尔分数表示，故要将题给质量分数换算成摩尔分数，求出 $k_{x,B}$。

以 m_A、m_B 分别代表溶液中水和乙醇的质量，M_A、M_B 分别代表水和乙醇的摩尔质量，$M_A=18.015$ g/mol，$M_B=46.069$ g/mol，由质量分数换算成摩尔分数的公式为

$$x_B=\frac{\dfrac{m_B}{M_B}}{\dfrac{m_A}{M_A}+\dfrac{m_B}{M_B}}=\frac{\dfrac{w_B}{M_B}}{\dfrac{w_A}{M_A}+\dfrac{w_B}{M_B}}$$

将 $w_B=3\%$，$w_A=97\%$代入求得

$$x_B=\frac{\dfrac{3\%}{46.069\ \text{g/mol}}}{\dfrac{97\%}{18.015\ \text{g/mol}}+\dfrac{3\%}{46.069\ \text{g/mol}}}=0.011\ 95$$

稀溶液蒸气总压与溶液中各组分摩尔分数的关系为

$$p=p_A+p_B=p_A^*x_A+k_{x,B}x_B$$

代入 $x_A=1-x_B=0.988\ 05$ 并整理，得

$$k_{x,B}=\frac{101.325-91.3\times0.988\ 05}{0.011\ 95}\ \text{kPa}$$
$$=930\ \text{kPa}$$

再按上述由摩尔分数求总压公式，代入数据，得所求溶液的总压为

$$p=(91.3\times0.98+930\times0.02)\ \text{kPa}$$
$$=108.1\ \text{kPa}$$

4.6 理想液态混合物

本节将讨论理想液态混合物中任一组分化学势的表达式，以及理想液态混合物的混合性质。这里主要用到上节的拉乌尔定律。

4.6.1 理想液态混合物的定义

从宏观上定义，任一组分在全部组成范围内都符合拉乌尔定律的液态混合物称为理想液态混合物，简称为理想混合物。从微观上来看，拉乌尔定律成立的前提在于溶剂分子 A 在溶液中所处的环境与其在纯溶剂 A 中所处的环境相同。因此，对于液态混合物，若同一组分分子之间与不同组分分子之间(二组分系统时，即 B-B、C-C 及 B-C)的相互作用相同，而且，各组分分子具有相似的形状和体积，即组分混合前后热力学能和体积均增量为零，则可以推断，液态混合物中的每个组分均符合拉乌尔定律，即为理想液态混合物。

显然，在该定义中，混合物中每个组分的地位是相同的。如同理想气体模型之于气体，理想液态混合物为液态混合物的研究提供了一种简化的理论模型。

严格的理想混合物在客观上是不存在的。但是，某些物质的混合物，如对映体所形成的外消旋混合物，结构异构体如邻、间、对二甲苯的混合物，可以近似认为是理想混合物；紧邻同系物的混合物，如苯和甲苯、甲醇和乙醇，也可近似认为是理想混合物。

4.6.2 理想液态混合物中任一组分的化学势

利用气、液两相平衡时任一组分在两相的化学势相等的原理，结合气体化学势表达式及理想液态混合物的定义式，可推导出理想液态混合物中任一组分的化学势与混合物组成的关系式。

设在温度 T 下，组分 B、C、D 等形成理想液态混合物。各组分的摩尔分数分别为 x_B、x_C、x_D 等。

气、液两相平衡时，理想液态混合物中任一组分 B 在液相中的化学势 $\mu_{B(l)}$ 等于它在气相中的化学势 $\mu_{B(g)}$，即

$$\mu_{B(l)}=\mu_{B(g)}$$

当与理想液态混合物成平衡的蒸气压力 p 不大时，气相可以近似认为是理想气体混合物，则

$$\mu_{B(l)}=\mu_{B(g)}=\mu_{B(g)}^{\ominus}+RT\ln\frac{p_B}{p^{\ominus}}$$

根据理想液态混合物的定义，有 $p_B=p_B^* x_B$，将其代入上式，得

$$\mu_{B(l)}=\mu_{B(g)}^{\ominus}+RT\ln\frac{p_B^*}{p^{\ominus}}+RT\ln x_B \tag{4.6.1}$$

显然，上式右端前两项之和等于相同温度 T、压力 p 下纯液体 B 的化学势，即

$$\mu_{B(l)}^*=\mu_{B(g)}^{\ominus}+RT\ln\frac{p_B^*}{p^{\ominus}} \tag{4.6.2}$$

因此

$$\mu_{B(l)}=\mu_{B(l)}^*+RT\ln x_B \tag{4.6.3}$$

上式即理想液态混合物中任一组分 B 的化学势表达式。因液态混合物中组分 B 的标准态规定为同样温度 T，压力为标准压力 $p^{\ominus}$ 下的纯液体，其标准化学势为 $\mu_{B(l)}^{\ominus}$，故要由热力学基本方程求出 $\mu_{B(l)}^*$ 与 $\mu_{B(l)}^{\ominus}$ 的关系。对纯液体 B 应用 $dG_m=-S_m dT+V_m dp$，因 $dT=0$，故当压力从 $p^{\ominus}$ 变至 p 时，纯液体 B 的化学势 $\mu_{B(l)}^{\ominus}$ 变至 $\mu_{B(l)}^*$，于是

$$\mu_{B(l)}^*=\mu_{B(l)}^{\ominus}+\int_{p^{\ominus}}^{p} V_{m,B(l)}^*\,dp \tag{4.6.4}$$

式中，$V_{m,B(l)}^*$ 为纯液态 B 在温度 T 下的摩尔体积。

将式(4.6.4)代入式(4.6.3)，最后得到一定温度下理想液态混合物中任一组分 B 的化学势与混合物组成的关系式：

$$\mu_{B(l)}=\mu_{B(l)}^{\ominus}+RT\ln x_B+\int_{p^{\ominus}}^{p} V_{m,B(l)}^*\,dp \tag{4.6.5}$$

通常情况下，p 与 $p^{\ominus}$ 相差不大，式(4.6.5)中的积分项可以忽略，故该式可近似写作

$$\mu_{B(l)}=\mu_{B(l)}^{\ominus}+RT\ln x_B \tag{4.6.6}$$

此式为常用公式。

4.6.3 理想液态混合物的混合性质

理想液态混合物的混合性质指的是在恒温恒压下由物质的量分别为 n_B、n_C、n_D 等的纯液体 B、C、D 等相互混合形成，组成为 x_B、x_C、x_D 等的理想液态混合物这一过程中，系统的广度性质如 U、H、S、A、G 等的变化。

分别用 1 和 2 表示上述混合过程的始态和末态，则

$$G_1=\sum_B n_B G_{m,B}^*=\sum_B n_B \mu_{B(l)}^*$$

即系统始态的吉布斯函数为各纯组分吉布斯函数的代数和。

对于末态，由于是理想液态混合物，根据式(4.6.3)，有

$$G_2=\sum_B n_B\mu_{B(l)}=\sum_B[n_B\mu^*_{B(l)}+n_BRT\ln x_B]$$

故混合过程的吉布斯函数变

$$\Delta_{mix}G=G_2-G_1=\sum_B[n_B\mu^*_{B(l)}+n_BRT\ln x_B]-\sum_B n_B\mu^*_{B(l)}$$

即

$$\Delta_{mix}G=RT\sum_B n_B\ln x_B \tag{4.6.7}$$

将 $0<x_B<1$ 代入上式，得 $\Delta_{mix}G=RT\sum_B n_B\ln x_B<0$，因为混合过程是在恒温恒压下进行的，这表明该过程是一个自发过程。

由于 $S=-\left(\frac{\partial G}{\partial T}\right)_p$，$V=\left(\frac{\partial G}{\partial p}\right)_T$，故有

$$\Delta_{mix}S=-\left(\frac{\partial\Delta_{mix}G}{\partial T}\right)_p=-R\sum_B n_B\ln x_B$$

$$\Delta_{mix}V=-\left(\frac{\partial\Delta_{mix}G}{\partial p}\right)_T=0$$

根据定义

$$\Delta_{mix}A=\Delta_{mix}G-p\Delta_{mix}V=\Delta_{mix}G=RT\sum_B n_B\ln x_B$$

$$\Delta_{mix}H=\Delta_{mix}G+T\Delta_{mix}S=0$$

$$\Delta_{mix}U=\Delta_{mix}A+T\Delta_{mix}S=0$$

由于上述混合过程是在恒温恒压下进行的，有 $Q=\Delta_{mix}H=0$，表明该过程没有吸热或放热现象。此外，$\Delta_{mix}H=0$ 及 $\Delta_{mix}V=0$ 分别说明了混合过程没有能量及体积变化，这正是理想液态混合物的定义所要求的。

上述结果对于理想气体的恒温恒压混合过程完全适用。这是因为理想气体混合物所满足的条件(分子间无相互作用，分子本身无体积)为理想液态混合物所满足条件的特例。

4.7 理想稀溶液

理想稀溶液，即无限稀薄溶液，指的是任一溶质的相对含量趋于零的溶液。在这种溶液中，溶质分子之间的距离非常远，每一个溶剂分子或溶质分子周围几乎没有溶质分子而完全是溶剂分子。对理想稀溶液，溶剂符合拉乌尔定律，而溶质符合亨利定律。

采用与理想液态混合物相似的研究方法，利用组分在气、液两相达到平衡时化学势相等的原理，分别推导理想稀溶液中溶剂和溶质的化学势与组成关系的表示式。为简洁起见，只考虑与溶液成平衡的气相，其可看作理想气体混合物，且系统的压力 p 与标准压力 $p^\ominus$ 相差不大，因而由 $p\neq p^\ominus$ 引起的积分项可忽略的情况，在以下讨论中不再一一说明。

4.7.1 溶剂的化学势

由于理想稀溶液的溶剂遵循拉乌尔定律，可知其化学势表达式与理想液态混合物中任

一组分 B 的化学势表达式形式相同，只需将式(4.6.3)和式(4.6.6)中的下角标 B 换成表示溶剂 A 的下标，即可得到 A 的化学势表达式：

$$\mu_{A(l)}=\mu_{A(l)}^{*}+RT\ln x_A \tag{4.7.1}$$

$$\mu_{A(l)}=\mu_{A(l)}^{\ominus}+RT\ln x_A \tag{4.7.2}$$

与液态混合物中任一组分 B 一样，溶液中溶剂 A 的标准态为温度 T、标准压力 $p^{\ominus}$下的纯液态 A。但是对于溶液，组成用质量摩尔浓度 b_B 表示，它与摩尔分数 x 间的关系为

$$x_A=\frac{n_A}{n_A+\sum_B n_B}=\frac{\dfrac{m_A}{M_A}}{\dfrac{m_A}{M_A}+\sum_B n_B}=\frac{1}{1+\dfrac{M_A\sum_B n_B}{m_A}}$$

因 $b_B=\dfrac{n_B}{m_A}$，故得

$$x_A=\frac{1}{1+M_A\sum_B b_B} \tag{4.7.3}$$

式中，M_A 为溶剂 A 的摩尔质量；$\sum_B b_B$为溶液中各溶质质量摩尔浓度之和。将上式取对数，有

$$\ln x_A=\ln\frac{1}{1+M_A\sum_B b_B}=-\ln\left(1+M_A\sum_B b_B\right)$$

并将之代入式(4.7.2)，得

$$\mu_{A(l)}=\mu_{A(l)}^{\ominus}-RT\ln\left(1+M_A\sum_B b_B\right) \tag{4.7.4}$$

对于理想稀溶液，$M_A\sum_B b_B\rightarrow 0$，数学上有

$$\ln\left(1+M_A\sum_B b_B\right)\approx M_A\sum_B b_B \tag{4.7.5}$$

将式(4.7.5)代入式(4.7.4)，于是得到溶剂 A 在 T、p 下稀溶液组成 $\sum_B b_B$时的化学势表达式，即

$$\mu_{A(l)}=\mu_{A(l)}^{\ominus}-RTM_A\sum_B b_B \tag{4.7.6}$$

4.7.2 溶质的化学势

以挥发性溶质 B 为例，导出溶质的化学势 $\mu_{B(\text{溶质})}$与溶液组成 b_B的关系式，然后将其推广到非挥发性溶质。

在一定温度 T、一定压力 p 下溶液中溶质 B 的化学势 $\mu_{B(\text{溶质})}$和与之成平衡的气相中 B 的化学势 $\mu_{B(g)}$相等，按亨利定律式(4.5.3)，气相中 B 的分压 $p_B=k_{b,B}b_B$，结合式(4.3.3)，可得

$$\begin{aligned}\mu_{B(\text{溶质})}&=\mu_{B(g)}=\mu_{B(g)}^{\ominus}+RT\ln\frac{p_B}{p^{\ominus}}\\&=\mu_{B(g)}^{\ominus}+RT\ln\frac{k_{b,B}b_B}{p^{\ominus}}\end{aligned}$$

$$=\mu_{B(g)}^{\ominus}+RT\ln\frac{k_{b,B}b^{\ominus}}{p^{\ominus}}+RT\ln\frac{b_B}{b^{\ominus}} \tag{4.7.7}$$

式中，$b^{\ominus}=1\ \text{mol/kg}$ 称为溶质的标准质量摩尔浓度。令 $b_B=b^{\ominus}$，则 $RT\ln\left(\frac{b_B}{b^{\ominus}}\right)=0$，因此 $\left[\mu_{B(g)}^{\ominus}+RT\ln\left(\frac{k_{b,B}b^{\ominus}}{p^{\ominus}}\right)\right]$ 为温度 T、压力 p 下，$b_B=b^{\ominus}$ 时溶质 B 符合亨利定律的状态下的化学势。

规定溶质 B 的标准态为在标准压力 $p^{\ominus}$，标准质量摩尔浓度 $b^{\ominus}$ 下具有理想稀溶液性质的状态，并将标准态的化学势记为 $\mu_{B(溶质)}^{\ominus}$，则

$$\mu_{B(g)}^{\ominus}+RT\ln\left(\frac{k_{b,B}b^{\ominus}}{p^{\ominus}}\right)=\mu_{B(溶质)}^{\ominus}+\int_{p^{\ominus}}^{p}V_{B(溶质)}^{\infty}\,dp$$

式中，$V_{B(溶质)}^{\infty}$ 为温度 T 下无限稀释溶液中溶质 B 的偏摩尔体积，在一定温度下，它应是压力的函数。忽略积分项，并将之代入式(4.7.7)，即得到理想稀溶液中溶质 B 的化学势表达式：

$$\mu_{B(溶质)}=\mu_{B(溶质)}^{\ominus}+RT\ln\frac{b_B}{b^{\ominus}} \tag{4.7.8}$$

此即理想稀溶液溶质化学势的常用公式。

因为在 $b=1\ \text{mol/kg}$ 时，溶液上挥发性溶质 B 的蒸气压已不符合亨利定律，即 $p_B\neq k_{b,B}b_B$，此时溶液并非理想稀溶液，因此溶质 B 的标准态是一种假想状态。

4.7.3 其他组成标度表示的溶质的化学势

对理想稀溶液溶质采用组成标度 c_B 和 x_B 时，亨利定律具有组成标度 b_B 时类似的形式 $p_B=k_{c,B}c_B$，同理容易得到组成标度为 c_B 和 x_B 时理想稀溶液中溶质 B 的化学势表达式：

$$\mu_{B(溶质)}=\mu_{c,B(溶质)}^{\ominus}+RT\ln\frac{c_B}{c^{\ominus}} \tag{4.7.9}$$

$$\mu_{B(溶质)}=\mu_{x,B(溶质)}^{\ominus}+RT\ln x_B \tag{4.7.10}$$

式中，$c^{\ominus}=1\ \text{mol/dm}^3$ 称为标准浓度。组成标度以 c_B 表示时，规定溶质的标准态为在标准压力 $p^{\ominus}$ 及标准浓度 $c^{\ominus}=1\ \text{mol/dm}^3$ 下具有理想稀溶液性质的状态，其标准化学势记作 $\mu_{c,B(溶质)}^{\ominus}$。

若溶质的组成标度以 x_B 表示时，标准态规定为在标准压力 $p^{\ominus}$ 及 $x_B=1$ 且具有理想稀溶液性质的状态，标准化学势记作 $\mu_{x,B(溶质)}^{\ominus}$。这种状态是一种假想的纯液体 B，它在同一温度 T 及系统压力 p 下 $x_B=1$ 时，其饱和蒸气压仍符合亨利定律。

注意，在使用组成的不同标度时，溶质 B 的标准态、标准化学势及化学势表达式不同，但对于同一溶液，在相同条件下，其化学势的值是唯一的。

4.7.4 溶质化学势表示式的应用举例——分配定律

实验表明：在一定的温度、压力下，当溶质在共存的两不互相溶的溶剂间成平衡时，若形成理想稀溶液，则溶质在两液相中的质量摩尔浓度之比为常数。这就是能斯特分配定律。醋酸在水与乙醚间的分配、碘在水与四氯化碳间的分配均是这样的例子。

这一经验定律可由溶质 B 在 α、β 两不互溶的液相间达到平衡时的化学势相等推导得

出。溶质B在α、β两相中具有相同的分子形式，在一定温度、压力下，B在α、β两相中的质量摩尔浓度分别为$b_{B(\alpha)}$和$b_{B(\beta)}$。当B在两相中均成理想稀溶液时，根据式(4.7.8)，有

$$\mu_{B(\alpha)}=\mu_{B(\alpha)}^{\ominus}+RT\ln\frac{b_{B(\alpha)}}{b^{\ominus}}$$

$$\mu_{B(\beta)}=\mu_{B(\beta)}^{\ominus}+RT\ln\frac{b_{B(\beta)}}{b^{\ominus}}$$

因B在α、β两相间达相平衡时$\mu_{B(\alpha)}=\mu_{B(\beta)}$，故有

$$\mu_{B(\alpha)}^{\ominus}+RT\ln\frac{b_{B(\alpha)}}{b^{\ominus}}=\mu_{B(\beta)}^{\ominus}+RT\ln\frac{b_{B(\beta)}}{b^{\ominus}}$$

整理得到

$$\ln\frac{b_{B(\alpha)}}{b_{B(\beta)}}=\frac{\mu_{B(\beta)}^{\ominus}-\mu_{B(\alpha)}^{\ominus}}{RT}$$

因在一定温度下，$\mu_{B(\alpha)}^{\ominus}$和$\mu_{B(\beta)}^{\ominus}$均有确定的值，故上式中$\frac{\mu_{B(\beta)}^{\ominus}-\mu_{B(\alpha)}^{\ominus}}{RT}$为常数，与溶质B在两液相中的质量摩尔浓度大小无关。即尽管稀溶液中$b_{B(\alpha)}$和$b_{B(\beta)}$已改变，但比值$\frac{b_{B(\alpha)}}{b_{B(\beta)}}$为常数，即

$$K=\frac{b_{B(\alpha)}}{b_{B(\beta)}} \tag{4.7.11}$$

式中，$K=\exp\left[\frac{\mu_{B(\beta)}^{\ominus}-\mu_{B(\alpha)}^{\ominus}}{RT}\right]$称为分配系数。

若溶液组成用溶质的浓度c_B表示，利用式(4.7.9)，做同样的推导，可得

$$K_c=\frac{c_{B(\alpha)}}{c_{B(\beta)}} \tag{4.7.12}$$

式中，分配系数$K_c=\exp\left[\frac{\mu_{c,B(\beta)}^{\ominus}-\mu_{c,B(\alpha)}^{\ominus}}{RT}\right]$。

若溶质B在α相中完全以B的形式存在，而在β相中可以有B及B_2两种分子形式存在，则在达到平衡时，应是B在α、β两相中的化学势相等$\mu_{B(\alpha)}=\mu_{B(\beta)}$，同时在β相中B与$B_2$达到化学平衡$2\mu_{B(\beta)}=\mu_{B_2(\beta)}$。

4.8 活度及活度因子

上两节讨论了理想液态混合物中任一组分、理想稀溶液中溶剂和溶质的化学势与组成关系的表达式，它们都具有简单的形式。如同在真实气体中引入逸度、逸度因子来修正其对理想气体的偏差，对于真实液态混合物、真实溶液，通过引入活度及活度因子来修正其对真实液态混合物、真实溶液的偏差。与逸度的概念一样，活度的概念也是路易斯首先提出的。

4.8.1 真实液态混合物

按下式定义真实液态混合物中组分B的活度a_B及活度因子f_B：

$$\mu_{B(l)} \stackrel{\text{def}}{=} \mu_{B(l)}^* + RT\ln a_B \tag{4.8.1}$$

$$\mu_{B(l)} \stackrel{\text{def}}{=} \mu_{B(l)}^* + RT\ln x_B f_B \tag{4.8.2}$$

式中

$$f_B = \frac{a_B}{x_B} \tag{4.8.3}$$

因 $\mu_{B(l)}^*$ 为纯液态 B 在一定温度 T、压力 p 下的化学势，当 $x_B \to 1$ 时，必然 $a_B \to 1$，于是有

$$\lim_{x_B \to 1} f_B = \lim_{x_B \to 1}\left(\frac{a_B}{x_B}\right) = 1 \tag{4.8.4}$$

由于标准态压力定为 $p^{\ominus}$，故压力 p 下的化学势为

$$\mu_{B(l)} = \mu_{B(l)}^{\ominus} + RT\ln a_B + \int_{p^{\ominus}}^{p} V_{m,B(l)}^* \mathrm{d}p \tag{4.8.5}$$

在常压下，积分项近似为零，故近似有

$$\mu_{B(l)} = \mu_{B(l)}^{\ominus} + RT\ln a_B \tag{4.8.6}$$

真实液态混合物中组分 B 的标准态为标准压力 $p^{\ominus}$下的纯液体 B，$\mu_{B(l)}^{\ominus}$ 为温度 T 下标准态时 B 的化学势，即标准化学势。活度 a_B 相当于“有效的浓度”。活度因子 f_B 则相当于真实液态混合物中组分 B 偏离理想情况的程度。组分 B 的活度可由测定与液相成平衡的气相中 B 的分压力 p_B 及同温度下纯液态 B 的蒸气压 p_B^* 得出。

气、液两相平衡时，组分 B 在气、液两相的化学势相等[$\mu_{B(g)} = \mu_{B(l)}$]。若将气相看作理想气体混合物，则气相的化学势为

$$\mu_{B(g)} = \mu_{B(g)}^{\ominus} + RT\ln\frac{p_B}{p^{\ominus}} = \mu_{B(g)}^{\ominus} + RT\ln\frac{p_B^*}{p^{\ominus}} + RT\ln\frac{p_B}{p_B^*}$$

由于 $\mu_{B(l)}^* = \mu_{B(g)}^{\ominus} + RT\ln\left(\frac{p_B^*}{p^{\ominus}}\right)$，故有

$$\mu_{B(g)} = \mu_{B(l)}^* + RT\ln\left(\frac{p_B}{p_B^*}\right)$$

液相的化学势由式(4.8.1)给出，从而

$$\mu_{B(l)}^* + RT\ln a_B = \mu_{B(l)}^* + RT\ln\frac{p_B}{p_B^*}$$

所以

$$a_B = \frac{p_B}{p_B^*} \tag{4.8.7}$$

$$f_B = \frac{a_B}{x_B} = \frac{p_B}{p_B^* \cdot x_B} \tag{4.8.8}$$

液态混合物中 B 组分的活度因子，为与之平衡的气相中 B 组分的分压与拉乌尔定律所计算得到的分压之比。

4.8.2 真实溶液

为了使真实溶液中溶剂和溶质的化学势表达式分别与理想稀溶液中的形式相同，故也以溶剂的活度 a_A 代替 x_A，以溶质的活度 a_B 代替 $\frac{b_B}{b^{\ominus}}$。

(1)对于溶剂 A，在温度 T、压力 p 下，有

$$\mu_{A(l)}=\mu_{A(l)}^{\ominus}+RT\ln a_A \tag{4.8.9}$$

对溶剂 A，也与液态混合物中任一组分一样处理，规定 A 的活度因子 f_A 为

$$a_A=f_A x_A \tag{4.8.10}$$

但是，因为在稀溶液中溶剂的活度接近 1，用活度因子 A 不能准确地反映溶液(特别是电解质溶液)的非理想性。为了准确地表示溶液中溶剂对于理想稀溶液的偏差，引入渗透因子的概念。合理的渗透因子 g 定义为

$$g=\frac{\ln a_A}{\ln x_A} \tag{4.8.11}$$

式中，g 的量纲为 1。

将式(4.8.11)代入式(4.8.9)，则溶液中溶剂化学势的表达式为

$$\mu_{A(l)}=\mu_{A(l)}^{\ominus}+RTg\ln x_A \tag{4.8.12}$$

将式 $\ln x_A=-\ln\left(1+M_A\sum_B b_B\right)$ 代入上式，得出用溶液中溶质的质量摩尔浓度为变量表示的溶剂的化学势，即

$$\mu_{A(l)}=\mu_{A(l)}^{\ominus}-RTg\ln\left(1+M_A\sum_B b_B\right) \tag{4.8.13}$$

对于稀溶液，$\ln\left(1+M_A\sum_B b_B\right)\approx M_A\sum_B b_B$，定义溶剂 A 的渗透因子 φ 为

$$\varphi\overset{\text{def}}{=\!=}-\frac{\ln a_A}{M_A\sum_B b_B} \tag{4.8.14}$$

即

$$\ln a_A=-\varphi M_A\sum_B b_B \tag{4.8.15}$$

其中 φ 的量纲为 1。将式(4.8.15)代入式(4.8.9)，得到用质量摩尔浓度作为溶液组成变量表示的稀溶液中溶剂的化学势：

$$\mu_{A(l)}=\mu_{A(l)}^{\ominus}-RT\varphi M_A\sum_B b_B \tag{4.8.16}$$

渗透因子的一个重要规律是当溶质的质量摩尔浓度 $\sum_B b_B\to 0$ 时，$\varphi\to 1$，在 $\sum_B b_B$ 比较小时，$\varphi\approx g$。

(2)对于溶质 B，在温度 T、压力 p 下真实溶液中化学势的表达式规定为

$$\mu_{B(\text{溶质})}=\mu_{B(\text{溶质})}^{\ominus}+RT\ln a_B+\int_{p^{\ominus}}^{p}V_{B(\text{溶质})}^{\infty}\,\mathrm{d}p \tag{4.8.17}$$

$$\mu_{B(\text{溶质})}=\mu_{B(\text{溶质})}^{\ominus}+RT\ln\left(\frac{\gamma_B b_B}{b^{\ominus}}\right)+\int_{p^{\ominus}}^{p}V_{B(\text{溶质})}^{\infty}\,\mathrm{d}p \tag{4.8.18}$$

式中

$$\gamma_B=\frac{a_B}{\dfrac{b_B}{b^{\ominus}}} \tag{4.8.19}$$

称为溶质 B 的活度因子(或称为活度系数)。并且

$$\lim_{\sum_B b_B\to 0}\gamma_B=\lim_{\sum_B b_B\to 0}\left(\frac{a_B}{\dfrac{b_B}{b^{\ominus}}}\right)=1 \tag{4.8.20}$$

式中，极限条件 $\sum_{B} b_B \to 0$，不仅所要讨论的溶质 B 的 b_B 趋于零，还要求溶液中其他溶质的浓度 b 也同时趋于零。

在 p 与 $p^{\ominus}$ 相差不大时，式(4.8.17)及式(4.8.18)可分别表示成

$$\mu_{B(溶质)} = \mu_{B(溶质)}^{\ominus} + RT\ln a_B \tag{4.8.21}$$

$$\mu_{B(溶质)} = \mu_{B(溶质)}^{\ominus} + RT\ln\left(\frac{\gamma_B b_B}{b^{\ominus}}\right) \tag{4.8.22}$$

利用推导式(4.8.7)类似的方法可以得出溶质的活度与亨利系数的关系式

$$a_B = \frac{p_B}{k_{b,B} b^{\ominus}} \tag{4.8.23}$$

类似的

$$\gamma_B = \frac{p_B}{k_{b,B} b_B} \tag{4.8.24}$$

即真实溶液中溶质 B 的活度因子，为与之平衡的气相中 B 组分的分压与亨利定律所计算得到的分压之比。

类似理想稀溶液，用溶质的物质的量浓度 c 作为溶液组成变量来表示的真实溶液中溶质 B 的化学势，有

$$\mu_{B(溶质)} = \mu_{c,B(溶质)}^{\ominus} + RT\ln a_{c,B} \tag{4.8.25}$$

及

$$\mu_{B(溶质)} = \mu_{c,B(溶质)}^{\ominus} + RT\ln\left(\frac{y_B c_B}{c^{\ominus}}\right) \tag{4.8.26}$$

式中

$$y_B = \frac{a_{c,B}}{\dfrac{c_B}{c^{\ominus}}} \tag{4.8.27}$$

也称为溶质 B 的活度因子(或称活度系数)。并且

$$\lim_{\sum_B c_B \to 0} y_B = \lim_{\sum_B c_B \to 0} \left(\frac{a_{c,B}}{\dfrac{c_B}{c^{\ominus}}}\right) = 1 \tag{4.8.28}$$

式中，极限条件是 $\sum_{B} c_B \to 0$，即不仅所要讨论的溶质 B 的 c_B 趋于零，还要求溶液中其他溶质的浓度 c 也同时趋于零。

4.9　稀溶液的依数性

所谓稀溶液的依数性(colligative properties)，是指只依赖溶液中溶质分子的数量，而与溶质分子本性无关的性质。依数性包括溶液中溶剂的蒸气压下降、凝固点降低(析出固态纯溶剂)、沸点升高(溶质不挥发)和渗透压的数值。由于溶液中 $x_A < 1$，由理想稀溶液中溶剂的化学势表达式 $\mu_{A(l)} = \mu_{A(l)}^{\ominus} + RT\ln x_A$ 可知，溶液中溶剂的化学势必然小于同样温

度、压力下纯溶剂的化学势，这正是造成上述稀溶液依数性的原因。严格来讲，本节依数性的公式只适用理想稀溶液，对稀溶液只是近似适用。

4.9.1 溶剂蒸气压下降

稀溶液中溶剂的蒸气压 p_A 低于同温度下纯溶剂的饱和蒸气压 p_A^*，这一现象称为溶剂的蒸气压下降。溶剂的蒸气压下降值为

$$\Delta p_A = p_A^* - p_A$$

将拉乌尔定律 $p_A = p_A^* x_A$ 代入，得

$$\Delta p_A = p_A^* - p_A^* x_A = p_A^* (1 - x_A)$$

所以

$$\Delta p_A = p_A^* x_B \tag{4.9.1}$$

即稀溶液溶剂的蒸气压下降值与溶液中溶质的摩尔分数成正比，比例系数即同温度下纯溶剂的饱和蒸气压。

4.9.2 凝固点降低

在一定外压下，液体逐渐冷却开始析出固体时的平衡温度称为液体的凝固点，固体逐渐加热开始出现液体时的温度称为固体的熔点。对于纯物质在同样的外压下，凝固点和熔点是相同的。

对于溶液及混合物，绝大多数情况下，凝固点和熔点并不相同，一般前者高于后者，而且两者随着组成改变而变化，详见第 6 章。溶液的凝固点不仅与溶液的组成有关，还与析出固相的组成有关。在溶剂 A 和溶质 B 不形成固态溶液的条件下，当溶剂中溶有少量溶质形成稀溶液，则从溶液中析出固态纯溶剂的温度即溶液的凝固点，其就会低于纯溶剂在同样外压下的凝固点，这就是凝固点降低现象。可以从图 4.9.1 温度-蒸气压(T-p)曲线中直观看出凝固点降低现象。

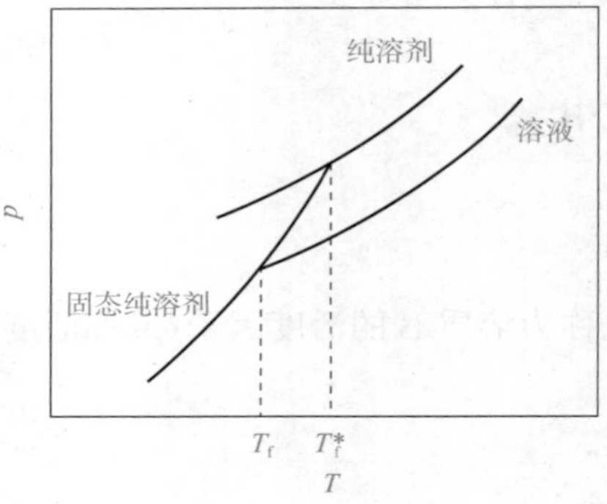

图 4.9.1　稀溶液凝固点降低的温度-蒸气压曲线

溶剂的凝固点降低值为

$$\Delta T_f = T_f^* - T_f$$

利用相平衡时化学势关系式可推导出凝固点降低值 ΔT_f 与溶液组成间的定量关系，即稀溶液的凝固点降低公式：

$$\Delta T_f = K_f b_B \tag{4.9.2}$$

式中，K_f 称为凝固点降低系数。

$$K_f = \frac{R T_f^{*2} M_A}{\Delta_{fus} H_{m,A}^{\ominus}} \tag{4.9.3}$$

凝固点降低系数 K_f 的量值仅与溶剂的性质有关。表 4.9.1 列出几种常见溶剂的 K_f 值，如果已知溶剂的 K_f 值，向溶剂中加入定量的溶质并通过实验测定溶液的 ΔT_f 后，就可计算出溶质的摩尔质量。

表 4.9.1　常见溶剂的 K_f 值

溶剂	水	苯	乙酸	环己烷	环己醇
$K_f/[K/(mol \cdot kg^{-1})]$	1.86	5.07	3.63	20.8	39.3

【例 4.9.1】 在 25.00 g 苯中溶入 0.245 g 苯甲酸，测得凝固点降低 $\Delta T_f = 0.204\ 8$ K。试求苯甲酸在苯中的分子式。

解：由表 4.9.1 查得苯的 $K_f = 5.07\ K/(mol \cdot kg^{-1})$，根据式(4.9.2)

$$\Delta T_f = K_f b_B$$

$$\Delta T_f = \frac{K_f m_B}{M_B m_A}$$

$$M_B = \frac{K_f m_B}{\Delta T_f m_A} = \frac{5.07\ K/(mol \cdot kg^{-1}) \times 0.245\ g}{0.204\ 8\ K \times 25\ g} = 0.243\ kg/mol$$

已知苯甲酸(C_6H_5COOH)的摩尔质量为 0.122 kg/mol，故苯甲酸在苯中以二聚体的形式$(C_6H_5COOH)_2$存在。

4.9.3　沸点升高

沸点是液体饱和蒸气压等于外压时的温度。若纯溶剂 A 中加入不挥发性溶质 B，溶液的沸点 T_b 要高于同样外压下纯溶剂 A 的沸点 T_b^*，即沸点升高。可以从图 4.9.2 温度-蒸气压(T-p)曲线分析沸点升高现象。

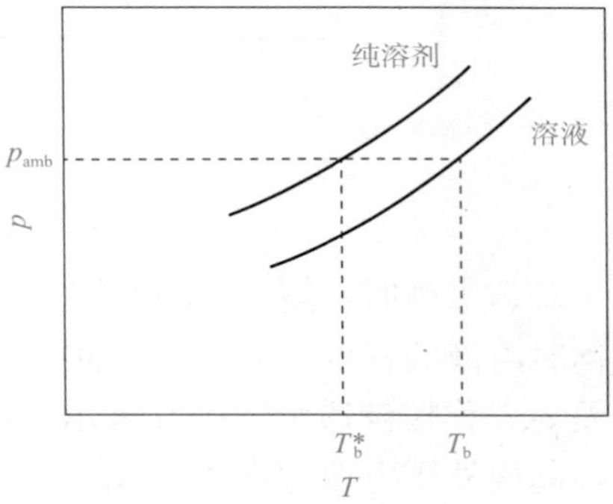

图 4.9.2　稀溶液沸点升高的温度-蒸气压曲线

由稀溶液的蒸气压下降现象可知，溶液中溶剂 A 的蒸气压曲线位于纯溶剂 A 的蒸气压曲线的下方。溶液的组成为 b_B。从图中可以看出，在纯溶剂 A 的沸点 T_b^* 下，纯溶剂 A 的蒸气压等于外压，溶液的蒸气压低于外压，故溶液不沸腾。要使溶液在同一外压下沸腾，必须使温度升高到 T_b，此时溶液的蒸气压等于外压才沸腾。显然 $T_b > T_b^*$。$\Delta T = T_b - T_b^*$ 称为沸点升高值。

非挥发性溶质的稀溶液的沸点升高值 ΔT 与溶液的组成 b_B 的关系式，可用与推导凝固点降低的相同方法得出

$$\Delta T_b = K_b b_B \tag{4.9.4}$$

其中

$$K_b = \frac{R T_b^{*2} M_A}{\Delta_{vap} H_{m,A}^{\ominus}} \tag{4.9.5}$$

式(4.9.4)又称稀溶液的沸点升高公式。式中，沸点升高系数 K_b 的量值仅与溶剂的性质有关。表 4.9.2 列出一些溶剂的 K_b 值。

表 4.9.2　常见溶剂的 K_b 值

溶剂	水	苯	乙醇	丙酮	氯仿	四氯化碳
$K_b/[K/(mol \cdot kg^{-1})]$	0.513	2.64	1.23	1.80	3.80	5.26

4.9.4 渗透压

有许多天然的或人造的膜对于物质的透过有选择性。有些动植物的细胞膜，可以透过水、离子等小分子，却不能透过摩尔质量大的溶质或胶体粒子，这类膜称为半透膜。在一定温度下用一个只能使溶剂透过而不能使溶质透过的半透膜把纯溶剂与溶液隔开，如图 4.9.3(a)所示，溶剂就会通过半透膜渗透到溶液中使溶液液面上升，直到溶液液面升到一定高度达到平衡状态，渗透才停止，如图 4.9.3(b)所示。这种对于溶剂的膜平衡，叫作渗透平衡。

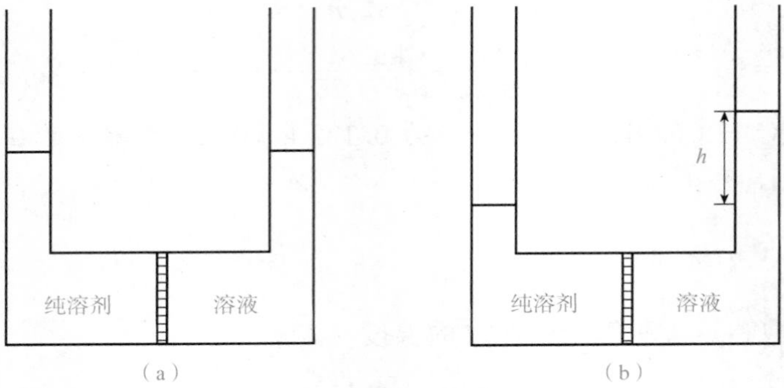

图 4.9.3 渗透平衡示意

(a)渗透前；(b)渗透后

渗透平衡时，溶剂液面和同一水平的溶液截面上所受的压力分别为 p 及 $p+\rho gh$(ρ 是平衡时溶液的密度，g 是重力加速度，h 是溶液液面与纯溶剂液面的高度差)，后者与前者之差 ρgh 称作渗透压，以 Π 表示。在溶液一侧施加额外压力，恰好使两液面达到相同的高度，此额外压力即为渗透压 Π。

渗透压的大小与溶液的浓度有关，利用渗透平衡时半透膜两侧溶剂的化学势相等即可推导出这一关系。温度 T 下，系统达到渗透平衡时，有

$$\Pi = c_B RT \tag{4.9.6}$$

式中，c_B 是溶液中溶质的浓度。此式就是稀溶液的范特霍夫渗透压公式。由此式可以看出，溶液渗透压的大小只由溶液中溶质的浓度决定，而与溶质的本性无关，故渗透压也是溶液的依数性质。

通过渗透压的测定，可以求出大分子溶质的摩尔质量。根据以上的讨论可以知道，在图 4.9.3(b)所示的装置中，当施加在溶液与纯溶剂上的压力差大于溶液的渗透压时，则将是溶液中的溶剂通过半透膜渗透到纯溶剂中，这种现象称为反渗透。反渗透最初用于海水的淡化，后来又用于工业废水的处理等。

【例 4.9.2】 测得 30 ℃某蔗糖水溶液的渗透压为 252 kPa。试求：

(1)该溶液中蔗糖的质量摩尔浓度；

(2)该溶液的凝固点降低值；

(3)在大气压力下，该溶液的沸点升高值。

解：以 A 代表水(H_2O)，B 代表蔗糖($C_{12}H_{22}O_{11}$)。

（1）由式（4.9.6）得

$$c_B=\frac{\Pi}{RT}=\frac{252.0\times10^3\ \text{Pa}}{8.314\ \text{J/(mol·K)}\times303.15\ \text{K}}$$
$$=100\ \text{mol/m}^3$$

由溶质的质量摩尔浓度b_B与溶质的浓度c_B之间的关系式$b_B=\frac{c_B}{\rho-c_BM_B}$，在$c_B$不大的稀溶液中，$\rho-c_BM_B\approx\rho\approx\rho_A$，$\rho_A$为纯溶剂A的密度，故得$b_B\approx\frac{c_B}{\rho_A}$。水的密度近似取$\rho_A\approx10^3\ \text{kg/m}^3$，得

$$b_B=\frac{c_B}{\rho_A}=\frac{100\ \text{mol/m}^3}{1\ 000\ \text{kg/m}^3}$$
$$=0.1\ \text{mol/kg}$$

（2）由表4.9.1查得水的$K_f=1.86\ \text{K/(mol·kg}^{-1})$，故

$$\Delta T_f=K_fb_B=1.86\ \text{K/(mol·kg}^{-1})\times0.1\ \text{mol/kg}=0.186\ \text{K}$$

（3）由表4.9.2查得水的$K_b=0.513\ \text{K/(mol·kg}^{-1})$，得

$$\Delta T_b=K_bb_B=0.513\ \text{K/(mol·kg}^{-1})\times0.1\ \text{mol/kg}=0.051\ 3\ \text{K}$$

动植物以及人体内的细胞膜是半透膜，水可以自由渗透通过，以维持细胞液和细胞外液之间的渗透压平衡。如果饮入大量的水，血液和间质液就被稀释，渗透压降低，水就会渗透到细胞内，使细胞肿胀而发生“水中毒”，尤以脑细胞反应最快。因脑细胞固定在坚硬的颅腔内，一旦脑细胞水肿，颅内的压力就会增高导致头昏、呕吐、视力模糊等，症状严重时，则产生昏迷、抽搐以致危及生命。所以运动员经常用运动饮料补充身体失去的水分以减少对细胞渗透平衡的影响。另外，在炎热的季节，人们大量出汗之后，汗液中的钠盐等电解质也随之丢失，如果此时大量饮用白开水而未补足盐分还会出现肌肉抽搐或肌肉痉挛等症状。

本章小结

除理想气体外，多组分系统的广度性质X对各组分纯组分的广度性质X_B^*不具有加和性，这对多组分系统的热力学处理带来困难。

定义$X_B=\left(\frac{\partial X}{\partial n_B}\right)_{T,p,n_C}$，并将之称为组分B的偏摩尔量。从而

$$X=\sum_B n_BX_B$$

即多组分系统的广度量是系统中各组分的物质的量与其偏摩尔量乘积的加和。故上式称为偏摩尔量的加和公式，它是多组分系统热力学研究的起点。

偏摩尔量中重要的是偏摩尔吉布斯函数G_B，将之称为化学势，并用特殊符号μ_B来表示。

鉴于化学势的重要性，给出多组分系统化学势的解析表达式是必要的。但由于真实的系统千差万别，要达到前述目的很困难。解决的方法：首先从各类系统的共性出发建立模型，推导模型的化学势表达式；然后对真实系统引入因子来修正真实系统对模型的偏差。这也是科学研究的一般方法。

对于多组分系统建立了三个模型，它们分别是理想气体模型，以理想气体状态方程为

基础，研究气态混合物系统；理想液态混合物模型，以拉乌尔定律为基础，研究液态混合物中各组分可同等看待的系统；理想稀溶液模型，以亨利定律为基础，研究溶质和溶剂需分别对待的系统。

由于不能确定化学势的确切数值，故规定了各个模型的标准态：

(1)气态混合物中B组分的标准态 $\mu^{\ominus}(\text{g})$，基于此标准态得到气体化学势表达式：

纯理想气体：$\mu^{*}(\text{pg})=\mu^{\ominus}(\text{g})+RT\ln\dfrac{p}{p^{\ominus}}$

混合理想气体：$\mu_{\text{B(pg)}}=\mu_{\text{B(g)}}^{\ominus}+RT\ln\dfrac{p_{\text{B}}}{p^{\ominus}}$

纯真实气体：$\mu^{*}(\text{g})=\mu^{\ominus}(\text{g})+RT\ln\dfrac{p}{p^{\ominus}}+\int_{0}^{p}\left[V_{\text{m}}^{*}(\text{g})-\dfrac{RT}{p}\right]\text{d}p$

混合真实气体：$\mu_{\text{B(g)}}=\mu_{\text{B(g)}}^{\ominus}+RT\ln\dfrac{p}{p^{\ominus}}+\int_{0}^{p}\left[V_{\text{B(g)}}-\dfrac{RT}{p}\right]\text{d}p$

(2)液态混合物中的B组分的标准态 $\mu_{\text{B(l)}}^{\ominus}$，基于此标准态得到理想液态混合物组分的化学势表达式：

$$\mu_{\text{B(l)}}=\mu_{\text{B(l)}}^{\ominus}+RT\ln x_{\text{B}}$$

(3)溶液中的溶剂A的标准态 $\mu_{\text{A(l)}}^{\ominus}$，基于此标准态得到理想稀溶液溶剂A的化学势表达式：

$$\mu_{\text{A(l)}}=\mu_{\text{A(l)}}^{\ominus}+RT\ln x_{\text{A}}$$

(4)溶液中的溶质B的标准态有三种形式，理想稀溶液溶质B的化学势表达式：

$$\mu_{\text{B(溶质)}}=\mu_{\text{B(溶质)}}^{\ominus}+RT\ln\frac{b_{\text{B}}}{b^{\ominus}}$$

$$\mu_{\text{B(溶质)}}=\mu_{c,\text{B(溶质)}}^{\ominus}+RT\ln\frac{c_{\text{B}}}{c^{\ominus}}$$

$$\mu_{\text{B(溶质)}}=\mu_{x,\text{B(溶质)}}^{\ominus}+RT\ln x_{\text{B}}$$

对于真实系统，则分别引入逸度、逸度因子(纯真实气体、真实气态混合物)，活度、活度因子(真实液态混合物、真实溶液)来修正真实系统对模型的偏差。

稀溶液的依数性，即溶剂蒸气压下降、凝固点降低(析出固态纯溶剂)、沸点升高(溶质不挥发)及渗透压，在早期对物理化学的发展起过重要的作用。它们均可用系统平衡时任一组分在其存在的相中化学势相等这一原理，并结合化学势表达式来加以推导。

习题

1. 在 298 K 时，有 0.1 kg 质量分数为 0.947 的硫酸(H_2SO_4)溶液，试分别用(1)质量摩尔浓度 m_{B}、(2)物质的量浓度 c_{B} 和(3)摩尔分数 x_{B} 来表示硫酸的含量。已知在该条件下，硫酸溶液的密度为 $1.060\,3\times10^{-3}$ kg/m^3，纯水的密度为 997.1 kg/m^3。

2. 苯和甲苯在 293.15 K 时蒸气压分别为 9.958 kPa 和 2.973 kPa，今以等质量的苯和甲苯在 293.15 K 时相混合，形成理想液态混合物，试求：

(1)苯和甲苯的分压力。

(2)液面上蒸气的总压力。

3. 苯与甲苯近似形成理想液态混合物。一含有 2 mol 苯和 3 mol 甲苯的理想液态混合物在 333 K 时蒸气总压为 37.33 kPa，若又加入 1 mol 苯到理想液态混合物中，此时蒸气压为 40.00 kPa。求 333 K 时纯苯与纯甲苯的蒸气压。

4. 在 293.15 K 时，乙醚的蒸气压为 58.95 kPa，今在 0.10 kg 乙醚中溶入某非挥发性有机物质 0.01 kg，乙醚的蒸气压降低到 56.79 kPa，试求该有机物的摩尔质量。

5. 在 85 ℃，101.325 kPa 时，甲苯(A)和苯(B)组成的液态混合物达沸腾。试计算该理想液态混合物的液相及气相的组成。已知苯的正常沸点为 80.10 ℃，甲苯在 85.00 ℃时的饱和蒸气压为 46.00 kPa。在此条件下的摩尔蒸发焓为 31.1 kJ/mol。

6. 丙酮和氯仿体系在 308 K 时，蒸气压与物质的量分数之间的实验数据见表 4.1。

表 4.1　6 题表

$x_{丙酮}$	$p_{丙酮}$/Pa	$p_{氯仿}$/Pa
0	0	39 063
0.2	5 600	29 998
0.8	49 330	4 533
1.0	45 863	0

在亨利定律的基础上，估计 $x_{氯仿}=0.8$ 时氯仿的活度因子。

7. 液体 A 和 B 可形成理想液态混合物。今有 1 mol A 和 2 mol B 组成理想液态混合物。在 50 ℃与此混合物呈平衡的蒸气总压为 33 330.6 Pa，若再加 1 mol A 到该混合物中，则与此混合物在 50 ℃呈平衡的饱和蒸气压为 39 996.7 Pa。试计算 50 ℃时，纯 A、纯 B 的饱和蒸气压 p_A^*、p_B^*。

8. 混合气体 A、B、C 的组成：$y_A=0.4$，$y_B=0.2$。在一定温度下等温压缩此混合气体，问：

(1)加压至多大时开始有液相析出？液相组成是多少？

(2)继续加压至多大压力，此混合气体刚好全部凝结为液体？

已知在此温度下，各纯物质的饱和蒸气压分别为 $p_A^*=53\ 329$ Pa，$p_B^*=26\ 664$ Pa，$p_C^*=13\ 332$ Pa，设混合气体为理想气体。

9. 乙醇和甲醇组成的理想液态混合物，在 293 K 时纯乙醇的饱和蒸气压为 5 933 Pa，纯甲醇的饱和蒸气压为 11 826 Pa。

(1)计算甲醇和乙醇各 100 g 所组成的理想液态混合物中两种物质的摩尔分数。

(2)求理想液态混合物的总蒸气压与两物质的分压。

(3)甲醇在气相中的摩尔分数。

已知甲醇和乙醇的相对分子质量分别为 32 和 46。

10. 血浆的渗透压在 310.15 K(37 ℃)时为 729.54 kPa，计算葡萄糖等渗透溶液的质量摩尔浓度。(设血浆密度为 10^3 kg/m^3)

11. A、B 两液体能形成理想液态混合物。已知在 t ℃时纯 A 的饱和蒸气压 $p_A^*=40$ kPa，纯 B 的饱和蒸气压 $p_B^*=120$ kPa。

(1)在 t ℃时，于气缸中将组成为 $y_A=0.4$ 的 A、B 混合气体恒温缓慢压缩，求凝出第一滴微细液滴时系统的总压及该液滴的组成(以摩尔分数表示)为多少。

(2)若将A、B两液体混合，并使此混合物在100 kPa，温度t ℃下开始沸腾，求该液态混合物的组成及沸腾时饱和蒸气的组成(摩尔分数)。

12. 60 ℃时，甲醇(A)的饱和蒸气压是83.4 kPa，乙醇(B)的饱和蒸气压是47.0 kPa，A、B两液体能形成理想液态混合物。若混合物中二者的质量分数各为0.5，求60 ℃时该液态混合物的蒸气总压和蒸气的组成(摩尔分数)。已知甲醇的摩尔质量为32.042 g/mol，乙醇的摩尔质量为46.069 g/mol。

13. 某油田向油井注水，对水质要求之一是含氧量不超过1 kg/m^3，若河水温度为293 K,空气中含氧21%，293 K时氧气在水中溶解的亨利系数为4.063×10^9 Pa。问：293 K时用这种河水作为油井用水，水质是否合格?

14. 97.11 ℃时，纯水的饱和蒸气压为91.3 kPa。在此温度下，乙醇的质量分数为3%的乙醇水溶液上，蒸气总压为101.325 kPa。今有另一乙醇的摩尔分数为0.02的乙醇水溶液，求此水溶液在97.11 ℃下的蒸气总压。已知$M_{水}=18.015$ g/mol，$M_{乙醇}=46.069$ g/mol。

15. 某滨海区地下水中含可溶性盐以NaCl为主，用冰点下降测得地下水的冰点为272.50 K。

问：300.15 K时，如用图4.1所示装置进行反渗透淡化水，至少需加多大压力?

已知水的凝固点下降常数$k_f=1.86$ K/(mol·kg^{-1})，Na和Cl原子的摩尔质量分别为23 g/mol和35.5 g/mol。矿化度是指每立方米咸水中含多少千克NaCl。

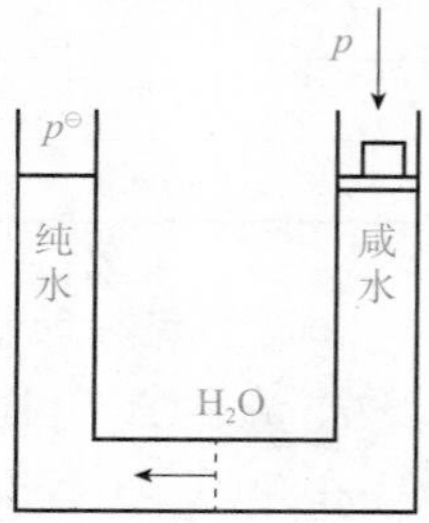

图4.1 15题图

16. 吸烟对人体有害，香烟中主要含有尼古丁，其是致癌物质。经分析得知其中含9.3%的H、72%的C和18.70%的N。现将0.6 g尼古丁溶于12.0 g的水中，所得溶液在$p^{\ominus}$下的凝固点为−0.62 ℃，试确定该物质的分子式(已知水的凝固点降低常数$k_f=1.86$ K/(mol·kg^{-1})。

17. 求在一敞开的贮水器中，氮气和氧气的质量摩尔浓度各为多少。已知298 K时，氮气和氧气在水中的亨利系数分别为8.68×10^9 Pa和4.4×10^9 Pa。该温度下海平面上空气中氮和氧的摩尔分数分别为0.782和0.209。

18. 在20 ℃下将68.4 g蔗糖溶于1 kg水。已知$M_{水}=18.015$ g/mol，$M_{蔗糖}=342.296$ g/mol，20 ℃下此溶液的密度为1.024 g/cm^3，纯水的饱和蒸气压为2.339 kPa，水的$k_f=1.86$ K/(mol·kg^{-1})，求：

(1)此溶液的蒸气压。

(2)此溶液的渗透压。

(3)此溶液的凝固点降低值。

19. 液体A的正常沸点为338.15 K，摩尔汽化热为34 727 J/mol，可与液体B形成理想液体混合物。今知1 mol A与9 mol B形成液体混合物，其沸点为320.15 K。

(1)求p_A^*与p_B^*。

(2)若将$x_A=0.4$的该理想液体混合物置于带活塞的气缸，开始活塞与液体接触(无气相)，在320.15 K时，逐渐降低活塞压力，当理想液体混合物出现第一个气泡时，求气相的组成及气相的总压力。

(3)将活塞上的压力继续下降，使液态混合物在恒温下继续汽化，当最后只剩下一液滴时，求这一液滴的组成及平衡蒸气的总压。

20. 苯和甲苯混合成理想液态混合物，在 303 K 时纯苯的蒸气压为 15 799 Pa，纯甲苯的蒸气压为 4 893 Pa，若将等摩尔的苯和甲苯混合为液态混合物，问：在 303 K 平衡时，气相中各组分的摩尔分数和质量分数各为多少？

21. 已知 293 K 时纯苯的蒸气压为 10 013 Pa，当气相中 HCl 的分压为 101 325 Pa 时，HCl 在苯中的摩尔分数为 0.042 5，试问：293 K 下，当 HCl 的苯溶液的总蒸气压为 101 325 Pa时，100 g 苯里可溶解多少克 HCl？已知苯和 HCl 的相对分子质量分别为 78.1 和 36.5。

第 5 章　化学平衡

学习目标

掌握化学反应的等温方程以及标准平衡常数 $K^{\ominus}$ 的定义式和计算式；熟悉利用摩尔反应吉布斯函数 $\Delta_r G_m$、压力商 J_p 和标准平衡常数 $K^{\ominus}$ 判断化学反应的自发方向及平衡；掌握 $K^{\ominus}$ 相关的计算；熟悉温度、压力、惰性气体、反应物浓度对化学反应平衡的影响规律。

实践意义

提起温度对化学反应的影响，通常会想到提高温度可以加快绝大多数反应的速率，其实反应温度还可以改变反应的平衡产率，甚至温度的改变可以让某些自发反应的逆反应自动发生，那么升高反应温度可以使水分解反应发生吗？如果可以需要多高的温度，还有哪些因素会改变反应的平衡？

怎样调控化学反应条件才能使反应按需要的方向进行，在给定条件下反应进行的限度是什么，这是化工生产和理论研究的经典问题。但是在相当长一段时间人们只能凭借经验判断反应的方向和限度。直到 1874 年，吉布斯以克劳修斯不等式为基础，提出化学势的概念，并将化学势引入化学平衡的研究，才有了判断化学反应方向和限度的理论依据，基于此，人们能够定量的研究反应平衡时产物和反应物的数量关系，并用平衡常数来表示这一关系。吉布斯将热力学引入化学，从根本上解决了这一理论难题，打破了物理与化学两大学科的界限，为物理化学学科的建立做出了极大贡献。

5.1　化学反应的方向及平衡条件

对于一任意化学反应：

$$0=\sum_B \nu_B B$$

随着反应的进行，各组分物质的量均发生变化，系统的吉布斯函数也会随之变化。图 5.1.1 所示为在恒定 T、p 时实际反应 G 随 ξ 变化的示意。

根据热力学基本方程式(4.2.8)在恒定 T、p，$W'=0$ 时有

$$dG = \sum_B \mu_B dn_B \tag{5.1.1}$$

将反应进度 $d\xi = \frac{dn_B}{\nu_B}$ 代入上式，得

$$dG = \sum_B \nu_B \mu_B d\xi \tag{5.1.2}$$

两侧同除以 $d\xi$，考虑恒定 T、p，得

$$\Delta_r G_m = \left(\frac{\partial G}{\partial \xi}\right)_{T,p} = \sum_B \nu_B \mu_B \tag{5.1.3}$$

式中，$\left(\frac{\partial G}{\partial \xi}\right)_{T,p}$ 表示在一定温度、压力和组成的条件下，反应进行了 $d\xi$ 的微量进度折合成每摩尔进度时所引起系统吉布斯函数的变化；也可以说是在反应系统为无限大量时进行了 1 mol 进度化学反应时所引起系统吉布斯函数的改变，简称为摩尔反应吉布斯函数，通常以 $\Delta_r G_m$ 表示。

由图 5.1.1 可见，随着反应的进行，ξ 从小变大，系统的吉布斯函数 G 逐渐降低，降至最低时反应达到平衡。最低点左侧曲线的斜率 $\left(\frac{\partial G}{\partial \xi}\right)_{T,p} < 0$，表明反应可以自发进行；最低点处 $\left(\frac{\partial G}{\partial \xi}\right)_{T,p} = 0$，表明系统达到化学平衡；最低点右侧曲线的斜率 $\left(\frac{\partial G}{\partial \xi}\right)_{T,p} > 0$，表明若 ξ 进一步增加，G 将增大，这在恒定 T、p 下是不可能自动发生的。

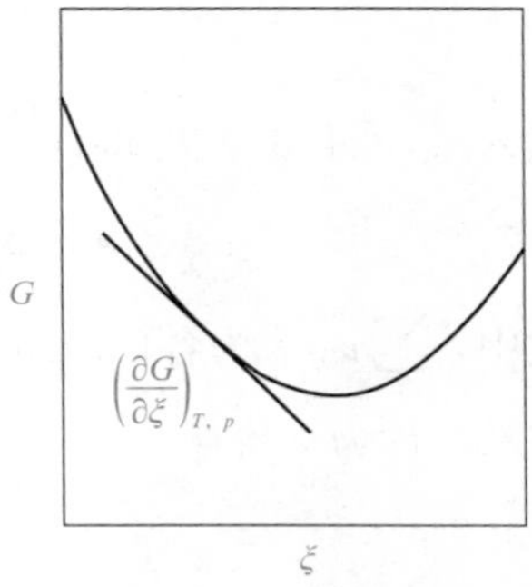

图 5.1.1　反应系统吉布斯函数和反应进度的关系

如果系统开始时处于最低点右侧，那么反应将逆向进行，系统将从右侧向最低点趋近，至最低点时达到平衡，这也是一个吉布斯函数减小的自发过程。

总之，反应系统在恒温恒压条件下总是趋于向吉布斯函数极小的方向进行，反应可以从两侧向最低点靠拢，趋向于平衡。

根据恒温恒压条件下的吉布斯函数判据，也可得出相同的结论：

若 $dG<0$，则 $\Delta_r G_m<0$，即 $\left(\frac{\partial G}{\partial \xi}\right)_{T,p}<0$，反应将正向自发进行；

若 $dG>0$，则 $\Delta_r G_m>0$，即 $\left(\frac{\partial G}{\partial \xi}\right)_{T,p}>0$，反应将逆向自发进行；

若 $dG=0$，则 $\Delta_r G_m=0$，即 $\left(\frac{\partial G}{\partial \xi}\right)_{T,p}=0$，反应达到平衡。

由图 5.1.1 还可以看出，G-ξ 曲线斜率的绝对值 $\left|\left(\frac{\partial G}{\partial \xi}\right)_{T,p}\right|$ 随着向平衡点靠近而逐渐减小，这反映了反应自动进行趋势的逐渐减小，到达 $\left(\frac{\partial G}{\partial \xi}\right)_{T,p}=0$ 时，反应达到平衡。所以，德唐德(De Donder T E)将 $-\Delta_r G_m$ 称为化学反应的净推动力，或化学反应亲和势，以 A 表示，即

$$A = -\Delta_r G_m = -\left(\frac{\partial G}{\partial \xi}\right)_{T,p} \tag{5.1.4}$$

以上我们讨论了通过化学势判断反应方向和限度的基本思想。通过化学势和物质浓度的关系可以推导出反应达到平衡时的组成，即反应可能达到的最大转化率，以及反应条件（如温度、压力等）对平衡组成的影响，这些问题直接关系到化工生产的效率。

5.2 理想气体反应的等温方程及标准平衡常数

5.2.1 理想气体反应的等温方程

对于恒温恒压下的理想气体化学反应，根据第4章所学内容可知，其中任一反应组分的化学势为

$$\mu_B = \mu_B^\ominus + RT\ln\frac{p_B}{p^\ominus}$$

代入式(5.1.3)，可得

$$\Delta_r G_m = \sum_B \nu_B\mu_B = \sum_B \nu_B\mu_B^\ominus + \sum_B \nu_B RT\ln\frac{p_B}{p^\ominus} \quad (5.2.1)$$

式中，$\sum_B \nu_B\mu_B^\ominus$ 为各反应组分均处于标准态时每摩尔反应进度的吉布斯函数变量，常以 $\Delta_r G_m^\ominus$ 表示，称为标准摩尔反应吉布斯函数，即

$$\Delta_r G_m^\ominus = \sum_B \nu_B\mu_B^\ominus \quad (5.2.2)$$

$\Delta_r G_m^\ominus$ 只是温度的函数，可通过热力学基础数据计算得到。式(5.2.1)中后一项的加和可用乘积的形式表示：

$$\sum_B \nu_B RT\ln\frac{p_B}{p^\ominus} = RT\sum_B \ln\left(\frac{p_B}{p^\ominus}\right)^{\nu_B} = RT\ln\prod_B\left(\frac{p_B}{p^\ominus}\right)^{\nu_B}$$

式中，$\prod_B\left(\frac{p_B}{p^\ominus}\right)^{\nu_B}$ 为各反应物及产物 $\left(\frac{p_B}{p^\ominus}\right)^{\nu_B}$ 的连乘积，又称为压力商 J_p。因反应物的化学计量系数为负，产物为正，所以对于反应

$$aA + bB \longrightarrow yY + zZ$$

有

$$J_p = \prod_B\left(\frac{p_B}{p^\ominus}\right)^{\nu_B} = \frac{\left(\frac{p_Y}{p^\ominus}\right)^y\left(\frac{p_Z}{p^\ominus}\right)^z}{\left(\frac{p_A}{p^\ominus}\right)^a\left(\frac{p_B}{p^\ominus}\right)^b} \quad (5.2.3)$$

将式(5.2.2)及式(5.2.3)代入式(5.2.1)，可得

$$\Delta_r G_m = \Delta_r G_m^\ominus + RT\ln J_p \quad (5.2.4)$$

此式即为理想气体反应的等温方程。已知反应温度 T 时的 $\Delta_r G_m^\ominus$ 及各气体的分压 p_B，即可求得该温度下反应的 $\Delta_r G_m$。

5.2.2 理想气体反应的标准平衡常数

随着反应的进行，反应系统中各组分气体分压将不断发生变化，使得式(5.2.4)中的

J_p不断改变，进而使反应的 $\Delta_r G_m$不断改变。当反应达到平衡时，有

$$\Delta_r G_m = \Delta_r G_m^\ominus + RT\ln J_p = 0$$

$$\Delta_r G_m^\ominus = -RT\ln J_p^{eq} \tag{5.2.5}$$

式中，J_p^{eq} 为反应的平衡压力商。对确定的化学反应，由于 $\Delta_r G_m^\ominus$ 只是温度的函数，故平衡压力商 J_p^{eq} 也只是温度的函数，当温度确定后，J_p^{eq} 也为确定值，与系统的压力和组成无关。通常以 $K^\ominus$代替 J_p^{eq} 并称为标准平衡常数，即

$$K^\ominus = \prod_B \left(\frac{p_B^{eq}}{p^\ominus}\right)^{\nu_B} \tag{5.2.6}$$

所以由式(5.2.5)，可得

$$\Delta_r G_m^\ominus = -RT\ln K^\ominus \tag{5.2.7}$$

由此可得标准平衡常数 $K^\ominus$的定义式：

$$K^\ominus = \exp\left(\frac{-\Delta_r G_m^\ominus}{RT}\right) \tag{5.2.8}$$

$K^\ominus$的量纲为 1。式(5.2.7)和式(5.2.8)都可称为 $K^\ominus$的定义式，它表示了 $K^\ominus$与 $\Delta_r G_m^\ominus$之间的关系，是一个适用所有化学反应的普适定义，因为其定义式与参与反应物质的形态无关。

将式(5.2.7)代入等温方程式(5.2.4)，可得

$$\Delta_r G_m = -RT\ln K^\ominus + RT\ln J_p = RT\ln \frac{J_p}{K^\ominus} \tag{5.2.9}$$

由此 $\Delta_r G_m$判据可转化为可测量 J_p 与 $K^\ominus$的相对大小来判断。在恒温恒压下：

当 $J_p < K^\ominus$时，$\Delta_r G_m < 0$，反应正向自发进行。

当 $J_p > K^\ominus$时，$\Delta_r G_m > 0$，反应逆向自发进行。

当 $J_p = K^\ominus$时，$\Delta_r G_m = 0$，反应达到平衡。

显然 J_p 与 $K^\ominus$的相对大小决定了反应的方向和限度。$K^\ominus$在一定温度下为常数，而 J_p 则可通过人为改变反应物与产物的配比进行调节。在化工生产中，人们常通过改变 J_p 来提高反应产率。例如碳化工中甲烷转化制氢的反应为

$$CH_4(g) + H_2O(g) \longrightarrow CO(g) + 3H_2(g)$$

为了节约原料气 CH_4，可通过加入过量低价水蒸气的办法，减小 J_p，使反应向右移动，以提高 CH_4 的转化率。另外也可采用在反应进行过程中把产物从反应系统中移走的办法，减小 J_p以提高产率。

J_p的可调性给了人们控制、甚至改变反应方向的可能性。但实际上对于 $\Delta_r G_m^\ominus \ll 0$ 的反应 $K^\ominus \gg 1$，平衡时反应物的分压几乎为 0，可认为反应能进行到底；而 $\Delta_r G_m^\ominus \gg 0$ 的反应，$K^\ominus \ll 1$，平衡时产物的分压几乎为 0，可认为反应不能发生；只有 $\Delta_r G_m^\ominus$ 接近 0 的反应，即 $K^\ominus$与 1 相差不太大时，通过调节 J_p来改变化学反应的方向和影响反应的产率才更具有实用价值。

5.2.3 相关化学反应标准平衡常数之间的关系

当几个化学反应之间有线性加和关系时称它们为相关反应。因为吉布斯函数 G 是状态函数，若同一温度下，几个不同化学反应具有加和性时，应用状态函数法可以导出相关反

应的 $\Delta_r G_m^{\ominus}$ 也具有加和性。根据各反应的 $\Delta_r G_m^{\ominus}=-RT\ln K^{\ominus}$，可得出相关反应 $K^{\ominus}$ 之间的关系。例如以下三个反应：

$$C(s)+O_2(g) \xlongequal{} CO_2(g) \qquad \Delta_r G_{m,1}^{\ominus}=-RT\ln K_1^{\ominus} \tag{1}$$

$$C(s)+\frac{1}{2}O_2(g) \xlongequal{} CO(g) \qquad \Delta_r G_{m,2}^{\ominus}=-RT\ln K_2^{\ominus} \tag{2}$$

$$C(s)+CO_2(g) \xlongequal{} 2CO(g) \qquad \Delta_r G_{m,3}^{\ominus}=-RT\ln K_3^{\ominus} \tag{3}$$

由于反应(3)＝2×反应(2)－反应(1)，即 $\Delta_r G_{m,3}^{\ominus}=2\Delta_r G_{m,2}^{\ominus}-\Delta_r G_{m,1}^{\ominus}$，因此可得

$$K_3^{\ominus}=\frac{(K_2^{\ominus})^2}{K_1^{\ominus}}$$

值得注意的是，即使是对于同一化学反应，若书写化学反应式时的化学计量数不同，则标准摩尔反应吉布斯函数 $\Delta_r G_m^{\ominus}$ 不同，$K^{\ominus}$ 也将不同。所以，对于一个化学反应来说，$K^{\ominus}$ 是与反应计量式有关的，如果不写出反应计量式，标准平衡常数是没有意义的。

5.2.4 有纯凝聚态物质参加的理想气体化学反应

对于有纯固态或纯液态物质参加的理想气体化学反应，如

$$aA(g)+bB(l) \longrightarrow yY(g)+zZ(s)$$

在常压下，压力对凝聚态的影响可忽略不计，可认为纯凝聚态物质的化学势就等于其标准化学势，即 $\mu_{B(凝聚态)}=\mu_{B(凝聚态)}^{\ominus}$，因此

$$\begin{aligned}\Delta_r G_m&=(y\mu_Y+z\mu_Z)-(a\mu_A+b\mu_B)\\&=y\left(\mu_Y^{\ominus}+RT\ln\frac{p_Y}{p^{\ominus}}\right)+z\mu_Z^{\ominus}-a\left(\mu_A^{\ominus}+RT\ln\frac{p_A}{p^{\ominus}}\right)-b\mu_B^{\ominus}\\&=(y\mu_Y^{\ominus}+z\mu_Z^{\ominus}-a\mu_A^{\ominus}-b\mu_B^{\ominus})+RT\ln\frac{\left(\frac{p_Y}{p^{\ominus}}\right)^y}{\left(\frac{p_A}{p^{\ominus}}\right)^a}\\&=\Delta_r G_m^{\ominus}+RT\ln J_p(g)\end{aligned}$$

平衡时 $\Delta_r G_m=0$，有

$$\Delta_r G_m^{\ominus}=-RT\ln K^{\ominus}$$

因此

$$K^{\ominus}=J_p^{eq}(g) \tag{5.2.10}$$

由以上推导可知，对于有凝聚相参加的化学反应，$\Delta_r G_m^{\ominus}$ 中包含了所有参加反应的物质的 $\mu_B^{\ominus}$，但 J_p 中只包括了气体的分压，$K^{\ominus}$ 中也只包括气体的平衡分压。

例如碳酸钙的分解反应：

$$CaCO_3(s) \xlongequal{} CaO(s)+CO_2(g)$$

$$K^{\ominus}=\frac{p_{CO_2}}{p^{\ominus}}$$

式中，p_{CO_2} 为 CO_2 的平衡压力，也称为 $CaCO_3$ 的分解压力。温度一定时，$K^{\ominus}$ 一定，因此平衡时 p_{CO_2} 一定，与固体 $CaCO_3$ 量的多少无关。通常以分解压力的大小来衡量固体化合物的稳定性，分解压力越小，稳定性越高。例如在 600 K 下，$CaCO_3$(s)的分解压力是 45.3×10^{-3} Pa，$MgCO_3$(s)的分解压力是 28.4 Pa，故 $CaCO_3$ 要比 $MgCO_3$ 稳定。升高温

度会使分解压力升高，当分解压力等于环境压力时(通常指 101.325 kPa)，所对应的温度称为分解温度。

5.2.5 理想气体反应平衡常数的不同表示法

气体混合物中某一组分的量可用分压 p_B、浓度 c_B、摩尔分数 y_B或物质的量 n_B等来表示，为计算方便，人们也经常用这些量来表示化学反应的平衡常数，如

$$K_p=\prod_B p^{\nu_B} \tag{5.2.11}$$

$$K_c^{\ominus}=\prod_B \left(\frac{c_B}{c^{\ominus}}\right)^{\nu_B} \tag{5.2.12}$$

$$K_y=\prod_B y_B^{\nu_B} \tag{5.2.13}$$

$$K_n=\prod_B n_B^{\nu_B} \tag{5.2.14}$$

以上四个平衡常数与 $K^{\ominus}$的关系如下：

(1)$K^{\ominus}$与 K_p：

$$K^{\ominus}=\prod_B \left(\frac{p_B}{p^{\ominus}}\right)^{\nu_B}=K_p(p^{\ominus})^{-\sum_B \nu_B} \tag{5.2.15}$$

(2)$K^{\ominus}$与 $K_c^{\ominus}$：由于理想气体 $p_B=\frac{n_B}{V}RT=c_BRT=\left(\frac{c_B}{c^{\ominus}}\right)c^{\ominus}RT$，所以有

$$\begin{aligned}K^{\ominus}&=\prod_B \left(\frac{p_B}{p^{\ominus}}\right)^{\nu_B}=\prod_B \left(\frac{c_B}{c^{\ominus}}\right)^{\nu_B}\cdot\prod_B \left(\frac{c^{\ominus}RT}{p^{\ominus}}\right)^{\nu_B}\\&=K_c^{\ominus}\left(\frac{c^{\ominus}RT}{p^{\ominus}}\right)^{\sum_B \nu_B}\end{aligned} \tag{5.2.16}$$

(3)$K^{\ominus}$与 K_y：根据分压定律，$p_B=y_Bp$，所以有

$$\begin{aligned}K^{\ominus}&=\prod_B \left(\frac{p_B}{p^{\ominus}}\right)^{\nu_B}=\prod_B \left(\frac{y_Bp}{p^{\ominus}}\right)^{\nu_B}\\&=\prod_B y_B^{\nu_B}\cdot\prod_B \left(\frac{p}{p^{\ominus}}\right)^{\nu_B}=K_y\left(\frac{p}{p^{\ominus}}\right)^{\sum_B \nu_B}\end{aligned} \tag{5.2.17}$$

(4)$K^{\ominus}$与 K_n：根据 $p_B=y_Bp=\frac{n_Bp}{\sum_B n_B}$，有

$$\begin{aligned}K^{\ominus}&=\prod_B \left(\frac{p_B}{p^{\ominus}}\right)^{\nu_B}=\prod_B \left(\frac{n_Bp}{p^{\ominus}\sum_B n_B}\right)^{\nu_B}\\&=\prod_B n_B^{\nu_B}\cdot\prod_B \left(\frac{p}{p^{\ominus}\sum_B n_B}\right)^{\nu_B}=K_n\left(\frac{p}{p^{\ominus}\sum_B n_B}\right)^{\sum_B \nu_B}\end{aligned} \tag{5.2.18}$$

需要说明的是，在上述平衡常数中，只有 $K^{\ominus}$是国标规定的标准平衡常数，它是由热力学公式(5.2.7)和式(5.2.8)定义的，可通过 $\Delta_rG_m^{\ominus}$计算得到。其他平衡常数不能直接由热力学函数 $\Delta_rG_m^{\ominus}$计算，但由于它们在分析讨论某些外界条件对平衡移动影响时比较方便，所以也经常被人们使用。

上述平衡常数中，$K^{\ominus}$、K_p 和 $K_c^{\ominus}$都只是温度的函数，在一定温度下为常数；K_y 和 K_n 除是温度的函数外，还是总压 p 的函数，即温度一定时，它们会随总压的变化而改变；

而 K_n 还与系统中总的物质的量 $\sum_B n_B$ 有关。不过当反应方程式中气体的计量系数之和 $\sum_B \nu_B=0$ 时，有

$$K^{\ominus}=K_p=K_c^{\ominus}=K_y=K_n \tag{5.2.19}$$

5.3 平衡常数及平衡组成的计算

由标准平衡常数的热力学定义式 $\Delta_r G_m^{\ominus}=-RT\ln K^{\ominus}$ 可知，平衡常数 $K^{\ominus}$ 一方面与热力学函数 $\Delta_r G_m^{\ominus}$ 相联系，另一方面与反应系统的平衡压力商相等。所以既可以通过 $\Delta_r G_m^{\ominus}$ 来计算 $K^{\ominus}$，进而计算平衡组成；也可以反过来，通过测定平衡时各反应组分的压力或浓度来计算 $K^{\ominus}$，进而计算 $\Delta_r G_m^{\ominus}$。

5.3.1 $\Delta_r G_m^{\ominus}$ 及 $K^{\ominus}$ 的计算

如何用热力学方法计算 $K^{\ominus}$ 的问题，实际上是如何用热力学方法计算 $\Delta_r G_m^{\ominus}$ 的问题。关于 $\Delta_r G_m^{\ominus}$ 的计算方法，在前面已经做过介绍，这里再归纳总结一下，计算 $\Delta_r G_m^{\ominus}$ 的方法有以下三种：

(1)通过 $\Delta_r H_m^{\ominus}$ 和 $\Delta_r S_m^{\ominus}$ 计算。

$$\Delta_r G_m^{\ominus}=\Delta_r H_m^{\ominus}-T\Delta_r S_m^{\ominus}$$

式中

$$\Delta_r H_m^{\ominus}=\sum_B \nu_B \Delta_f H_m^{\ominus}(B)=-\sum_B \nu_B \Delta_c H_m^{\ominus}(B)$$

$$\Delta_r S_m^{\ominus}=\sum_B \nu_B S_m^{\ominus}(B)$$

(2)通过 $\Delta_f G_m^{\ominus}$ 计算。

$$\Delta_r G_m^{\ominus}=\sum_B \nu_B \Delta_f G_m^{\ominus}(B)$$

(3)通过相关反应计算。如本章 5.2 节，如果一个反应可由其他反应线性组合得到，那么该反应的 $\Delta_r G_m^{\ominus}$ 也可由相应反应的 $\Delta_r G_m^{\ominus}$ 线性组合得到。

5.3.2 $K^{\ominus}$ 的实验测定及平衡组成的计算

$K^{\ominus}$ 一方面可由热力学计算得到；另一方面也可由实验测定得到。实验测定 $K^{\ominus}$ 实际上是通过测定系统平衡时的组成来计算 $K^{\ominus}$。

实验测定平衡组成，就是测定平衡时各组分的浓度或测定总压换算成分压，其方法可分为物理法和化学法两类。常用的物理法有折射率、电导、气体压力、气体体积、光吸收等方法。物理法一般不会影响反应与平衡，所以应用较广泛；化学法一般需通过加入试剂来测定某组分的浓度，如化学滴定法。加入试剂有时可能会造成平衡的移动而产生误差，这时可采用降温、移走催化剂、加入溶剂稀释等各种方法以使影响减小到可忽略的程度。

平衡计算中常遇到“转化率”“产率”等术语。转化率为某反应物参与反应的量占该反应

物初始量的分数；产率为某反应物转化为指定产物的量占该反应物初始量的分数。例如反应物的起始浓度为 $c_{A,0}$、平衡浓度为 c_A，则 A 的转化率为

$$转化率(\alpha)=\frac{A\ 反应物消耗的数量}{A\ 反应物的原始数量}=\frac{c_{A,0}-c_A}{c_{A,0}}$$

对于由一种反应物分解生成两种以上产物的反应，有时也将 A 的转化率称为 A 的解离度。产率的表达式为

$$产率=\frac{转化为指定产物的\ A\ 反应物的消耗数量}{A\ 反应物的原始数量}\leqslant\frac{c_{A,0}-c_A}{c_{A,0}}$$

若无副反应，则产率等于转化率，如有副反应，则产率小于转化率。下面我们通过一些具体的例题，介绍 K 与平衡组成之间的计算。

【例 5.3.1】 NO_2 气体溶于水可生成硝酸。但 NO_2 气体也很容易发生双聚，生成 N_2O_4，N_2O_4 也可解离，生成 NO_2，两者之间存在如下平衡：

$$N_2O_4(g)\rightleftharpoons 2NO_2(g)$$

已知 25 ℃下的热力学数据见表 5.3.1。

表 5.3.1　例 5.3.1 表

物质	$\Delta_f H_m^\ominus/(kJ\cdot mol^{-1})$	$S_m^\ominus/(J\cdot mol^{-1}\cdot K^{-1})$
NO_2	33.18	240.06
N_2O_4	9.16	304.29

假设在 25 ℃下，恒压反应开始时只有 N_2O_4，分别求 100 kPa 下和 50 kPa 下反应达到平衡时，N_2O_4 的解离度 α_1 和 α_2，以及 NO_2 的摩尔分数 y_1 和 y_2。

解：首先根据热力学数据计算反应的平衡常数：

$$\Delta_r H_m^\ominus=2\Delta_f H_m^\ominus(NO_2)-\Delta_f H_m^\ominus(N_2O_4)=(2\times33.18-9.16)\ kJ/mol$$
$$=57.20\ kJ/mol$$

$$\Delta_r S_m^\ominus=2S_m^\ominus(NO_2)-S_m^\ominus(N_2O_4)=(2\times240.06-304.29)\ J/(mol\cdot K)$$
$$=175.83\ J/(mol\cdot K)$$

$$\Delta_r G_m^\ominus=\Delta_r H_m^\ominus-T\Delta_r S_m^\ominus=(57.20-298.15\times175.83\times10^{-3})\ kJ/mol$$
$$=4.776\ kJ/mol$$

$$K^\ominus=\exp\left(\frac{-\Delta_r G_m^\ominus}{RT}\right)=\exp\left(\frac{-4.776\times10^3}{8.314\times298.15}\right)$$
$$=0.1456$$

根据反应式进行物料衡算，设 N_2O_4 的起始量为 1 mol。

	$N_2O_4(g)$	$\rightleftharpoons 2NO_2(g)$	
开始时 n/mol	1	0	
平衡时 n/mol	$1-\alpha$	2α	$\sum_B n_B=1-\alpha+2\alpha=1+\alpha$

$$K^\ominus=\frac{\left(\frac{p_{NO_2}}{p^\ominus}\right)^2}{\frac{p_{N_2O_4}}{p^\ominus}}=\frac{\left(\frac{\frac{2\alpha}{1+\alpha}p}{p^\ominus}\right)^2}{\frac{\frac{1-\alpha}{1+\alpha}p}{p^\ominus}}=\frac{4\alpha^2}{(1-\alpha)(1+\alpha)}\cdot\frac{p}{p^\ominus}$$

$$\alpha=\left(\frac{K^{\ominus}}{K^{\ominus}+\frac{4p}{p^{\ominus}}}\right)^{\frac{1}{2}}$$

当 $p=100$ kPa 时，解得 $\alpha_1=0.187\,4$，$y_1=\dfrac{n_{NO_2}}{\sum_B n_B}=\dfrac{2\alpha_1}{1+\alpha_1}=0.315\,6$

当 $p=50$ kPa 时，解得 $\alpha_2=0.260\,5$，$y_2=\dfrac{n_{NO_2}}{\sum_B n_B}=\dfrac{2\alpha_2}{1+\alpha_2}=0.413\,3$

由该题可知：降低压力有利于体积增加的反应，故 $\alpha_2>\alpha_1$，这与平衡移动原理是一致的。

5.4 温度对标准平衡常数的影响

通常由标准热力学数据求得的 $\Delta_r G_m^{\ominus}$ 多是 25 ℃下的量值，再由此计算的 $K^{\ominus}$ 也是 25 ℃下的量值。如果要求其他温度下的 $K^{\ominus}(T)$，就要知道温度对标准平衡常数的影响，实质就是温度对吉布斯函数的影响。下面就用热力学的方法来推导温度对吉布斯函数，也即对标准平衡常数的影响。

5.4.1 范特霍夫方程

恒压下温度对吉布斯函数的影响，已在 3.7 节中由热力学基本方程导出，即式(3.7.10)吉布斯-亥姆霍兹方程：

$$\left[\frac{\partial\left(\frac{G}{T}\right)}{\partial T}\right]_p=-\frac{H}{T^2}$$

范特霍夫

将其用于标准压力下的化学反应，可得到下式：

$$\frac{\mathrm{d}\left(\frac{\Delta_r G_m^{\ominus}}{T}\right)}{\mathrm{d}T}=-\frac{\Delta_r H_m^{\ominus}}{T^2}$$

将 $\Delta_r G_m^{\ominus}=-RT\ln K^{\ominus}$ 代入，有

$$\frac{\mathrm{d}\ln K^{\ominus}}{\mathrm{d}T}=\frac{\Delta_r H_m^{\ominus}}{RT^2} \tag{5.4.1}$$

上式称为范特霍夫(van't Hoff)方程，它是计算不同温度下 $K^{\ominus}$ 的基本方程。该式表明温度对标准平衡常数的影响与反应的标准摩尔反应焓 $\Delta_r H_m^{\ominus}$ 有关：

$\Delta_r H_m^{\ominus}<0$ 时，为放热反应，$K^{\ominus}$ 随 T 的升高而减小，升温对正反应不利；$\Delta_r H_m^{\ominus}>0$ 时，为吸热反应，$K^{\ominus}$ 随 T 的升高而增大，升温对正反应有利。

如需定量计算某一温度下的 $K^{\ominus}$，还需对该式进行积分，根据 $\Delta_r H_m^{\ominus}$ 是否随温度变化，积分分为两种情况。

5.4.2 $\Delta_r H_m^{\ominus}$ 不随温度变化时 $K^{\ominus}$ 的计算

根据基尔霍夫公式(2.7.5)，$\dfrac{\mathrm{d}\Delta_r H_m^{\ominus}(T)}{\mathrm{d}T}=\Delta_r C_{p,m}$，当 $\Delta_r C_{p,m}\approx 0$ 时，可认为 $\Delta_r H_m^{\ominus}$ 为

常数，不随温度变化；或者当温度变化不大时，可近似将 $\Delta_r H_m^\ominus$ 看作常数。在此两种情况下，将式(5.4.1)积分，有

$$\int_{K_1^\ominus}^{K_2^\ominus} \mathrm{d}\ln K^\ominus = \int_{T_1}^{T_2} \frac{\Delta_r H_m^\ominus}{RT^2}\mathrm{d}T$$

得定积分式

$$\ln\frac{K_2^\ominus}{K_1^\ominus} = -\frac{\Delta_r H_m^\ominus}{R}\left(\frac{1}{T_2}-\frac{1}{T_1}\right) \tag{5.4.2}$$

在已知 $\Delta_r H_m^\ominus$ 和 T_1 下的 $K_1^\ominus$ 时，可由此式计算温度 T_2 时的 $K_2^\ominus$；或已知两个温度下的 $K_1^\ominus$ 和 $K_2^\ominus$ 时，计算反应的 $\Delta_r H_m^\ominus$。

其不定积分式为

$$\ln K^\ominus = -\frac{\Delta_r H_m^\ominus}{RT} + C \tag{5.4.3}$$

利用 $\Delta_r G_m^\ominus = \Delta_r H_m^\ominus - T\Delta_r S_m^\ominus$ 可以容易推导出上式中积分常数 $C=\frac{\Delta_r S_m^\ominus}{R}$。

上式在处理实际问题时常用，人们可以通过实验测定多个温度下的 $K^\ominus$，将 $\ln K^\ominus$ 对 $\frac{1}{T}$ 作图，由直线斜率求得反应的 $\Delta_r H_m^\ominus$。这样求得的 $\Delta_r H_m^\ominus$ 比仅从两个温度的数据计算所得要准确。

【例 5.4.1】 估算在常压 101.325 kPa 下 $CaCO_3$(s)的分解温度，已知 25 ℃下反应的 $\Delta_r H_m^\ominus$ 为 178.32 kJ/mol，$\Delta_r G_m^\ominus$ 为 130.40 kJ/mol。(分解反应按 $\Delta_r C_{p,m}=0$ 处理)

$$CaCO_3(s) = CaO(s) + CO_2(g)$$

解：首先求 25 ℃下的 $K_1^\ominus$：

$$K_1^\ominus = \exp\left(\frac{-\Delta_r G_m^\ominus}{RT}\right) = \exp\left(\frac{-130.40\times10^3}{8.314\times298.15}\right) = 1.424\times10^{-23}$$

$$K_2^\ominus = \frac{p_{CO_2}}{p^\ominus} = \frac{101.325}{100} = 1.013\ 25$$

求 $CaCO_3$(s)的分解温度，即求 $K_2^\ominus$ 时的反应温度 T_2，利用范特霍夫定积分公式：

$$\ln\frac{K_2^\ominus}{K_1^\ominus} = -\frac{\Delta_r H_m^\ominus}{R}\left(\frac{1}{T_2}-\frac{1}{T_1}\right)$$

$$\ln\frac{1.013\ 25}{1.424\times10^{-23}} = -\frac{178.32\times10^3}{8.314}\left(\frac{1}{T_2}-\frac{1}{298.15}\right)$$

$$T_2 = 1\ 110\ \mathrm{K}\ (837\ ℃)$$

所以，温度对 $K^\ominus$ 有显著的影响，题中 25 ℃时，$K_1^\ominus \ll 1$，$CaCO_3$ 的分解反应无法进行；当温度上升到 837 ℃时，$K_2^\ominus = 1.013\ 25$，反应可正向进行。

5.4.3 $\Delta_r H_m^\ominus$ 随温度变化时 $K^\ominus$ 的计算

若反应前后热容有明显变化，即 $\Delta_r C_{p,m}^\ominus \neq 0$，则反应焓 $\Delta_r H_m^\ominus$ 不能按常数处理；尤其当温度变化较大时，更应该考虑 $\Delta_r H_m^\ominus$ 随温度的变化。这时在已知 T_1 温度(通常是 25 ℃)下的热力学数据的基础上，可以通过求 T_2 温度下的 $\Delta_r G_m^\ominus(T_2)$，进而计算 $K_2^\ominus$；也可以将

$\Delta_r H_m^{\ominus}$与温度的关系直接代入范特霍夫方程积分。这两种解法其实在本质上是一样的。下面我们介绍第二种解法。

由第 2 章知识可知，参加化学反应的物质摩尔定压热容

$$C_{p,m}=a+bT+cT^2$$

则

$$\Delta_r C_{p,m}=\Delta a+\Delta bT+\Delta cT^2$$

式中，$\Delta a=\sum_B \nu_B a_B$；$\Delta b=\sum_B \nu_B b_B$；$\Delta c=\sum_B \nu_B c_B$。代入基尔霍夫公式(2.7.5)，导出 $\Delta_r H_m^{\ominus}$ 与 T 的关系式：

$$\Delta_r H_m^{\ominus}(T)=\Delta H_0+\Delta aT+\frac{1}{2}\Delta bT^2+\frac{1}{3}\Delta cT^3 \tag{5.4.4}$$

ΔH_0 为积分常数，代入某一温度下的 $\Delta_r H_m^{\ominus}(T_1)$，即可求得 ΔH_0 量值，将上式代入范特霍夫方程的微分式(5.4.1)，积分有

$$\int \mathrm{d}\ln K^{\ominus}=\int \frac{\Delta_r H_m^{\ominus}}{RT^2}\mathrm{d}T$$

得不定积分式

$$\ln K^{\ominus}(T)=-\frac{\Delta H_0}{RT}+\frac{\Delta a}{R}\ln T+\frac{1}{2R}\Delta bT+\frac{1}{6R}\Delta cT^2+I \tag{5.4.5}$$

此式即为 $K^{\ominus}$ 与 T 的函数关系式。代入已知 T 时的 $K^{\ominus}$，可求得积分常数 I，进而求得任意温度下的 $K^{\ominus}(T)$。又因 $\Delta_r G_m^{\ominus}=-RT\ln K^{\ominus}$，故将上式两边同乘以 $-RT$，得

$$\Delta_r G_m^{\ominus}(T)=\Delta H_0-\Delta aT\ln T-\frac{1}{2}\Delta bT^2-\frac{1}{6}\Delta cT^3-IRT \tag{5.4.6}$$

式中，积分常数 I 也可由一定温度下已知 $\Delta_r G_m^{\ominus}$ 代入求得。在实际生产和科研中，经常会遇到要从理论上精确计算某一反应在某特定温度下的平衡转化率的问题，这时可先查表并计算 25 ℃下的热力学数据，再利用式(5.4.4)、式(5.4.5)或式(5.4.6)，计算所需温度下的平衡常数，进而计算反应的理论平衡转化率。

【例 5.4.2】 估算在常压 101.325 kPa 下 $H_2O(g)$分解时的温度(假设分解时反应平衡常数 $K^{\ominus}=1$)，已知 25 ℃下气态水的 $\Delta_f H_m^{\ominus}(H_2O)=-241.818$ kJ/mol 和 $\Delta_f G_m^{\ominus}(H_2O)=-228.572$ kJ/mol，参加化学反应的物质摩尔定压热容：

$$C_{p,m}=a+bT+cT^2$$

其中 a、b、c 数据列于表 5.4.1 中。

表 5.4.1 例 5.4.2 表

物质	$a/(\mathrm{J\cdot mol^{-1}\cdot K^{-1}})$	$b/10^{-3}(\mathrm{J\cdot mol^{-1}\cdot K^{-2}})$	$c/10^{-6}(\mathrm{J\cdot mol^{-1}\cdot K^{-3}})$
H_2O	29.16	14.49	−2.022
H_2	26.88	4.347	−0.326 5
O_2	28.17	6.297	−0.749 4

$$H_2O(g)=\!=\!=H_2(g)+\frac{1}{2}O_2(g)$$

解：首先根据反应计量式计算出 25 ℃下反应的 $\Delta_r H_m^{\ominus}(298.15\ \mathrm{K})=241.818$ kJ/mol,

$\Delta_r G_m^{\ominus}(298.15\ \text{K}) = 228.572\ \text{kJ/mol}$。

把 $\Delta_r H_m^{\ominus}(298.15\ \text{K})$和 a、b、c 数据代入

$$\Delta_r H_m^{\ominus}(T) = \Delta H_0 + \Delta a T + \frac{1}{2}\Delta b T^2 + \frac{1}{3}\Delta c T^3$$

得

$$241.818\ \text{kJ/mol} = \Delta H_0 + 12.57(\text{J}\cdot\text{mol}^{-1}\cdot\text{K}^{-1})\times T - 3.497\times 10^{-3}(\text{J}\cdot\text{mol}^{-1}\cdot\text{K}^{-2})\times T^2 + 0.440\ 3\times 10^{-6}(\text{J}\cdot\text{mol}^{-1}\cdot\text{K}^{-3})\times T^3$$

把温度 $T = 298.15$ K 代入上式，所以

$$\Delta H_0 = 238.369\ \text{kJ/mol}。$$

把 $\Delta_r G_m^{\ominus}(298.15\ \text{K}) = 228.572$ kJ/mol 代入

$$\Delta_r G_m^{\ominus}(T) = \Delta H_0 - \Delta a T \ln T - \frac{1}{2}\Delta b T^2 - \frac{1}{6}\Delta c T^3 - IRT$$

求得

$$I = 4.539$$

把 $K^{\ominus} = 1$，$\Delta H_0 = 238.369$ kJ/mol 和 $I = 4.539$ 代入

$$\ln K^{\ominus}(T) = -\frac{\Delta H_0}{RT} + \frac{\Delta a}{R}\ln T + \frac{1}{2R}\Delta b T + \frac{1}{6R}\Delta c T^2 + I$$

借助计算机解方程，得

$$T = 4\ 232.9\ \text{K}$$

常压条件下欲加热使水分解，需要加热至 4 232.9 K 或 3 959.8 ℃。众所周知，常温常压条件下氢气燃烧生成水为自发反应，由计算结果可知，温度不仅能改变反应的平衡转化率，在某些情况下还可改变反应的方向。

5.5 压力等因素对理想气体反应平衡移动的影响

如前所述，平衡常数 $K^{\ominus}$ 只是温度的函数，只有改变温度，才会改变 $K^{\ominus}$。在温度不变的情况下，改变其他反应条件，例如改变压力或通入惰性气体等，虽不能改变 $K^{\ominus}$，但对于 $\sum_B \nu_B \neq 0$ 的反应，可以通过改变反应物与产物的比例使平衡发生移动，进而影响反应的平衡转化率。这对于化工生产中降低成本、提高产率有着重要的意义。

5.5.1 压力对理想气体反应平衡移动的影响

前面我们曾导出式(5.2.17)

$$K^{\ominus} = \prod_B y_B^{\nu_B} \cdot \left(\frac{p}{p^{\ominus}}\right)^{\sum_B \nu_B}$$

由该式可知，由于一定温度下 $K^{\ominus}$ 一定，所以恒温下：

对于气体分子数增加的反应，$\sum_B \nu_B > 0$，增加系统的总压 p，$\left(\frac{p}{p^{\ominus}}\right)^{\sum_B \nu_B}$ 增大，$\prod_B y_B^{\nu_B}$ 必

定减小，平衡向左移动，这时减压将有利于正反应。

对于气体分子数减小的反应，$\sum_{B}\nu_B<0$，增加系统的总压 p，$\prod_{B} y_B^{\nu_B}$ 将变大，平衡向右移动，有利于正反应进行。

对于气体分子数不变的反应，$\sum_{B}\nu_B=0$，改变系统的总压 p，$\prod_{B} y_B^{\nu_B}$ 不变，所以压力变化不引起平衡移动。

5.5.2 惰性组分对平衡移动的影响

这里惰性组分是指不参加化学反应的组分。其对反应平衡的影响分析，可以利用前面导出式(5.2.18)

$$K^{\ominus}=\prod_{B} n_B^{\nu_B}\cdot\prod_{B}\left(\frac{p}{p^{\ominus}\sum_{B} n_B}\right)^{\nu_B}$$

由该式可知，对于恒温恒压下的反应，总压 p 保持不变，加入惰性气体，将使系统中总的物质的量 $\sum_{B} n_B$ 变大，$\sum_{B}\nu_B$ 的符号将影响 $\prod_{B}\left[\frac{p}{p^{\ominus}\sum_{B} n_B}\right]^{\nu_B}$ 的数值大小。由于 $K^{\ominus}$ 恒定不变，因此影响 $\prod_{B} n_B^{\nu_B}$ 的数值变化，从而影响反应平衡：

对于 $\sum_{B}\nu_B>0$ 的反应，加入惰性气体，$\prod_{B} n_B^{\nu_B}$ 变大，平衡向右移动，有利于正反应。

对于 $\sum_{B}\nu_B<0$ 的反应，加入惰性气体，$\prod_{B} n_B^{\nu_B}$ 变小，平衡向左移动，不利于正反应。

对于 $\sum_{B}\nu_B=0$ 的反应，加入惰性气体，$\prod_{B} n_B^{\nu_B}$ 不变，对反应平衡无影响。

要注意的是，对于恒容反应，加入惰性气体后，不会改变系统中各组分的分压，所以对反应平衡无影响。这一结论也可以从式(5.2.18)分析得出。如果反应恒温恒容进行，加入惰性气体，不仅使 $\sum_{B} n_B$ 增加，也会使总压 p 增加，而 $\frac{p}{RT\sum_{B} n_B}=V=$ 常数，所以加入惰性气体后，$\prod_{B} n_B^{\nu_B}$ 一项将保持不变，因此对反应平衡无影响。

5.5.3 增加反应物的量对平衡移动的影响

对于有不止一种反应物参加的反应，如

$$a\mathrm{A}(\alpha)+b\mathrm{B}(\beta)\longrightarrow \text{产物}$$

恒温恒容条件下增加反应物的量和恒温恒压条件下增加反应物的量，对平衡移动的影响是不同的。

在恒温恒容的条件下，向已达到平衡的系统中再加入反应物 A，这在瞬间将使 A 的分压 p_A 增加，而其他组分分压保持不变，结果使压力商 J_p 减小，平衡向右移动。加入反应物 B 也有同样的效果。这就是说在恒温恒容条件下，增加反应物的量，无论是单独增加一种还是同时增加两种，都会使平衡向右移动，对产物的生成有利。

因此，如果一个反应的两种原料气中，A 气体较 B 气体便宜很多，而 A 气体又很容易从混合气中分离，那么为了充分利用 B 气体，可使 A 气体大大过量，以尽量提高 B 的转化率，进而提高经济效益。

在恒温恒压条件下，加入反应物不一定总使平衡向右移动，反应物 A 与 B 的起始物质的量的配比会对平衡移动产生影响。设反应物的起始摩尔比 $r=\frac{n_B}{n_A}$，其变化范围为 $0<r<\infty$，在维持总压不变的情况下，随着 r 的增加，产物在混合气中的平衡含量会出现一个极大值。可以证明，当起始原料气中 A 与 B 的摩尔比等于反应式中反应物的计量系数之比，即 $r=\frac{n_B}{n_A}=\frac{b}{a}$ 时，产物在混合气中的平衡含量(摩尔分数)最大，这可由数学上的极大值原理证明。在最大值以后，再增加反应物 B 的量，使 r 继续增加，反而会使平衡向左移动，减小产物的含量。

同样在最大值以前增加反应物 A 的量，会使 r 减小，也将使平衡向左移动，而不是向右移动。

5.6 真实气体反应的化学平衡

对于真实气体化学反应，可用类似理想气体化学平衡的原理进行推导。将真实气体 B 的化学势表达式 $\mu_B=\mu_B^{\ominus}+RT\ln\left(\frac{\tilde{p}_B}{p^{\ominus}}\right)$ 代入 $\Delta_r G_m=\sum_B \nu_B\mu_B$，可得真实气体化学反应的等温方程式：

$$\Delta_r G_m=\Delta_r G_m^{\ominus}+RT\ln\prod_B\left(\frac{\tilde{p}_B}{p^{\ominus}}\right)^{\nu_B} \tag{5.6.1}$$

式中，$\tilde{p}_B$ 为组分 B 在某指定条件下的逸度。

在达到化学平衡时，$\Delta_r G_m=0$，有

$$\Delta_r G_m^{\ominus}=-RT\ln\prod_B\left(\frac{\tilde{p}_B}{p^{\ominus}}\right)^{\nu_B}$$

对于确定的化学反应，$\Delta_r G_m^{\ominus}$ 只取决于温度和标准态的选取。因为对气体，无论是理想气体还是真实气体，均选取 $p^{\ominus}=100$ kPa 的纯理想气体作为标准态，故由上式可知，当温度一定时，$\prod_B\left(\frac{\tilde{p}_B}{p^{\ominus}}\right)^{\nu_B}$ 为定值，即有标准平衡常数的表达式

$$K^{\ominus}=\prod_B\left(\frac{\tilde{p}_B^{eq}}{p^{\ominus}}\right)^{\nu_B} \tag{5.6.2}$$

式中，$\tilde{p}_B^{eq}$ 为组分 B 平衡时的逸度。因 $\tilde{p}_B=\varphi_B p_B$，故有

$$K^{\ominus}=\prod_B\varphi_B^{\nu_B}\cdot\prod_B\left(\frac{p_B^{eq}}{p^{\ominus}}\right)^{\nu_B} \tag{5.6.3}$$

式中，φ_B 为 B 的逸度因子，它是温度和总压的函数，故 $\prod_B\varphi_B^{\nu_B}$ 也取决于温度和压力。若令 $K_\varphi=\prod_B\varphi_B^{\nu_B}$，$K_p^{\ominus}=\prod_B\left(\frac{p_B^{eq}}{p^{\ominus}}\right)^{\nu_B}$，式(5.6.3)可简写为

$$K^{\ominus}=K_\varphi\cdot K_p^{\ominus} \tag{5.6.4}$$

对于理想气体 $K_\varphi=1$，对于低压下的真实气体，$K_\varphi\approx1$，故

$$K^\ominus=K_p^\ominus=\prod_B\left(\frac{p_B^{eq}}{p^\ominus}\right)^{\nu_B}$$

5.7 混合物和溶液中的化学平衡

可以用之前讨论气态混合物的化学平衡类似的方法推导讨论液态混合物和液态溶液中的化学平衡，对于固态混合物和固态溶液中的化学平衡也可以用同样的原理讨论。

5.7.1 常压下液态混合物中的化学平衡

对于液态混合物中的化学反应，因常压下任一组分 B 的化学势

$$\mu_B=\mu_B^\ominus+RT\ln a_B$$

故可推出恒温恒压下，化学反应的等温方程式为

$$\Delta_rG_m=\Delta_rG_m^\ominus+RT\ln\prod_B(a_B^{eq})^{\nu_B} \tag{5.7.1}$$

式中，$\Delta_rG_m^\ominus=\sum_B\nu_B\mu_B^\ominus$ 为标准摩尔反应吉布斯函数。各组分的标准态均为同样温度及标准压力下的纯液体。

反应达平衡时，$\Delta_rG_m=0$，故

$$\Delta_rG_m^\ominus=-RT\ln\prod_B(a_B^{eq})^{\nu_B} \tag{5.7.2}$$

因一定温度下，$\Delta_rG_m^\ominus$ 为确定值，根据 $K^\ominus$ 的定义式 $K^\ominus=\exp\left(\dfrac{-\Delta_rG_m^\ominus}{RT}\right)$，得 $K^\ominus$ 的表达式

$$K^\ominus=\prod_B(a_B^{eq})^{\nu_B} \tag{5.7.3}$$

因 $a_B=f_Bx_B$，故常压下

$$K^\ominus=\prod_B f_B^{\nu_B}\cdot\prod_B x_B^{\nu_B} \tag{5.7.4}$$

令 $K_f=\prod_B f_B^{\nu_B}$，$K_x=\prod_B x_B^{\nu_B}$，上式可简写为

$$K^\ominus=K_fK_x \tag{5.7.5}$$

若反应系统能形成理想液态混合物，因各组分 $f_B=1$，得 $K_f=1$，有

$$K^\ominus=K_x \tag{5.7.6}$$

不过大多液态混合物中的化学反应是非理想的，因此如按式(5.7.6)计算 $K^\ominus$，误差很大，但乙酸乙酯的水解反应是个例外。

5.7.2 常压下溶液中的化学平衡

这里只讨论非电解质溶液，电解质溶液将在电化学一章中讨论。非电解质溶液中的化学反应又可分为有溶剂参与和只在溶质间反应两种情况。若溶液中的化学反应可表示为

$$0=\nu_AA+\sum_B\nu_BB$$

式中，A 代表溶剂；B 代表任一种溶质。$\nu_A<0$ 表明溶剂为反应物；$\nu_A>0$ 表明溶剂为产物；$\nu_A=0$ 则溶剂不参与反应，这时化学反应只在溶质之间进行。

常压下溶剂 A 和溶质 B 的化学势分别为式(4.8.9)和式(4.8.21)：

$$\mu_A=\mu_A^\ominus+RT\ln a_A$$

$$\mu_B=\mu_B^\ominus+RT\ln a_B$$

将以上两式代入 $\Delta_r G_m=\nu_A\mu_A+\sum_B \nu_B\mu_B$，得溶液中化学反应的等温方程为

$$\Delta_r G_m=\Delta_r G_m^\ominus+RT\ln\left(a_A^{\nu_A}\cdot\prod_B a_B^{\nu_B}\right) \tag{5.7.7}$$

其中

$$\Delta_r G_m^\ominus=\nu_A\mu_A^\ominus+\sum_B \nu_B\mu_B^\ominus \tag{5.7.8}$$

注意：这里溶剂 A 和溶质 B 的标准态是不同的。溶剂 A 的标准态是同样温度在标准压力下的纯液体 A，任一溶质 B 的标准态则是在同样温度及标准压力下，质量摩尔浓度 $b_B=b^\ominus=1\ \mathrm{mol/kg}$ 且具有理想稀溶液性质的溶质。

反应平衡时 $\Delta_r G_m=0$，根据 $K^\ominus=\exp\left(\frac{-\Delta_r G_m^\ominus}{RT}\right)$，可得

$$K^\ominus=a_A^{\nu_A}\cdot\prod_B a_B^{\nu_B} \tag{5.7.9}$$

将溶剂的活度 $a_A=f_A x_A$、溶质的活度 $a_B=\frac{\gamma_B b_B}{b^\ominus}$代入，有

$$K^\ominus=(f_A x_A)^{\nu_A}\prod_B\left(\frac{\gamma_B b_B}{b^\ominus}\right)^{\nu_B} \tag{5.7.10}$$

对于理想稀溶液，$x_A\approx1$，$f_A\approx1$，$\gamma_B\approx1$，上式可化为

$$K^\ominus=\prod_B\left(\frac{b_B}{b^\ominus}\right)^{\nu_B} \tag{5.7.11}$$

溶质的化学势也可以物质的量浓度 c_B的形式表示，见式(4.7.9)，类似的方法也可导出以 c_B表示的平衡常数：

$$K_c^\ominus=\prod_B\left(\frac{c_B}{c^\ominus}\right)^{\nu_B}$$

需要注意的是，这时的 $K_c^\ominus$ 与 b_B浓度时的 $K^\ominus$是不同的，因为与之对应的 $\Delta_r G_m^\ominus$由于 $\mu_B^\ominus$所选的标准态不同而不同。

本章小结

本章主要介绍热力学在化学中的重要应用——用热力学的方法来处理化学平衡问题。基本思路是将相应的化学势表达式代入化学反应吉布斯函数的计算式，由此导出吉布斯等温方程，例如理想气体反应的等温方程 $\Delta_r G_m=\Delta_r G_m^\ominus+RT\ln J_p$。根据吉布斯函数判据，在恒温恒压下反应达到平衡时，$\Delta_r G_m=0$，由等温方程可得到 $\Delta_r G_m^\ominus=-RT\ln K^\ominus$。由于 $\Delta_r G_m^\ominus$只是温度的函数，因此 $K^\ominus$也只是温度的函数。温度不仅能通过改变 $K^\ominus$而改变平衡组成，有时甚至可改变反应的方向。对于 $\sum_B \nu_B\neq0$ 的反应，除温度的影响外，其他一些因素，如

压力、惰性气体、反应物的配比等，虽不能改变 $K^{\ominus}$，但能使反应平衡发生移动，进而影响反应的最终转化率。这为在某些情况下更经济合理地利用资源、设计反应、提高转化率提供了更多的思路。

习题

1. 已知 25 ℃时 CO(g)和 CH_3OH(g)的标准摩尔生成焓 $\Delta_f H_m^{\ominus}$ 分别为 -110.52 kJ/mol 和 -201.2 kJ/mol；25 ℃时 CO(g)、H_2(g)、CH_3OH(l)的标准摩尔熵 $S_m^{\ominus}$ 分别为 197.56 J/(mol·K)、130.57 J/(mol·K)、127.0 J/(mol·K)。又知 25 ℃甲醇的饱和蒸气压为 16.8 kPa，汽化焓为 38.0 kJ/mol。蒸气可视为理想气体，求反应

$$CO(g) + 2H_2(g) = CH_3OH(g)$$

的 $\Delta_r G_m^{\ominus}$(298.15 K)及 $K^{\ominus}$(298.15 K)。

2. 已知 $\Delta_f G_m^{\ominus}$(H_2O, l, 298.15 K) $= -237.19$ kJ/mol，25 ℃时水的饱和蒸气压 $p_{H_2O}^{*} =$ 3.167 kPa，若 H_2O(g)可视为理想气体，求 $\Delta_f G_m^{\ominus}$(H_2O, g, 298.15 K)。

3. 为了提高水煤气中的氢碳比，有转换反应 $CO(g) + H_2O(g) = CO_2(g) + H_2(g)$，该反应在 973.15 K 时，$K^{\ominus} = 0.71$。

(1)系统中四种气体的分压均为 $1.50p^{\ominus}$ 时，上述反应的自发方向如何？

(2)$p(CO) = 10p^{\ominus}$，$p(H_2O) = 5p^{\ominus}$，$p(CO_2) = p(H_2) = 1.5p^{\ominus}$ 时，反应的自发方向又如何？

4. 已知反应 $CO(g) + H_2(g) = HCHO(l)$，$\Delta_r G_m^{\ominus}$(298.15 K) = 28.95 kJ/mol，而 298.15 K 时 $p_{HCHO}^{*} = 199.98$ kPa，求 298.15 K 时，反应 $HCHO(g) = CO(g) + H_2(g)$ 的 $K^{\ominus}$(298.15 K)。

5. 某合成氨厂用的氢气是由天然气 CH_4 与水蒸气反应而来的，其反应为

$$CH_4(g) + H_2O(g) = CO(g) + 3H_2(g)$$

已知此反应在 1 000 K 下进行的 $K^{\ominus} = 0.265\,6$，如果起始时 CH_4(g)和 H_2O(g)的物质的量之比为 1∶2，试计算当要求 CH_4 的转化率为 75%时，反应系统的压力应为多少？

6. 潮湿 Ag_2CO_3 在 100 ℃下用空气流进行干燥，试计算空气流中 CO_2 的分压最少应为多少才能避免 Ag_2CO_3 分解为 Ag_2O 和 CO_2。已知 25 ℃时的有关数据见表 5.1。

表 5.1　6 题表

物质	Ag_2CO_3(s)	Ag_2O(s)	CO_2(g)
$\Delta_f H_m^{\ominus}/(kJ \cdot mol^{-1})$	−506.1	−31.0	−393.51
$S_m^{\ominus}/(J \cdot mol^{-1} \cdot K^{-1})$	167.4	121.75	213.7
$C_{p,m}/(J \cdot mol^{-1} \cdot K^{-1})$	121.1	65.86	37.1

设 25～100 ℃ $\Delta_r C_{p,m}$ 可视为常数。

7. 已知 25 ℃数据见表 5.2。

表 5.2　7 题表

物质	$N_2O_4(g)$	$NO_2(g)$
$\Delta_f H_m^{\ominus}/(kJ \cdot mol^{-1})$	9.16	33.18
$S_m^{\ominus}/(J \cdot mol^{-1} \cdot K^{-1})$	304.29	240.06

N_2O_4 与 NO_2 之间存在如下平衡：

$$N_2O_4(g) = 2NO_2(g)$$

恒压下开始反应时只有 N_2O_4，试计算：

(1)25 ℃时 100 kPa 下反应达到平衡时 N_2O_4 的解离度。

(2)100 ℃时反应的标准平衡常数 $K^{\ominus}$。

8. 工业上用乙苯脱氢制苯乙烯

$$C_6H_5C_2H_5(g) = C_6H_5C_2H_3(g) + H_2(g)$$

如反应在 900 K 下进行，$K^{\ominus}=1.51$。计算反应压力为 100 kPa，且加入水蒸气使原料气中水与乙苯蒸气的物质的量之比为 10∶1 时乙苯的平衡转化率。

9. $AgNO_3(s)$分解反应：$AgNO_3(s) = Ag(s) + NO_2(g) + \frac{1}{2}O_2(g)$，试求其分解温度。已知 298.15 K 的下列物质的有关见表 5.3。

表 5.3　9 题表

物质	$AgNO_3(s)$	$Ag(s)$	$NO_2(g)$	$O_2(g)$
$\Delta_f H_m^{\ominus}/(kJ \cdot mol^{-1})$	−123.14	0	33.85	0
$S_m^{\ominus}/(J \cdot mol^{-1} \cdot K^{-1})$	140.92	42.70	240.45	205.03

10. 将 $CuCl_2 \cdot H_2O$ 和 $CuCl_2 \cdot 2H_2O$ 置于真空容器中，测得 $H_2O(g)$的平衡分压见表 5.4。

表 5.4　10 题表

t/ ℃	60	80
p/Pa	12 160	32 627

求反应 $CuCl_2 \cdot 2H_2O(s) = CuCl_2 \cdot H_2O(s) + H_2O(g)$在 60～80 ℃的平均反应的 $\Delta_r H_m^{\ominus}$ 和 $\Delta_r S_m^{\ominus}$。(假设没有其他副反应)

11. 反应 $N_2O_4(g) = 2NO_2(g)$的标准平衡常数在 25 ℃为 0.141，在 65 ℃为 2.607，试计算该反应的 $\Delta_r H_m^{\ominus}$，并计算该反应 45 ℃及总压力为 101 325 Pa 时 $N_2O_4(g)$的解离度。

12. 已知下列物质 25 ℃时的标准热力学数据见表 5.5。

表 5.5　12 题表

物质	$CaCO_3(s)$	$CaO(s)$	$CO_2(g)$
$\Delta_f H_m^{\ominus}/(kJ \cdot mol^{-1})$	−1 206.92	−635.09	−393.51
$S_m^{\ominus}/(J \cdot mol^{-1} \cdot K^{-1})$	92.9	39.75	213.7

在石灰窑中欲使石灰石以一定的速率分解，CO_2 的分压应不低于 101.325 kPa，试利用表 5.5 数据计算石灰窑至少维持多高温度。(设反应的 $\Delta_r C_{p,m}=0$)

13. 蓝色的硫酸铜晶体加热会失去结晶水褪色，今已知表 5.6 中的数据(298 K)。

表 5.6　13 题表

物质量	$CuSO_4(s)$	$CuSO_4 \cdot 5H_2O(s)$	$H_2O(g)$
$\Delta_f H_m^\ominus/(kJ \cdot mol^{-1})$	−769.86	−2 277.98	−241.83
$\Delta_f G_m^\ominus/(kJ \cdot mol^{-1})$	−661.9	−1 879.9	−228.59

计算脱水时当水的蒸气压力达到 101.325 kPa 时的温度。

14. 已知 25 ℃下有关物质热力学数据见表 5.7。

表 5.7　14 题表

物质	$NH_3(g)$	$N_2(g)$	$H_2(g)$
$S_m^\ominus/(J \cdot mol^{-1} \cdot K^{-1})$	192.51	191.49	130.59
$C_{p,m}/(J \cdot mol^{-1} \cdot K^{-1})$	35.7	29.1	28.8
$\Delta_f H_m^\ominus/(kJ \cdot mol^{-1})$	−46.19	0	0

设 25～250 ℃ $\Delta_r C_{p,m}$ 可视为常数。

(1)计算反应$\frac{1}{2}N_2(g)+\frac{3}{2}H_2(g)$══$NH_3(g)$在 250 ℃下的 $\Delta_r H_m^\ominus$ 和 $\Delta_r S_m^\ominus$。

(2)求反应在 250 ℃下的标准平衡常数 $K^\ominus$。

15. 通常钢瓶中装的是含有微量氧气的氮气，实验中为了除去微量氧，可将 $N_2(g)$ 通过高温铜(粉)柱，使发生下述反应：

$$2Cu(s)+\frac{1}{2}O_2(g)=\!=\!=Cu_2O(s)$$

已知此反应的 $\Delta_r G_m^\ominus(J/mol)=-166\ 732+63.01T(K)$。今若在 600 ℃时，令反应达到平衡，问：经如此处理后，$N_2(g)$中的残余 $O_2(g)$的物质的量浓度(以 mol/m^3 计)为多少？

16. 已知 298 K 时的数据见表 5.8。

表 5.8　16 题表

物质	$NH_4Cl(s)$	$HCl(g)$	$NH_3(g)$
$\Delta_f H_m^\ominus/(kJ \cdot mol^{-1})$	−315.4	−92.3	−46.2
$\Delta_f G_m^\ominus/(kJ \cdot mol^{-1})$	−203.9	−95.3	−16.6

若将 $NH_4Cl(s)$放在一抽空的刚性密封容器中，求 $NH_4Cl(s)$分解达到平衡时，系统压力达到 100 kPa 时的温度。

17. 已知 298 K 时热力学数据见表 5.9。

表 5.9　17 题表

物质	金刚石	石墨
$\Delta_c H_m^\ominus/(kJ \cdot mol^{-1})$	−395.3	−393.4
$S_m^\ominus/(J \cdot mol^{-1} \cdot K^{-1})$	2.43	5.69
$\rho/(kg \cdot dm^{-3})$	3.513	2.260

(1)求 298 K 时，由石墨转化为金刚石的 $\Delta_r G_m^\ominus$。

(2)求 298 K 时，由石墨转化为金刚石的最小压力。

18. 已知 298 K 时的数据见表 5.10。

表 5.10　18 题表

物质	$SO_3(s)$	$SO_2(g)$	$O_2(g)$
$\Delta_f H_m^\ominus/(kJ \cdot mol^{-1})$	−395.76	−296.90	0
$S_m^\ominus/(J \cdot mol^{-1} \cdot K^{-1})$	256.6	248.11	205.04

总压力为 $p^\ominus$，反应前气体中 SO_2 的摩尔分数为 0.06，O_2 摩尔分数为 0.12，其余为惰性气体。求反应 $SO_2(g)+\frac{1}{2}O_2(g) = SO_3(s)$

(1)在 298 K 时的平衡常数 $K^\ominus$。

(2)在什么温度下反应达到平衡时有 80%的 SO_2 被转化?(设反应的 $\Delta_r C_{p,m}=0$)

19. CO_2 与 H_2S 在高温下有如下反应：

$$CO_2(g)+H_2S(g) = COS(g)+H_2O(g)$$

今在 610 K 时，将 0.1 mol 的 CO_2 加入 2.5 dm^3 体积的空瓶，然后充入 H_2S 使总压力为 1 000 kPa。平衡后取样分析，其中含 $H_2O(g)$ 的摩尔分数为 0.02。将温度升至 620 K 重复上述实验，平衡后取样分析，其中含 $H_2O(g)$ 的摩尔分数为 0.03(计算时可假定气体为理想气体)。

(1)计算 610 K 时的 $K^\ominus$ 和 $\Delta_r G_m^\ominus$。

(2)设反应的 $\Delta_r H_m^\ominus$ 不随温度变化，计算反应的 $\Delta_r H_m^\ominus$。

20. 已知 298 K 时的数据见表 5.11。

表 5.11　20 题表

物质	$BaCO_3(s)$	$BaO(s)$	$CO_2(g)$
$\Delta_f H_m^\ominus/(kJ \cdot mol^{-1})$	−1 219	−558	−393
$S_m^\ominus/(J \cdot mol^{-1} \cdot K^{-1})$	112.1	70.3	213.6

试计算：

(1)298 K 时 $BaCO_3$ 分解反应的 $\Delta_r H_m^\ominus$、$\Delta_r S_m^\ominus$ 和 $\Delta_r G_m^\ominus$。

(2)298 K 时 $BaCO_3$ 的分解压力。

(3)设反应的平均热容差 $\Delta_r C_{p,m}=0$，求标准压力条件下 $BaCO_3$ 的分解温度。

21. 已知 298.15 K 时的数据见表 5.12。

表 5.12　21 题表

物质	$Ag_2CO_3(s)$	$Ag_2O(s)$	$CO_2(g)$
$\Delta_f H_m^\ominus/(kJ\cdot mol^{-1})$	−506.1	−31.0	−393.51
$S_m^\ominus/(J\cdot mol^{-1}\cdot K^{-1})$	167.4	121.75	213.7

试计算：

(1)298.15 K 时 $BaCO_3$ 的分解压力。

(2)如果反应的平均热容差 $\Delta_r C_{p,m}=0$，求 100 ℃下 $BaCO_3$ 的分解压力。

22. 理想气体反应 $2A(g) \xlongequal{} Y(g)$，已知 298.15 K 时的数据见表 5.13。

表 5.13　22 题表

气体	A(g)	Y(g)
$\Delta_f H_m^\ominus/(kJ\cdot mol^{-1})$	35	10
$S_m^\ominus/(J\cdot mol^{-1}\cdot K^{-1})$	250	300
$C_{p,m}/(J\cdot mol^{-1}\cdot K^{-1})$	38	76

试计算：

(1)在 310 K，100 kPa 下，A、Y 各为 $y=0.5$ 的气体混合物，反应向哪个方向进行？

(2)欲使反应向上述(1)相反的方向进行，在其他条件不变时：

①改变压力 p 应控制在什么范围？

②改变温度 T 应控制在什么范围？

③改变组成 y 应控制在什么范围？

第 6 章　相平衡

学习目标

掌握相平衡研究的主要内容和研究手段；掌握相率和杠杆规则并熟练应用于相图分析；掌握纯物质、二组分气液平衡和二组分固液平衡相图；掌握利用冷却曲线绘制相图的方法，以及分辨相图的稳定相区、相线、相点；掌握绘制冷却曲线和升温曲线的方法，并学会分析过程的相变化和物质转换。

实践意义

在冶金工业中经不同热处理可以得到性能各异的材料性能，这些热处理工艺条件和参数均根据相图的数据确定。在享受各种或清新或馥郁或优雅的香水时，很少注意香水含有高于70%的酒精，为了保证香味的纯正，必须用高纯度的酒精原料，你知道高纯度的酒精是怎么提纯的吗？那些易分解的香料又是怎么分离提纯的？

化学化工生产中对产品进行分离、提纯时离不开蒸馏、结晶、萃取等各种操作，这些单元操作过程的理论基础就是相平衡原理。此外，在冶金、材料、采矿、地质等行业的生产过程中，也需要相平衡的知识，因而相平衡的研究有着重要的实际意义。

相平衡研究的一项主要内容是表达一个相平衡系统的状态如何随其组成、温度、压力等变量而变化，而要描述这种相平衡系统状态的变化，主要有两种方法：一种是从热力学的基本原理、公式出发，推导系统的温度、压力与各相组成间的关系，并用数学公式予以表示，如前面学过的克拉佩龙方程、拉乌尔定律等；另一种方法是用图形表示相平衡系统温度、压力、组成间的关系，这种图形称为相图。相图的特点是直观，从图中能直接了解各量间的关系，对较复杂系统的相图，这一特点表现得更为突出。

本章主要介绍相律和一些基本的相图，以及如何由实验数据绘制相图、如何应用相图等。

6.1　相与相律

相律作为物理化学中最具普遍性的规律之一，是吉布斯根据热力学原理得出的，它用于确定相平衡系统中能够独立改变的变量个数。

在推导相律之前，先介绍几个基本概念。

6.1.1 基本概念

1. 相和相数

前已述及，相就是系统中物理性质和化学性质完全相同的均匀部分，相与相之间有相界面。系统内相的数目为相数，用 P 表示。当有不同固体时，有几种固体则有几个相；而当有不同气体时，因气体能完全混合，故只对应一个气相。如反应系统 $FeO(s)+CO(g)=\!=\!=Fe(s)+CO_2(g)$中，有两个固相、一个气相，总相数 $P=3$。

2. 自由度和自由度数

自由度是指维持系统相数不变情况下，可以独立改变的变量(如温度、压力、组成等)，其个数为自由度数，用 F 表示。

如纯水在气、液两相平衡共存时，若改变温度，同时要维持气液两相共存，则系统的压力必须等于该温度下的饱和蒸气压而不能任意选择，否则会有一个相消失。同样，若改变压力，温度也不能任意选择。即水与水蒸气两相平衡系统中，能独立改变的变量只有一个，即自由度数 $F=1$。

又如任意组成的二组分盐水溶液与水蒸气两相平衡系统，可以改变的变量有温度、压力(水蒸气压力)和盐水溶液的组成三个。水蒸气压力是温度和溶液组成的函数，故这个系统的自由度数 $F=2$。若盐是过量的，系统中为固体盐、盐的饱和水溶液与水蒸气三相平衡。当温度一定时，盐的溶解度一定，因而水蒸气压力也一定，能够独立改变的变量只有一个，故系统的自由度数 $F=1$。

要确定一个相平衡系统的自由度数，对简单的系统可凭经验加以判断，但对复杂系统，如多相、多组分相平衡系统，则需要借助相律加以确定。

6.1.2 相律

相律的主要目的是确定系统的自由度数，即独立变量个数，其基本思路为

$$\text{自由度数}=\text{总变量数}-\text{非独立变量数}$$

任何一个非独立变量，总可以通过一个与独立变量关联的方程式来表示，且有多少非独立变量，一定对应多少关联变量的方程式，故有

$$\text{自由度数}=\text{总变量数}-\text{方程式数}$$

现分别对总变量数及方程式数予以表述。

总变量数包括温度、压力及组成。

设一平衡系统中，有 S 种物质分布于 P 个相中的每一相中，且任一物质在各相中具有相同的分子存在形式。此时，每一相中有 S 个组成变量，P 个相中共有 PS 个组成变量。又因平衡系统中，所有各相的温度、压力都相等，即只需 1 个温度、1 个压力变量，故整个系统总的变量数为 $PS+2$。

方程式数：在每一相中，因 5 个组成变量间存在 $\sum\limits_{B} x_B=1$，故系统中 P 个相就有 P 个关联组成的方程。

又由相平衡条件，平衡时每种物质在各相中的化学势相等，即

$$\mu_1(\mathrm{I})=\mu_1(\mathrm{II})=\cdots=\mu_1(P)$$
$$\mu_2(\mathrm{I})=\mu_2(\mathrm{II})=\cdots=\mu_2(P)$$
$$\cdots\cdots$$
$$\mu_S(\mathrm{I})=\mu_S(\mathrm{II})=\cdots=\mu_S(P)$$

括号中的Ⅰ，Ⅱ，……，P 表示系统中的每个相。由于化学势是温度、压力和组成的函数，因此，化学势的等式就是关联变量的方程式。对一种物质来说，有 $P-1$ 个化学势相等的方程式，根据假设 S 种物质皆分布于 P 个相中，故 S 种物质共有 $S(P-1)$ 个这样的方程式。

此外，若系统中还有 R 个独立的化学平衡反应存在，根据化学平衡条件，平衡时 $\sum_{\mathrm{B}} \nu_{\mathrm{B}}\mu_{\mathrm{B}}=0$，即每个独立的平衡反应就对应一个关联变量的方程式，则 R 个独立反应对应 R 个方程式。

若根据实际情况还有 R' 个独立的限制条件，如系统中某两种物质的量成恒定的比例等，则又有 R' 个方程式。

综合以上各项，则系统中关联变量的方程式个数为

$$P+S(P-1)+R+R'$$

将总变量数 $PS+2$ 减去方程式个数 $P+S(P-1)+R+R'$，即得自由度数

$$\begin{aligned} F &=(PS+2)-[P+S(P-1)+R+R'] \\ &=(S-R-R')-P+2 \end{aligned}$$

令 $C=S-R-R'$，则

$$F=C-P+2$$

这就是相律表达式，它是 1875 年由吉布斯推导出来的。其中 C 为组分数，它等于系统中物种数 S 减去独立的化学平衡反应数 R，再减去独立的限制条件数 R'。

计算组分数 C 时所涉及的平衡反应，必须是在所讨论的条件下，系统中实际存在的反应。例如，N_2、H_2 和 NH_3 系统，在常温下三者之间并不发生反应，故 $C=3-0-0=3$，是三组分系统。该系统若在高温、高压且有催化剂存在下，就有下面的化学反应 $N_2+3H_2 \rightleftharpoons 2NH_3$ 达到平衡，此时 $C=3-1-0=2$，为二组分系统。若再加以限制，使 N_2 和 H_2 的摩尔比为 1∶3，则 $C=3-1-1=1$，是单组分系统。

6.1.3 相律使用说明

(1)在推导相律时，曾假设在每一相中 S 种物质均存在，但是不论实际情况是否符合此假设，都不影响相律的形式，这是因为如果某一相中不含某种物质，则在这一相中该物质的组成变量就少了一个，同时，相平衡条件中该物质在各相化学势相等的方程式也相应地减少了一个，故相律 $F=C-P+2$ 仍然成立。

(2)相律 $F=C-P+2$ 中的 2 表示系统整体的温度、压力皆相同。与此条件不符的系统，如渗透系统，则需修正补充。

(3)相律 $F=C-P+2$ 中的 2 表示只考虑温度、压力对系统相平衡的影响，通常情况下确实如此。当需要考虑其他因素(如电场、磁场、重力场等)对系统相平衡的影响时，若 n 是包含所有外界影响因素(含温度、压力)的数目，则相律的形式应为 $F=C-P+n$。

(4)对于没有气相存在，只由液相和固相形成的凝聚系统来说，由于压力对相平衡的影响很小，且通常在大气压力下研究，即不考虑压力对相平衡的影响，故常压下凝聚系统相律的形式为 $F=C-P+1$。

【例 6.1.1】 在一抽成真空的容器中放入过量的 $NH_4I(s)$后，系统达到平衡时存在如下平衡：

$$NH_4I(s) \rightleftharpoons NH_3(g)+HI(g)$$
$$2HI(g) \rightleftharpoons H_2(g)+I_2(g)$$
$$2NH_4I(s) \rightleftharpoons 2NH_3(g)+H_2(g)+I_2(g)$$

试求该系统的自由度数。

解：该系统三个平衡反应中，只有两个是独立的，故 $R=2$。

又因四种气体的分压力间存在如下定量关系：

$$p(NH_3)=p(HI)+2p(H_2)$$
$$p(H_2)=p(I_2)$$

故 $R'=2$。

将 $P=2$，$S=5$，$R=2$，$R'=2$ 代入相律表达式，有

$$\begin{aligned} F &= C-P+2 \\ &= (S-R-R')-P+2 \\ &= (5-2-2)-2+2 \\ &= 1 \end{aligned}$$

即自由度数为 1，说明该平衡系统中，T 及四种气体的分压力(也可以说是 T、气体总压及任意三种气体的气相摩尔分数)五个变量中，只要有一个确定，其余四个皆为定值。

6.2 单组分系统相图

对单组分系统，因不涉及组成，故要描述其状态只需 T、p 两个变量。单组分系统的状态随 T、p 这两个变量的变化即为相图，即常用的 p-T 图。

现利用相律对单组分系统相图予以说明。将相律应用于单组分系统，有

$$\begin{aligned} F &= C-P+2 \\ &= 3-P \end{aligned}$$

若 $P=1$，则 $F=2$，即单组分单相系统有两个自由度，称为双变量系统。温度和压力是两个独立变量，可以在一定范围内同时任意选定。若以 p 和 T 为坐标作图，在 p-T 图上可用面来表示这类系统。

若 $P=2$，则 $F=1$，即单组分两相平衡系统只有一个自由度，称为单变量系统。温度和压力两个变量中只有一个是独立的。不能任意选定一个温度，同时又任意选定一个压力，而仍保持两相平衡。在一定温度下，只有一个确定的平衡压力；反之亦然，也就是说，平衡压力和平衡温度之间有一定的依赖关系。因此，在 p-T 图上可用线来表示这类系统。

若 $P=3$，则 $F=0$，即单组分三相平衡系统的自由度数为零，称为无变量系统。温度和压力两个量的数值都是一定的，不能做任何选择。在 p-T 图上可用点来表示这类系统，这个点就称为三相点。

因为自由度数最小为零，故单组分系统不可能有四个相平衡共存。

下面分别介绍水、硫的单组分系统相图。

6.2.1 水的相图

在常压下，水可以以气(水蒸气)、液(水)、固(冰)三种相态存在。按照相律，其自由度数 F 可分别为 2、1 和 0，分别对应表 6.2.1 中的相态。

表 6.2.1 水的自由度和相态

双变量系统($F=2$)	单变量系统($F=1$)	无变量系统($F=0$)
冰 水 水蒸气	冰⇌水 冰⇌水蒸气 水⇌水蒸气	水⇌水蒸气 ⇖ ⇗ 冰

如上所述，在单变量系统中，温度和压力间有一定的依赖关系，因此，应有三种函数关系分别代表上述三种两相平衡：$p=f(T)$，$p=\Phi(T)$ 和 $p=\varphi(T)$。这三个函数关系即第 3 章讲的克拉佩龙方程。通过实验测出这三种两相平衡的温度和压力数据，见表 6.2.2。

表 6.2.2 水的相平衡数据

t/℃	系统的饱和蒸气压 p/kPa		平衡压力 p/kPa
	水⇌水蒸气	冰⇌水蒸气	冰⇌水
−20	0.126	0.103	193.5×10^3
−15	0.191	0.165	156.0×10^5
−10	0.287	0.260	110.4×10^3
−5	0.422	0.414	59.8×10^3
0.01	0.610	0.610	0.610
20	2.338		
40	7.376		
60	19.916		
80	47.343		
100	101.325		
150	476.02		
200	1 554.2		
250	3 975.4		
300	8 590.3		

续表

t/℃	系统的饱和蒸气压 p/kPa		平衡压力 p/kPa 冰⇌水
	水⇌水蒸气	冰⇌水蒸气	
350	16 532		
374	22 060		

根据表 6.2.2 中的数据，可画出水的 p-T 图。图 6.2.1 所示是其示意。

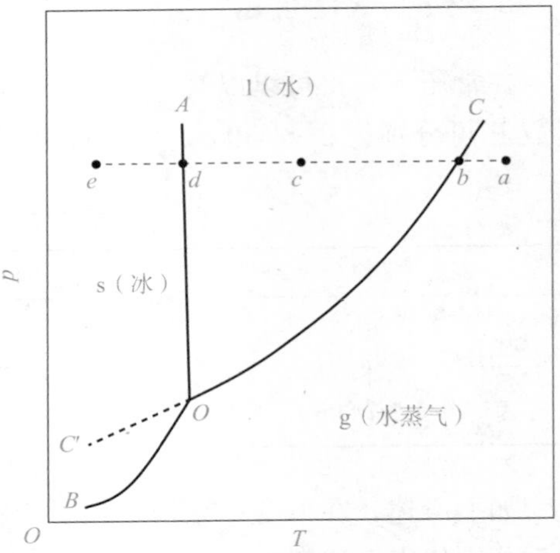

图 6.2.1　水的相图

图 6.2.1 中，OC 线表示水和水蒸气的平衡，称为水的饱和蒸气压曲线或蒸发曲线。在 P-T 图上，其斜率为正，即处于气、液两相平衡时，水蒸气的压力 p 随着温度 T 的升高而增加，这是实验结果，也是克拉佩龙方程的必然结果：

$$\frac{dp}{dT}=\frac{\Delta_{vap}H_m}{T\Delta_l^g V_m}$$

式中，水的摩尔蒸发焓 $\Delta_{vap}H_m>0$，且 $\Delta_l^g V_m>0$，则 $\frac{dp}{dT}>0$。

若在恒温下对此两相平衡系统加压，或在恒压下令其降温，都可使水蒸气凝结为水；反之，恒温下减压或恒压下升温，则可使水蒸发为水蒸气。故 OC 线以上的区域为水的相区，以下为水蒸气的相区。OC 线的上端止于临界点 C，因为在临界点时水与水蒸气不可区分。

根据表 6.2.2 中不同温度下冰的饱和蒸气压数据，可画出 OB 线，称为冰的饱和蒸气压曲线或升华曲线，这条线表示冰和水蒸气的平衡。在 p-T 图上，OB 线的斜率也是正值，比 OC 线的斜率还要大，这是因为在克拉佩龙方程中，冰的摩尔升华焓 $\Delta_{sub}H_m$ 要比水的摩尔蒸发焓 $\Delta_{vap}H_m$ 大，因而气-固平衡时蒸气压随温度 T 的增加而有更为显著的增加。同理，OB 线以上的区域为冰的相区，OB 线以下的区域为水蒸气相区。

根据表 6.2.2 中不同压力下水和冰平衡共存的温度数据，可画出 OA 线，称为冰的熔点曲线，这条线表示冰和水的平衡。从图中可以看出，OA 线的斜率为负值，说明压力增大，冰的熔点降低。这是因为当冰融化成水时，体积缩小，按照勒夏特列平衡移动原理，增加压力，有利于体积减小的过程进行，即有利于熔化，因而冰的熔点降低。这也可以由克拉佩龙方程看出：

$$\frac{dp}{dT}=\frac{\Delta_s^l H_m}{T\Delta_s^l V_m}$$

式中，冰的摩尔熔化焓 $\Delta_s^l H_m>0$，且 $\Delta_s^l V_m<0$，则 $\frac{dp}{dT}<0$。冰、水平衡时，温度升高，冰融化为水，降低温度，水凝固为冰，故 OA 线左侧为冰，右侧为水。

图中，OA、OB、OC 三条线将图面分成三个区域，这是三个不同的单相区。每个单相区表示一个双变量系统，温度和压力可以同时在一定范围内独立改变而无新相出现。

三条两相平衡线表示三个单变量系统。这类系统的温度和压力中只有一个是能独立改变的。例如，水和水蒸气两相平衡系统，可用图 6.2.1 中 OC 线上任一点来表示。指定了两相平衡的温度，两相平衡的压力即确定。若降低系统的温度，并使其仍然保持两相平衡，则水蒸气压力必然沿线向下移动。温度降至 0.01 ℃，系统的状态点到达 O 点，应有冰出现。但是我们常常可以使水冷到 0.01 ℃以下而仍无冰产生，这就是水的过冷现象。这种状态下的水称为过冷水。

根据表 6.2.2 中 −20～0.01 ℃各温度下过冷水的饱和蒸气压数据，可画出 OC' 线，这条线表示过冷水的饱和蒸气压曲线。过冷水的饱和蒸气压曲线和前面讲的水的饱和蒸气压曲线实际上是一条曲线。OC' 线落在冰的相区，说明在相应的温度、压力下冰是稳定的。从同样温度下过冷水的饱和蒸气压大于冰的饱和蒸气压可知，过冷水的化学势大于冰的化学势，故过冷水能自发地转变成冰。过冷水与其饱和蒸气的平衡不是稳定平衡，但它又可以在一定时间内存在，故称为亚稳平衡，并将 OC' 线以虚线表示。

O 点表示系统内冰、水、水蒸气三相平衡，是一个无变量系统，系统的温度、压力(0.01 ℃，0.610 kPa)均不能改变。我们称 O 点为三相点。水的三相点和通常所说的冰点(0 ℃)是不同的。水的三相点是水在它自己的蒸气压力下的凝固点，而冰点是在 101.325 kPa 压力下被空气饱和的水的凝固点。由于空气的溶解，使凝固点降低 0.002 3 ℃；又由于压力从 0.610 kPa 增加到 101.325 kPa，又使凝固点降低 0.007 5 ℃。这两种效应的总结果使得水的三相点比冰点高 0.009 8 ℃。国际上规定，将水的三相点定为 273.16 K(0.01 ℃)。

应用相图可以说明系统在外界条件改变时发生相变化的情况。例如，在一个带活塞的气缸内盛有 120 ℃，101.325 kPa 的水蒸气，此系统的状态相当于图 6.2.1 中的 a 点。在相图中，这种表示整个系统状态的点称为系统点。在恒定 101.325 kPa 压力下，将系统冷却，最后达到 −10 ℃，即图中的 e 点。在冷却过程中，系统点将沿 ae 线移动。由于压力恒定，ae 线为水平线。由图可知，当缓慢冷却至水的正常沸点 100 ℃，系统点到达 b 点时，水蒸气开始凝结。此时两相平衡，因压力已固定，故温度保持不变，直到水蒸气全部凝结成水。继续冷却，系统点进入水的相区，如到达 c 点时，表示为水。冷却到达 d 点时，温度为 0.002 5 ℃，水开始凝固，在凝固过程中，系统的温度不变，直到水全部凝固成冰。再冷却，系统点进入冰的相区，最后到达 −10 ℃的 e 点。

有关水的相图有以下两点需要说明：

(1)在高压下，除普通的冰外，还有几种不同晶型的冰。与普通的冰相反，这些冰的密度都比水的密度大，因此在 p-T 图上，其熔点曲线的斜率为正值。高压下水的相图可参阅其他参考书。

(2)对于多数物质来说，在熔化过程中体积增大，故熔点曲线的斜率为正值，如图 6.2.2 所示。例如 CO_2 的相图即是如此。

6.2.2 硫的相图

固态的硫在常温、常压下有单斜硫和正交硫两种晶型，加上液态硫和气态硫，共有四种相态。由单组分系统相律 $F=3-P$ 知，系统的最大相数只能为 3，即系统最多只能有三相共存。

图 6.2.3 所示是硫的相图。相图中有四个相区，分别对应四种相态。任意两个相区通过两相平衡线(共 6 条)接界。三相的交汇点即为三相点，图中共有 3 个三相点，即 O_1、O_2、O_3 点。相图中的虚线为亚稳平衡线，可看成两相平衡线的延长线，三条虚线的交汇点

O 点也是一个三相点，它对应的是处于亚稳态的正交硫、液态硫、气态硫的三相共存点。

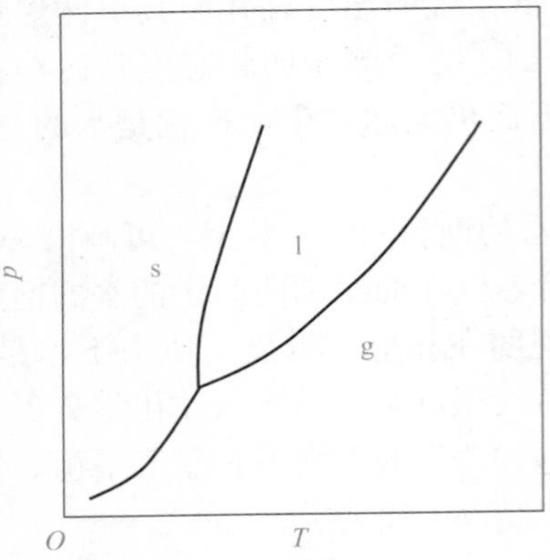

图 6.2.2　单组分系统相图

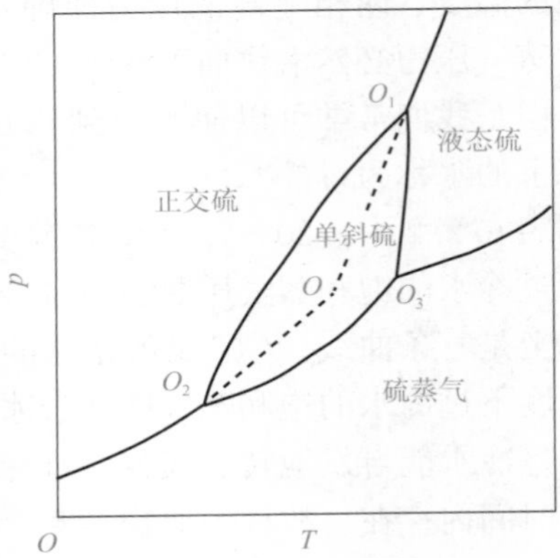

图 6.2.3　硫的相图

小知识

我国物理化学家、化学教育家黄子卿先生 1934 年第一次精确测定了水的三相点温度 (0.009 80±0.000 05)℃，这一结果成为 1948 年国际实用温标(IPTS−1948)选择基准点——水的三相点的参照数据之一。1954 年，在巴黎召开的国际温标会议，再次确认上述数据，并以此为基准，确定绝对零度为 −273.15 ℃。

因为水的冰点即摄氏温标的零点，所以所谓水的三相点温度就是测定冰点和水饱和蒸气压下的水凝固点的差值。黄子卿先生为严格按定义确定冰点，首先对水样精心地纯化处理，并严格使冰点瓶中水样含饱和空气量稳定，并仔细计算了对实际压力的修正；用测量水样电导的方法估算杂质对冰点影响的修正；为确定三相点精选了三相点瓶的材料并进行了严格的清洗；用真空蒸馏的方法将水样注入三相点瓶；同样，用测量水样电导做杂质影响的修正；在测定三相点时将三相点瓶和冰点瓶都浸入冰水混合浴槽中，用铜/康铜热电偶测量三相点瓶和冰点瓶的温差，由此得出水的三相点温度。实验中甚至考虑到液体深度对压力影响这样的细节，正是这种“入微之处见乾坤”的严谨科学精神，使得物理化学界直到今天仍然沿用黄子卿先生当年的三相点测试数据。

黄子卿

6.3　二组分系统理想液态混合物的气-液平衡相图

与单组分系统相比，描述二组分系统的状态除常用的 T、p 变量外，还需加上组成变量 x。为了将二组分气-液平衡系统的状态在二维平面图上予以表示，常将一个变量固定。最常用到的是 T 恒定下的压力-组成图(p-x 图)及 p 恒定下的温度-组成图(T-x 图)，本书主要讨论这两种相图。

二组分气-液平衡相图，按二组分液相之间相互溶解度的不同，可分为液态完全互溶、液态部分互溶及液态完全不互溶三类。液态完全互溶系统又可分为理想液态混合物和真实液态混合物，本节讨论二组分理想液态混合物的气-液平衡相图。

6.3.1 压力-组成图

设组分 A 和组分 B 形成理想液态混合物，因 A、B 在全部组成范围内均符合拉乌尔定律，所以其分压及气相总压可计算如下：

A 组分分压：

$$p_A = p_A^* x_A = p_A^*(1-x_B) \tag{6.3.1}$$

B 组分分压：

$$p_B = p_B^* x_B \tag{6.3.2}$$

气压总压：

$$\begin{aligned} p &= p_A + p_B \\ &= p_A^*(1-x_B) + p_B^* x_B \\ &= p_A^* + (p_B^* - p_A^*)x_B \end{aligned} \tag{6.3.3}$$

以上三式中，p_A^* 和 p_B^* 分别为纯 A 和纯 B 组分的饱和蒸气压，T 一定时，它们均有定值；x_A 和 x_B 分别为液相中组分 A 和 B 的摩尔分数。根据以上三式，若在 T 恒定下以组成为横坐标、压力为纵坐标作图，分压 p_A、p_B 及总压 p 与 x_B 均呈直线关系，这是理想液态混合物的特点。

甲苯(A)和苯(B)组成的系统可看作理想液态混合物，在 100 ℃时，$p_A^* = 74.17$ kPa，$p_B^* = 180.1$ kPa，代入以上三式，做蒸气压-液相组成图，可得三条直线，如图 6.3.1 所示。

图中，气相总压 p 与液相 x_B 之间的关系曲线称为液相线(p-x_B)。由液相线可以找出不同液相组成时的蒸气总压，或不同气相总压对应的液相组成。

根据在温度恒定下两相平衡时的自由度数 $F=2-2+1=1$，若选液相组成为独立变量，则不仅系统的压力为液相组成的函数，而且气相组成应为液相组成的函数。若以 y_A、y_B 表示气相中组分 A 和 B 的摩尔分数(图 6.3.2)，且蒸气为理想气体混合物，根据道尔顿分压定律，有

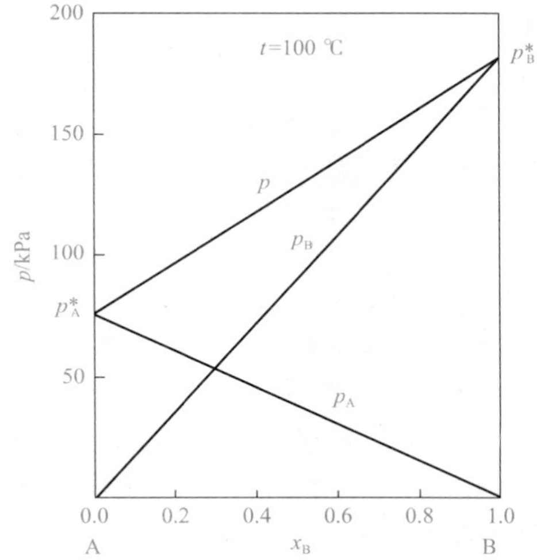

图 6.3.1 理想液态混合物甲苯(A)-苯(B)系统的蒸气压与液相组成关系

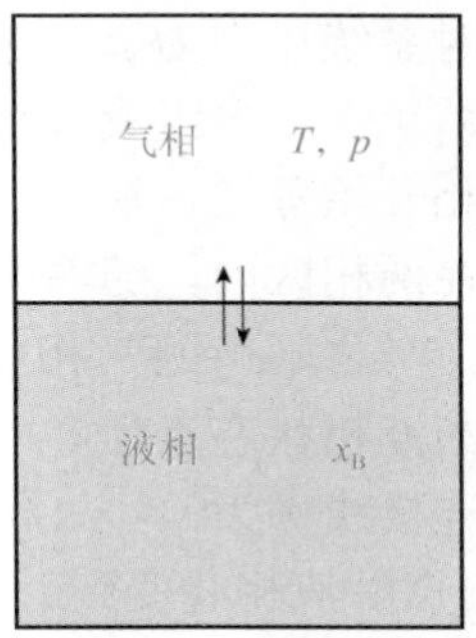

图 6.3.2 气液平衡示意

$$y_A=\frac{p_A}{p}=\frac{p_A^*(1-x_B)}{p_A^*+(p_B^*-p_A^*)x_B} \tag{6.3.4}$$

$$y_B=\frac{p_B}{p}=\frac{p_B^* x_B}{p_A^*+(p_B^*-p_A^*)x_B} \tag{6.3.5}$$

即在 T 一定时，每有一个液相组成 x_B，一定有一个与之平衡的气相组成 y_B。此时，若将气相组成也表示在同一张压力-组成图上，得到的 p-y_B 关系曲线称为气相线，如图 6.3.3 所示。

对于甲苯(A)-苯(B)系统，因 $p_A^*<p<p_B^*$，即$\frac{p_B^*}{p}>1$，故对易挥发组分苯(B)，有

$$y_B>x_B$$

即易挥发组分在气相中的组成 y_B 大于它在液相中的组成 x_B，而难挥发组分恰恰相反。此结论具有普遍性。

图 6.3.3 左上方的直线是液相线，右下方的曲线是气相线。因同一压力下，对易挥发组分 $y_B>x_B$，故气相组成要比液相组成接近纯 B。液相线以上的区域是液相区，气相线以下的区域是气相区，液相线与气相线之间的区域是气-液两相平衡共存区。由温度恒定下，$F=C-P+1$ 可知，在单相区内有两个自由度，压力和组成可以在一定范围内独立改变，也就是说，欲描述一个单相系统需同时指定系统的压力和组成。在气-液平衡两相区只有一个自由度，压力和气相组成、液相组成之间都有着依赖关系，如果指定了压力，平衡时的气相组成和液相组成也就随之而定。

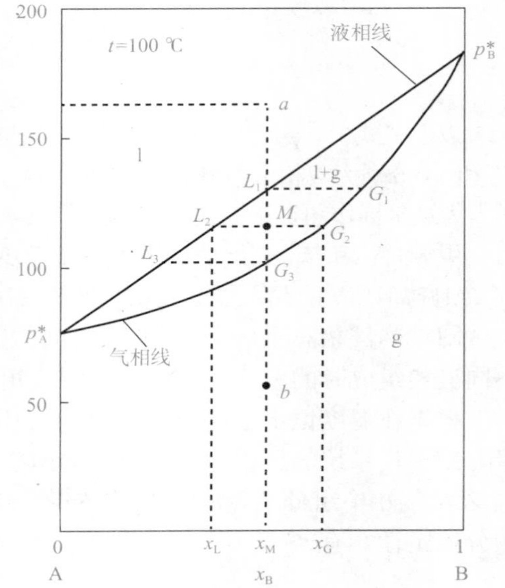

图 6.3.3 理想液态混合物甲苯(A)-苯(B)系统的压力-组成图

应用相图可以了解指定系统在外界条件改变时的相变情况。例如，我们讨论 A、B 两组分液态混合物恒温、减压过程的变化。在一个带活塞的导热气缸中盛有总组成为 x_B(M)(为简化起见写作 x_M)的 A、B 二组分系统，将气缸置于 100 ℃恒温槽中保持系统恒温。起始时系统压力为 p_a，系统的状态点相当于图 6.3.3 中液相区内的 a 点。当压力缓慢降低时，系统点沿恒组成线垂直向下移动，在到达 L_1 点之前一直是单一的液相。到达 L_1 点后，液相开始蒸发，最初形成的蒸气相的状态为图中的 G_1 点所示，系统进入气-液平衡两相区。在两相区内，随着压力继续降低，液相不断蒸发为蒸气，液相状态沿液相线向左下方移动，与之平衡的气相状态则相应地沿气相线向左下方移动。当系统点为 M 点时，两相平衡的液相状态点为 L_2 点，气相状态点为 G_2 点，L_2 点和 G_2 点都称为相点。两个平衡相点的连接线称为结线，例如 L_2G_2 线。由图可知，当系统点由 L_1 点移到 M 点时，液相点由 L_1 点沿液相线变到 L_2 点，同时气相点则由 G_1 点沿气相线变到 G_2 点。当压力继续降低，系统点到达 G_3 点时，液相全部蒸发为蒸气，最后消失的一滴液相的状态点为图中的 L_3 点。此后系统进入气相区，自 G_3 点至 b 点的过程为气相减压过程。

应当指出，在系统点由 L_1 点变化到 G_3 点的整个过程中，系统内部始终是气、液两相共存，但平衡两相的组成和两相的相对数量均随压力而改变。平衡两相相对数量的计算，可依据杠杆规则。

6.3.2 杠杆规则

以上述系统为例，当系统点在两相区中的 M 点(总组成为 x_M)时，若平衡的气相物质的量为 n_G，B 组分在气相的组成为 x_G；液相物质的量为 n_L，B 组分在液相的组成 x_L，则对 B 组分做物料衡算，有

$$x_M(n_L+n_G)=n_Gx_G+n_Lx_L$$

整理有

$$n_L(x_M-x_L)=n_G(x_G-x_M)$$

$$n_L\overline{L_2M}=n_G\overline{MG_2} \tag{6.3.6}$$

以上关系即为杠杆规则。结线 L_2G_2 好似一个以系统点 M 为支点的杠杆。两相点 L_2 和 G_2 为力点，分别悬挂着 n_L 和 n_G 的重物。

杠杆规则是根据物质守恒原理得出的，它具有普遍性。对于以质量分数代替摩尔分数的相图，则相应的线段之比等于质量之比。

结合杠杆规则，现将图 6.3.3 中两相区内两相的组成、量的变化情况以列表(表 6.3.1)形式予以总结。

表 6.3.1 两相区内两相的组成、量的变化情况

变量		两相区内恒温降压过程(L_1→G_3)	备注
组成	系统总组成	恒定不变，为 x_M	$x_M=\dfrac{n_B}{n_A+n_B}$
	液相组成 x_L	沿液相线由 L_1→L_2→L_3 减小	
	气相组成 x_G	沿气相线由 G_1→G_2→G_3 减小	
物质的量	系统总的物质的量	恒定不变	$n=n_L+n_G=n_A+n_B$
	液相物质的量 n_L	逐渐减少，直至全部消失	可根据杠杆规则计算 n_L 和 n_G
	气相物质的量 n_G	逐渐增多，直至全部为气相	

6.3.3 温度-组成图

在恒定压力下，表示二组分系统气-液平衡时温度 T 与组成 x_B 关系的相图，称为温度-组成图(T-x_B 图)。

T-x_B 图可通过实验测定气-液平衡时的 T 及气、液两相组成直接绘制。对理想液态混合物，若已知两个纯液体在不同温度下蒸气压的数据，也可通过计算获得其温度-组成图。下面以甲苯(A)-苯(B)系统为例予以介绍。

已知 101.325 kPa 下，纯甲苯和纯苯的沸点分别为 110.6 ℃和 80.11 ℃。将这两个值画在图 6.3.4 上，即 t_A^* 和 t_B^* 两点，甲苯-苯液态混合物的沸腾温度应介于两纯组分的沸点之间。若 101.325 kPa 下某一组成的混合物在温度 T'下沸腾，为了求得此温度下气-液平

衡时的气相组成 y_B' 及液相组成 x_B'，可计算如下：

由拉乌尔定律，有

$$\begin{aligned}101.325\ \text{kPa} &= p_A^*(1-x_B') + p_B^* x_B' \\ &= p_A^* + (p_B^* - p_A^*)x_B'\end{aligned}$$

整理得

$$x_B' = \frac{101.325\ \text{kPa} - p_A^*}{p_B^* - p_A^*} \tag{6.3.7}$$

又由道尔顿分压定律，有

$$y_B' = \frac{p_B}{p} = \frac{p_B^* x_B'}{101.325\ \text{kPa}} \tag{6.3.8}$$

可见，只要知道温度 T' 下两个纯组分的饱和蒸气压 p_A^* 和 p_B^*，则可利用式(6.3.7)求得平衡时的液相组成 x_B'，有了 x_B' 可由式(6.3.8)求得与之平衡的气相组成 y_B'，这样就获得了一组(T'，x_B'，y_B')数据。以此类推，可获得一系列不同温度下的气、液两相组成，然后将不同温度下的气相点和液相点画在图 6.3.4 上。连接各液相点构成液相线，连接各气相点构成气相线。气相线在液相线的右上方。这是因为易挥发组分苯在气相中的相对含量大于它在液相中的相对含量。两条线相交于 t_A^* 和 t_B^* 两点。液相线以下的区域为液相区，气相线以上的区域为气相区。液相线与气相线之间的区域为气－液两相平衡共存区。

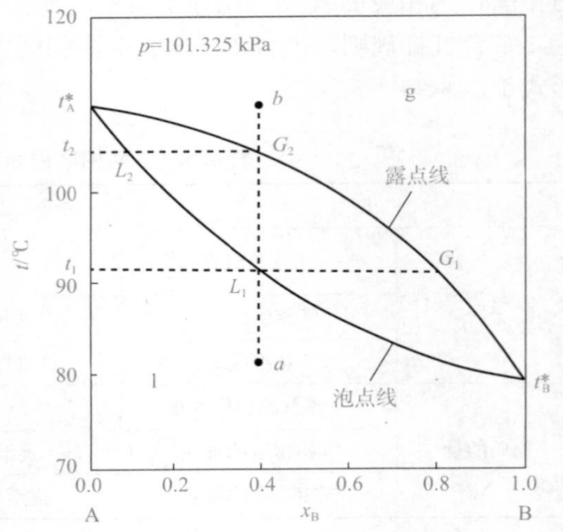

图 6.3.4　理想液态混合物甲苯(A)-苯(B)系统的温度-组成图

若将状态为 a 的液态混合物恒压升温，达到液相线上的 L_1 点(对应的温度为 t_1)时，液相开始起泡沸腾，t_1 称为该液相的泡点。液相线表示了液相组成与泡点的关系，所以也叫泡点线。若将状态为 b 的蒸气恒压降温，到达气相线上的 G_2 点(对应的温度为 t_2)时，气相开始凝结出露珠似的液滴，称为该气相的露点，气相线表示了气相组成与露点的关系，所以也叫露点线。液相 a 加热到泡点 t_1 产生的气泡的状态点为 G_1 点。对气相 b 进行分析，图 6.3.4 中状态为 b 的系统冷却至露点 t_2 析出的液滴的状态点为 L_2 点。

请自行分析图 6.3.4 中状态为 a 的系统在恒压下逐渐加热到 b 点时的变化。

6.4　二组分真实液态混合物的气-液平衡相图

可以看作理想液态混合物的系统是极少的，绝大多数二组分液态完全互溶系统是非理想的，被称为真实液态混合物。所谓非理想或真实液态混合物，是指其组分的蒸气压对拉乌尔定律产生偏差的系统。

若组分的蒸气压大于按拉乌尔定律计算的值，则称为正偏差；反之，则称为负偏差。通常，真实液态混合物中两种组分或均为正偏差，或均为负偏差。在某些情况下也可能一个(或两个)组分在某一组成范围内为正偏差，而在另一范围内为负偏差。

下面分别介绍压力-组成图(p-x 图)及温度-组成图(T-x 图)。

6.4.1 压力-组成图

根据实际蒸气总压对理想蒸气总压(拉乌尔定律计算值)偏差的情况，真实液态混合物可分为一般正偏差、一般负偏差、最大正偏差及最大负偏差四种类型。

1. 一般正偏差系统

若在全部组成范围内，实际蒸气总压实际比拉乌尔定律计算的蒸气总压 $p_{理想}$ 大，且均介于两个纯组分的饱和蒸气压之间，这样的系统即为一般正偏差系统。用公式描述，一般正偏差系统应同时满足如下两个条件：

$$\begin{cases} p_{实际} > p_{理想} \\ p^*_{难挥发} < p_{实际} < p^*_{易挥发} \end{cases} \quad (0<x<1)$$

如苯-丙酮系统，图 6.4.1 中下面两条虚线为按拉乌尔定律计算的两个组分的蒸气分压值，最上面一条虚线为按拉乌尔定律计算的蒸气总压值；图中三条实线各为相应的实验值(下面三个图中的虚线、实线意义与此相同)。

2. 一般负偏差系统

若在全部组成范围内，实际蒸气总压 $p_{实际}$ 比拉乌尔定律计算的蒸气总压 $p_{理想}$ 小，且均介于两个纯组分的饱和蒸气压之间，这样的系统即为一般负偏差系统。一般负偏差系统应同时满足如下两个条件：

$$\begin{cases} p_{实际} < p_{理想} \\ p^*_{难挥发} < p_{实际} < p^*_{易挥发} \end{cases} \quad (0<x<1)$$

氯仿-乙醚系统即为一般负偏差系统，如图 6.4.2 所示。

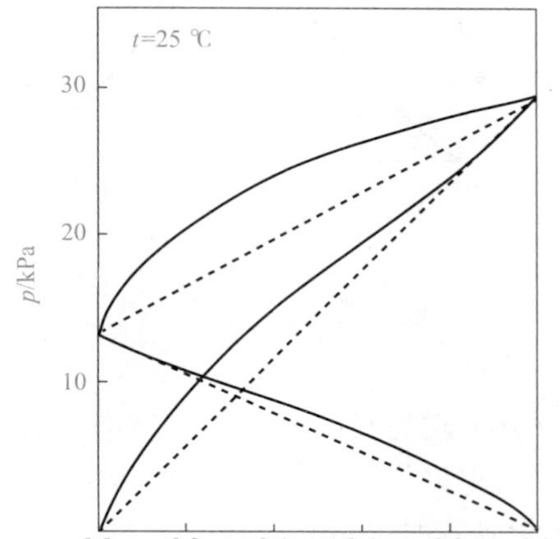

图 6.4.1 苯(A)-丙酮(B)系统的蒸气压与液相组成的关系(一般正偏差)

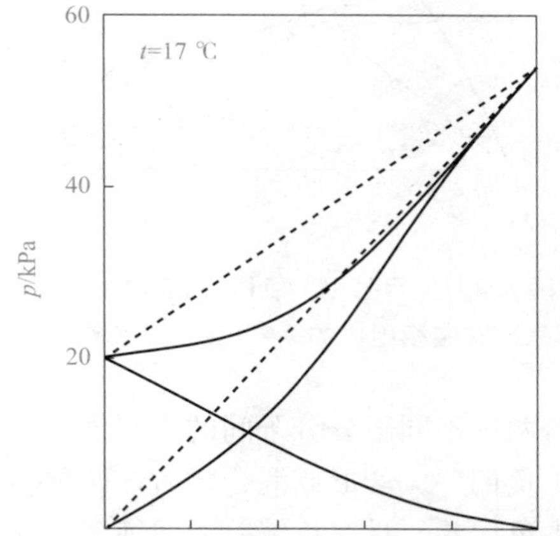

图 6.4.2 氯仿(A)-乙醚(B)系统的蒸气压与液相组成的关系(一般负偏差)

3. 最大正偏差系统

若实际蒸气总压 $p_{实际}$ 比拉乌尔定律计算的蒸气总压 $p_{理想}$ 大，且在某一组成范围内比易挥发组分的饱和蒸气压还大，即实际蒸气总压出现最大值，这样的系统称为最大正偏差系统。

甲醇-氯仿系统即为最大正偏差系统，如图 6.4.3 所示。

4. 最大负偏差系统

若实际蒸气总压 $p_{实际}$ 比拉乌尔定律计算的蒸气总压 $p_{理想}$ 小，且在某一组成范围内比难挥发组分的饱和蒸气压还小，即实际蒸气总压出现最小值，这样的系统称为最大负偏差系统。

氯仿-丙酮系统即出现最大负偏差，如图 6.4.4 所示。

根据分子运动论，液体分子要有足够的动能，使它能克服液体分子间相互吸引的势能，才会逸出液体表面而变成蒸气。这种分子占总分子数的分数决定了蒸气压的大小。因此，若两种不同组分分子间的吸引力小于各纯组分分子间的吸引力，形成液态混合物后，分子就容易逸出液面而产生正偏差。若纯组分有缔合作用，在形成混合物时发生解离，则因分子数增多而产生正偏差。具有正偏差系统的两纯液体在形成液态混合物时，常有吸热($\Delta_{mix}H>0$)及体积增大($\Delta_{mix}V>0$)现象。

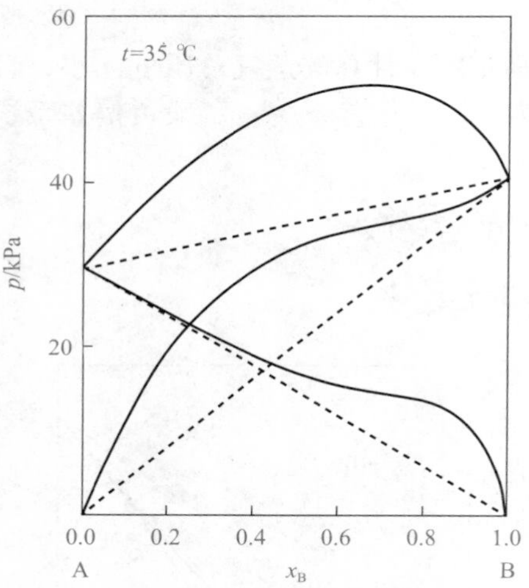

图 6.4.3 甲醇(A)-氯仿(B)系统的蒸气压与液相组成的关系(最大正偏差)

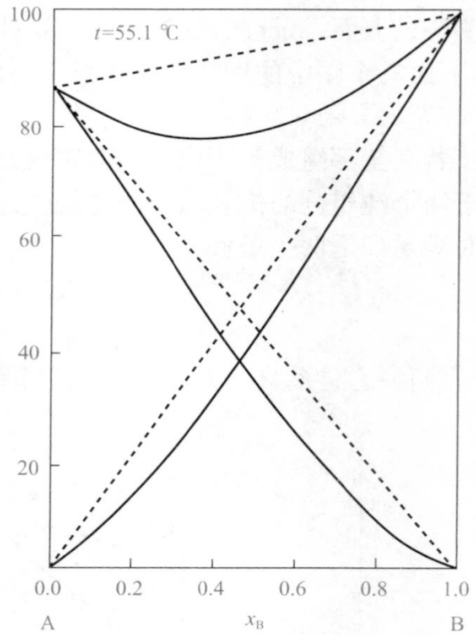

图 6.4.4 氯仿(A)-丙酮(B)系统的蒸气压与液相组成的关系(最大负偏差)

若两种不同组分分子间的吸引力大于各纯组分分子间的吸引力，形成液态混合物后，就产生负偏差。若形成混合物后，两种不同组分分子间能结合成缔合物，则因分子数减少而产生负偏差。具有负偏差的两纯液体在形成液态混合物时，常有放热($\Delta_{mix}H<0$)及体积缩小($\Delta_{mix}V<0$)现象。氯仿和丙酮分子间借氢键形成

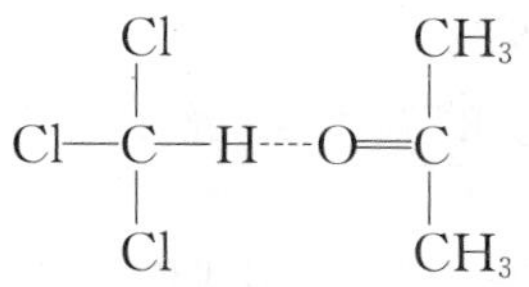

这就是产生负偏差的例子。

前面介绍的二组分真实液态混合物的压力-组成图中只画出了液相线(实际蒸气总压与液相组成关系线)，而完整的气-液平衡压力-组成图还应有气相线(实际蒸气总压与气相组成关系线)，且在压力-组成图中气相线总是位于液相线的下方。

一般正偏差和一般负偏差系统的压力-组成图与理想系统的压力-组成图(图 6.3.3)相似。主要的差别是液相线不是直线，而是略向上凸或下凹的曲线。

甲醇-氯仿系统具有最大正偏差，其压力-组成图如图 6.4.5 所示。此类系统的气相线也具有最高点，此点也就是液相线的最高点，液相线和气相线在最高点处相切。最高点将气-液两相区分成左、右两部分。在甲醇-氯仿系统中，甲醇是不易挥发的，氯仿是易挥发的。在最高点左侧，易挥发组分在气相中的含量(指相对含量，下同)大于它在液相中的含量；在右侧，易挥发组分在气相中的含量小于它在液相中的含量。

氯仿-丙酮系统具有最大负偏差，其压力-组成图如图 6.4.6 所示。这类系统液相线和气相线在最低点处相切。在氯仿-丙酮系统中，氯仿是不易挥发的，丙酮是易挥发的。最低点右侧，两相平衡时易挥发组分在气相中的含量大于它在液相中的含量；在左侧，易挥发组分在气相中的含量小于它在液相中的含量。

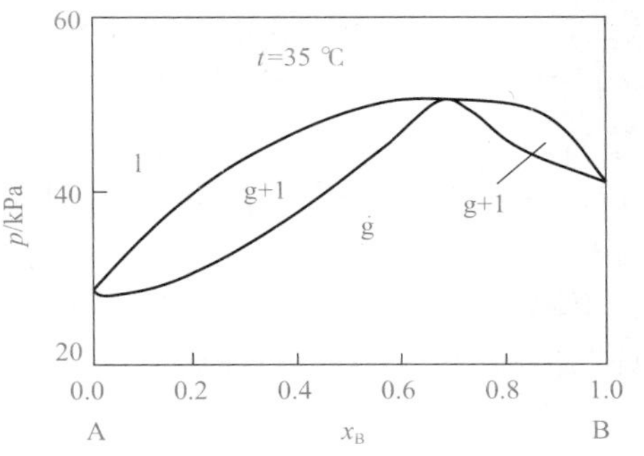

图 6.4.5 甲醇(A)-氯仿(B)系统的压力-组成图(最大正偏差)

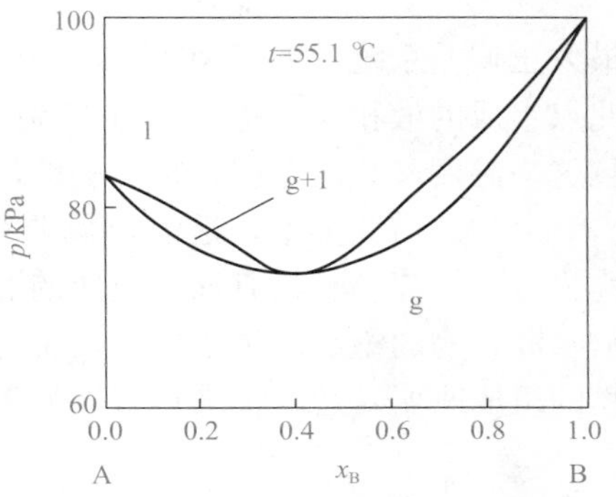

图 6.4.6 氯仿(A)-丙酮(B)系统的压力-组成图(最大负偏差)

以上两类系统的这些现象可以用柯诺瓦洛夫-吉布斯(Konovalov-Gibbs)定律说明：“假如在液态混合物中增加某组分后，蒸气总压增加(或在一定压力下液体的沸点下降)，则该组分在气相中的含量大于它在平衡液相中的含量。”“在压力-组成图(或温度-组成图)中的最高点或最低点上，液相和气相的组成相同。”这是柯诺瓦洛夫在大量实验的基础上总结出来的，吉布斯也从理论上证明得出相同的结论，故称柯诺瓦洛夫-吉布斯定律。

6.4.2 温度-组成图

在恒定压力下，实验测定一系列不同组成液体的沸腾温度及平衡时气、液两相的组成，即可作出该压力下的温度-组成图。

一般正偏差和一般负偏差系统的温度-组成图与理想系统的温度-组成图（图 6.3.4）类似。

甲醇-氯仿系统和氯仿-丙酮系统的温度-组成图分别如图 6.4.7 和图 6.4.8 所示。

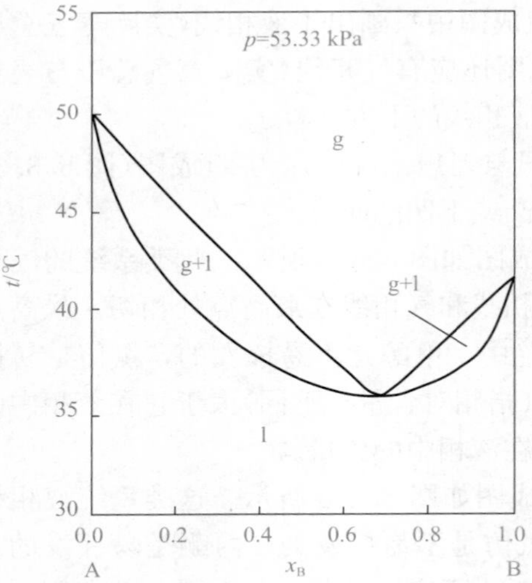

图 6.4.7　甲醇(A)-氯仿(B)系统温度-组成图(最大正偏差)

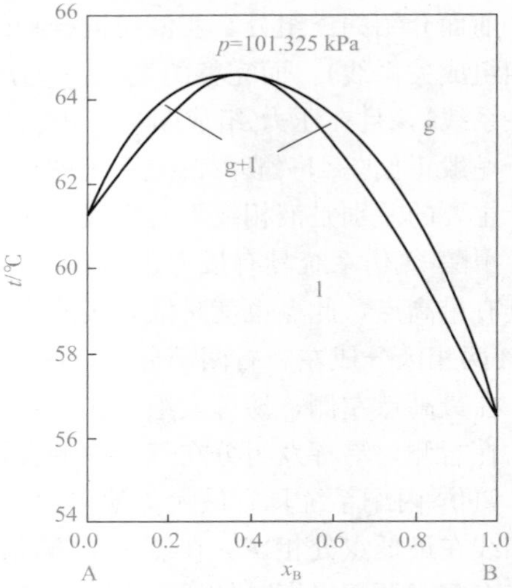

图 6.4.8　氯仿(A)-丙酮(B)系统温度-组成图(最大负偏差)

最大正偏差系统的温度-组成图上出现最低点，在此点气相线和液相线相切。由于对应于此点组成的液相在该指定压力下沸腾时产生的气相与液相组成相同，故沸腾时温度恒定，且这一温度又是液态混合物沸腾的最低温度，故称为最低恒沸点，该组成的混合物称为恒沸混合物。与此类似，最大负偏差系统的温度-组成图上出现最高点，该点所对应的温度称为最高恒沸点，具有该点组成的混合物也称为恒沸混合物。

恒沸混合物的组成取决于压力，压力一定，恒沸混合物的组成一定，压力改变，恒沸混合物的组成改变，甚至恒沸点可以消失。这证明恒沸混合物不是一种化合物。

6.4.3　小结

将二组分完全互溶系统的各种类型气-液平衡相图示意地绘于图 6.4.9，以资比较。图中第Ⅰ行为理想系统，第Ⅱ、Ⅲ、Ⅳ及Ⅴ行分别为具有一般正偏差、一般负偏差、最大正偏差及最大负偏差的真实系统。左边一列为压力-组成图，中间一列为温度-组成图，右边一列为温度恒定下的气相组成-液相组成图。右边一列图的纵坐标为气相组成 y，横坐标为液相组成 x，均从 0 到 1。图中左下至右上的对角线上的点表示气相和液相具有相同的组成。如果 y-x 线位于对角线上方，表示组分 B 在气相中的含量大于它在液相中的含量；如果y-x线位于对角线下方，表明组分 B 在气相中的含量小于它在液相中的含量。最大正偏差和最大负偏差系统的最高点与最低点，因气相组成与液相组成相同而位于对角线上，致使这两类系统的 y-x 线一部分位于对角线上方，一部分位于对角线下方。

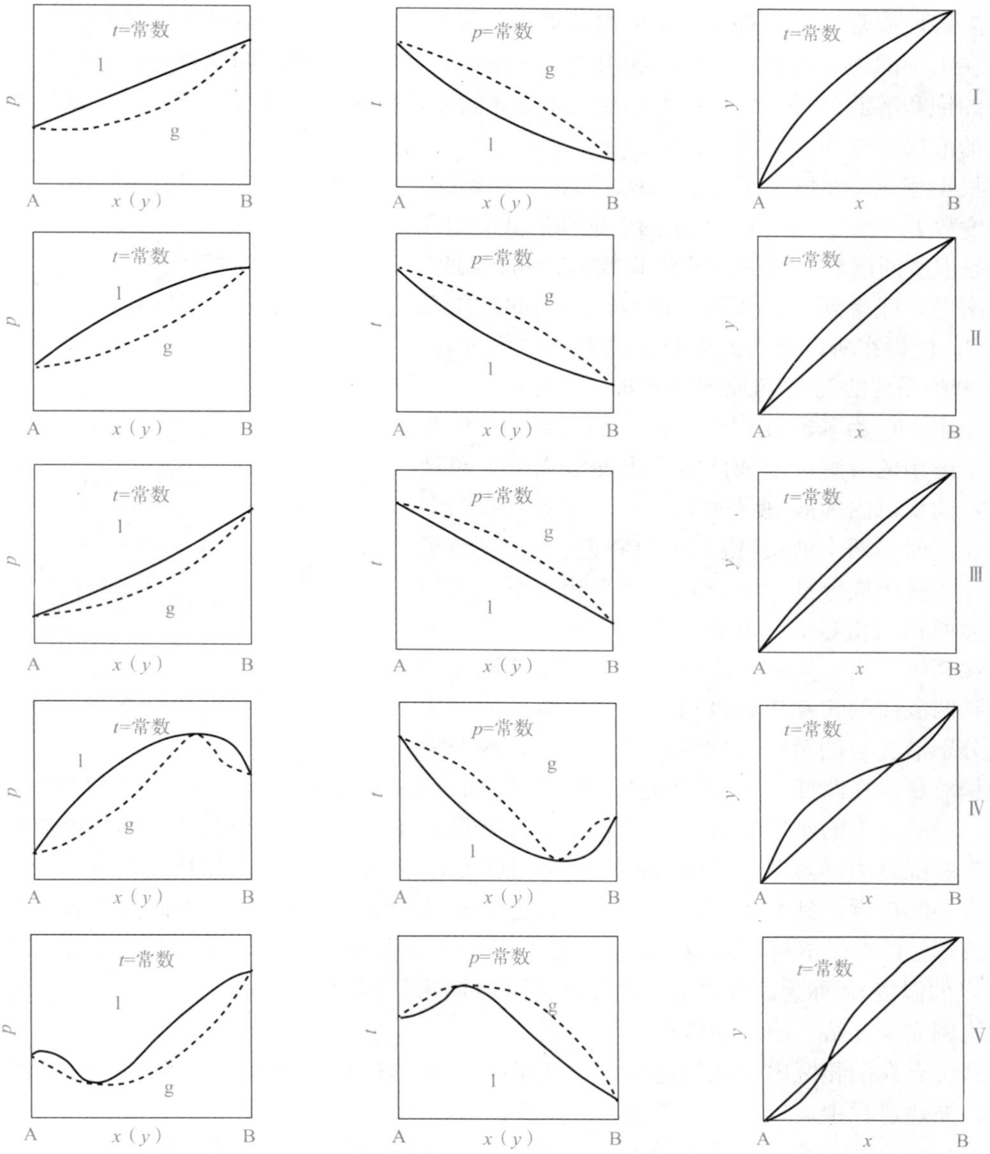

图 6.4.9　二组分完全互溶系统各种类型的 p-$x(y)$图、t-$x(y)$图、y-x 图

6.5　液态部分互溶及完全不互溶系统的气-液平衡相图

6.5.1　部分互溶液体的相互溶解度

两液体间相互溶解多少与它们的性质有关。当两液体性质相差较大时，它们只能相互

部分溶解，如常温下、将少量苯酚加入水中，苯酚可完全溶解。继续加入苯酚，可以得到苯酚在水中的饱和溶液。此后，如果再加入苯酚，系统就会出现两个液层：一层是苯酚在水中的饱和溶液(简称水层)；另一层是水在苯酚中的饱和溶液(简称苯酚层)。这两个平衡共存的液层，称为共轭溶液。

根据相律，在恒定压力下，液、液两相平衡时，自由度数 $F=2-2+1=1$。可见两个饱和溶液的组成均只是温度的函数。将测得的实验数据绘制在温度-组成图上，即得到两条溶解度曲线。如果此外压足够大①，使得在所讨论的温度范围内并不产生气相，则水-苯酚系统的温度-组成图如图 6.5.1 所示。

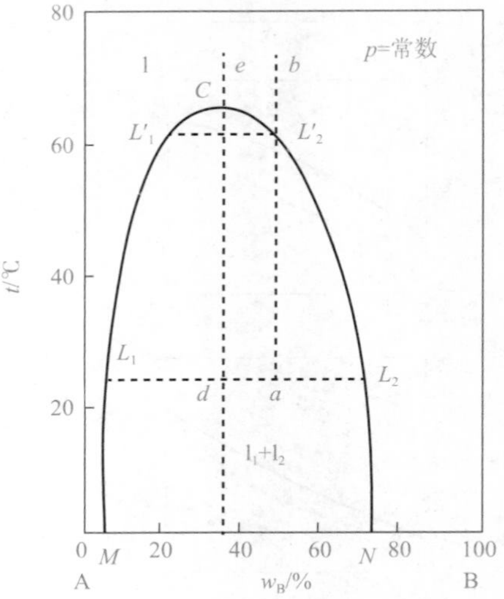

图 6.5.1　水(A)-苯酚(B)系统的温度-组成图

图中 MC 为苯酚在水中的溶解度曲线，NC 为水在苯酚中的溶解度曲线。溶解度曲线以外为单液相区，曲线以内为液-液平衡两相区。当系统点为图中的 a 点时，两个液相(饱和水层和饱和苯酚层)平衡共存，其组成分别为 L_1 和 L_2 两个相点对应的组成，而两相的相对量可根据杠杆规则计算。

在系统点由 a 点到 b 点的过程中，随着温度的升高，两液体的相互溶解度增加，共轭溶液的两个相点分别沿各自的溶解度曲线改变，同时，两个液层的相对量也在改变。苯酚层的量逐渐增多，水层的量逐渐减少。系统点为 L_2'点时水层消失，最后消失的水层组成如 L_1'点所示。温度再升高，直至 b 点成为均匀的一个液相。

当系统点为 d 点时，共轭溶液的两个相点为 L_1 点和 L_2 点。在加热过程中，共轭溶液的组成逐渐接近。到 C 点时，两相的组成完全相同，因此两液层间的界面消失而成均匀的一个液相。C 点是溶解度曲线 MCN 的极大点，C 点称为高临界会溶点或高会溶点。相应于 C 点的温度 t_C 称为高临界会溶温度或高会溶温度，当温度高于 t_C 时，苯酚和水可以按任意比例完全互溶，成均匀液相。

系统点在两相区内 de 线右侧(如 a 点)时，在加热过程中，水层先消失；在 de 线左侧时，在加热过程中，苯酚层先消失。

具有高会溶点的系统除水-苯酚外，常见的还有水-苯胺、正己烷-硝基苯、水-正丁醇等系统。

有时，温度提高反使两液体相互溶解度降低。例如，水-三乙基胺系统，在 18 ℃以下能以任意比例完全互溶，但在 18 ℃以上只能部分互溶，成为两个共轭溶液。18 ℃是这两个液体的会溶温度，这样的系统具有低临界会溶点或低会溶点。

有时，两液体具有两个会溶温度。例如水-烟碱系统，在 60.8 ℃以下完全互溶，在 208 ℃以上也完全互溶，但在这两个温度之间部分互溶。这样的系统具有封闭式的溶解度曲线，有高会溶点和低会溶点两个会溶点。

苯-硫系统，在 163 ℃以下部分互溶，在 226 ℃以上也部分互溶，但在这两个温度之

① 压力对两种液体的相互溶解度影响不大，通常不予考虑。

间完全互溶。此类系统的低会溶点位于高会溶点的上方。

6.5.2 共轭溶液的饱和蒸气压

在某恒定温度下，将适量的共轭溶液置于一真空容器中，溶液蒸发的结果，使系统内呈气、液、液三相平衡。根据相律，二组分三相平衡时自由度数 $F=C-P+2=2-3+2=1$，表明系统的温度一定时，两液相组成、气相组成和系统的压力均为定值。系统的压力，既为这一液层的饱和蒸气压，又为另一液层的饱和蒸气压。换句话说，气相既与这一液相成平衡，又与另一液相成平衡，因为这两个液层也是平衡的。

按气、液、液三相组成的关系，可将部分互溶系统分为两类：一类是气相组成介于两液相组成之间；另一类是一个液相组成介于气相组成和另一个液相组成之间。

如果在共轭溶液的饱和蒸气压下，对气-液-液三相平衡系统加热，则将有液体蒸发。由于压力恒定时，$F=2-3+1=0$，可见这时系统的温度及三个相的组成均不改变，因此，由杠杆规则可知，蒸发过程对前一类系统是两共轭溶液按一定比例转化为气相；后一类系统是组成居中间的液相按一定比例一部分蒸发为气相而其余部分转化为另一液相。这一区别导致存在着两类不同的温度-组成图。

6.5.3 部分互溶系统的温度-组成图

1. 气相组成介于两液相组成之间的系统

在适当压力下，水-正丁醇系统的相互溶解度曲线具有高会溶点。在 101.325 kPa 下将共轭溶液加热到 92 ℃时，溶液的饱和蒸气压等于外压，于是出现气相，此气相组成介于两液相组成之间，系统的温度-组成图如图 6.5.2 所示。

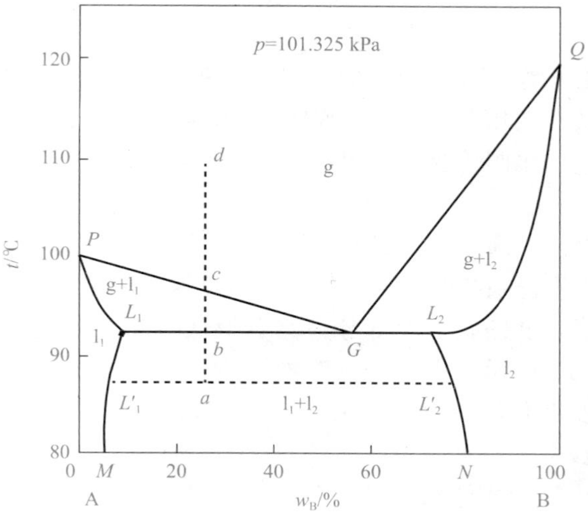

图 6.5.2 水(A)-正丁醇(B)系统的温度-组成图

图中 P、Q 两点分别为水和正丁醇的沸点，L_1、L_2 和 G 点分别为三相平衡时正丁醇在水中的饱和溶液、水在正丁醇中的饱和溶液和饱和蒸气三个相点。L_1M 线和 L_2N 线为两液体的相互溶解度曲线。PL_1 线和 QL_2 线均是气-液平衡的液相线。PL_1 线表示正丁醇溶于水所形成溶液的沸点与其组成的关系，PG 线为与 PL_1 线相对应的气相线，表示水溶于正丁醇所形成溶液的沸点与其组成的关系，QG 线为与 QL_2 线相对应的气相线。

PGQ 以上为气相区，PL_1M 以左为正丁醇在水中的溶液(l_1)单相区，QL_2N 以右为水在正丁醇中的溶液(l_2)单相区，PL_1GP 内为气-液(l_1)两相区，QL_2GQ 内为气-液(l_2)两相区，ML_1L_2N 以下为液(l_1)-液(l_2)两相区。

下面讨论系统的总组成在 L_1 点与 L_2 点所对应的组成之间、温度低于该两点所对应温度的样品在加热过程的相变。a 点表示两个共轭溶液 L_1' 和 L_2' 平衡共存。将样品加热，系统点由 a 移向 b 时，两个共轭溶液的相点由 L_1' 点、L_2' 点分别沿线 ML_1、NL_2 移向 L_1 点、L_2 点。当系统到达 b 点所对应的温度时，两个液相(相点分别是 L_1 及 L_2)同时沸腾产生与之成平衡的气相(相点为 G)，

$$l_1 + l_2 \underset{\text{冷却}}{\overset{\text{加热}}{\rightleftharpoons}} g$$

即发生的相变而成三相共存，该温度称为共沸温度。根据相律，$F=2-3+1=0$，即恒定压力下共沸温度及三个平衡相的组成均不能任意变动，故在图上是三个确定的点 L_1、G 及 L_2。连接这三个相点的直线称为三相平衡线(简称三相线)，系统点位于三相线上时，即出现三相平衡共存①。加热时只要三相平衡共存，温度及三个相的组成都不会改变，但三个相的数量在改变：状态 L_1 和 L_2 的两个液相量按线段长度 GL_2 与 L_1G 的比例蒸发成状态 G 的气相。因系统点 b 位于 G 点左侧 L_1G 线段上，故蒸发的结果是组成为 l_2 的液相先消失而使系统成为组成为 l_1 的液相及气相 g。液相 l_2 的消失使系统成为两相共存，故再加热时，系统的温度升高而进入气-液(l_1)两相区。系统点在 b 与 c 之间时，皆为气、液两相共存，至 c 点液相全部蒸发为气相，c 点至 d 点为单一气相的升温过程。

若系统的总组成在 G 点与 L_2 点所对应的组成之间，在加热至共沸温度时，因系统点位于 GL_2 线段上，故蒸发的结果是组成为 l_1 的液相先消失，进入气-液(l_2)两相区，最后进入气相区。

若系统的总组成恰好等于 G 点所对应的组成，在加热过程中，刚到达共沸温度尚未产生气相时，系统内两共轭液相 l_1 的量、l_2 的量之比等于线段长度 GL_2 与 L_1G 之比，共沸时，两液相也正是按这一比例转变为气相 g，因此，系统点离开三相线时是两液相同时消失而成为单一的气相。

若压力增大，两液体的沸点及共沸温度均升高，相当于图 6.5.2 的上半部向上适当移动。若压力足够大，则不论系统的组成如何，其泡点均高于会溶温度，这时系统相图的下半部分为液体的相互溶解度图，上半部分为具有最低恒沸点的气-液平衡相图，相当于两个图的组合，如图 6.5.3 所示。由于压力对液-液平衡的影响很小，故在压力改变时，液体的相互溶解度曲线改变不大。

2. 气相组成位于两液相组成的同一侧的系统

部分互溶系统的另一类温度-组成图是气、液、液三相平衡时气相点位于三相平衡线的一端，如图 6.5.4 所示。

---

① 通常将 L_1GL_2 线称为三相线，表明三相平衡时三个相的状态点分别为 L_1、G 及 L_2。只有系统点位于 L_1 和 L_2 之间时系统内才呈三相平衡。若系统点正好位于 L_1 点(或 L_2 点)，系统内只存在着单一的 l_1 相(或单一的 l_2 相)，并不存在着 l_2 相和 g 相(或 l_1 相和 g 相)。

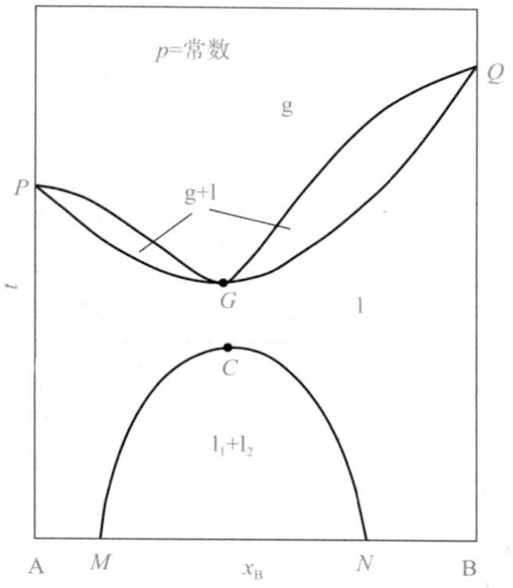

图 6.5.3　水(A)-正丁醇(B)类型系统的泡点高于会溶温度时的温度-组成图

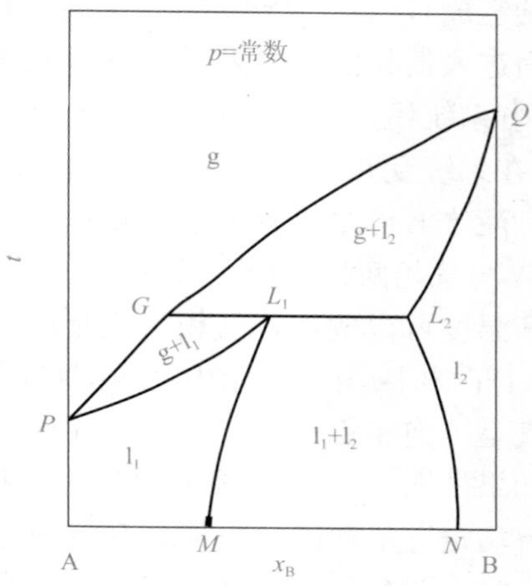

图 6.5.4　另一类部分互溶系统的温度-组成图

六个相区的相平衡关系已于图中注明，七条线所代表的物理意义与水-正丁醇系统的相类似，所不同的是在三相平衡共存下加热时，是状态为 l_1 的液相按线段 L_1L_2 和线段 GL_1 的比例转变为状态为 g 的气相和状态为 l_2 的另一液相，即发生的相变化为

$$l_1 \underset{冷却}{\overset{加热}{\rightleftharpoons}} g + l_2$$

6.5.4　完全不互溶系统的温度-组成图

当两种液体的性质相差极大时，它们之间的相互溶解度非常小，甚至测量不出来，此时可说这两种液体完全不互溶。水和一些有机液体形成的系统就属于这一类。

在一定温度下，纯液体 A、B 各有自己确定的饱和蒸气压 p_A、p_B，两不互溶液体共存时系统的蒸气压应为这两种纯液体饱和蒸气压之和，即 $p=p_A+p_B$。若某一温度下 p 等于外压，则两液体同时沸腾，这一温度被称为共沸点。可见，在同样外压下，两液体的共沸点低于两纯液体各自的沸点。例如，在 101.325 kPa 外压下，水的沸点为 100 ℃，氯苯的沸点为 130 ℃，水和氯苯的共沸点为 91 ℃。

完全不互溶系统的温度-组成图如图 6.5.5 所示。四个区域的相平衡关系已于图中注明。根据恒定压力下，液体 A、液体 B 及气相成三相平衡时 $F=2-3+1=0$，可知共沸点为定值。不论系统总组成如何，只要这三相共存，平衡时的温度及三相的组成即不变。由分压定律可知气相组成为 $y_B=\dfrac{p_B^*}{p}=\dfrac{p_B^*}{p_A^*+p_B^*}$。$L_1L_2$ 线为三相线，L_1 点、L_2 点为平衡时两液相点，G 点为气相点。

在共沸点，两液相受热转变为气相时，有

$$A(l)+B(l) \underset{冷却}{\overset{加热}{\rightleftharpoons}} g$$

液体 A 和液体 B 的物质的量是按线段 GL_2 和线段 L_1G 之比转变的。如果系统中两液体的量正好是这一比例(相当于图 6.5.5 中 G 点所对应的组成)，系统受热离开三相线时是两液相同时消失而进入气相区。如果系统中两液体的量大于这一比例(系统组成相当于图中 G 点所对应组成的左侧)，在系统受热离开三相线时，由于液体 A 的量较多、液体 B 的量较少，故是液体 B 先行消失而成液体 A 与气相两相平衡，因 $F=2-2+1=1$，故两相平衡温度可以改变，气相组成是温度的函数。在 g+A(l) 两相区内，气相中 A 的蒸气是饱和的，B 的蒸气是不饱和的。

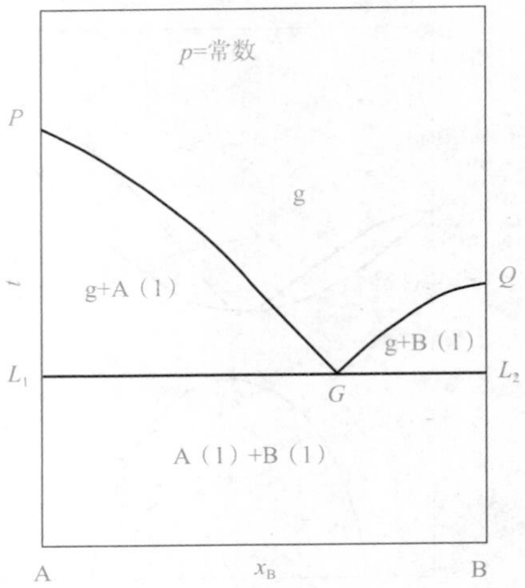

图 6.5.5　完全不互溶系统的温度-组成图

如果把图 6.5.2 和图 6.5.5 对比来看，对两者的理解均是有帮助的。当部分互溶液体的相互溶解度减小时，图 6.5.2 中的 L_1M 线向左靠、L_2N 线向右靠，同时 PL_1 线、QL_2 线也分别向左、右靠。当两液体完全不互溶时，图 6.5.2 即成为图 6.5.5。

利用共沸点低于每一种纯液体沸点这个原理，可以把不溶于水的高沸点的液体和水一起蒸馏，使两液体在略低于水的沸点下共沸，以保证高沸点液体不致因温度过高而分解，达到提纯的目的。馏出物经冷却成为该液体和水，由于两者不互溶，所以很容易分开。这种方法称为水蒸气蒸馏。

6.6　二组分固态不互溶固-液平衡相图及相图分析

如前所述，压力对仅由液相和固相构成的凝聚系统的相平衡关系影响很小，通常不予考虑，因此，在常压下测定的凝聚系统的温度-组成图均不注明压力。讨论这类相图时使用的相律形式为 $F=C-P+1$。

和二组分气-液相图相比，二组分凝聚系统相图，除几种简单的类型以外，一般均较复杂，有的甚至非常复杂。这是因为两组分不仅液态时可能部分互溶、固态时可能有晶型转变，而且它们之间可以生成一种或多种化合物。

本书中只介绍几种最典型的二组分凝聚系统相图，即液态完全互溶、固态完全不互溶或完全互溶或部分互溶系统相图，以及生成化合物系统相图。习题中给出一些稍复杂的相图。在掌握这些相图的基础上，原则上即可看懂一般的相图。至于更复杂的相图，可参考有关相图的专著。

本节只介绍液态完全互溶、固态完全不互溶系统的相图，以及绘制凝聚系统相图的方法——热分析法和溶解度法。

6.6.1　相图的分析

液态完全互溶而固态完全不互溶的二组分液-固平衡相图是二组分凝聚系统相图中最

简单的。这类相图如图 6.6.1 所示。

图中 P 点为组分 A 的凝固点，Q 点为组分 B 的凝固点。PL 线表示析出固体 A 的温度(凝固点)与液相组成的关系，由于 B 的加入使 A 的凝固点降低，且凝固点是液相组成的函数，故称 PL 线为 A 的凝固点降低曲线。PL 线表示的是固体 A 与液相两相平衡时系统的温度与液相组成的关系，所以也可以将 PL 线理解为固体 A 的溶解度曲线。同理，QL 线为 B 的凝固点降低曲线，或固体 B 的溶解度曲线。PL 线和 QL 线以上的区域是单一液相区，$F=2$。

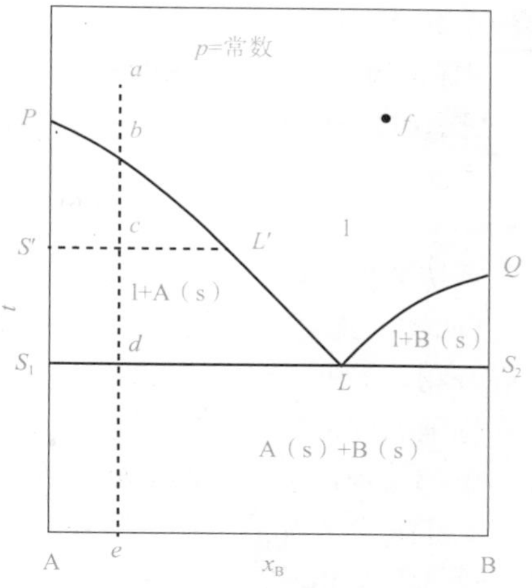

图 6.6.1　固态不互溶系统相图

L 点是 PL 线和 QL 线的交点，故状态为 L 的液相对固体 A 和固体 B 均达到饱和，因此该液相在冷却时即按一定比例同时析出状态为 S_1 的固体 A 和状态为 S_2 的固体 B：

$$\mathrm{l} \underset{\text{加热}}{\overset{\text{冷却}}{\rightleftharpoons}} \mathrm{A(s)+B(s)}$$

这时三相共存，S_1S_2 线称为三相线。根据相律 $F=2-3+1=0$，它是一个无变量系统，温度和三个相的组成都保持不变，只有冷却到液相 l 完全凝固后，温度才下降。液相 l 完全凝结后形成的固体 A 和固体 B 的两种固相的机械混合物(其总组成即液相 l 的组成)在加热到该温度时可以熔化。因此，该温度是液相能够存在的最低温度，也是固相 A 和固相 B 能够同时熔化的最低温度。此温度称为低共熔点，该两相固体混合物称为低共熔混合物。

PL 线和 S_1L 线之间的区域是固体 A 和液相的两相区，QL 和 LS_2 线之间的区域是固体 B 和液相的两相区，S_1S_2 线以下的区域是固体 A 和固体 B 的两相区。根据相律，在这三个两相区内 $F=2-2+1=1$，可选温度作为独立变量。

在系统的总组成不变的情况下，系统点为 a 的液相不断冷却时的相变化：冷却过程系统点沿垂直线 ae 移动。在 ab 段是液相降温过程。到达 b 点，纯固体 A 开始由液相中析出。在 bd 段，是温度不断降低、固体 A 不断析出的过程，由于固体 A 的析出，与之平衡的液相中 A 的含量逐渐减少，液相中 B 的相对量不断增加，因而液相点相应地沿 bL 改变，固体 A 的量逐渐增多，液相量逐渐减少，两相的量可以用杠杆规则计算。例如系统点为 c 时，固相点为 S'，液相点为 L'，固相 S' 的量与液相 L' 的量之比为线段 cL' 与线段 $S'c$ 之比。刚刚冷却到低共熔点时，系统点为 d，此时液相点刚好到达 L 点。继续冷却，液相 l 不断凝固成低共熔混合物，即固体 A 和固体 B 同时析出，系统内三相共存，温度不降低，系统点仍为 d 点。冷却到液相 l 刚好消失时，系统点仍为 d 点，两个固相点分别为 S_1 及 S_2。再继续冷却，系统点离开 d 点，de 段是固体 A 和固体 B 的降温过程。此固体混合物是由原先(在 bd 段)析出的固体 A 与低共熔混合物构成，低共熔混合物中的固体 A 与原析出的固体 A 是一个相，低共熔混合物中的固体 B 是另一个相。

应当指出，固态低共熔混合物虽为 A 和 B 两种固体构成，但因它是由液态低共熔混合物 l 同时析出的两种小晶体，与以前析出的固体 A 相比，十分细小，以至于在普通显微镜下，其晶相显得十分均匀，因而固态低共熔混合物加热到低共熔点时，其中的 A 和 B 两种小晶体才能够同时熔化。按杠杆规则，如图 6.6.1 所示，系统点冷却至 d 点，液相消失后，所有固态混合物中，低共熔混合物与此前析出的固体 A 的量之比等于线段 S_1d 与线段 dL 之比。这一比值也就是在 d 点时未凝固的液态低共熔混合物 l 与固体 A 的量之比。

系统点为 f 的液相，在总组成不变的情况下冷却时的相变和上述情况类似，读者自行分析。

系统的低共熔性质常常被利用。如在冶金工业中，一些常见的氧化物熔点远高于炼钢温度(如纯 CaO 熔点为 2 570 ℃)，但当加入助熔剂 CaF_2(萤石)后，由于两者能形成低共熔混合物，而低共熔温度(低于 1 400 ℃)远低于各自纯组分的熔点，因而可使高熔点氧化物在炼钢温度下熔化，且能改善炉渣流动性能。另外，用作焊接、保险丝等的易熔合金等，也都是利用了合金的低共熔性质。

固态完全不互溶的系统有铋和镉、锗和锑、水和氯化铵、水和硫酸铵等。

凝聚系统相图是由实验数据绘制的，根据实验方法的不同可分为热分析法和溶解度法等。

6.6.2 热分析法

热分析法是绘制相图常用的基本方法。其原理是根据系统在冷却过程中，温度随时间的变化情况来判断系统中是否发生了相变。通常的做法是先将样品加热成液态，然后令其缓慢而均匀地冷却，记录冷却过程中系统在不同时刻的温度数据，再以温度为纵坐标，时间为横坐标，绘制成温度-时间曲线，即冷却曲线(或称为步冷曲线)。由若干条组成不同的系统的冷却曲线就可以绘制出相图。

以 Bi-Cd 系统为例，根据实验数据绘出的冷却曲线如图 6.6.2(a)所示。

图 6.6.2(a)中的 a 线是纯 Bi[w(Cd)＝0]的冷却曲线。aa_1 段相当于液体 Bi 的冷却，温度均匀下降。冷却到 Bi 的凝固点(熔点)273 ℃时，有固体 Bi 开始从液相中析出，这时相当于 a_1 点。因冷却速度缓慢，故可认为系统中液-固两相平衡。根据相律 $F=1-2+1=0$，故在液体凝固的过程中，温度保持不变，因而冷却曲线在 273 ℃时出现水平段 a_1a_1'；从热平衡角度看，这是因为冷却散热等于液体凝固时所放出的热，故系统的温度保持不变。到达 a_1'点，液体 Bi 消失，系统成为单一固相，此后随着冷却进行，温度不断下降。

e 线是纯 Cd[w(Cd)＝1]的冷却曲线，其形状与 a 线相似，水平段 e_1e_1'所对应的温度 323 ℃是 Cd 的凝固点(熔点)。

b 线是 w(Cd)＝0.2 的 Bi-Cd 混合物的冷却曲线。液相混合物冷却时温度均匀下降，相当于 bb_1 段。到达 b_1 点时，固体纯 Bi 开始从液相中析出。根据相律，两相共存时，$F=2-2+1=1$，说明随着固体 Bi 的析出，温度仍不断下降，同时与固体 Bi 成平衡的液相的组成也随温度而改变。但由于固体 Bi 的析出，放出了凝固热，使降温速率变慢，因而冷却曲线的斜率变小，于是在此点出现转折。继续冷却，固体 Bi 不断析出，与之平衡的液相中 Cd 的含量不断增加，温度不断下降。到达 b_2 点时，液相不仅对固体 Bi，而且对固体 Cd 达到饱和，因此在冷却过程固相 Cd 也同时析出，使系统呈三相平衡。根据相律，$F=2-3+1=0$，说明此后在冷却时，只要有液相存在，温度不再改变，出现水平线段 b_2b_2'，同时液相组成也不变。只有当液相全部凝固而消失后，$F=2-2+1=1$，温度才又继续下降，这相当于 b_2' 点，b_2' 点以后是固体 Bi 和固体 Cd 的降温过程。b_2b_2' 段析出的固体 Bi 和固体 Cd 的混合物是低共熔混合物，此时的温度即是低共熔温度。

d 线是 $w(\mathrm{Cd})=0.68$ 的 Bi-Cd 混合物的冷却曲线。与 b 线类似，d 线上有一个转折点 d_1 和一个水平线段 d_2d_2'，d_1 点开始析出固体 Cd，d_2 点开始析出低共熔混合物，d_2' 点液相消失。d_2d_2' 段所对应的温度是低共熔温度。

c 线是 $w(\mathrm{Cd})=0.4$ 的 Bi-Cd 混合物的冷却曲线，cc_1 段相当于液相混合物的冷却。由于这一混合物的组成正好是低共熔混合物的组成，所以液相开始凝固时即同时析出固体 Cd 和固体 Bi。这时相当于曲线上的 c_1 点。只要液相没有完全凝固，在三相共存时 $F=0$，温度不降低，而出现 c_1c_1' 水平线段。到 c_1' 点液相消失，以后系统的温度又可以改变，这就是固体 Bi 和固体 Cd 的低共熔混合物的降温。这条冷却曲线的形状和纯物质的相似，没有转折点，只有均匀下降。

将上述五条冷却曲线中转折点、水平段的温度及相应的系统组成描绘在温度-组成图上，得出图 6.6.2(b)中的 a_1、b_1、b_2、c_1、d_1、d_2 及 e_1 点。连接 a_1、b_1、c_1 三点构成的 a_1c_1 线是 Bi 的凝固点降低曲线；连接 e_1、d_1、c_1 三点所构成的 e_1c_1 线是 Cd 的凝固点降低曲线；通过 b_2、c_1、d_2 三点的 a_2e_2 水平线是三相平衡线。

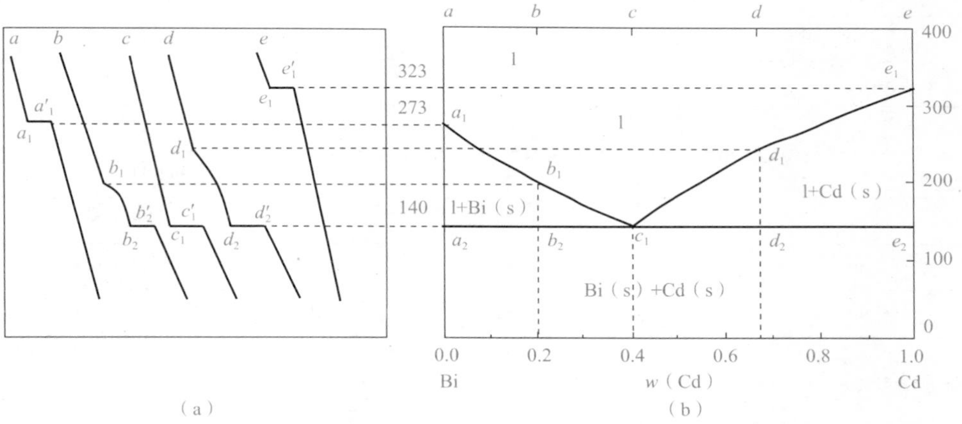

图 6.6.2 Bi-Cd 系统的冷却曲线与相图

(a)Bi-Cd 系统的冷却曲线；(b)Bi-Cd 系统的相图

图中注明各相区的稳定相，于是绘得 Bi-Cd 系统的相图。

6.6.3 溶解度法

在温度不是很高时常采用溶解度法绘制相图。水-盐类系统的相图常采用这种方法。以不生成水合物的 H_2O-$(NH_4)_2SO_4$ 系统为例加以说明。

若冷却一个 $(NH_4)_2SO_4$ 质量分数小于 39.75%的水溶液，则将在低于 0 ℃的某温度下开始有冰析出。溶液中盐的浓度较大时，开始析出冰的温度就较低。$(NH_4)_2SO_4$ 质量分数大于 39.75%的水溶液，在冷却到 $(NH_4)_2SO_4$ 达到饱和温度时，将有固体 $(NH_4)_2SO_4$ 析出，这是因为 $(NH_4)_2SO_4$ 在水中的溶解度随温度的降低而减小。溶液中盐的浓度越大，开始析出固体 $(NH_4)_2SO_4$ 的温度也越高。溶液中 $(NH_4)_2SO_4$ 的质量分数若等于 39.75%，在冷却到-18.50 ℃时，冰和固体$(NH_4)_2SO_4$ 同时析出。-18.50 ℃是 H_2O-$(NH_4)_2SO_4$ 系统中液相能够存在的最低温度。

理论上，测出不同温度下与固相成平衡的溶液的组成，即可绘出相图。H_2O-$(NH_4)_2SO_4$ 系统的有关数据见表 6.6.1。

表 6.6.1　不同温度下 H_2O-$(NH_4)_2SO_4$ 系统的液-固平衡数据

t/℃	平衡时液相组成 $w[(NH_4)_2SO_4]$/%	平衡时的固相
−1.99	6.52	冰
−5.28	17.10	冰
−10.15	28.97	冰
−13.99	34.47	冰
−18.50	39.75	冰＋$(NH_4)_2SO_4$
0	41.22	$(NH_4)_2SO_4$
10	42.11	$(NH_4)_2SO_4$
20	43.00	$(NH_4)_2SO_4$
30	43.87	$(NH_4)_2SO_4$
40	44.80	$(NH_4)_2SO_4$
50	45.75	$(NH_4)_2SO_4$
60	46.64	$(NH_4)_2SO_4$
70	47.54	$(NH_4)_2SO_4$
80	48.47	$(NH_4)_2SO_4$
90	49.44	$(NH_4)_2SO_4$
100	50.42	$(NH_4)_2SO_4$
108.5	51.53	$(NH_4)_2SO_4$

根据此表的数据绘出 H_2O-$(NH_4)_2SO_4$ 系统的相图，如图 6.6.3 所示。图中 P 点是水的凝固点，PL 线是水的凝固点降低曲线，LQ 线是$(NH_4)_2SO_4$ 的溶解度曲线，Q 点是在压力 101.325 kPa 下$(NH_4)_2SO_4$ 饱和溶液可能存在的最高温度，如果温度再高，液相就要消失而成为水蒸气和固体$(NH_4)_2SO_4$，但如果增大外压，线还可向上延长。状态为 L 点的溶液在冷却时析出的低共熔混合物冰和固体$(NH_4)_2SO_4$ 又称为低熔冰盐合晶。L 点所对应的温度即低共熔点，通过 L 点的 S_1S_2 水平线是三相线。各个相区的稳定相已于图中注明。

水-盐系统相图可应用于结晶法分离盐类。例如，欲从$(NH_4)_2SO_4$ 的质量分数为 30% 的水溶液中获得纯$(NH_4)_2SO_4$ 晶体，由图可知，单凭冷却是不可能的，因为冷却过程中将首先析出冰，冷却到-18.50 ℃时，固体盐与冰同时析出。故应先将溶液蒸发浓缩，使溶液中$(NH_4)_2SO_4$ 的质量分数大于 39.75%(图中 L 点所对应的组成)，再将浓缩后的溶液冷却，并控制温度使略高于-18.50 ℃，则可获得纯$(NH_4)_2SO_4$ 晶体。

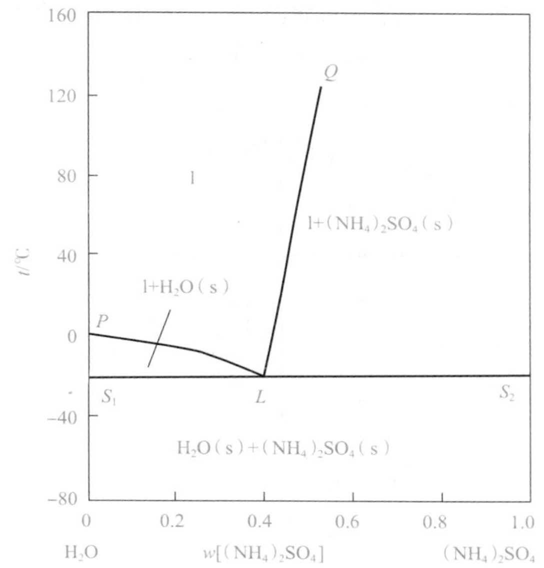

图 6.6.3 H_2O-$(NH_4)_2SO_4$ 系统相图

6.7 生成化合物的二组分凝聚系统相图

若两种物质之间能发生化学反应而生成化合物(第三种物质)，根据组分数的概念 $C=S-R-R'=3-1=2$，仍为二组分系统。当系统中这两种物质的数量之比正好使之全部形成化合物后，则除有一化学反应外，还有一浓度限制条件，于是 $C=S-R-R'=3-1-1=1$，而成为单组分系统。

下面根据所生成化合物的稳定性，分两类情况加以讨论。

6.7.1 生成稳定化合物系统

将熔化后液相组成与固相组成相同的固体化合物称为稳定化合物。稳定化合物具有相合熔点。生成稳定化合物系统中最简单的是两物质之间只能生成一种化合物，且这种化合物与两物质在固态时完全不互溶。

以苯酚(A)-苯胺(B)系统为例。苯酚的熔点为 40 ℃，苯胺的熔点为−6 ℃，两者生成分子比为 1∶1 的化合物 $C_6H_5OH \cdot C_6H_5NH_2$(C)，其熔点为 31 ℃。此系统的液-固平衡相图如图 6.7.1 所示。

此相图可以看成由两个相图组合而成：一个是 A-C 系统相图；另一个是 C-B 系统相图。两个相图均是具有低共熔点的固态不互溶系统相图。

Mg-Si 系统也属于这种类型。Mg 与 Si 可形成组成为 Mg_2Si 的稳定化合物。与 Mg 和 Si 在固态时完全不互溶。

有时，两个物质还有可能生成两种或两种以上的稳定化合物。H_2O 和 H_2SO_4 即生成三个化合物，如图 6.7.2 所示。此图可看成由四个简单低共熔混合物相图组合而成。

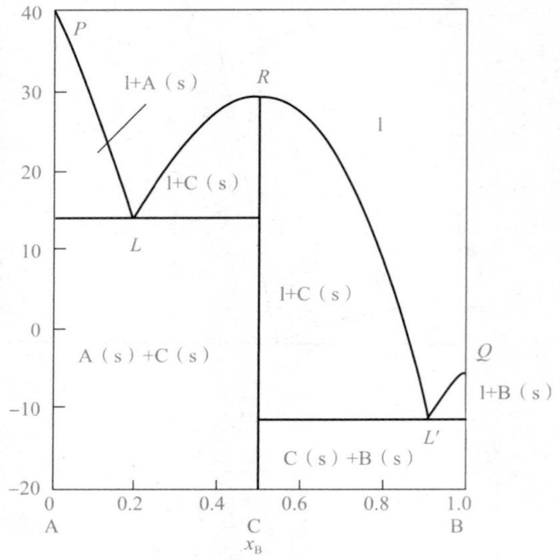

图 6.7.1　苯酚(A)-苯胺(B)系统相图

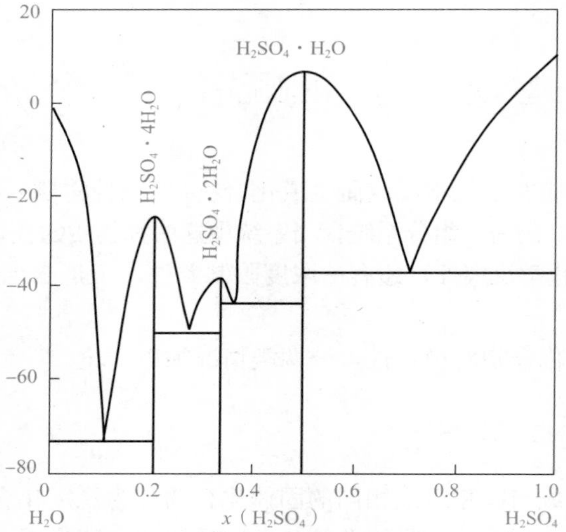

图 6.7.2　H_2O-H_2SO_4 系统相图

6.7.2　生成不稳定化合物系统

有时两个组分 A 与 B 所生成的化合物只能在固态中存在，而不能在液态中存在。将这种化合物加热到某一温度熔化时，它分解成一种液体及另一种固体物质，这种化合物称为不稳定化合物。显然，生成的液体的组成不同于原不稳定化合物的组成。不稳定化合物具有不相合熔点。

生成不稳定化合物系统中最简单的系统是两种物质 A 和 B 只生成一种不稳定化合物 C，且 C 与 A、C 与 B 均在固态时完全不互溶，其相图如图 6.7.3(a)所示。

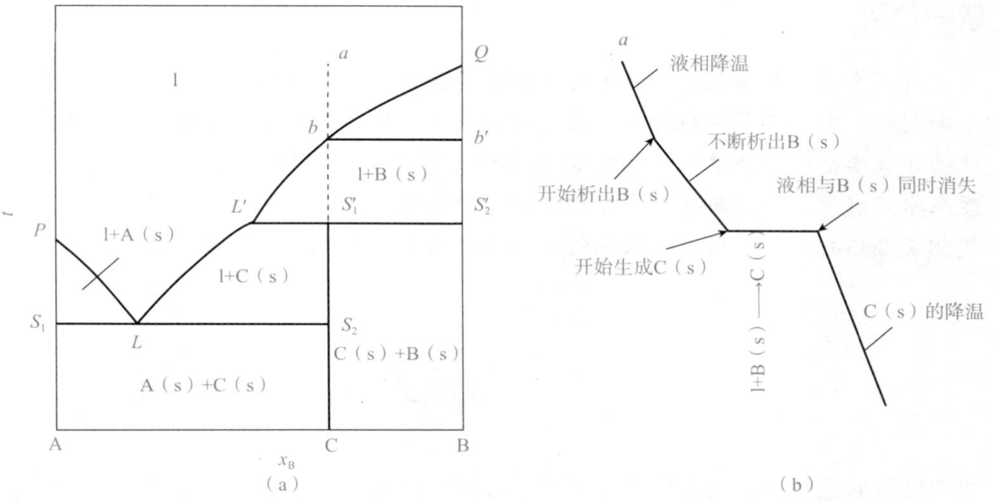

图 6.7.3　生成不稳定化合物系统相图及冷却曲线

将固体化合物 C 加热，系统点由 C 垂直向上移动，达到相应于 S_1'点所对应的温度时，化合物分解成固体 B 和溶液，即

$$C(s)\underset{\text{冷却}}{\overset{\text{加热}}{\rightleftharpoons}}l+B(s)$$

固相点为 S_2'，液相点为 L'。化合物 C 分解生成的固相 B 的量与液相量之比符合杠杆规则，即等于 $L'S_1'$线段长度与 $S_1'S_2'$线段长度之比。分解所对应的温度称为不相合熔点或转熔温度。在此温度下，三相平衡，自由度为零，系统的温度和各个相的组成都不改变。加热到固体化合物全部分解后，温度才开始上升。再继续加热，不断有固体 B 熔化进入溶液，使溶液中 B 的含量增加，液相点沿线移动，固相点相应地沿 $S_2'b'$线移动。系统点到达 b 点时，固相 B 全部熔化而消失，b 点也即是液相点，此液相的组成与原来化合物 C 的组成相同。以后是液相的升温过程。

图中系统点为 a 的样品的冷却曲线如图 6.7.3(b) 所示。此样品在冷却过程中的相变与前面分析的化合物 C 在加热过程中的相变正好相反。

这一类系统的实例有 SiO_2-Al_2O_3(生成不稳定化合物 $2Al_2O_3 \cdot 2SiO_2$)，$AgNO_3$-AgCl(生成不稳定化合物 $AgNO_3 \cdot AgCl$)，$CuCl_2$-KCl(生成不稳定化合物 $CuCl_2 \cdot 2KCl$)等。

水-盐系统中的 H_2O-NaCl 也属于这一类。不稳定化合物二水合氯化钠 $NaCl \cdot 2H_2O$(C)在液化时分解，系统相图如图 6.7.4 所示。相图是在加压下绘制的，由于 NaCl 的熔点很高，盐的溶解度曲线不可能与右侧纵坐标轴相交。有些盐与水可以生成几种不同的水合晶体，这些水-盐系统相图中就有几种不稳定化合物。

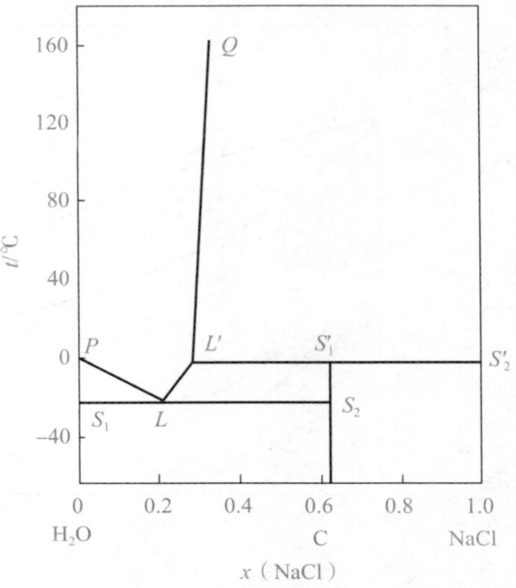

图 6.7.4　H_2O-NaCl 系统相图

小知识

在没有制冷设备的冬天快速制冰时，常用雪和食盐的混合物提高制冰速度，如果单独用雪冷却制冷，由于雪花颗粒之间存在大量的空气，使得雪与待制冷容器之间接触面积很小，热传导效率很低。合适比例的雪盐混合物可以在－20 ℃左右融化，融化后，液体不但温度在冰点以下，而且与待制冷容器接触面积很大，热传导效率高。另外，雪盐融化时发生的相变潜热的吸热作用使得吸热的速率远远高于雪的热传导制冷速率。

6.8 二组分固态互溶系统固-液平衡相图

两种物质形成的液态混合物冷却凝固后，若两物质形成以分子、原子或离子大小相互均匀混合的一种固相，则称此固相为固态混合物(固溶体)或固态溶液。

当两种物质具有同种晶型，分子、原子或离子大小相近，一种物质晶体中的这些粒子可以被另一种物质的相应粒子以任何比例取代时，即能形成固态完全互溶系统。

若两种物质 A 和 B 在液态时完全互溶，固态时 A 在 B 中溶解形成一种固态溶液，在一定温度下有一定的溶解度；B 在 A 中溶解形成另一种固态溶液，在同一温度下另有一定的溶解度。两固态饱和溶液即共轭溶液平衡共存时为两种固相，这样的系统属于固态部分互溶系统。固态溶液中溶质的粒子若是填入溶剂晶体结构的空隙中，则形成填隙型固态溶液；若是代替了溶剂晶体的相应粒子，则形成取代型固态溶液。

6.8.1 固态完全互溶系统

以 Sb-Bi 系统为例。Sb 和 Bi 两个组分在液态和固态都能完全互溶，此系统的液-固平衡相图如图 6.8.1 所示。此图与二组分液态混合物在恒压下的气-液平衡相图具有相似的形状。

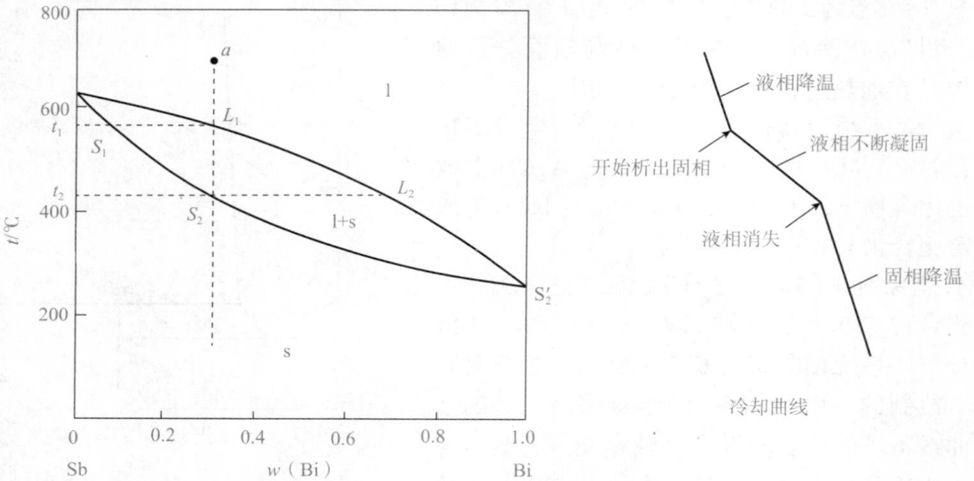

图 6.8.1 Sb-Bi 系统相图及冷却曲线

图 6.8.1 中上面的一条线表示液态混合物的凝固点与其组成的关系曲线，称为液相线或凝固点曲线；下面的一条线表示固态混合物的熔点与其组成的关系曲线，称为固相线或熔点曲线。液相线以上的区域为液相区，固相线以下的区域为固相区，液相线和固相线之间的区域为液相与固相两相平衡共存区。

将状态点为 a 的液态混合物冷却降温到温度 t_1 时，系统点到达液相线上的 L_1 点，便有固相析出，此固相不是纯物质，而是固态混合物(固溶体)，其相点为 S_1。继续冷却，温度从 t_1 降到 t_2 的过程中，不断有固相析出，液相点沿液相线自 L_1 点变至 L_2 点，固相点相应地沿固相线由 S_1 点变至 S_2 点。在 t_2 温度下系统点与固相点重合为 S_2，液相消失，系统完全凝固，最后消失的一滴液相组成为 L_2。此样品的冷却曲线绘于图 6.8.1 的右半边。

上述过程要求冷却速度很慢，以保证在凝固过程中整个固相在任何时候都能和液相尽量达到平衡。如果冷却过快，则仅固相表面和液相平衡，固相内部来不及变化，在液相点由 L_1 变到 L_2 的过程中，将析出一连串不同组成的固相层，而出现固相变化滞后的现象，可以在 t_2 以下的某温度范围内仍存在液相不完全凝固的现象。

属于这种类型的系统还有 Ag-Au、Cu-Pd 等。

这类相图的特点是固态混合物的熔点介于两纯组分的熔点之间。

此外，二组分固态完全互溶系统液-固相图还有具有最低共熔点和具有最高共熔点两种类型，如图 6.8.2 和图 6.8.3 所示。这两类相图分别与具有最低恒沸点和具有最高恒沸点的二组分系统气-液平衡的温度-组成图有着类似的形状。

具有最低共熔点的系统稍多，如 Cs-K、K-Rb 等；具有最高共熔点的系统较少。

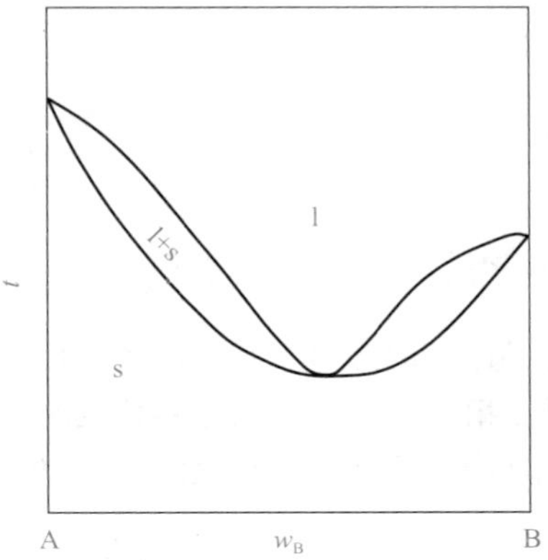

图 6.8.2　具有最低共熔点的二组分固态完全互溶系统的液-固相图

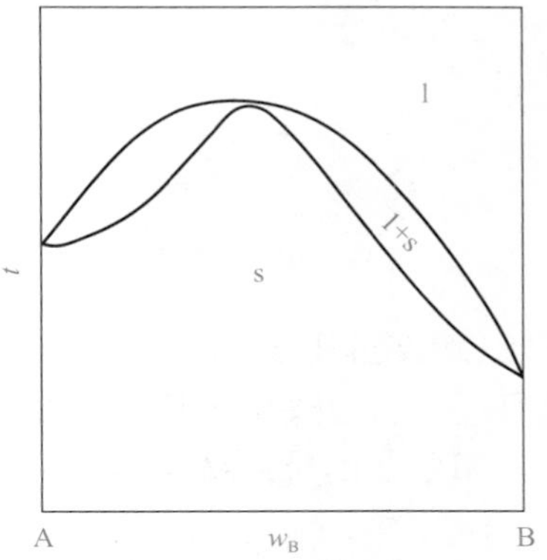

图 6.8.3　具有最高共熔点的二组分固态完全互溶系统的液-固相图

6.8.2　固态部分互溶系统

二组分液态完全互溶、固态部分互溶系统的相图可分为两类。

1. 系统有一低共熔点

这类相图如图 6.8.4 所示。它与二组分液态部分互溶系统的气-液平衡的相图相似。六个相区的平衡相已于图中注明，其中 α 代表 B 溶于 A 中的固态溶液，β 代表 A 溶于 B 中的固态溶液。S_1S_2 为三相线，液、固(α)、固(β)三相共存，三个相点分别为 L、S_1 和 S_2，其所对应的温度为低共熔点。

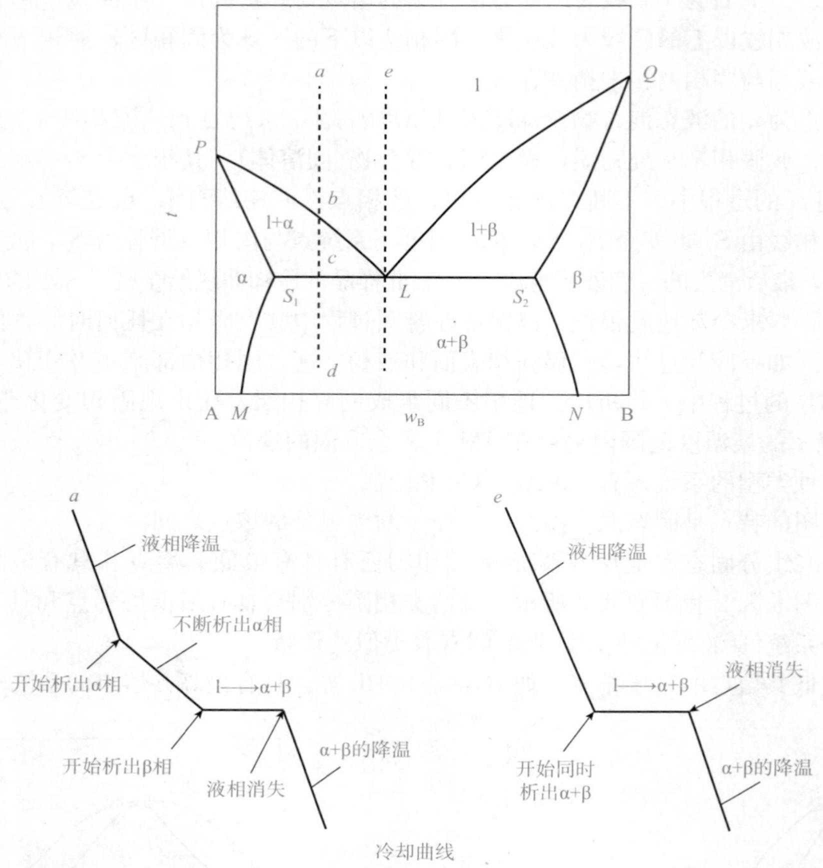

图 6.8.4　具有低共熔点的二组分固态部分互溶系统相图及冷却曲线

系统总组成介于 S_1 和 S_2 点所对应的组成之间，样品冷却时通过三相线。系统点为 a 的样品冷却到 b 点时，开始析出固态溶液 α，bc 段不断析出 α 相。刚刚冷却到低共熔点时，固相点为 S_1，液相点为 L，再冷却，温度不变，液相 l 即按比例同时析出 α 相及 β 相而呈三相平衡：

$$\mathrm{l} \underset{加热}{\overset{冷却}{\rightleftharpoons}} \alpha + \beta$$

两个固相点分别为 S_1 和 S_2，系统点为 c。待液相全部凝固成 α 相及 β 相后，系统点离开 c 点。cd 段是两共轭固态溶液的降温过程，由于固体 A 和 B 的相互溶解度与温度有关，在降温过程中两固态溶液的浓度及两相的量均要发生相应的变化。系统点为 e 的样品冷却到低共熔点时，系统由一个液相变成液、固(α)、固(β)三相共存，液相消失后，也是两共轭固态溶液的降温。这两个样品的冷却曲线如图 6.8.4 所示①。

属于这类系统的实例有 Sn-Pb、Ag-Cu、Cd-Zn 等。

---

①　前面说明，图 6.8.4 中 S_1 点、S_2 点，均只代表一个相，故当样品冷却，系统点通过 S_1 点或通过 S_2 点时，因不出现三相平衡，这时冷却曲线不会出现水平线段。这点请读者注意。

2. 系统有一转变温度

这类相图如图 6.8.5 所示。以系统点 a 的冷却过程为例。ab 段为液态混合物的降温过程，到达 b 点开始析出固态溶液 β。bc 段不断析出 β 相，温度不断降低，液相组成及 β 相组成随温度降低相应地改变。到 c 点，液相点为 L，β 相点为 S_2。再冷却，即发生相变：

$$\mathrm{l}+\beta \underset{\text{加热}}{\overset{\text{冷却}}{\rightleftharpoons}} \alpha$$

状态点为 L 的液相与状态点为 S_2 的 β 相的量按 S_1S_2 与 LS_1 线段长度的比例转变为状态点 S_1 的固态溶液 α 相。这时系统呈三相平衡，$F=0$，温度不再改变，此温度称为转变温度。液相消失后，剩余的 β 相与转变成的 α 相呈两相平衡。cd 段为两共轭固态溶液的降温过程，两相的组成随温度变化。冷却曲线如图 6.8.5 所示。

若样品的组成介于 L 与 S_1 点所对应的组量之间，在转变温度时也呈三相平衡，但温度低于转变温度时，将是状态点为 S_2 的 β 相消失，而系统进入液相与 α 相两相区。

这类相图中，$w_B < w_B(S_1)$ 的 α 相的熔点低于转变温度，$w_B > w_B(S_2)$ 的 β 相的熔点高于转变温度。

属于这类系统的实例有 Pt-W、AgCl-LiCl 等。

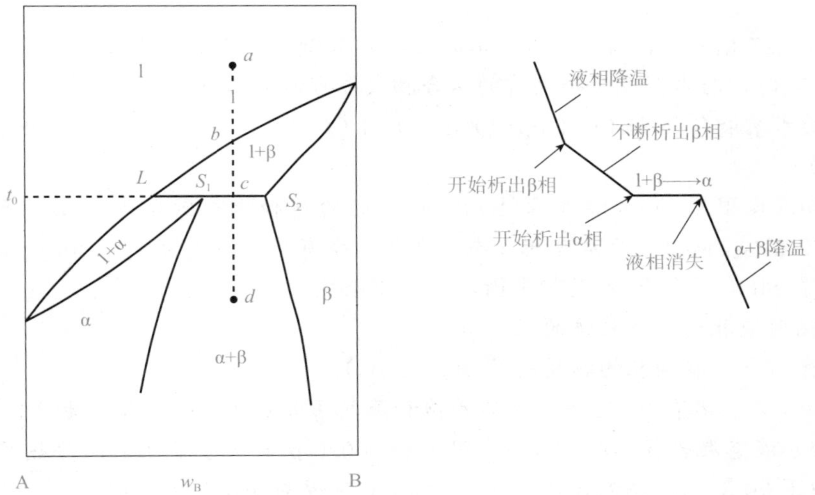

图 6.8.5　具有转变温度的二组分固态部分互溶系统相图及冷却曲线

本章小结

相平衡是化工生产中精馏、结晶、萃取等单元操作的理论基础。本章主要内容是介绍相律、单组分系统、二组分系统(气-液、液-固)及三组分系统相图。

单组分系统中，本章主要介绍了水、硫单组分系统的 p-T 相图，用克拉佩龙方程分析了两相平衡线的变化规律，分析了水的三相点与冰点的差别及其原因。

二组分系统相图是本章重点，主要介绍了气-液平衡相图和液-固平衡相图。气-液平衡相图依据液态互溶情况分成了液态完全互溶(理想液态混合物、真实液态混合物)、液态部分互溶及液态完全不互溶系统三种情况，分别给出了典型的 p-x 图、T-x 图。对液-固平衡系统相图，只讨论了 T-x 相图，其形状与气-液平衡的 T-x 相图类似。此外，还介绍了液-固相图的绘制方法：热分析法(适用金属相图)及溶解度法(适用水-盐系统)。利用相图可分析不同 T、p、x 下的相变情况。在分析两相区内的相变情况时，可用杠杆规则确定两相的量。

习题

1. 指出下列平衡系统中的组分数 C、相数 P 及自由度数 F。

(1)$I_2(s)$与其蒸气呈平衡。

(2)$MgCO_3(s)$与其分解产物 $MgO(s)$和 $CO_2(g)$呈平衡。

(3)$NH_4Cl(s)$放入一抽空的容器中，与其分解产物 $NH_3(g)$和 $HCl(g)$呈平衡。

(4)任意量的 $NH_3(g)$和 $H_2S(g)$与 $NH_4HS(s)$呈平衡。

(5)过量的 $NH_4HCO_3(s)$与其分解产物 $NH_3(g)$、$H_2O(g)$和 $CO(g)$呈平衡。

(6)$I_2(s)$作为溶质在两不互溶液体 H_2O 和 CCl_4 中达到分配平衡(凝聚系统)。

2. 常见的 $Na_2CO_3(s)$水合物有 $Na_2CO_3 \cdot H_2O(s)$、$Na_2CO_3 \cdot 7H_2O(s)$和 $Na_2CO_3 \cdot 10H_2O(s)$。

(1)101.325 kPa 下，与 Na_2CO_3 水溶液及冰平衡共存的水合物最多能有几种？

(2)20 ℃时，与水蒸气平衡共存的水合物最多可能有几种？

3. 醋酸水溶液包含 H_2O、CH_3COOH、CH_3COO^-、OH^-和 H^+ 5 个组分，为何其为二组分系统？

4. 已知液体甲苯(A)和液体苯(B)在 90 ℃时的饱和蒸气压分别为 $p_A^*=54.22$ kPa 和 $p_B^*=136.12$ kPa。两者可形成理想液态混合物。今有系统组成为 $x_{B,0}=0.3$ 的甲苯-苯混合物 5 mol，在 90 ℃下呈气-液两相平衡，若气相组成 $y_B=0.455\ 6$，求：

(1)平衡时液相组成及系统的压力 p。

(2)平衡时气、液两相的物质的量 $n(g)$、$n(l)$。

5. 已知甲苯、苯在 90 ℃下纯液体的饱和蒸气压分别为 54.22 kPa 和 136.12 kPa。两者可形成理想液态混合物。取 200.0 g 甲苯和 200.0 g 苯置于带活塞的导热容器中，始态为一定压力下 90 ℃的液态混合物。在恒温 90 ℃下逐渐降低压力，问：

(1)压力降到多少时，开始产生气相？此气相的组成如何？

(2)压力降到多少时，液相开始消失？最后一滴液相的组成如何？

(3)压力为 92.00 kPa 时，系统内气-液两相平衡，两相的组成如何？两相的物质的量各为多少？

6. 101.325 kPa 下水(A)-醋酸(B)系统的气-液平衡数据见表 6.1。

表 6.1　6 题表

t/℃	100	102.1	104.4	107.5	113.8	118.1
x_B	0	0.300	0.500	0.700	0.900	1.000
y_B	0	0.185	0.374	0.575	0.833	1.000

(1)画出气-液平衡时的温度-组成图。

(2)从图上找出组成为 $x_B=0.800$ 的液相的泡点。

(3)从图上找出组成为 $y_B=0.800$ 的气相的露点。

(4)105.0 ℃时气-液平衡两相的组成是多少?

(5)9 kg 水与 30 kg 醋酸组成的系统在 105.0 ℃达到平衡时，气、液两相的质量各为多少?

7. 已知水-苯酚系统在 30 ℃液-液平衡时共轭溶液的组成 $w_{苯酚}$：L_1(苯酚溶于水)，8.75%；L_2(水溶于苯酚)，69.9%。

(1)在 30 ℃，100 g 苯酚和 200 g 水形成的系统达液-液平衡时，两液相的质量各为多少?

(2)在上述系统中若再加入 100 g 苯酚，又达到相平衡时，两液相的质量各变到多少?

8. 水-异丁醇系统液相部分互溶(参见图 6.5.4)。在 101.325 kPa 下，系统的共沸点为 89.7 ℃。气(g)、液(l_1)、液(l_2)三相平衡时的组成 $w_{异丁醇}$ 依次为 70.0%、8.7%、85.0%。今由 350 g 水和 150 g 异丁醇形成的系统在 101.325 kPa 压力下由室温加热，问：

(1)温度刚要达到共沸点时，系统处于相平衡时存在哪些相? 其质量各为多少?

(2)当温度由共沸点刚有上升趋势时，系统处于相平衡时存在哪些相? 其质量各为多少?

9. 恒压下二组分液态部分互溶系统气-液平衡的温度-组成图如图 6.1 所示，指出四个区域内平衡的相及自由度数。

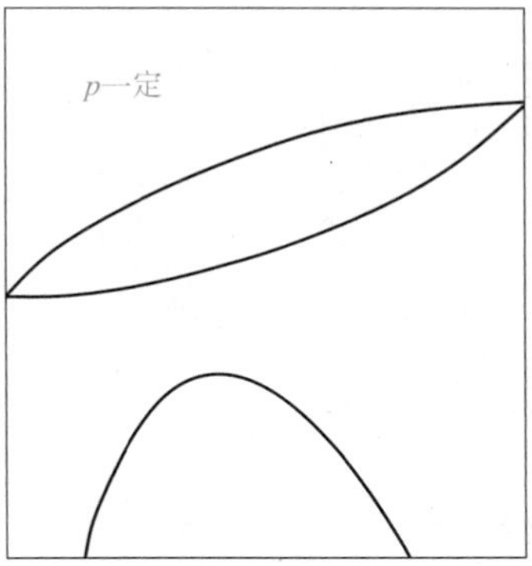

图 6.1　9 题图

10. 为了将含非挥发性杂质的甲苯提纯，在 86.0 kPa 压力下用水蒸气蒸馏。已知：在此压力下该系统的共沸点为 80 ℃，80 ℃时水的饱和蒸气压为 47.3 kPa。试求：

(1)气相的组成(含甲苯的摩尔分数)。

(2)欲蒸出 100 kg 纯甲苯，需要消耗水蒸气多少千克?

11. A、B 二组分凝聚系统的熔点-组成图如图 6.2 所示：

(1)列表表示出相区 1、2、3、4 及熔点 E、D 所代表的系统的相态及成分和条件自由度数。

(2)画出由 m 点冷却的步冷曲线，并标出步冷曲线上的转折点处的相态和成分的变化情况。

12. A-B 二组分液态部分互溶系统的液-固平衡相图如图 6.3 所示，试指出各个相区的相平衡关系、各条线所代表的意义，以及三相线所代表的相平衡关系。

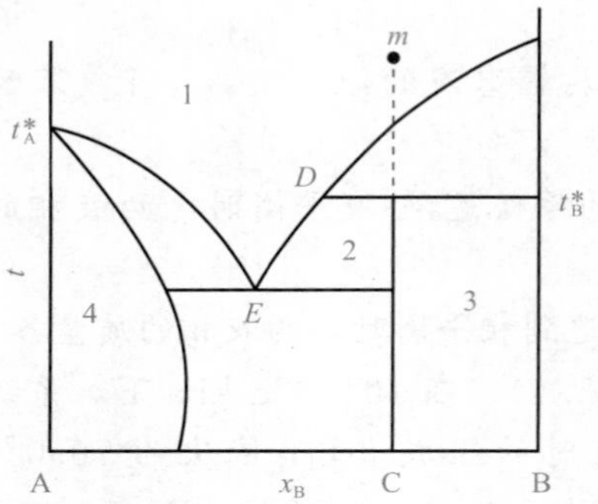

图 6.2　11 题图

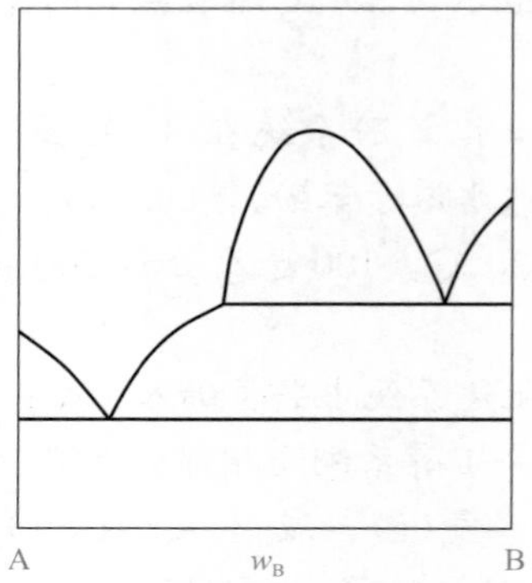

图 6.3　12 题图

13. 固态完全互溶、具有最高共熔点的 A-B 二组分凝聚系统相图如图 6.4 所示。指出各相区的相平衡关系、各条线的意义并绘出系统点为 a、b 的样品冷却曲线。

14. 低温时固态部分互溶、高温时固态完全互溶且具有最低共熔点的 A-B 二组分凝聚系统相图如图 6.5 所示，指出各相区的稳定相及各条线所代表的意义。

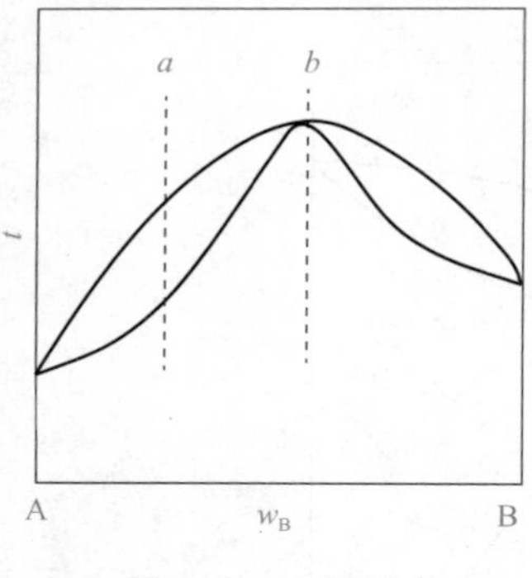

图 6.4　13 题图

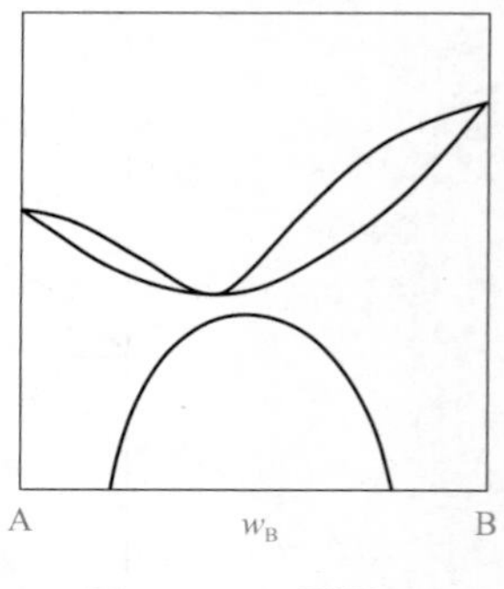

图 6.5　14 题图

15. A-B 二组分凝聚系统相图如图 6.6 所示。

(1)分别绘出系统点为 a、b、d 的冷却曲线(绘于右图相应位置注意温度的对应关系)示意图。

(2)写出①、②、③区内的相态及成分和条件自由度数。

(3)点 F、L、G 的组成(w_B)分别为 0.55、0.75、0.95，10 kg 系统点 d 冷却至温度达到 L 点时，固体和溶液的质量各为多少千克？上述溶液中还含有多少千克 B?

16. 某生成不稳定化合物系统的液-固系统相图如图 6.7 所示，绘出图中系统点为 a、b、c、d、e 的样品的冷却曲线。

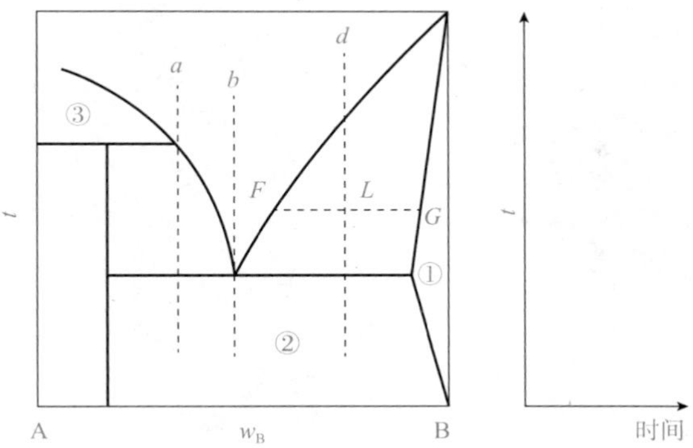

图 6.6　15 题图

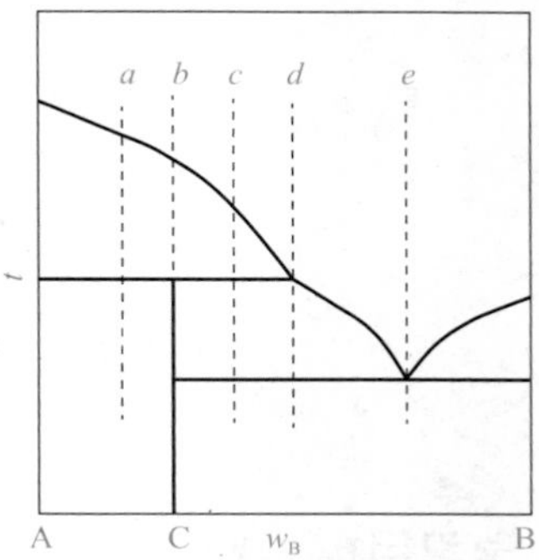

图 6.7　16 题图

17. SiO_2-Al_2O_3 系统高温区间的相图示意如图 6.8 所示。高温下，SiO_2 有白硅石和鳞石英两种晶型，AB 是其转晶线，AB 线之上为白硅石，之下为鳞石英。化合物 M 组成为 $3SiO_2 \cdot 2Al_2O_3$。

(1)指出各相区的稳定相及三相线的相平衡关系。

(2)绘出图中系统点为 a、b、c 的样品的冷却曲线。

18. 某 A-B 二组分凝聚系统相图如图 6.9 所示。指出各相区的稳定相，三相线上的相平衡关系，绘出系统点 a 的样品的冷却曲线，并说明冷却过程中的相变化。

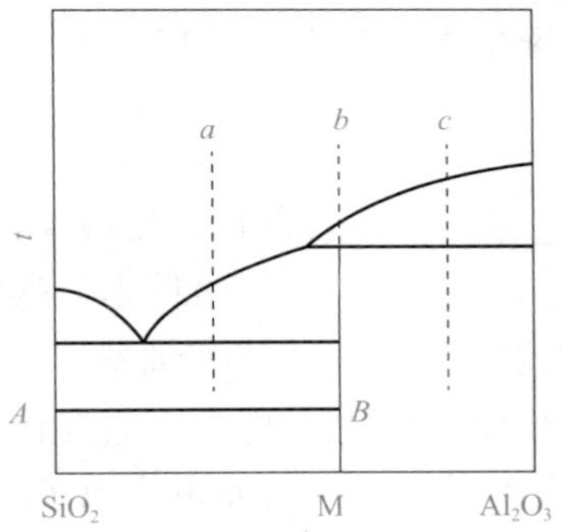

图 6.8　17 题图

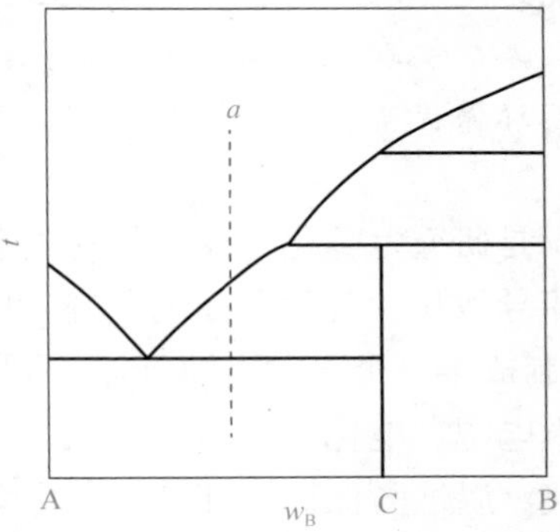

图 6.9　18 题图

第 7 章　电化学

学习目标

理解电解质溶液导电的机理，明确电导 G、电导率 κ、摩尔电导率 Λ_m、离子迁移数、平均离子活度 $a_{\pm}$ 及平均离子活度因子 $\gamma_{\pm}$ 的概念；掌握原电池的基本原理以及热力学性质和能斯特方程，理解电极电势的定义和影响因素；理解分解电压和极化产生的原因、结果和影响因素，掌握影响电极放电顺序的规律。

实践意义

从蒸汽机到内燃机人类利用燃料的效率在逐渐提高，但是因为热机的机理决定其热机效率不可能达到 100%。今天燃料电池已经成为传统热机最具前途的替代者，因为燃料电池的转化效率从机理上远高于传统热机，甚至其转化效率理论上可以高于 100%，而且燃料电池具有环保优势。

电化学是研究电与化学反应相互关系的科学，它主要涉及通过化学反应来产生电能以及通过电流导致化学变化方面的研究。电化学是一门既古老又年轻的科学，从 1800 年伏特(Volta)制成第一个化学电池开始，到今天，电化学已发展成为内容非常广泛的学科领域，如化学电源、电化学分析、电化学合成、光电化学、生物电化学、电催化、电冶金、电解、电镀、腐蚀与保护等都属于电化学的范畴。尤其是近年来可充电锂离子电池的普及生产使用、燃料电池在发电及汽车工业领域的应用研究开发，以及生物电化学的迅速发展，都为电化学这一古老的学科注入了新的活力。无论是基础研究还是技术应用，电化学从理论到方法都在不断地突破与发展，越来越多地与其他自然科学或技术学科相互交叉、相互渗透，在能源、交通、材料、环保、信息、生命等众多领域发挥着越来越重要的作用。

物理化学中的电化学主要介绍电化学的基础理论部分——用热力学的方法来研究化学能与电能之间相互转换的规律。其中主要包括两方面的内容：一方面是利用化学反应来产生电能——将能够自发进行的化学反应放在原电池装置中使化学能转化为电能；另一方面是利用电能来驱动化学反应——将不能自发进行的反应放在电解池装置中输入电流使反应得以进行。

无论是原电池还是电解池，其内部工作介质都离不开电解质溶液。因此本章在介绍原电池和电解池的电化学原理之前，先介绍一些电解质溶液的基本性质。

7.1 电化学的基本概念和法拉第定律

7.1.1 电解池和原电池

电化学过程必须借助一定的装置——电化学池才能实现，有法拉第电流通过的电化学池①可分为两类：原电池和电解池。原电池的主要特点是当它与外部导体接通时，电极上的反应会自发进行，可将化学能转换为电能输出，实用的原电池又称为化学电源。电解池的主要特点是当外加电势高于分解电压时可使不能自发进行的反应在电解池中被强制进行。电解池的主要用途是利用电能来完成所希望的化学反应，如电解合成、电镀、电冶金等，二次电池在充电时也可认为是一个电解池。

以氢氧燃烧的化学反应为例，反应方程式为

$$H_2(g)+\frac{1}{2}O_2(g)=\!=\!=H_2O(l)$$

25 ℃下，反应的 $\Delta_r G_m^{\ominus}=-237.129$ kJ/mol，$K^{\ominus}=3.512\times10^{41}$。这是一个众所周知的极易进行的燃烧反应，逆反应则不能自发进行。但是如果把水放入图 7.1.1 所示的电解池装置，加入酸性或碱性电解质，插入适当的金属作为阳极和阴极，并将其与直流电源相连，使电流通过溶液，这时上面的逆向反应即水的分解反应可以进行，在阴极和阳极上分别得到氢气和氧气，这就是人们所熟知的电解水制氢的基本原理。

反过来，如果把上述可自发进行的反应放入图 7.1.2 所示的原电池装置，以适当的金属做电极、适当的电解质溶液做内部的导电介质，在阳极和阴极分别通入氢气和氧气，外电路以导线与负载相连，则氢与氧的反应可以通过电池自发进行，反应的化学能可转变为电能输出。这就是原电池工作的基本原理。此例也是燃料电池工作的基本原理。

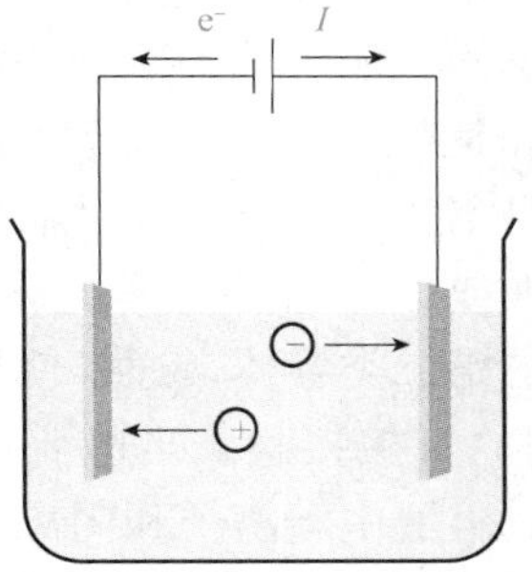

图 7.1.1　电解池装置

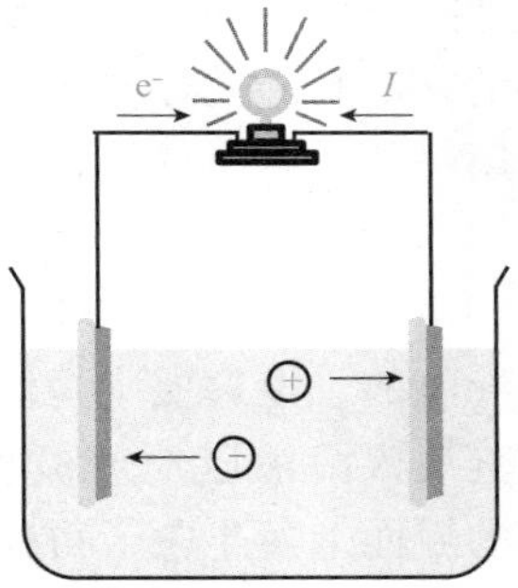

图 7.1.2　原电池装置

无论是原电池还是电解池，其共同特点是：当外电路接通时在电极与溶液的界面上有电子得失的反应发生，溶液内部有离子做定向迁移运动。这种在极板与溶液界面上进行的

① 流过池中各部分的电流均遵守法拉第定律，关于法拉第定律见下一小节。

化学反应称为电极反应；两个电极反应之和为总的化学反应，对原电池则称为电池反应，对电解池则称为电解反应。

电化学中规定：发生氧化反应的电极为阳极，发生还原反应的电极为阴极。同时又规定：电势高的电极为正极，电势低的电极为负极。

上面氢与氧的反应，在原电池中，氢气在阳极自动被氧化，失去的电子输出到外电路；氧气在阴极从外电路得到电子被还原。电极与电池反应如下：

$$阳极：H_2 \longrightarrow 2H^+ + 2e^-$$

$$阴极：\frac{1}{2}O_2 + 2H^+ + 2e^- \longrightarrow H_2O$$

$$电池反应：\frac{1}{2}O_2 + H_2 = H_2O$$

在电解池中氢离子在阴极得到外电源供给的电子被强迫还原，而水分子中的氧在阳极失去电子被氧化。电极与总的电解反应如下：

$$阴极：2H^+ + 2e^- \longrightarrow H_2$$

$$阳极：H_2O \longrightarrow \frac{1}{2}O_2 + 2H^+ + 2e^-$$

$$电解反应：H_2O = \frac{1}{2}O_2 + H_2$$

原电池与电解池的不同之处在于：原电池中电子在外电路中流动的方向是从阳极到阴极，而电流的方向则是从阴极到阳极，所以阴极的电势高，阳极的电势低，阴极是正极，阳极是负极；在电解池中，电子从外电源的负极流向电解池的阴极，而电流从外电源的正极流向电解池的阳极，再通过溶液流到阴极，所以电解池中，阳极的电势高，阴极的电势低，故阳极为正极，阴极为负极。不过在溶液内部阳离子总是向阴极运动，而阴离子向阳极运动。

7.1.2 电解质溶液和法拉第定律

无论是原电池还是电解池，其外部的电流都是由金属导线传导的，而内部的电流是由电解质溶液传导的。电解质的导电机理与金属导线不同。能导电的物质统称为导体，导体可分为两大类。第一类是电子导体，如金属、石墨和某些金属氧化物等。电子导体依靠自由电子的定向运动而导电。当电流通过时，导体本身不发生化学变化。温度升高，金属的导电能力会降低。第二类是离子导体，如电解质溶液或熔融电解质等，离子导体是依靠离子的定向运动而导电的。电解质水溶液是应用广泛的第二类导体，通常使用两个第一类导体作为电极，将其浸入溶液以形成极板与溶液之间的直接接触。当电流通过极板和溶液时，极板与溶液的界面上发生电子得失的反应，同时溶液中阳离子和阴离子分别向两极移动。与金属导体相反，温度升高，电解质溶液的导电能力会增大。

1833 年，英国科学家法拉第(Faraday M)在研究大量电解过程后提出了著名的法拉第定律——电解时电极上发生化学反应的物质的量与通过电解池的电荷量成正比，又称法拉第电解定律。这也就是说当电路中有 1 mol 电子的电荷量通过时，任一电极上发生得失 1 mol 电子的电极反应，电极上析出或溶解的物质的量与之相应。如果以 Q 表示通过的电荷量(单位为库仑 C)，$n_{电}$ 表示电极反应得失电子的物质的量(单位为 mol)，法拉第定律可表示为

$$Q=n_{电}F \tag{7.1.1}$$

式中，F 称为法拉第常数，其物理意义为 1 mol 电子的电荷量。已知一个电子的电荷量 $e=1.602\ 176\ 487\times10^{-19}$ C，所以

$$F=Le=(6.022\ 141\ 79\times10^{23}\times1.602\ 176\ 487\times10^{-19})\text{C/mol}=96\ 485.340\ \text{C/mol}$$

一般计算时可取 $F=96\ 500$ C/mol。

电极反应的通式可写为

$$\nu\text{M}_{(\text{氧化态})}+z\text{e}^-\longrightarrow\nu\text{M}_{(\text{还原态})}$$

或

$$\nu\text{M}_{(\text{还原态})}\longrightarrow\nu\text{M}_{(\text{氧化态})}+z\text{e}^-$$

式中，z 为电极反应的电荷数(转移电子数)，取正值，量纲为 1；ν 为化学计量数。很显然，当电极反应的进度为 ξ 时，得失电子的物质的量 $n_{电}=z\xi$，将其代入式(7.1.1)可得

$$Q=zF\xi \tag{7.1.2}$$

该式即为法拉第定律的数学表达式。法拉第定律虽然是在研究电解池时得出的，但对于原电池也同样适用。

法拉第定律说明，无论是原电池还是电解池，在稳恒电流的情况下，同一时间内流过电路中各点的电荷量是相等的。根据这一原理，可以通过测量电流流过后电极反应的物质的量的变化(通常测量阴极上析出的物质的量)来计算电路中通过的电荷量。相应的测量装置称为库仑计。最常用的库仑计为银库仑计和铜库仑计。

【例 7.1.1】 在电路中串联两个库仑计：一个是银库仑计，另一个是铜库仑计。当有 $1F$ 的电荷量通过电路时，问：两个库仑计上分别析出多少摩尔的银和铜？

解：(1)银库仑计的电极反应为 $\text{Ag}^++\text{e}^-\longrightarrow\text{Ag}$，$z=1$。

当 $Q=1F=96\ 500$ C 时，根据法拉第定律有

$$\xi=\frac{Q}{zF}=\frac{96\ 500\ \text{C}}{1\times96\ 500\ \text{C/mol}}=1\ \text{mol}$$

由 $\xi=\dfrac{\Delta n_{\text{B}}}{\nu_{\text{B}}}$，可得

$$\Delta n_{\text{Ag}}=\nu_{\text{Ag}}\xi=1\times1\ \text{mol}=1\ \text{mol}$$

$$\Delta n_{\text{Ag}^+}=\nu_{\text{Ag}^+}\xi=-1\times1\ \text{mol}=-1\ \text{mol}$$

即当有 $1F$ 的电荷量流过电路时，银库仑计中有 1 mol 的 Ag^+ 被还原成 Ag 析出。

(2)铜库仑计的电极反应为 $\text{Cu}^{2+}+2\text{e}^-\longrightarrow\text{Cu}$，$z=2$。

当 $Q=1F=96\ 500$ C 时，根据法拉第定律，有

$$\xi=\frac{Q}{zF}=\frac{96\ 500\ \text{C}}{2\times96\ 500\ \text{C/mol}}=0.5\ \text{mol}$$

由 $\xi=\dfrac{\Delta n_{\text{B}}}{\nu_{\text{B}}}$，可得

$$\Delta n_{\text{Cu}}=\nu_{\text{Cu}}\xi=1\times0.5\ \text{mol}=0.5\ \text{mol}$$

即当有 $1F$ 的电荷量流过电路时，铜库仑计中有 0.5 mol 的 Cu 析出。

注意：铜库仑计的电极反应也可以写为 $\frac{1}{2}\text{Cu}^{2+}+2\text{e}^-\longrightarrow\frac{1}{2}\text{Cu}$，$z=1$。

这时相应的计算为

$$\xi=\frac{Q}{zF}=\frac{96\ 500\ \mathrm{C}}{1\times 96\ 500\ \mathrm{C/mol}}=1\ \mathrm{mol}$$

$$\Delta n_{\mathrm{Cu}}=\nu_{\mathrm{Cu}}\xi=\frac{1}{2}\times 1\ \mathrm{mol}=0.5\ \mathrm{mol}$$

两种方法计算所得析出 Cu 的物质的量相同。这说明虽然电荷数 z 和反应进度 ξ 与反应式的写法(计量数的写法)有关，但相同电荷量所对应的某物质发生反应的物质的量是相同的，与化学反应计量式的写法无关，即电极上发生化学反应的物质的量是与通过的电荷量成正比的。

7.2 离子的迁移数

7.2.1 离子的电迁移与迁移数的定义

由上节可知，溶液中电流的传导是由离子的定向运动来完成的。电化学把在电场作用下溶液中阳离子、阴离子分别向两极运动的现象称为电迁移。由法拉第定律可知，对于每个电极来说，一定时间内，流出的电荷量＝流入的电荷量＝电路中任意截面流过的总电荷量 Q。在金属导线中，电流完全是由电子传递的，而在溶液中是由阳、阴离子共同完成的。即

$$Q=Q_{+}+Q_{-}\ 或\ I=I_{+}+I_{-} \tag{7.2.1}$$

式中，Q_{+}、Q_{-} 及 I_{+}、I_{-}、I 分别代表由阳、阴离子运载的电荷量、电流以及总电流。

由于大多数电解质的阳离子和阴离子的运动速度不同，即 $v_{+}\neq v_{-}$，所以由阳离子和阴离分别运载的电荷量和电流也不相等，即 $Q_{+}\neq Q_{-}$，$I_{+}\neq I_{-}$。为了表示不同离子对运载电流的贡献，提出了迁移数的概念。定义离子 B 的迁移数为该离子所运载的电流占总电流的分数，以符号 t 表示，其量纲为 1。若溶液中只有一种阳离子和一种阴离子，它们的迁移数分别以 t_{+} 和 t_{-} 表示，有

$$t_{+}=\frac{I_{+}}{I_{+}+I_{-}},\ t_{-}=\frac{I_{-}}{I_{+}+I_{-}} \tag{7.2.2}$$

显然

$$t_{+}+t_{-}=1 \tag{7.2.3}$$

对于一个含有多种离子的电解质溶液，则有 $t_{+}=\frac{I_{\mathrm{B}}}{I}$，$\sum t_{\mathrm{B}}=1$。

某种离子运载电流的多少，取决于该离子的运动速度，另外还与该离子的浓度及所带电荷的多少有关。在通电过程中，单位时间内流过溶液中某一截面时的正、负电流的量可由下式计算：

$$\begin{cases} I_{+}=A_{\mathrm{s}}v_{+}c_{+}z_{+}F \\ I_{-}=A_{\mathrm{s}}v_{-}c_{-}|z_{-}|F \end{cases} \tag{7.2.4}$$

式中，c_{+}、c_{-} 分别为正、负离子的物质的量浓度；z_{+}、z_{-} 分别为正、负离子的电荷数；A_{s} 为截面的面积；F 为法拉第常数。显然，单位时间内在 $A_{\mathrm{s}}\times v_{+}$ 体积元内的正离子均可穿过截面 A_{s}，其所带的电荷量由 $c_{+}z_{+}F$ 决定；负离子与之类似。由于溶液整体为电中性，

有 $c_+z_+=c_-|z_-|$，而 A_s 和 F 均为常数，所以将式(7.2.4)代入式(7.2.2)，可得

$$t_+=\frac{v_+}{v_++v_-},\ t_-=\frac{v_-}{v_++v_-} \tag{7.2.5}$$

该式表明，离子的迁移数主要取决于溶液中离子的运动速度，与离子的价数及浓度无关。不过离子的运动速度可受许多因素的影响，如温度、浓度、离子的大小、离子的水化程度等。所以在给出离子在某种溶液中的迁移数时，应当指明相应的条件，特别是温度和浓度条件。

迁移数受浓度影响的主要原因是离子间的相互作用，浓度较低时，这种作用不明显，但当浓度较大时，离子间的相互作用随距离的减小而增强，这时阴、阳离子的运动速度均会减慢。若阴、阳离子价数相同，则 t_+ 和 t_- 的变化不是很大，尤其是 KCl 溶液中阴、阳离子的迁移数基本不受浓度的影响，但其他离子的迁移数一般会受到不同程度的影响。当阴、阳离子价数不同时，高价离子的迁移速度随浓度增加而减小的情况比低价离子要显著。

图 7.2.1 所示为离子的电迁移过程的示意。设在图 7.2.1 中有两个惰性电极①，它们之间充满 1-1 型电解质溶液。有两个假想的界面将溶液分隔为阴极区、中间区和阳极区三部分。通电前每部分含有 6 mol 1-1 型电解质，即 6 mol 阳离子和 6 mol 阴离子，如图 7.2.1(a)所示。图中每个＋、－号分别代表 1 mol 阳离子和 1 mol 阴离子。

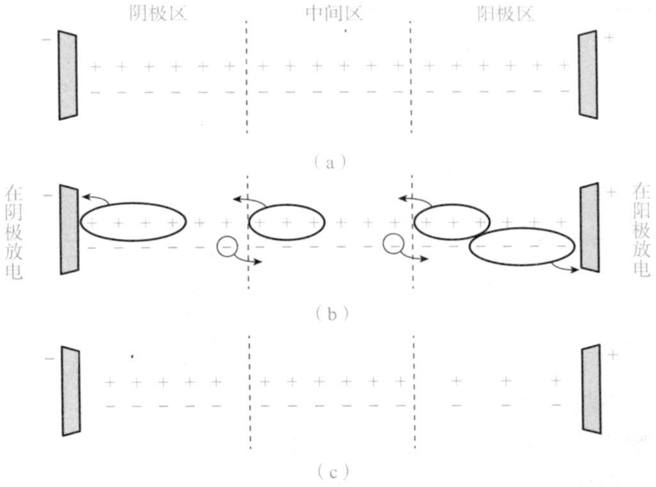

图 7.2.1　离子的电迁移现象

(a)通电前；(b)通电中；(c)通电后

现假设阳离子的运动速度是阴离子运动速度的 3 倍，即 $v_+=3v_-$。通电过程中有 4 mol 电子电荷量流经两个电极，如图 7.2.1(b)所示。在阳极上有 4 mol 阴离子被氧化析出，放出 4 mol 电子；阴极上有 4 mol 阳离子得到电子被还原析出。因 $v_+=3v_-$，所以溶液中向阴极运动穿越界面的阳离子数为 3 mol，而逆向运动穿越界面的阴离子数为 1 mol，总和有 4 mol 电子电荷量穿越界面。实际上，在两极之间溶液的任意截面上均有 3 mol 阳离子和 1 mol 阴离子对向通过，造成总和为 4 mol 的电子电荷量流过。

① 通电过程中电极材料本身只传递电子、不参与电极反应的电极称为惰性电极，如铂电极。

通电结束后，如图 7.2.1(c)所示，阳极区迁出了 3 mol 阳离子，析出了 4 mol 阴离子，迁入了 1 mol 阴离子，所以阳离子和阴离子都各剩 3 mol，即剩余电解质的量为 3 mol。阴极区在析出 4 mol 阳离子的同时迁入 3 mol 阳离子，迁出的阴离子为 1 mol，所以阴、阳离子都各剩 5 mol，即剩余电解质的量为 5 mol。中间区迁出、迁入的阳离子都是 3 mol、阴离子都是1 mol，所以电解质的量不变。

由以上分析可知，电极反应和离子迁移，都会改变两个极板附近电解质的浓度。利用这一特点，测定通电前后电极附近电解质浓度的变化，可计算出离子的迁移数，并可计算后面要讲到的离子摩尔电导率。

离子在电场中的运动速度，除与离子的本性、溶剂性质、溶液浓度及温度等因素有关外，还与电场强度有关。因此，为了便于比较，通常将离子 B 在指定溶剂中电场强度 $E=1\ \mathrm{V/m}$ 时的运动速度称为该离子的电迁移率(历史上称为离子淌度)，以 u_B 表示。

$$u_B=\frac{v_B}{E} \tag{7.2.6}$$

电迁移率的单位为 $m^2/(V\cdot s)$。

表 7.2.1 列出了 25 ℃无限稀释溶液中几种离子的电迁移率。

表 7.2.1 25 ℃无限稀释溶液中离子的电迁移率

阳离子	$u_+^\infty/(m^2\cdot V^{-1}\cdot s^{-1})$	阴离子	$u_-^\infty/(m^2\cdot V^{-1}\cdot s^{-1})$
H^+	36.30×10^{-8}	OH^-	20.52×10^{-8}
K^+	7.62×10^{-8}	SO_4^{2-}	8.27×10^{-8}
Ba^{2+}	6.59×10^{-8}	Cl^-	7.92×10^{-8}
Na^+	5.19×10^{-8}	NO_3^-	7.40×10^{-8}
Li^+	4.01×10^{-8}	HCO_3^-	4.61×10^{-8}

将电迁移率 u_B 与离子速度 v_B 的关系式(7.2.6)代入式(7.2.5)，可得

$$t_+=\frac{u_+}{u_++u_-},\ t_-=\frac{u_-}{u_++u_-} \tag{7.2.7}$$

需要注意的是，电场强度虽然影响离子的运动速度，但并不影响离子迁移数，因为当电场强度改变时，阴、阳离子的速度都按相同比例改变。

7.2.2 离子迁移数的测定方法

1. 希托夫(Hittorf)法

希托夫法即通过测定电极附近电解质浓度的变化来确定离子迁移数的方法，其原理如图 7.2.2 所示。

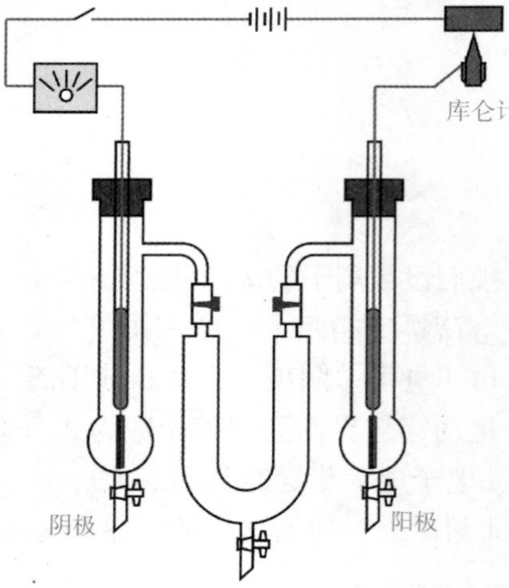

图 7.2.2 希托夫法测定离子迁移数的装置

实验装置包括一个阴极管、一个阳极管和一个中间管。阴极管和阳极管与中间管之间装有管夹，可控制连通或关闭。外电路中串联库仑计，可测定通过电路的总电荷量。

实验中测定通电前后阳极区或阴极区电解质浓度的变化，由此可算出相应区域内电解质的物质的量的变化；从外电路库仑计所测定的总电荷量可算出电极反应的物质的量。对选定电极区域内某种离子进行物料衡算，即可算出该离子的迁移数。物料衡算的基本思路：电解后某离子剩余的物质的量 $n_{电解后}$ = 该离子电解前的物质的量 $n_{电解前}$ ± 该离子参与电极反应的物质的量 $n_{反应}$ ± 该离子迁移的物质的量 $n_{迁移}$，即

$$n_{电解后}=n_{电解前}\pm n_{反应}\pm n_{迁移} \tag{7.2.8}$$

$n_{反应}$前面的正负号，根据电极反应是增加还是减少该离子在溶液中的量来确定，增加取+，减少取−，如该离子不参加电极反应则没有这一项；$n_{迁移}$前面的正负号，根据该离子是迁入还是迁出来确定，迁入取+，迁出取−。下面通过具体例子来说明。

【例 7.2.1】 用两个银电极电解 $AgNO_3$ 水溶液。在电解前，溶液中每 1 kg 水含 43.50 mmol $AgNO_3$，实验后，银库仑计中有 0.723 mmol 的 Ag 沉积。由分析得知，电解后阳极区有 23.14 g 水和 1.390 mmol $AgNO_3$。试计算 $t(Ag^+)$ 及 $t(NO_3^-)$。

解：用银电极电解 $AgNO_3$ 溶液时的电极反应为

$$阳极：Ag \longrightarrow Ag^+ + e^-$$

$$阴极：Ag^+ + e^- \longrightarrow Ag$$

对阳极区的 Ag，进行物料衡算：

根据题给数据，已知电解后阳极区有 1.390 mmol 的 $AgNO_3$，则 $n_{电解后}(Ag^+)$ = 1.390 mmol。

假定通电前后阳极区的水量不变，即水分子不迁移，则电解前阳极区 23.14 g 水中原有 $AgNO_3$ 的物质的量为

$$n_{电解前}(AgNO_3)=\frac{43.50\ \text{mmol}}{1\ 000\ \text{g}}\times 23.14\ \text{g}=1.007\ \text{mmol}=n_{电解前}(Ag^+)$$

银库仑计中有 0.723 mmol Ag 沉积，说明在电解池中阳极一定有相同数量的 Ag 被氧化成 Ag^+ 进入溶液，即 $n_{反应}(Ag^+)=0.723$ mmol，取正值。阳极区内，Ag^+ 迁出，取负值，$n_{迁移}=t(Ag^+)n_{反应}$。对 Ag^+ 物料衡算，有

$$n_{电解后}=n_{电解前}+n_{反应}-n_{迁移}=n_{电解前}+n_{反应}-t(Ag^+)n_{反应}$$

$$t(Ag^+)=\frac{n_{电解前}-n_{电解后}}{n_{反应}}+1=\frac{1.007-1.390}{0.723}+1=0.470$$

$$t(NO_3^-)=1-t(Ag^+)=1-0.470=0.530$$

此题还有另一种解法，即对阳极区的 NO_3^- 进行物料衡算。因 NO_3^- 不参加电极反应，没有 $n_{反应}$ 这一项，解题步骤更简单。

因 $n_{电解后}(NO_3^-)=n_{电解后}(Ag^+)$，$n_{电解前}(NO_3^-)=n_{电解前}(Ag^+)$，$n_{迁移}(NO_3^-)=t(NO_3^-)n_{反应}$，阳极区内 NO_3^- 迁入，$n_{迁移}$ 取正值。对 NO_3^- 进行物料衡算，有

$$n_{电解后}=n_{电解前}+n_{迁移}=n_{电解前}+t(NO_3^-)n_{反应}$$

$$t(NO_3^-)=\frac{n_{电解前}-n_{电解后}}{n_{反应}}=\frac{1.390-1.007}{0.723}=0.530$$

$$t(Ag^+)=1-t(NO_3^-)=1-0.530=0.470$$

2. 界面移动法

若欲测定 CA 电解质溶液中 C^+ 离子的迁移数，可将其置于一个带刻度的玻璃管中，

然后由上部小心地加入 $C'A$ 溶液做指示溶液。C'^+ 为与 C^+ 不同的另一种阳离子，阴离子 A^- 则相同。两种溶液因其折射率不同而在 ab 处呈现一清晰界面，如图 7.2.3 所示。选择适宜条件，可使 C'^+ 离子的移动速度略小于 C^+ 离子的移动速度。通电时，C^+ 与 C'^+ 两种离子顺序地向阴极移动，可以观察到清晰界面的缓缓移动。通电一定时间后，ab 界面移至 $a'b'$。

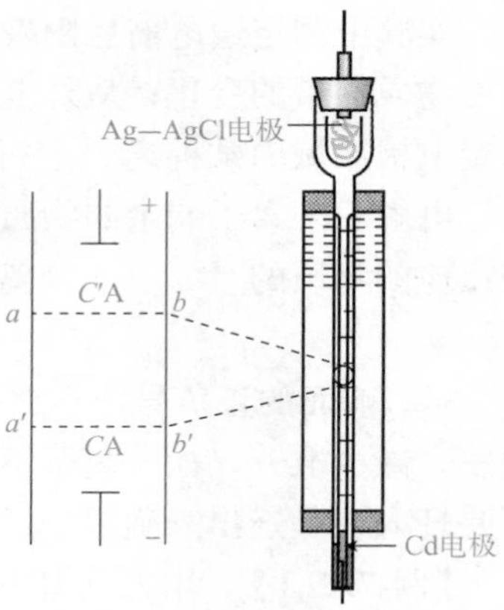

图 7.2.3 界面移动法原理

若通过的电荷量为 nF，则有物质的量为 $t_+ nC^+$ 离子通过界面 $a'b'$，也就是说，在界面 ab 与 $a'b'$ 间的液柱中的全部离子通过了界面 $a'b'$。设此液柱的体积为 V，CA 溶液的浓度为 c，则

$$t_+ n = Vc$$

得

$$t_+ = \frac{Vc}{n} \tag{7.2.9}$$

玻璃管的直径是已知的，界面移动的距离 aa' 可由实验测出，遂可计算 V。n 可由库仑计测出，故可由式(7.2.9)计算出阳离子 C^+ 的 t_+。

7.3 电导、电导率和摩尔电导

7.3.1 定义

1. 电导

导体的导电能力可以用电导 G 表示，其定义为电阻 R 的倒数，即

$$G = \frac{1}{R} \tag{7.3.1}$$

式中，电导的单位为 S(西门子)，$1\ \mathrm{S} = 1\ \Omega^{-1}$。

为了比较不同导体的导电能力，引出电导率的概念。

2. 电导率

若导体具有均匀截面，则其电导与截面面积 A_s 成正比，与长度 l 成反比，比例系数用 κ 表示，有

$$G = \kappa \frac{A_s}{l} \tag{7.3.2}$$

κ 称为电导率(以前称为比电导)，单位为 S/m，导体的电导率为单位截面面积、单位长度时的电导。电导率 κ 与电阻率 ρ 互为倒数关系。

对电解质溶液而言，其电导率则为相距单位长度、单位面积的两个平行板电容器间充满电解质溶液时的电导，也可理解为在由两个 $1\ \mathrm{m}^2$ 的电极组成的 $1\ \mathrm{m}^3$ 正立方体的电导池

中充满电解质溶液时的电导。与简单的金属导体不同，电解质溶液的电导率还与其浓度 c 有关。对于强电解质，溶液较稀时电导率近似与浓度成正比；随着浓度的增大，因离子之间的相互作用，电导率的增加逐渐缓慢；浓度很大时的电导率经一极大值后逐渐下降。对于弱电解质溶液，起导电作用的只是解离的那部分离子，故当浓度从小到大时，虽然单位体积中弱电解质的量增加，但因解离度减小，离子的数量增加不多，故弱电解质溶液的电导率均很小。

3. 摩尔电导率

由于电解质溶液的电导率与浓度有关，所以为了比较不同浓度、不同类型电解质溶液的电导率，提出了摩尔电导率的概念。定义单位浓度的电导率为摩尔电导率，用 Λ_m 表示，即

$$\Lambda_m = \frac{\kappa}{c} \qquad (7.3.3)$$

式中，Λ_m 的单位为 $S \cdot m^2/mol$。

7.3.2 电导的测定

电导是电阻的倒数。因此，测量电解质溶液的电导，实际上是测量其电阻。测量溶液的电阻，可利用惠斯通(Wheatstone)电桥，但不能应用直流电源。因直流电通过电解质溶液时，电极附近的溶液会发生电解而使浓度改变，因此应采用适当频率的交流电源。

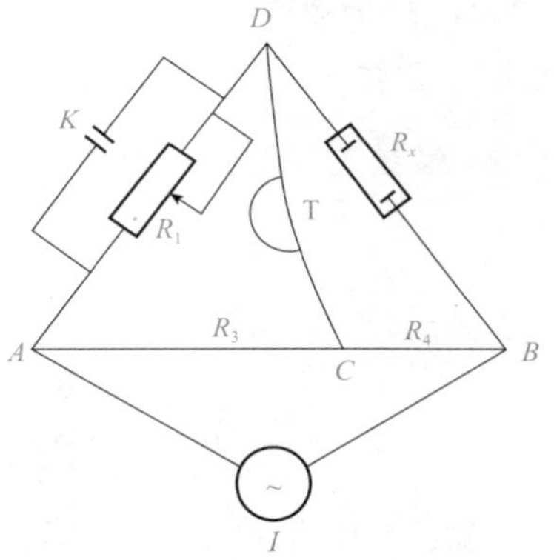

图 7.3.1 测定溶液电阻的惠斯通电桥

图 7.3.1 中 I 为交流电源，AB 为均匀的滑线电阻，R_1 为电阻箱电阻，R_x 为待测电阻，R_3、R_4 分别为 AC、CB 段的电阻，T 为检流计，K 为用以抵消电导池电容的可变电容器。测定时，接通电源，选择一定的电阻 R_1，移动接触点 C，直至 CD 间的电流为零。这时，电桥平衡，$\frac{R_1}{R_x} = \frac{R_3}{R_4}$，故溶液的电导为

$$G_x = \frac{1}{R_x} = \frac{R_3}{R_4} \cdot \frac{1}{R_1} = \frac{\overline{AC}}{\overline{CB}} \cdot \frac{1}{R_1}$$

根据式(7.3.2)，待测溶液的电导率为

$$\kappa = G_x \cdot \frac{l}{A_s} = \frac{1}{R_x} \cdot \frac{l}{A_s} = \frac{1}{R_x} \cdot K_{cell} \qquad (7.3.4)$$

对于一个固定的电导池，l 和 A_s 都是定值，故比值 $\frac{l}{A_s}$ 为一常数，此常数称为电导池系数，以符号 K_{cell} 表示，单位为 m^{-1}。

因对电导池进行精确的几何测量比较困难，所以欲求某一电导池的电导池系数，可用一个已知电导率的溶液注入该电导池，测量其电阻，根据式(7.3.4)计算 K_{cell} 值。测知此电导池的电导池系数后，再将待测溶液置于此电导池，测其电阻，即可由式(7.3.4)算出待测溶液的电导率。然后根据式(7.3.3)可计算其摩尔电导率。

用来测定电导池系数的溶液通常是 KCl 水溶液，不同浓度 KCl 水溶液的电导率的数据列于表 7.3.1。

表 7.3.1　25 ℃时不同浓度 KCl 水溶液的电导率

$c/(\mathrm{mol\cdot dm^{-3}})$	$c/(\mathrm{mol\cdot m^{-3}})$	$\kappa/(\mathrm{S\cdot m^{-1}})$
1	10^3	11.19
0.1	10^2	1.289
0.01	10	0.141 3
0.001	1	0.014 69
0.000 1	10^{-1}	0.001 489

【例 7.3.1】 25 ℃时在一电导池中盛以 c 为 0.02 mol/dm³ 的 KCl 溶液，测得其电阻为 82.4 Ω。若在同一电导池中盛以 c 为 0.002 5 mol/dm³ 的 K_2SO_4 溶液，测得其电阻为 326.0 Ω。已知 25 ℃时 0.02 mol/dm³ 的 KCl 溶液的电导率为 0.276 8 S/m。试求：(1)电导池系数 K_{cell}；(2)0.002 5 mol/dm³ K_2SO_4 溶液的电导率和摩尔电导率。

解：(1)根据式(7.3.4)，电导池系数为

$$K_{cell}=\frac{l}{A_s}=\kappa(\mathrm{KCl})\times R(\mathrm{KCl})=0.276\ 8\ \mathrm{S/m}\times 82.4\ \Omega=22.81\ \mathrm{m^{-1}}$$

(2) 根据式(7.3.4)，0.002 5 mol/dm³ K_2SO_4 溶液的电导率为

$$\kappa(\mathrm{K_2SO_4})=\frac{K_{cell}}{R(\mathrm{K_2SO_4})}=\frac{22.81\ \mathrm{m^{-1}}}{326.0\ \Omega}=0.069\ 97\ \mathrm{S/m}$$

根据式(7.3.3)，0.002 5 mol/dm³ K_2SO_4 溶液的摩尔电导率为

$$\Lambda_m(\mathrm{K_2SO_4})=\frac{\kappa(\mathrm{K_2SO_4})}{c(\mathrm{K_2SO_4})}=\frac{0.069\ 97\ \mathrm{S/m}}{2.5\ \mathrm{mol/m^3}}=0.027\ 99\ \mathrm{S\cdot m^2/mol}$$

7.3.3　摩尔电导率与浓度的关系

摩尔电导率与浓度的关系可由实验得出。柯尔劳施(Kohlrausch)根据实验结果得出结论：在很稀的溶液中，强电解质的摩尔电导率与其浓度的平方根呈线性关系。若用公式表示，则

$$\Lambda_m=\Lambda_m^\infty-A\sqrt{c} \qquad (7.3.5)$$

式中，Λ_m^∞ 和 A 都是常数。

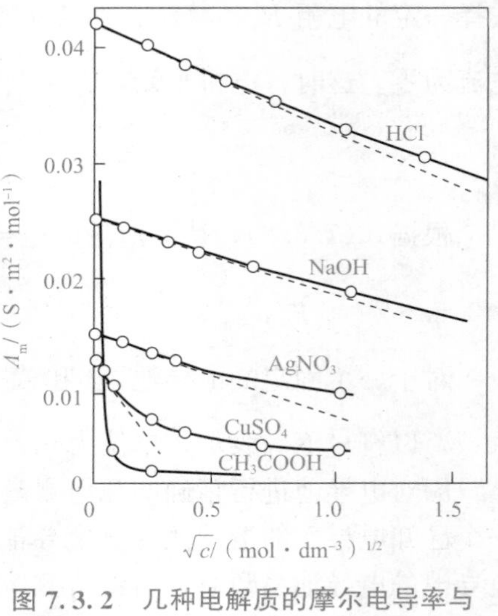

图 7.3.2　几种电解质的摩尔电导率与浓度的平方根关系

图 7.3.2 为几种电解质摩尔电导率与浓度平方根关系。由图可见，无论是强电解质或弱电解质，其摩尔电导率均随溶液的稀释而增大。

对强电解质而言，溶液浓度降低，摩尔电导率增大，这是因为随着浓度的降低，离子间引力减小，离子运动速度增加，故摩尔电导率增大。在低浓度时，图 7.3.2 中曲线接近一条直线，将直线外推至 $c=0$，其与纵坐标相交所得截距即为无限稀释

的摩尔电导率 Λ_m^∞，此值也称为极限摩尔电导率。

对于弱电解质来说，溶液浓度降低时，摩尔电导率也增加。在溶液极稀时，随着溶液浓度的降低，摩尔电导率急剧增加。因为弱电解质的解离度随溶液的稀释而增加，因此，浓度越低，离子越多，摩尔电导率也越大。由图 7.3.2 可见，弱电解质无限稀释时的摩尔电导率无法用外推法求得，故式(7.3.5)不适用弱电解质。柯尔劳施的离子独立运动定律解决了这一问题。

7.3.4 离子独立运动定律和离子的摩尔电导率

1. 离子独立运动定律

如上所述，利用外推法可以求出强电解质溶液在无限稀释时的摩尔电导率。柯尔劳施研究了大量的强电解质溶液，根据实验数据发现了一些规律，提出了离子独立运动定律。

例如，25 ℃时，一些电解质在无限稀释时的摩尔电导率的实验数据如下：

$$\Lambda_m^\infty(\mathrm{KCl})=0.014\,99\ \mathrm{S\cdot m^2/mol}$$

$$\Lambda_m^\infty(\mathrm{LiCl})=0.011\,50\ \mathrm{S\cdot m^2/mol}$$

$$\Lambda_m^\infty(\mathrm{KNO_3})=0.014\,50\ \mathrm{S\cdot m^2/mol}$$

$$\Lambda_m^\infty(\mathrm{LiNO_3})=0.011\,01\ \mathrm{S\cdot m^2/mol}$$

从以上数据可以看出：

(1)具有相同阴离子的钾盐和锂盐的 Λ_m^∞ 之差为一常数，与阴离子的性质无关，即

$$\Lambda_m^\infty(\mathrm{KCl})-\Lambda_m^\infty(\mathrm{LiCl})=\Lambda_m^\infty(\mathrm{KNO_3})-\Lambda_m^\infty(\mathrm{LiNO_3})=0.003\,49\ \mathrm{S\cdot m^2/mol}$$

(2)具有相同阳离子的氯化物和硝酸盐的 Λ_m^∞ 之差亦为常数，与阳离子的性质无关，即

$$\Lambda_m^\infty(\mathrm{KCl})-\Lambda_m^\infty(\mathrm{KNO_3})=\Lambda_m^\infty(\mathrm{LiCl})-\Lambda_m^\infty(\mathrm{LiNO_3})=0.000\,49\ \mathrm{S\cdot m^2/mol}$$

其他电解质也有相同的规律。

根据这些事实，柯尔劳施认为，在无限稀释溶液中，离子彼此独立运动，互不影响，无限稀释电解质的摩尔电导率等于无限稀释时阴、阳离子的摩尔电导率之和，此即柯尔劳施离子独立运动定律。

若电解质 $C_{v+}A_{v-}$ 在水中完全解离：

$$C_{v+}A_{v-}\longrightarrow v_+C^{z+}+v_-A^{z-}$$

式中，v_+、v_- 分别表示阳、阴离子的化学计量数。若以 Λ_m^∞ 表示无限稀释时电解质 $C_{v+}A_{v-}$ 的摩尔电导率，以 $\Lambda_{m,+}^\infty$ 及 $\Lambda_{m,-}^\infty$ 分别表示无限稀释时阳离子 C^{z+} 和阴离子 A^{z-} 的摩尔电导率，则有

$$\Lambda_m^\infty=v_+\Lambda_{m,+}^\infty+v_-\Lambda_{m,-}^\infty \tag{7.3.6}$$

此式为柯尔劳施离子独立运动定律的数字形式。

根据离子独立运动定律，可以应用强电解质无限稀释摩尔电导率计算弱电解质无限稀释摩尔电导率。例如，弱电解质 CH_3COOH 的无限稀释摩尔电导率可由强电解质 HCl、CH_3COONa 及 NaCl 的无限稀释摩尔电导率计算出来：

$$\begin{aligned}\Lambda_m^\infty(\mathrm{CH_3COOH})&=\Lambda_m^\infty(\mathrm{H^+})+\Lambda_m^\infty(\mathrm{CH_3COO^-})\\&=\Lambda_m^\infty(\mathrm{HCl})+\Lambda_m^\infty(\mathrm{CH_3COONa})-\Lambda_m^\infty(\mathrm{NaCl})\end{aligned}$$

显然，若能得知无限稀释时各种离子的摩尔电导率，则可直接应用式(7.3.6)计算无限稀释时各种电解质的摩尔电导率。上面弱电解质 CH_3COOH 的无限稀释摩尔电导率，也可从 $\Lambda_m^{\infty}(H^+)+\Lambda_m^{\infty}(CH_3COO^-)$直接算出。

2. 无限稀释时离子的摩尔电导率

无限稀释时离子的摩尔电导率可通过实验确定，原理如下。

电解质的摩尔电导率是溶液中阴、阳离子摩尔电导率贡献的总和，故离子的迁移数也可以看作某种离子的摩尔电导率占电解质总摩尔电导率的分数。在无限稀释时，有

$$t_+^{\infty}=\frac{v_+\Lambda_{m,+}^{\infty}}{\Lambda_m^{\infty}},\quad t_-^{\infty}=\frac{v_-\Lambda_{m,-}^{\infty}}{\Lambda_m^{\infty}} \tag{7.3.7}$$

因此通过实验测定求出某强电解质的 Λ_m^{∞} 和 t_+^{∞}、t_-^{∞}，即可求出该电解质的 $\Lambda_{m,+}^{\infty}$ 和 $\Lambda_{m,-}^{\infty}$。表 7.3.2 列出了一些离子在 25 ℃时的无限稀释摩尔电导率。

由于离子的摩尔电导率还与离子的价数，也就是所带电荷数有关，所以在使用时必须指明所涉及的基本单元。如镁离子的基本单元需指明是 Mg^{2+} 还是$\frac{1}{2}Mg^{2+}$，因为 $\Lambda_m^{\infty}(Mg^{2+})=2\Lambda_m^{\infty}\left(\frac{1}{2}Mg^{2+}\right)$。常规的做法是将一个电荷数为 z_b 的$\frac{1}{z_b}$离子作为基本单元，如钾、镁、铁离子的基本单元分别为 K^+、$\frac{1}{2}Mg^{2+}$、$\frac{1}{3}Fe^{3+}$，相应的无限稀释摩尔电导率分别为$\Lambda_m^{\infty}(K^+)$、$\Lambda_m^{\infty}\left(\frac{1}{2}Mg^{2+}\right)$、$\Lambda_m^{\infty}\left(\frac{1}{3}Fe^{3+}\right)$。因为这时不同离子均含有 1 mol 的基本电荷，故易于看出各种离子摩尔电导率的相对大小，表 7.3.2 中给出的都是这种具有 1 mol 电荷的离子摩尔电导率的值。

从表 7.3.2 中可看到，原子序数低的阳离子，一般 $\Lambda_{m,+}^{\infty}$ 较小。这主要是因为阳离子越小，水化程度越大，导致离子的运动速度减慢，电导率降低。钠离子水合作用比钾离子水合作用强，因而迁移速率较慢，所以电镀工业上经常用钾盐提高电流密度，而不用钠盐。表 7.3.2 中一个例外是 H^+ 和 OH^- 的无限稀释摩尔电导率要比其他离子高出一个数量级，这表明它们可能有不同的导电机理。格鲁萨斯(Grotthus)提出 H^+ 和 OH^- 并不是通过本身的运动，而是通过质子转移来传递电流的，如图 7.3.3 所示。

表 7.3.2　25 ℃无限稀释水溶液中离子的摩尔电导率

阳离子	$\Lambda_{m,+}^{\infty}/(S\cdot m^2\cdot mol^{-1})$	阴离子	$\Lambda_{m,-}^{\infty}/(S\cdot m^2\cdot mol^{-1})$
H^+	349.65×10^{-4}	OH^-	198.0×10^{-4}
Li^+	38.66×10^{-4}	Cr^-	76.31×10^{-4}
Na^+	50.08×10^{-4}	Br^-	78.1×10^{-4}
K^+	73.48×10^{-4}	I^-	76.8×10^{-4}
NH_4^+	73.5×10^{-4}	NO_3^-	71.42×10^{-4}
Ag^+	61.9×10^{-4}	CH_3COO^-	40.9×10^{-4}
$\frac{1}{2}Mg^{2+}$	53.0×10^{-4}	ClO_4^-	67.3×10^{-4}

续表

阳离子	$\Lambda_{m,+}^{\infty}/(S\cdot m^2\cdot mol^{-1})$	阴离子	$\Lambda_{m,-}^{\infty}/(S\cdot m^2\cdot mol^{-1})$
$\frac{1}{2}Ca^{2+}$	59.47×10^{-4}	$\frac{1}{2}SO_4^{2-}$	80.0×10^{-4}
$\frac{1}{2}Sr^{2+}+\frac{1}{2}Sr^{2+}$	59.4×10^{-4}		
$\frac{1}{2}Ca^{2+}+\frac{1}{2}Ba^{2+}$	63.6×10^{-4}		
$\frac{1}{2}Ca^{2+}+\frac{1}{3}Fe^{3+}$	68×10^{-4}		
$\frac{1}{2}Ca^{2+}+\frac{1}{3}La^{3+}$	69.7×10^{-4}		

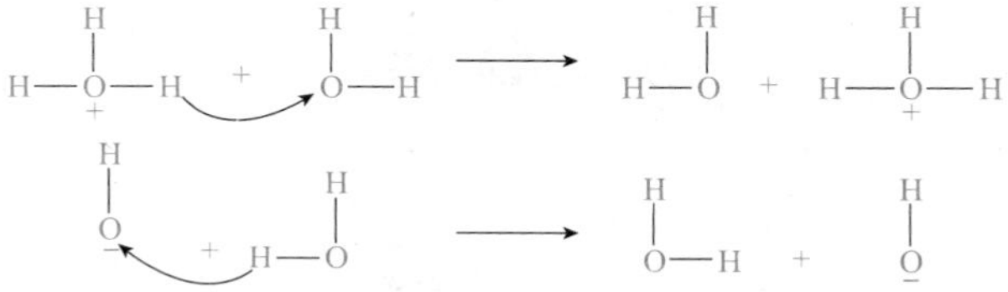

图 7.3.3　水溶液中 H^+ 和 OH^- 的导电机理示意

从表 7.3.2 中数据还可看出，K^+ 和 Cl^- 的摩尔电导率近似相等，因此 KCl 溶液中 K^+ 和 Cl^- 分别传导的电荷量近似相等，两者的离子迁移数也近似相等，所以人们常在电池中使用 KCl 溶液作为盐桥来消除液接电势的影响。

7.3.5　电导测定的应用

1. 计算弱电解质的解离度及解离常数

根据阿伦尼乌斯(Arrhenius)的电离理论，弱电解质仅部分解离，离子和未解离的分子之间存在着动态平衡。例如，浓度为 c 的醋酸水溶液中，醋酸部分解离，解离度为 α 时：

$$CH_3COOH \rightleftharpoons H^+ + CH_3COO^-$$

	CH_3COOH	H^+	CH_3COO^-
解离前	c	0	0
解离平衡时	$c(1-\alpha)$	$c\alpha$	$c\alpha$

解离常数 $K^{\ominus}$ 与醋酸的浓度和解离度的关系为

$$K^{\ominus}=\frac{\left(\frac{c\alpha}{c^{\ominus}}\right)^2}{\frac{(1-\alpha)c}{c^{\ominus}}}=\frac{\alpha^2}{(1-\alpha)}\cdot\frac{c}{c^{\ominus}} \tag{7.3.8}$$

如果测定了弱电解质在整体浓度 c 时的电导率 κ，可根据 $\Lambda_m=\frac{\kappa}{c}$ 算出此浓度下溶液的摩尔电导率 Λ_m，因弱电解质只发生部分解离，这时对 Λ_m 有贡献的仅仅是已解离的部分。由于溶液中离子的浓度很低，可以近似认为已解离出的离子独立运动，故 Λ_m 也与无限稀

释摩尔电导率 Λ_m^∞ 之比就近似等于解离度 α，即

$$\alpha=\frac{\Lambda_m}{\Lambda_m^\infty} \tag{7.3.9}$$

Λ_m^∞ 可应用式(7.3.6)计算。知道了 α，即可由式(7.3.8)计算弱电解质的解离常数 $K^\ominus$。

2. 计算难溶盐的溶解度

用测定电导的方法可以计算难溶盐(如 AgCl、$BaSO_4$ 等)的溶解度。举例说明如下。

【例 7.3.2】 根据电导的测定得出 25 ℃时氯化银饱和水溶液的电导率为 3.41×10^{-4} S/m。已知同温下配制此溶液所用的水的电导率为 1.60×10^{-4} S/m，试计算 25 ℃时 AgCl 的溶解度。

解：AgCl 在水中的溶解度极微，其饱和水溶液的电导率 κ(溶液)为 AgCl 的电导率 κ(AgCl)与所用水的电导率 $\kappa(H_2O)$之和①，即

$$\kappa(\text{溶液})=\kappa(\text{AgCl})+\kappa(H_2O)$$

$$\begin{aligned}\kappa(\text{AgCl})&=\kappa(\text{溶液})-\kappa(H_2O)\\&=(3.41\times10^{-4}-1.60\times10^{-4})\ \text{S/m}\\&=1.81\times10^{-4}\ \text{S/m}\end{aligned}$$

AgCl 饱和水溶液的摩尔电导率 Λ_m 可以看作无限稀释溶液的摩尔电导率 Λ_m^∞，故可根据式(7.3.6)由阴、阳离子的无限稀释摩尔电导率求和算出。由表 7.3.2 知：

$$\Lambda_m^\infty(\text{Ag}^+)=61.9\times10^{-4}\ \text{S}\cdot\text{m}^2/\text{mol}$$

$$\Lambda_m^\infty(\text{Cl}^-)=76.31\times10^{-4}\ \text{S}\cdot\text{m}^2/\text{mol}$$

$$\begin{aligned}\Lambda_m(\text{AgCl})\approx\Lambda_m^\infty(\text{AgCl})&=\Lambda_m^\infty(\text{Ag}^+)+\Lambda_m^\infty(\text{Cl}^-)\\&=138.21\times10^{-4}\ \text{S}\cdot\text{m}^2/\text{mol}\end{aligned}$$

由式(7.3.3)可算出 AgCl 的溶解度：

$$c=\frac{\kappa}{\Lambda_m}=\frac{1.81\times10^{-4}\ \text{S/m}}{138.21\times10^{-4}\ \text{S}\cdot\text{m}^2/\text{mol}}=0.013\ 1\ \text{mol/m}^3$$

7.4 电解质溶液的活度、活度因子及德拜-休克尔极限公式

在原电池和电解池中使用的电解质溶液通常都具有较高浓度，所以很多有关热力学计算中需要使用活度来代替浓度。电解质溶液的活度表示法与第 4 章中所讲的非电解质溶液的活度表示没有本质上的不同，只是电解质溶液的整体活度是电解质电离后阴、阳离子的共同贡献。本节将介绍关于电解质溶液的活度及活度因子的表示方法。

---

① 水有一定的电导率。不同方法纯化的供测量电解质溶液电导的水，由于杂质的种类及含量不同，其电导率也不一样，故在测量电导率很小的溶液的电导率时，必须考虑此溶液的水的电导率。

7.4.1 平均离子活度和平均离子活度因子

活度与活度因子的概念是在第 4 章中介绍真实溶液化学势表达式时引出的，对于电解质溶液，同样可以从化学势表达式中引出相应的活度与活度因子的表示方法。

以强电解质 $C_{v_+}A_{v_-}$ 为例，设其在水中全部解离：

$$C_{v_+}A_{v_-} = v_+C^{z+} + v_-A^{z-}$$

根据化学势的性质可知，整体电解质的化学势 μ_B 应为阳离子和阴离子化学势 μ_+ 与 μ_- 的代数和：

$$\mu_B = v_+\mu_+ + v_-\mu_- \tag{7.4.1}$$

根据活度 a_B 的定义，有

$$\mu_B = \mu_B^\ominus + RT\ln a_B$$

可得到整体电解质的化学势，以及阳离子、阴离子的化学势分别为

$$\mu_B = \mu_B^\ominus + RT\ln a_B \tag{7.4.2}$$

$$\mu_+ = \mu_+^\ominus + RT\ln a_+ \tag{7.4.3}$$

$$\mu_- = \mu_-^\ominus + RT\ln a_- \tag{7.4.4}$$

式中，a_B、a_+、a_- 分别为整体电解质、阳离子和阴离子的活度；$\mu_B^\ominus$、$\mu_+^\ominus$、$\mu_-^\ominus$ 分别为三者的标准化学势。

将式(7.4.3)～式(7.4.4)代入式(7.4.1)，整理后得

$$\mu_B = \mu_B^\ominus + RT\ln(a_+^{v_+} \cdot a_-^{v_-}) \tag{7.4.5}$$

其中

$$\mu_B^\ominus = v_+\mu_+^\ominus + v_-\mu_-^\ominus \tag{7.4.6}$$

$\mu_B^\ominus$ 为整体电解质的标准化学势。将式(7.4.5)与式(7.4.2)对比，有

$$a_B = a_+^{v_+} \cdot a_-^{v_-} \tag{7.4.7}$$

此即为整体电解质的活度与阳离子、阴离子活度之间的关系式。

由于不能单独测出电解质溶液中某种离子的活度，只能测出阴、阳离子活度的平均值，因此引入平均离子活度 $a_\pm$ 的概念，定义

$$a_\pm \overset{\text{def}}{=} (a_+^{v_+} \cdot a_-^{v_-})^{1/v} \tag{7.4.8}$$

其中

$$v = v_+ + v_- \tag{7.4.9}$$

将式(7.4.8)与式(7.4.7)结合可知

$$a_B = a_\pm^v = a_+^{v_+} \cdot a_-^{v_-} \tag{7.4.10}$$

由此可得整体电解质化学势为

$$\mu_B = \mu_B^\ominus + RT\ln a_\pm^v \tag{7.4.11}$$

以上可以看到，与非电解质溶液不同，电解质溶液中电解质的活度是阳离子和阴离子活度贡献的总和，不过这种总和并非不同离子活度的简单加和，而是遵循式(7.4.10)所给出的关系。接下来的问题是电解质的平均离子活度 $a_\pm$ 与溶液中溶质 B 的质量摩尔浓度 b 之间有何关系。

当所配制的电解质溶液的质量摩尔浓度为 b 时，根据前面给出的解离式，可知溶液中

阳离子和阴离子的质量摩尔浓度分别为

$$b_+ = v_+ b$$
$$b_- = v_- b \tag{7.4.12}$$

定义阳离子、阴离子的活度因子分别为

$$\gamma_+ \stackrel{\text{def}}{=} \frac{a_+}{\dfrac{b_+}{b^\ominus}}$$
$$\gamma_- \stackrel{\text{def}}{=} \frac{a_-}{\dfrac{b_-}{b^\ominus}} \tag{7.4.13}$$

代入式(7.4.3)和式(7.4.4)，可将离子的化学势写为

$$\mu_+ = \mu_+^\ominus + RT\ln\frac{\gamma_+ b_+}{b^\ominus}$$
$$\mu_- = \mu_-^\ominus + RT\ln\frac{\gamma_- b_-}{b^\ominus} \tag{7.4.14}$$

这样，式(7.4.5)可表示为

$$\mu_B = \mu_B^\ominus + RT\ln\left[\gamma_+^{v_+}\gamma_-^{v_-}\left(\frac{b_+}{b^\ominus}\right)^{v_+}\left(\frac{b_-}{b^\ominus}\right)^{v_-}\right] \tag{7.4.15}$$

由于单独一种离子的活度因子也无法测定得到，所以也只能使用其总体平均值。定义电解质的平均离子活度因子 $\gamma_\pm$ 为

$$\gamma_\pm \stackrel{\text{def}}{=} (\gamma_+^{v_+}\cdot\gamma_-^{v_-})^{1/v} \tag{7.4.16}$$

与 $\gamma_\pm$ 和 $a_\pm$ 相对应，定义电解质的平均离子质量摩尔浓度 $b_\pm$ 为

$$b_\pm \stackrel{\text{def}}{=} (b_+^{v_+}\cdot b_-^{v_-})^{1/v} \tag{7.4.17}$$

将 $\gamma_\pm$ 和 $b_\pm$ 的定义式代入式(7.4.15)，并与前面的式(7.4.11)比较，可有

$$\mu_B = \mu_B^\ominus + RT\ln\left[\gamma_\pm^v\left(\frac{b_\pm}{b^\ominus}\right)^v\right]$$
$$= \mu_B^\ominus + RT\ln a_\pm^v \tag{7.4.18}$$

由此可得

$$a_\pm = \frac{\gamma_\pm b_\pm}{b^\ominus} \tag{7.4.19}$$

当 $b\to0$ 时，$\gamma_\pm\to1$。

表 7.4.1 列出了 25 ℃下水溶液中一些电解质在不同质量摩尔浓度时的平均离子活度因子。

表 7.4.1　25 ℃时水溶液中一些电解质在不同质量摩尔浓度时的平均离子活度因子 $\gamma_\pm$

水溶液中电解质	$b/(\text{mol}\cdot\text{kg}^{-1})$								
	0.001	0.005	0.01	0.05	0.10	0.50	1.0	2.0	4.0
HCl	0.965	0.928	0.904	0.830	0.796	0.757	0.809	1.009	1.762
NaCl	0.966	0.929	0.904	0.823	0.778	0.682	0.658	0.671	0.783
KCl	0.965	0.927	0.901	0.815	0.769	0.650	0.605	0.575	0.582

续表

水溶液中电解质	$b/(\text{mol}\cdot\text{kg}^{-1})$								
	0.001	0.005	0.01	0.05	0.10	0.50	1.0	2.0	4.0
HNO_3	0.965	0.927	0.902	0.823	0.785	0.715	0.720	0.783	0.982
NaOH	0.965	0.927	0.899	0.818	0.766	0.693	0.679	0.700	0.890
$CaCl_2$	0.887	0.783	0.724	0.574	0.518	0.448	0.500	0.792	2.934
K_2SO_4	0.885	0.78	0.71	0.52	0.43	0.251			
H_2SO_4	0.830	0.639	0.544	0.340	0.265	0.154	0.130	0.124	0.171
$CdCl_2$	0.819	0.623	0.524	0.304	0.228	0.100	0.066	0.044	
$BaCl_2$	0.88	0.77	0.72	0.56	0.49	0.39	0.393		
$CuSO_4$	0.74	0.53	0.41	0.21	0.16	0.068	0.047		
$ZnSO_4$	0.734	0.477	0.387	0.202	0.148	0.063	0.043	0.035	

当配制了某一质量摩尔浓度 b 的电解质溶液时，可算出 $b_{\pm}$，并根据表 7.4.1 由 b 查出 $\gamma_{\pm}$ 进而算出 $a_{\pm}$。另外，由于单个离子的活度因子无法测定，在某些特定情况下一定要使用时，可近似认为 $\gamma_{+}=\gamma_{-}=\gamma_{\pm}$。

【例 7.4.1】 试利用表 7.4.1 数据计算 25 ℃时 0.1 mol/kg H_2SO_4 水溶液中平均离子活度。

解：先求出 H_2SO_4 的平均离子质量摩尔浓度 $b_{\pm}$。

对于 H_2SO_4，$v_{+}=2$，$v_{-}=1$，$v=v_{+}+v_{-}=3$，$b_{+}=v_{+}b=2b$，$b_{-}=v_{-}b=b$，$b=0.1\ \text{mol/kg}$，于是由式(7.4.17)得

$$b_{\pm}=(b_{+}^{v_{+}}\cdot b_{-}^{v_{-}})^{1/v}=[(2b)^2\cdot b]^{1/3}=4^{1/3}b=0.158\,7\ \text{mol/kg}$$

由表 7.4.1 查得 25 ℃时 0.1 mol/kg H_2SO_4 的 $\gamma_{\pm}=0.265$，于是得

$$a_{\pm}=\frac{\gamma_{\pm}b_{\pm}}{b^{\ominus}}=0.265\times\frac{0.158\,7\ \text{mol/kg}}{1\ \text{mol/kg}}=0.042\,1$$

7.4.2 离子强度

由表 7.4.1 所列数据可知：

(1)电解质平均离子活度因子 $\gamma_{\pm}$ 与溶液的质量摩尔浓度有关。在稀溶液范围内，$\gamma_{\pm}$ 随质量摩尔浓度降低而增加。

(2)在稀溶液范围内，对于相同价型的电解质而言，当质量摩尔浓度相同时，$\gamma_{\pm}$ 近乎相等。不同价型的电解质，虽质量摩尔浓度相同，但其 $\gamma_{\pm}$ 并不相同，高价型电解质的 $\gamma_{\pm}$ 较小。

上述事实表明，在稀溶液范围内，影响 $\gamma_{\pm}$ 大小的主要是浓度和价型两个因素。为了能综合反映这两个因素对 $\gamma_{\pm}$ 的影响，1921 年，路易斯提出了一个新的物理量——离子强度，用 I 表示，定义为

$$I\overset{\text{def}}{=}\frac{1}{2}\sum_{\text{B}}b_{\text{B}}z_{\text{B}}^{2} \qquad (7.4.20)$$

即将溶液中每种离子的质量摩尔浓度 b_B 乘以该离子电荷数 z_B 的平方，所得诸项之和的一半称为离子强度。

在此基础上，路易斯根据实验结果总结出在稀溶液范围内一定价型电解质的平均离子活度因子与离子强度的关系为

$$\lg\gamma_{\pm} \propto \sqrt{I}$$

该经验式与后来根据德拜-休克尔理论所导出的计算 $\gamma_{\pm}$ 的德拜-休克尔极限公式一致。

【例 7.4.2】 试分别求出下列各溶液的离子强度 I 和质量摩尔浓度 b 间的关系。(1)KCl溶液，(2)$MgCl_2$ 溶液，(3)$FeCl_3$ 溶液，(4)$ZnSO_4$ 溶液，(5)$Al_2(SO_4)_3$ 溶液。

解：(1)对于 KCl，$b_+=b_-=b$，$z_+=1$，$z_-=-1$，则

$$I=\frac{1}{2}\sum_B b_B z_B^2=\frac{1}{2}[b\times1^2+b\times(-1)^2]=b$$

(2)对于 $MgCl_2$，$b_+=b$，$b_-=2b$，$z_+=2$，$z_-=-1$，则

$$I=\frac{1}{2}\sum_B b_B z_B^2=\frac{1}{2}[b\times2^2+2b\times(-1)^2]=3b$$

(3)对于 $FeCl_3$，$b_+=b$，$b_-=3b$，$z_+=3$，$z_-=-1$，则

$$I=\frac{1}{2}\sum_B b_B z_B^2=\frac{1}{2}[b\times3^2+3b\times(-1)^2]=6b$$

(4)对于 $ZnSO_4$，$b_+=b_-=b$，$z_+=2$，$z_-=-2$，则

$$I=\frac{1}{2}\sum_B b_B z_B^2=\frac{1}{2}[b\times2^2+b\times(-2)^2]=4b$$

(5)对于 $Al_2(SO_4)_3$，$b_+=2b$，$b_-=3b$，$z_+=3$，$z_-=-2$，则

$$I=\frac{1}{2}\sum_B b_B z_B^2=\frac{1}{2}[2b\times3^2+3b\times(-2)^2]=15b$$

【例 7.4.3】 同时含 0.1 mol/kg 的 KCl 和 0.01 mol/kg 的 $BaCl_2$ 的水溶液，其离子强度为多少?

解：溶液中共有三种离子：钾离子 $b(K^+)=0.1$ mol/kg，$z(K^+)=1$；钡离子 $b(Ba^{2+})=0.01$ mol/kg，$z(Ba^{2+})=2$；氯离子 $b(Cl^-)=b(K^+)+2b(Ba^{2+})=0.12$ mol/kg，$z(Cl^-)=-1$，故根据式(7.4.20)得

$$I=\frac{1}{2}\sum_B b_B z_B^2=\frac{1}{2}[0.1\times1^2+0.01\times2^2+0.12\times(-1)^2]\text{mol/kg}=0.13\text{ mol/kg}$$

7.4.3 德拜-休克尔极限公式

人们在早期研究电解质溶液时，发现强电解质溶液不符合阿伦尼乌斯提出的部分电离理论，该理论只适用弱电解质溶液。1923 年，德拜(Debye)和休克尔(Hückel)把物理学中的静电学和化学联系起来，提出了强电解质离子互吸理论。由于该理论是建立在强电解质全部电离这一假设上，因此又称为非缔合式电解质理论。德拜-休克尔的电解质溶液理论和后面要讲到的能斯特方程极大地促进了电化学理论及实验的发展，在电化学以至物理化学中都占有重要地位。该理论的主要思想：①强电解质在稀溶液中是完全电离的，电离后的离子间的主要相互作用力是静电库仑力，这也是引起强电解质溶液与理想溶液偏差的主要原因；②提出了离子氛的概念，将离子间相互作用的库仑力归结为各中心离子与

它周围的离子氛之间的静电引力；③在适当假设的基础上，利用静电学理论和统计力学方法，推导出德拜-休克尔极限公式。下面简要介绍一下离子氛的概念和德拜-休克尔极限公式。

(1)离子氛溶液中阴、阳离子共存。根据库仑定律，同性离子相斥，异性离子相吸。离子在静电作用力的影响下，趋向于像离子晶体那样规则地排列，而离子的热运动则力图使它们均匀地分散在溶液中。这两种力相互作用的结果，使得在一定时间间隔内平均来看，在任意一个离子(可称为中心离子)的周围，异性离子分布的平均密度大于同性离子分布的平均密度。可以设想，中心离子好像是被一层异号电荷包围着，而异号电荷的总电荷在数值上等于中心离子的电荷。统计上看，这层异号电荷是球形对称的，由它所构成的球体即称为离子氛。中心离子是任意选择的，每一个离子的周围都可以设想存在一个由异号离子构成的离子氛。每一个离子既是中心离子，同时又是其他离子的离子氛。这种情况在一定程度上可以与离子晶体中的单位晶格相比拟。与晶格不同的是，由于离子的热运动，离子在溶液中所处的位置是不断变化的，因而离子氛是瞬息万变的。

由于中心离子与离子氛的电荷大小相等，符号相反，所以它们作为一个整体来看，是电中性的，这个整体与溶液中的其他部分之间不再存在静电作用。因此，根据球形对称的离子氛，可以形象化地将溶液中的静电作用完全归结为中心离子与离子氛之间的作用。这样，就大大简化了所研究的问题及理论推导。

(2)德拜-休克尔极限公式。该公式推导的基本出发点是热力学的化学势。德拜-休克尔认为离子间的静电相互作用是引起电解质溶液偏离理想溶液(离子间无相互作用)的根本原因，从热力学的观点出发，两者的化学势之差 $\Delta\mu$ 反映了这一偏差，即

$$\begin{aligned}\Delta\mu &= \mu_{实} - \mu_{理} = (v_+\mu_{+,实} + v_-\mu_{-,实}) - (v_+\mu_{+,理} + v_-\mu_{-,理}) \\ &= (\mu^{\ominus} + RT\ln a_{\pm}^{v}) - \left[\mu^{\ominus} + RT\ln\left(\frac{b_{\pm}}{b^{\ominus}}\right)^{v}\right] \\ &= RT\ln\left(\frac{\gamma_{\pm} b_{\pm}}{b^{\ominus}}\right)^{v} - RT\ln\left(\frac{b_{\pm}}{b^{\ominus}}\right)^{v} = vRT\ln\gamma_{\pm}\end{aligned}$$

公式左边的 $\Delta\mu$ 相当于在恒温恒压下，将离子从无静电相互作用变到有静电相互作用所做的可逆非体积功。德拜-休克尔在离子氛模型的基础上，应用静电学原理和统计力学的方法，经过推导最后得到电解质稀溶液中单个离子活度因子的公式

$$\lg\gamma_i = -Az_i^2\sqrt{I} \tag{7.4.21}$$

整体电解质的平均离子活度因子公式

$$\lg\gamma_{\pm} = -Az_+ \mid z_- \mid \sqrt{I} \tag{7.4.22}$$

其中

$$A = \frac{(2\pi L\rho_A^*)^{\frac{1}{2}} e^3}{2.303(4\pi\varepsilon_0\varepsilon_r kT)^{\frac{3}{2}}} \tag{7.4.23}$$

式中，π 为圆周率；L 为阿伏伽德罗常数(mol^{-1})；ρ_A^* 为纯溶剂的密度(kg/m^3)；e 为电子电荷量(C)；ε_0 为真空介电常数(F/m)；ε_r 为溶剂的相对介电常数；k 为玻耳兹曼因子(J/K)；T 为热力学温度(K)。可以看出 A 是一个与溶剂性质、温度等有关的常数，在 25 ℃水溶液中 $A = 0.509(mol/kg)^{-\frac{1}{2}}$。

式(7.4.21)、式(7.4.22)即为德拜-休克尔极限公式。之所以称为极限公式，是因为

在推导过程中有些假设只有在溶液非常稀时才能成立，故该公式只适用稀溶液。

由式(7.4.22)可知，当温度、溶剂确定后，电解质的平均离子活度因子 $\gamma_\pm$ 只与离子所带电荷数以及溶液的离子强度有关。因此不同电解质，只要价型相同，即 $z_+|z_-|$ 乘积相同，以 $\lg\gamma_\pm$ 对 $\sqrt{I}$ 作图，均应在一条直线上。图 7.4.1 所示为不同价型电解质水溶液的 $\lg\gamma_\pm-\sqrt{I}$ 图，图中实线为实验值，虚线为德拜-休克尔极限公式的计算值。由图可看出，在溶液浓度很低时，理论值与实验值符合很好。另外图中曲线显示，在相同离子强度下，$z_+|z_-|$ 乘积越大的电解质，$\gamma_\pm$ 值越小，即偏离理想的程度越高。这也说明了静电作用力是使电解质溶液偏离理想溶液的主要原因。

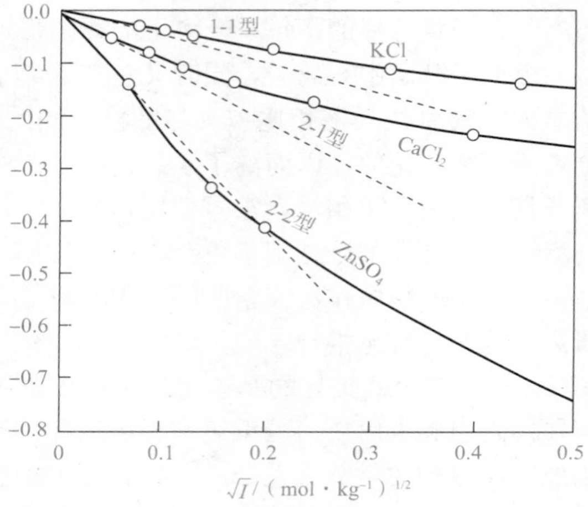

图 7.4.1 德拜-休克尔极限公式的验证

【例 7.4.4】 试用德拜-休克尔极限公式计算 25 ℃时 $b=0.005$ mol/kg $ZnCl_2$ 水溶液中，$ZnCl_2$ 的平均离子活度因子 $\gamma_\pm$。

解：溶液中有 Zn^{2+} 和 Cl^-，$b(Zn^{2+})=0.005$ mol/kg，$b(Cl^-)=0.010$ mol/kg，$z(Zn^{2+})=2$，$z(Cl^-)=-1$，则

$$I=\frac{1}{2}\sum_B b_B z_B^2=\frac{1}{2}[0.005\times2^2+0.010\times(-1)^2]\text{mol/kg}=0.015\text{ mol/kg}$$

根据式(7.4.22)，$A=0.509\ (\text{mol/kg})^{-\frac{1}{2}}$

$$\lg\gamma_\pm=-Az_+|z_-|\sqrt{I}=-0.509\times2\times1\times\sqrt{0.015}=-0.124\ 7$$

故

$$\gamma_\pm=0.750$$

7.5 可逆电池及其电动势的测定

原电池是利用电极上的氧化还原反应自发地将化学能转化为电能的装置。根据热力学原理可知，恒温恒压下 1 mol 进度放热化学反应对外能放出的热量 Q_m 为反应的摩尔焓变

$\Delta_r H_m$。如果利用这一热量通过热机对外做功或者发电，目前实际能达到的最高能量转换效率一般只有40%左右。如果能将反应放在电池中自发进行，则恒温恒压下电池对外所能做的最大功为可逆非体积功，其值等于反应的吉布斯函数变 $\Delta_r G_m$，即 $\Delta G = W'_r$（见第3章）。由此可知，利用电池将化学能转化为电能的理论上的能量转换效率 η 为

$$\eta = \frac{\Delta_r G_m}{\Delta_r H_m} \tag{7.5.1}$$

如反应

$$H_2(g) + \frac{1}{2}O_2(g) \xlongequal{} H_2O(l)$$

在25 ℃、100 kPa下反应的 $\Delta_r H_m^\ominus = -285.830$ kJ/mol，$\Delta_r G_m^\ominus = -237.129$ kJ/mol。按上式计算的电池的能量转换效率可高达82.96%。由此可见，电池是一种可高效利用化学反应能量的装置，而且它不受理想热机效率的限制(不受高、低温热源温度的限制)。不过恒温恒压下反应的是电池能将化学能转化为电能的理论上的最大值，由于电池内阻、电极极化等因素的影响，电池效率往往并不能达到理论最大值。因此研究电池的性质，改进电池的设计，不断制造出效率高、成本低、污染小的新型电池，正是推动电化学研究不断深入的不竭动力之一。

物理化学中主要介绍电池在理想状态，也就是在可逆条件下的工作原理和基本热力学性质。

7.5.1 可逆电池

由于热力学研究的对象必须是平衡系统，对一个过程来说，平衡就意味着可逆，所以在用热力学的方法研究电池时，要求电池是可逆的。电池的可逆包括三方面的含义：

(1)化学可逆性。物质可逆，要求两个电极在充电时的电极反应必须是放电时的逆反应。

(2)热力学可逆性。能量可逆，要求电池在无限接近平衡的状态下工作，电池在充电时吸收的能量严格等于放电时放出的能量，并使系统和环境都能够复原。要满足能量可逆的要求，电池必须在电流趋于无限小，即 $I \to 0$ 的状态下工作。

不具有化学可逆性的电池不可能具有热力学可逆性，而具有化学可逆性的电池不一定以热力学可逆的方式工作，如可充电电池的实际充放电过程，一般都不是在 $I \to 0$ 的可逆状态下进行的。

(3)实际可逆性。即电池内没有由液接电势等因素引起的实际过程的不可逆性。严格说来，由两个不同电解质溶液构成的具有液体接界的电池，都是热力学不可逆的，因为在液体接界处存在着不可逆的离子扩散。不过在一般精度要求许可范围内，为研究方便，有时可忽略一些较小的不可逆性。

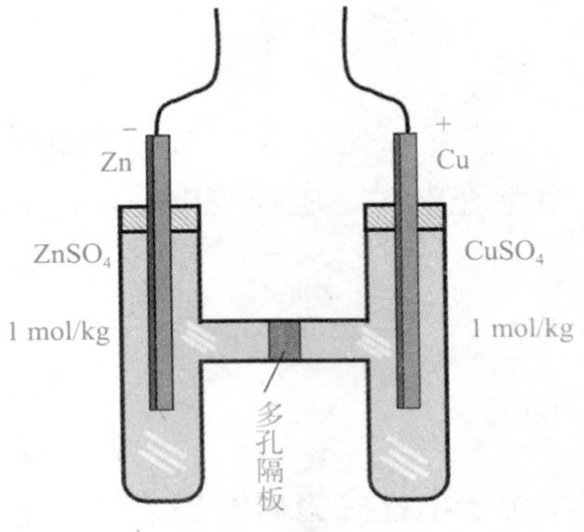

图 7.5.1　丹尼尔电池示意

下面结合两个具体电池加以讨论。

1. 丹尼尔(Daniel)电池

丹尼尔电池是一种铜-锌双液电池，是一个典型的原电池，如图7.5.1所示。该电池是由锌电极(将锌

片插入 $ZnSO_4$ 水溶液)作为阳极，铜电极(将铜片插入$CuSO_4$水溶液)作为阴极而组成的，其电极和电池反应为

$$\text{阳极：} Zn \longrightarrow Zn^{2+} + 2e^-$$

$$\text{阴极：} Cu^{2+} + 2e^- \longrightarrow Cu$$

$$\text{电池反应：} Zn + Cu^{2+} = Zn^{2+} + Cu$$

这种把阳极和阴极分别置于不同溶液中的电池，称为双液电池。为了防止两种溶液直接混合，而让离子仍能通过，中间用多孔隔板隔开。

为书写方便，人们通常用图式的方法来表示一个电池。丹尼尔电池的图式表示如下：

$$Zn|ZnSO_4(aq)\,\vdots\,CuSO_4(aq)|Cu$$

国际纯粹与应用化学联合会(IUPAC)规定，用图式法表示电池时，需将原电池中发生氧化反应的阳极写在左边，发生还原反应的阴极写在右边；用实垂线"|"表示相与相之间的界面；两液体之间的接界用单虚垂线"¦"表示，若加入盐桥则用双垂线"‖"表示(可以是实线，也可以是虚线)；同一相中的物质用逗号隔开。IUPAC 还定义，电池电动势 E 等于电流趋于零的极限情况下图式表示中右侧的电极电势 $E_{右}$ 与左侧的电极电势 $E_{左}$ 的差值，即

$$E = E_{右} - E_{左} \tag{7.5.2}$$

此时电池中的各点均建立了化学平衡和电荷平衡。

丹尼尔电池是具有化学可逆性的电池，在充电时上述电极反应将逆向进行。不过由于在液体接界处的离子扩散过程是不可逆的，故严格地讲，丹尼尔电池为不可逆电池。若忽略液体接界处的不可逆性，在 $I \to 0$ 的可逆充、放电条件下，可将丹尼尔电池近似看作可逆电池。

对于一些单液电池，例如 $Pt|H_2(p)|HCl(aq)|AgCl(s)|Ag$ 电池，由于电池中只有一种电解质存在，没有液接电势的问题，所以在化学可逆的前提下，在 $I \to 0$ 时可认为是一个高度可逆的电池。

不是任何原电池都具有化学可逆性。如果将丹尼尔电池中的 Zn 和 Cu 电极直接插在硫酸水溶液中组成电池，虽然是一个单液电池，却不是一个可逆电池，因为它不具有化学可逆性。当电池工作放电时，电极与电池反应为

$$\text{Zn 极：} Zn \longrightarrow Zn^{2+} + 2e^-$$

$$\text{Cu 极：} 2H^+ + 2e^- \longrightarrow H_2$$

$$\text{电池反应：} Zn + 2H^+ = Zn^{2+} + H_2$$

当电池充电时，电极与电池反应为

$$\text{Zn 极：} 2H^+ + 2e^- \longrightarrow H_2$$

$$\text{Cu 极：} Cu \longrightarrow Cu^{2+} + 2e^-$$

$$\text{电池反应：} Cu + 2H^+ = Cu^{2+} + H_2$$

由于电池在充电时所进行的电极和电池反应并不等于放电时的逆反应，所以这个电池不是一个可逆电池。

2. 韦斯顿标准电池

韦斯顿(Weston)标准电池是一个高度可逆的电池，其装置如图 7.5.2 所示。电池的阳极是含 $w(\mathrm{Cd})=0.125$ 的 Cd(汞齐)，将其浸于 $CdSO_4$ 溶液，该溶液为 $CdSO_4 \cdot \frac{8}{3}H_2O$ 晶体的饱和溶液。阴极为 Hg 与 Hg_2SO_4 的糊状体，此糊状体也浸在 $CdSO_4$ 的饱和溶液中。为了使引出的导线与糊状体接触紧密，在糊状体的下面放少许 Hg。

韦斯顿标准电池图式表示如下：

$$\mathrm{Cd(汞齐)[}w(\mathrm{Cd})=0.125\mathrm{]}\,|\,CdSO_4 \cdot \frac{8}{3}H_2O(s)\,|\,CdSO_4\text{饱和溶液}\,|\,Hg_2SO_4(s)\,|\,Hg$$

电极反应和电池反应为

$$\text{阳极：}Cd(\text{汞齐})+SO_4^{2-}+\frac{8}{3}H_2O(l)\longrightarrow CdSO_4\cdot\frac{8}{3}H_2O(s)+2e^-$$

$$\text{阴极：}Hg_2SO_4(s)+2e^-\longrightarrow 2Hg(l)+SO_4^{2-}$$

$$\text{电池反应：}Cd(\text{汞齐})+Hg_2SO_4(s)+\frac{8}{3}H_2O(l)=\!=\!=2Hg(l)+CdSO_4\cdot\frac{8}{3}H_2O(s)$$

韦斯顿标准电池的最大优点是它的电动势稳定，随温度改变很小。

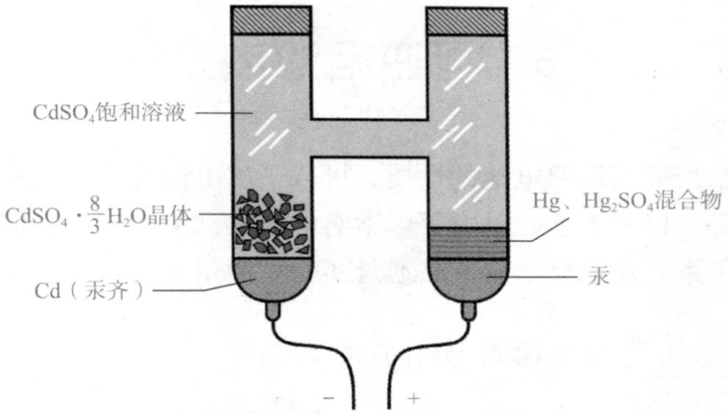

图 7.5.2　韦斯顿标准电池

除了上述饱和的韦斯顿标准电池外，还有不饱和的韦斯顿标准电池，其电动势受温度影响更小。韦斯顿标准电池的主要用途是配合电位计测定原电池的电动势。

7.5.2　电池电动势的测定

可逆电池电动势的测定必须在电流无限接近于零的条件下进行。因有电流通过电极时，极化作用的存在导致无法测得可逆电池电动势。

波根多夫(Poggendorff)对消法是人们常采用的测量电池电动势的方法，其原理是用一个方向相反但数值相同的外加电压，对抗待测电池的电动势，使电路中并无电流通过。具体线路如图 7.5.3 所示。工作电池经 AC 构成一个通路，在均匀电阻 AC 产生均匀电势降。待测电池的负极通过开关与工作电池的负极相连，正极经过检流计与滑动电阻的滑动端相连。这样，就在待测电池的外电路中加上了一个方向相反的电势差，它的大小由滑动接触点的位置决定。改变滑动接触点的位置，找到 B 点，若电钥闭合时，检流计中无电流通过，则待测电池的电动势恰被 AB 段的电势差完全抵消。

为了求得 AB 段的电势差，可换用标准电池与开关相连。标准电池的电动势 E_n 是已知的，而且保持恒定。用同样的方法可以找出检流计中无电流通过时的另一点 B'。AB'段的电势差就等于 E_n，因电势差与电阻线的长度成正比，故待测电池的电动势为

$$E_x = E_n \frac{\overline{AB}}{\overline{AB'}}$$

需要注意的是，实验测量原电池电动势时，如果电池的外接导线与电极材料不同时，导线与电极间也会存在接界电势，所以只有当导线与电极材料相同时，所测得的电动势才是式(7.5.2)定义的原电池电动势。

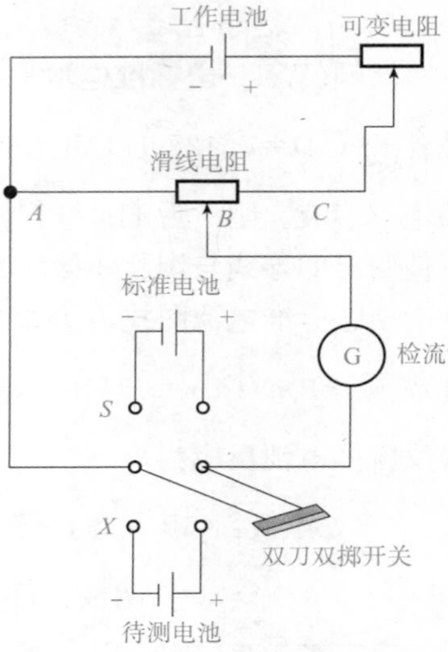

图 7.5.3　对消法测电动势原理

7.6　可逆电池热力学

用热力学方法来研究可逆原电池的性质，可以了解电池反应自发进行的原因，并从理论上计算电池电动势，以及浓度、温度等因素对电池电动势的影响。同时可利用电动势与热力学函数之间的关系，用电化学的方法通过实验来测量热力学函数。

7.6.1　可逆电动势与电池反应的吉布斯函数

由热力学第二定律可知，在恒温恒压下，系统吉布斯函数的改变等于系统与环境交换的可逆非体积功，即 $\Delta G = W'_r$。原电池在恒温恒压可逆放电时所做的可逆电功就是系统发生化学反应对环境所做的可逆非体积功 W'_r，其值等于可逆电动势 E 与电荷量 Q 的乘积。

电池反应所输出的电荷量可由法拉第定律式($Q = zF\xi$)计算。z 为电极反应转移的电子数，电池反应为两电极反应之和，所以 z 同样也是电池反应转移的电子数。对于微小过程，$\delta Q = zF\mathrm{d}\xi$，故可逆电功为

$$\delta W'_r = -(zF\mathrm{d}\xi)E \tag{7.6.1}$$

因电池对外做功，其值为负，故上式中右边添加负号。恒温恒压可逆过程中

$$\mathrm{d}G = \delta W'_r = -zFE\mathrm{d}\xi \tag{7.6.2}$$

由本书第 5 章可知，化学反应的摩尔吉布斯函数变为反应的吉布斯函数随反应进度的变化率，上式两边同时除以反应进度微变 $\mathrm{d}\xi$，可得

$$\Delta_r G_m = \left(\frac{\partial G}{\partial \xi}\right)_{T,p} = -zFE \tag{7.6.3}$$

该式表明，若一个化学反应 $\Delta_r G_m < 0$，则 $E > 0$，在恒温恒压可逆条件下，吉布斯函

数的减少可全部转化为对外做的电功。

式(7.6.3)还表明，测定一定温度压力下原电池的可逆电动势，可计算反应的吉布斯函数变，手册中一些物理化学数据就是利用这种方法测定的；反过来，如果已知反应的吉布斯函数变，也可以从理论上计算电池的可逆电动势。

7.6.2 原电池电动势的温度系数和电池摩尔反应熵

因$\left(\frac{\partial \Delta_r G_m}{\partial T}\right)_p = -\Delta_r S_m$，将式(7.6.3)代入此式中，得

$$\Delta_r S_m = zF\left(\frac{\partial E}{\partial T}\right)_p \tag{7.6.4}$$

式中，$\left(\frac{\partial E}{\partial T}\right)_p$称为原电池电动势的温度系数，它表示恒压下电动势随温度的变化率，单位为 V/K。其值可通过实验测定一系列不同温度下的电动势求得。实际上，这也是实验测定化学反应熵变的方法之一。

7.6.3 电池的摩尔反应焓

将式(7.6.3)和式(7.6.4)代入公式 $\Delta_r G_m = \Delta_r H_m - T\Delta_r S_m$，即得

$$\Delta_r H_m = -zFE + zFT\left(\frac{\partial E}{\partial T}\right)_p \tag{7.6.5}$$

由于焓是状态函数，所以按式(7.6.5)测量计算得出的 $\Delta_r H_m$ 与反应在电池外、没有非体积功情况下恒温恒压进行时的 $\Delta_r H_m$ 相等。因电池电动势能够精确地测量电池的电动势，故按式(7.6.5)计算出来的 $\Delta_r H_m$ 往往比用量热法测得的更为准确。要注意的是，反应在电池中进行时，由于做非体积功，所以此时的 $\Delta_r H_m$ 不等于反应的恒压热 Q_r。

7.6.4 原电池可逆放电时的反应热

原电池可逆放电时，化学反应热为可逆热 Q_r，在恒温下，$Q_r = T\Delta S$，将式(7.6.4)代入，得

$$Q_{r,m} = zFT\left(\frac{\partial E}{\partial T}\right)_p \tag{7.6.6}$$

由式(7.6.6)可知，在恒温下电池可逆放电时：

若$\left(\frac{\partial E}{\partial T}\right)_p = 0$，$Q_{r,m} = 0$，电池不吸热，也不放热；

若$\left(\frac{\partial E}{\partial T}\right)_p > 0$，$Q_{r,m} > 0$，电池从环境吸热；

若$\left(\frac{\partial E}{\partial T}\right)_p < 0$，$Q_{r,m} < 0$，电池向环境放热。

在恒温恒压可逆条件下，根据 $\Delta_r G_m = \Delta_r H_m - T\Delta_r S_m = W'$，代入电池反应的可逆热 $Q_{r,m}$，有 $\Delta_r H_m - W' = Q_{r,m}$，可以看出，此时的 $Q_{r,m}$是化学反应的 $\Delta_r H_m$ 中不能转化为可逆非体积功的那部分能量。另外还可看出，当$\left(\frac{\partial E}{\partial T}\right)_p > 0$、$Q_{r,m} < 0$ 时，电池对外所做的可逆

非体积功在绝对值上将大于反应的 $\Delta_r H_m$，此时电池的能量转化效率可大于 100%，当然这意味着环境要向电池提供热量。

【例 7.6.1】 25 ℃时，电池

$$Ag | AgCl(s) | HCl(b) | Cl_2(g, 100\ kPa) | Pt$$

的电动势 $E=1.136$ V，电动势的温度系数 $\left(\frac{\partial E}{\partial T}\right)_p=-5.95\times10^{-4}$ V/K。电池反应为

$$Ag+\frac{1}{2}Cl_2(g, 100\ kPa)=\!=\!=AgCl(s)$$

试计算该反应的 $\Delta_r G_m$、$\Delta_r S_m$、$\Delta_r H_m$ 及电池恒温可逆放电时过程的可逆热 $Q_{r,m}$。

解：电池反应 $Ag+\frac{1}{2}Cl_2(g, 100\ kPa)=\!=\!=AgCl(s)$转移的电子数 $z=1$。根据式(7.6.3)及式(7.6.4)得

$$\Delta_r G_m=-zFE=-1\times96\ 485\ C/mol\times1.136\ V=-109.6\ kJ/mol$$

$$\Delta_r S_m=zF\left(\frac{\partial E}{\partial T}\right)_p=1\times96\ 485\ C/mol\times(-5.95\times10^{-4}\ V/K)=-57.4\ J/(mol\cdot K)$$

恒温下，$\Delta_r G_m=\Delta_r H_m-T\Delta_r S_m$，故

$$\begin{aligned}\Delta_r H_m&=\Delta_r G_m+T\Delta_r S_m=-109.6\ kJ/mol+298.15\ K\times[-57.4\ J/(mol\cdot K)]\times10^{-3}\\&=-126.7\ kJ/mol\end{aligned}$$

$$Q_{r,m}=T\Delta_r S_m=298.15\ K\times[-57.4\ J/(mol\cdot K)]=-17.1\ kJ/mol$$

此例说明该反应若在恒温恒压、非体积功为 0 的情况下(如在烧瓶中)进行，$Q_{p,m}=\Delta_r H_m=-126.7$ kJ/mol，即发生 1 mol 进度反应时系统可向环境放热 126.7 kJ；但同样量的反应在原电池中恒温恒压可逆放电时放热 17.1 kJ；此时 $Q_{r,m}\neq\Delta_r H_m$，而少放出来的热量做了电功，因为 $W'_{r,m}=\Delta_r G_m=-109.6$ kJ/mol，而此电池的能量转换效率为 86.5%。

7.6.5 能斯特方程

结合化学平衡一章中曾讲到的吉布斯等温方程，对于化学反应

$$0=\sum_B \nu_B B$$

有
$$\Delta_r G_m=\Delta_r G_m^{\ominus}+RT\ln\prod_B\left(\frac{\tilde{p}_B}{p^{\ominus}}\right)^{\nu_B} \quad \text{(气相反应)}$$

或
$$\Delta_r G_m=\Delta_r G_m^{\ominus}+RT\ln\prod_B a_B^{\nu_B} \quad \text{(凝聚相反应)}$$

上式普遍适用各类反应，同样也适用电池反应。式中 $\Delta_r G_m^{\ominus}$ 为标准摩尔吉布斯函数变，根据式(7.6.3)，$\Delta_r G_m=-zFE$，相应有

$$\Delta_r G_m^{\ominus}=-zFE^{\ominus} \tag{7.6.7}$$

式中，$E^{\ominus}$ 为原电池的标准电动势，它等于参加电池反应的各物质均处在各自标准态时的电动势。

将式(7.6.3)及式(7.6.7)代入等温方程，得

$$E=E^{\ominus}-\frac{RT}{zF}\ln\prod_B a_B^{\nu_B} \tag{7.6.8}$$

此式称为电池的能斯特(Nernst)方程，是原电池的基本方程式。它表示一定温度下可

逆电池的电动势与参加电池反应各组分的活度或逸度之间的关系，反映了各组分的活度或逸度对电池电动势的影响。

当电池反应达到平衡时，$\Delta_r G_m=0$，$E=0$，根据 $\Delta_r G_m^{\ominus}=-RT\ln K^{\ominus}$，可以得到

$$E^{\ominus}=\frac{RT}{zF}\ln K^{\ominus} \tag{7.6.9}$$

式中，$K^{\ominus}$为反应的标准平衡常数。由式(7.6.9)可知，如能求得原电池的标准电动势 $E^{\ominus}$，即可求得该反应的标准平衡常数。

需要指出的是，原电池电动势 E 是强度量，对于一个原电池，只有一个电动势 E，与电池反应计量式的写法无关。电池反应的摩尔反应吉布斯函数 $\Delta_r G_m^{\ominus}$ 却与反应计量式的写法有关。例如丹尼尔电池的反应式可写作以下两种形式：

(1) $Zn+Cu^{2+}=\!=\!=Zn^{2+}+Cu$　　　　E_1，$\Delta_r G_{m,1}$

(2) $\frac{1}{2}Zn+\frac{1}{2}Cu^{2+}=\!=\!=\frac{1}{2}Zn^{2+}+\frac{1}{2}Cu$　　　　E_2，$\Delta_r G_{m,2}$

根据能斯特方程，有

$$E_1=E^{\ominus}-\frac{RT}{2F}\ln\frac{a(Zn^{2+})a(Cu)}{a(Zn)a(Cu^{2+})}$$

$$E_2=E^{\ominus}-\frac{RT}{F}\ln\frac{[a(Zn^{2+})]^{\frac{1}{2}}[a(Cu)]^{\frac{1}{2}}}{[a(Zn)]^{\frac{1}{2}}[a(Cu^{2+})]^{\frac{1}{2}}}$$

$$=E^{\ominus}-\frac{RT}{2F}\ln\frac{a(Zn^{2+})a(Cu)}{a(Zn)a(Cu^{2+})}$$

由此可得

$$E_1=E_2$$

反应的吉布斯函数变，根据 $\Delta_r G_m^{\ominus}=-zFE^{\ominus}$，有

$$\Delta_r G_{m,1}=-z_1FE=-2FE$$

$$\Delta_r G_{m,2}=-z_2FE=-FE$$

由此可得

$$\Delta_r G_{m,1}=2\Delta_r G_{m,2}$$

以上我们看到，对于同一原电池，若电池反应计量式的写法不同，则转移的电子数不同，由于摩尔反应吉布斯函数是与反应计量式相对应的，所以也不同；电池的电动势是电池固有的性质，只要组成电池的各种条件，如温度、组分的浓度等确定，电池电动势也就随之确定，不会因为反应计量式的写法不同而改变。

7.7 电极电势和液体接界电势

如前所述，原电池电动势 E 为右电极与左电极的电极电势之差，而这个差值实际上是电池内部的各个相界面上所产生电势差的总和。以丹尼尔电池为例：

$$\underset{\Delta\varphi_1}{Zn\,|\,ZnSO_4(a_1)}\ \underset{\Delta\varphi_2}{\vdots}\ \underset{\Delta\varphi_3}{CuSO_4(a_2)\,|\,Cu}$$

有

$$E=\Delta\varphi_1+\Delta\varphi_2+\Delta\varphi_3$$

式中，$\Delta\varphi_1$ 为阳极电势差，即 Zn 与 $ZnSO_4$ 溶液间的电势差；$\Delta\varphi_2$ 为液体接界电势差，即

$ZnSO_4$ 溶液与 $CuSO_4$ 溶液间的电势差，也叫扩散电势；$\Delta\varphi_3$ 为阴极电势差，即 Cu 与 $CuSO_4$ 溶液间的电势差。

本节将讨论单个电极的电势差和液体接界电势。

7.7.1 电极电势

单个电极电势差的绝对值是无法直接测定的，为方便计算和理论研究，人们提出了相对电极电势的概念，即选一个参考电极作为共同的比较标准，将某一电极 X 与参考电极构成一个电池，该电池的电动势即为 X 电极的电极电势。利用这种方法得到的电极电势数值，人们就可方便地计算由任意两个电极所组成的电池电动势。

原则上，任何电极都可以作为比较基准，IUPAC 规定选用标准氢电极作为阳极，待定 X 电极作为阴极，组成如下电池：

$$\mathrm{Pt}\,|\,\mathrm{H_2}(\mathrm{g},\ 100\ \mathrm{kPa})\,|\,\mathrm{H^+}[a(\mathrm{H^+})=1]\,|\,\mathrm{X电极}$$

此电池的电动势为 X 电极的电极电势，以 E(电极)表示。这样定义的电极电势为还原电极电势，因为待测电极发生的总是还原反应，这与电极实际发生的反应无关。当 X 电极中各组分均处在各自的标准态时，相应的电极电势称为标准电极电势，以 $E^{\ominus}$(电极)表示。

注意：任意温度下，标准氢电极中氢气的压力都为 100 kPa，溶液中 H^+ 的活度为 1。氢电极的标准电极电势规定为 0，即 $E^{\ominus}[\mathrm{H^+}\,|\,\mathrm{H_2(g)}]=0$。

下面结合锌电极讨论电极电势。

以锌电极作为阴极与标准氢电极组成如下电池：

$$\mathrm{Pt}\,|\,\mathrm{H_2}(\mathrm{g},\ 100\ \mathrm{kPa})\,|\,\mathrm{H^+}[a(\mathrm{H^+})=1]\,\|\,\mathrm{Zn^{2+}}[a(\mathrm{Zn^{2+}})]\,|\,\mathrm{Zn}$$

电极反应：阳极　$\mathrm{H_2}(\mathrm{g},\ 100\ \mathrm{kPa})\longrightarrow 2\mathrm{H^+}[a(\mathrm{H^+})=1]+2\mathrm{e^-}$

　　　　　阴极　$\mathrm{Zn^{2+}}[a(\mathrm{Zn^{2+}})]+2\mathrm{e^-}\longrightarrow \mathrm{Zn}$

电池反应：$\mathrm{Zn^{2+}}[a(\mathrm{Zn^{2+}})]+\mathrm{H_2}(\mathrm{g},\ 100\ \mathrm{kPa})=\!=\!=\mathrm{Zn}+2\mathrm{H^+}[a(\mathrm{H^+})=1]$

根据能斯特方程式(7.6.8)，有

$$E=E^{\ominus}-\frac{RT}{2F}\ln\frac{a(\mathrm{Zn})[a(\mathrm{H^+})]^2}{\dfrac{a(\mathrm{Zn^{2+}})p(\mathrm{H_2})}{p^{\ominus}}}$$

因标准氢电极中，$a(\mathrm{H^+})=1$，$p=p^{\ominus}=100\ \mathrm{kPa}$，故上式变为

$$E=E^{\ominus}-\frac{RT}{2F}\ln\frac{a(\mathrm{Zn})}{a(\mathrm{Zn^{2+}})}$$

按规定，此电池的电动势 E 即是锌电极的电极电势 $E(\mathrm{Zn^{2+}}\,|\,\mathrm{Zn})$，电池的标准电动势即为锌电极的标准电极电势 $E^{\ominus}(\mathrm{Zn^{2+}}\,|\,\mathrm{Zn})$，因此上式可写作

$$E(\mathrm{Zn^{2+}}\,|\,\mathrm{Zn})=E^{\ominus}(\mathrm{Zn^{2+}}\,|\,\mathrm{Zn})-\frac{RT}{2F}\ln\frac{a(\mathrm{Zn})}{a(\mathrm{Zn^{2+}})}$$

将上述方法推广到任意电极，由于待定电极的电极反应均规定为还原反应，以符号 O 表示氧化态、R 表示还原态，有

$$v_{\mathrm{O}}\mathrm{O}+z\mathrm{e^-}\longrightarrow v_{\mathrm{R}}\mathrm{R}$$

由此可得电极的能斯特方程的通式

$$E(\text{电极})=E^{\ominus}(\text{电极})-\frac{RT}{2F}\ln\frac{[a(\mathrm{R})]^{v_{\mathrm{R}}}}{[a(\mathrm{O})]^{v_{\mathrm{O}}}}\tag{7.7.1}$$

式中，$E^{\ominus}$(电极)为电极的标准电极电势。如有气体参加反应时，应将活度 a 换为相对压力$\frac{p}{p^{\ominus}}$进行计算。例如氯电极的电极反应为

$$Cl_2(g)+2e^- \longrightarrow 2Cl^-$$

电极的能斯特方程为

$$E(Cl_2|Cl^-)=E^{\ominus}(Cl_2|Cl^-)-\frac{RT}{2F}\ln\frac{[a(Cl^-)]^2}{\frac{p(Cl_2)}{p^{\ominus}}}$$

又如

$$MnO_4^- + 8H^+ + 5e^- \longrightarrow Mn^{2+} + 4H_2O$$

$$E(MnO_4^-|Mn^{2+})=E^{\ominus}(MnO_4^-|Mn^{2+})-\frac{RT}{5F}\ln\frac{a(Mn^{2+})[a(H_2O)]^4}{a(MnO_4^-)[a(H^+)]^8}$$

表 7.7.1 中列出了 25 ℃时水溶液中一些电极的标准电极电势。

表 7.7.1　25 ℃时在水溶液中一些电极的标准电极电势(标准态压力 $p^{\ominus}=100$ kPa)

电极	电极反应	$E^{\ominus}$/V
第一类电极		
$Li^+ \mid Li$	$Li^+ + e^- \longrightarrow Li$	−3.040 3
$K^+ \mid K$	$K^+ + e^- \longrightarrow K$	−2.931
$Ba^{2+} \mid Ba$	$Ba^{2+} + 2e^- \longrightarrow Ba$	−2.912
$Ca^{2+} \mid Ca$	$Ca^{2+} + 2e^- \longrightarrow Ca$	−2.868
$Na^+ \mid Na$	$Na^+ + e^- \longrightarrow Na$	−2.71
$Mg^{2+} \mid Mg$	$Mg^{2+} + 2e^- \longrightarrow Mg$	−2.372
$H_2O, OH^- \mid H_2(g) \mid Pt$	$2H_2O + 2e^- \longrightarrow H_2(g) + 2OH^-$	−0.827 7
$Zn^{2+} \mid Zn$	$Zn^{2+} + 2e^- \longrightarrow Zn$	−0.762 0
$Cr^{3+} \mid Cr$	$Cr^{3+} + 3e^- \longrightarrow Cr$	−0.744
$Cd^{2+} \mid Cd$	$Cd^{2+} + 2e^- \longrightarrow Cd$	−0.403 2
$Co^{2+} \mid Co$	$Co^{2+} + 2e^- \longrightarrow Co$	−0.28
$Ni^{2+} \mid Ni$	$Ni^{2+} + 2e^- \longrightarrow Ni$	−0.257
$Sn^{2+} \mid Sn$	$Sn^{2+} + 2e^- \longrightarrow Sn$	−0.137 7
$Pb^{2+} \mid Pb$	$Pb^{2+} + 2e^- \longrightarrow Pb$	−0.126 4
$Fe^{3+} \mid Fe$	$Fe^{3+} + 3e^- \longrightarrow Fe$	−0.037
$H^+ \mid H_2(g) \mid Pt$	$2H^+ + 2e^- \longrightarrow H_2(g)$	0.000 0
$Cu^{2+} \mid Cu$	$Cu^{2+} + 2e^- \longrightarrow Cu$	+0.341 7
$H_2O, OH^- \mid O_2(g) \mid Pt$	$O_2 + 4H_2O + 4e^- \longrightarrow 4OH^-$	+0.401
$Cu^+ \mid Cu$	$Cu^+ + 2e^- \longrightarrow Cu$	+0.521
$I^- \mid I_2(s) \mid Pt$	$I_2(s) + 2e^- \longrightarrow 2I^-$	+0.535 3
$Hg_2^{2+} \mid Hg$	$Hg_2^{2+} + 2e^- \longrightarrow 2Hg$	+0.797 1

续表

电极	电极反应	$E^{\ominus}$/V
$Ag^+ \mid Ag$	$Ag^+ + e^- \longrightarrow Ag$	+0.799 4
$Hg^{2+} \mid Hg$	$Hg^{2+} + 2e^- \longrightarrow Hg$	+0.851
$Br^- \mid Br_2(l) \mid Pt$	$Br_2(l) + 2e^- \longrightarrow 2Br^-$	+1.066
$H_2O, H^+ \mid O_2(g) \mid Pt$	$O_2 + 4H^+ + 4e^- \longrightarrow 4H_2O$	+1.229
$Cl^- \mid Cl_2(g) \mid Pt$	$Cl_2(g) + 2e^- \longrightarrow 2Cl^-$	+1.357 9
$Au^+ \mid Au$	$Au^+ + e^- \longrightarrow Au$	+1.692
$F^- \mid F_2(g) \mid Pt$	$F_2(g) + 2e^- \longrightarrow 2F^-$	+2.866
第二类电极		
$SO_4^{2-} \mid PbSO_4(s) \mid Pb$	$PbSO_4(s) + 2e^- \longrightarrow Pb + SO_4^{2-}$	−0.359 0
$I^- \mid AgI(s) \mid Ag$	$AgI(s) + e^- \longrightarrow Ag + I^-$	−0.152 41
$Br^- \mid AgBr(s) \mid Ag$	$AgBr(s) + e^- \longrightarrow Ag + Br^-$	+0.071 16
$Cl^- \mid AgCl(s) \mid Ag$	$AgCl(s) + e^- \longrightarrow Ag + Cl^-$	+0.222 16
$Cl^- \mid Hg_2Cl_2(s) \mid Ag$	$Hg_2Cl_2(s) + 2e^- \longrightarrow 2Hg + 2Cl^-$	+0.267 91
第三类电极		
$Cr^{3+}, Cr^{2+} \mid Pt$	$Cr^{3+} + e^- \longrightarrow Cr^{2+}$	−0.407
$Sn^{4+}, Sn^{2+} \mid Pt$	$Sn^{4+} + 2e^- \longrightarrow Sn^{2+}$	+0.151
$Cu^{2+}, Cu^+ \mid Pt$	$Cu^{2+} + e^- \longrightarrow Cu^+$	+0.153
H^+，醌，氢醌 $\mid Pt$	$C_6H_4O_2 + 2H^+ + 2e^- \longrightarrow C_6H_4(OH)_2$	+0.699 0
$Fe^{3+}, Fe^{2+} \mid Pt$	$Fe^{3+} + e^- \longrightarrow Fe^{2+}$	+0.771
$Tl^{3+}, Tl^+ \mid Pt$	$Tl^{3+} + 2e^- \longrightarrow Tl^+$	+1.252
$Ce^{4+}, Ce^{3+} \mid Pt$	$Ce^{4+} + e^- \longrightarrow Ce^{3+}$	+1.72
$Co^{3+}, Co^{2+} \mid Pt$	$Co^{3+} + e^- \longrightarrow Co^{2+}$	+1.92

注：表中数据取自 CRC Handbook of Chemistry and Physics，1987 版，2006—2007 年，手册中原为 $p=101.325$ kPa 下的电极电势，现已换算成 $p^{\ominus}=100$ kPa 下的值①。

由于规定了标准电极电势对应的反应均为还原反应，所以若 $E^{\ominus}$(电极)为正值，例如 $E^{\ominus}(Cu^{2+} \mid Cu)=0.341\ 7$ V，则 $\Delta G_m^{\ominus}(T, p)<0$，表示当各反应组分均处在标准态时，电池反应 $Cu^{2+}+H_2(g) \Longrightarrow Cu+2H^+$ 能自发进行，即在该条件下 $H_2(g)$ 能还原 Cu^{2+}，电池自然放

① 根据 GB 3102.8—1993，某一电极在 101.325 kPa 和 100 kPa 下标准电极电势的关系为

$$E(100\ \text{kPa})=E(101.325\ \text{kPa})-\left[\frac{RT\sum_B v_{B(g)}}{zF}\right]\ln\frac{100}{101.325}$$

在 25 ℃时

$$E(100\ \text{kPa})=E(101.325\ \text{kPa})+0.338\ 2\ \text{mV}\left(\frac{\sum_B v_{B(g)}}{z}\right)$$

式中，$\sum_B v_{B(g)}$ 为该电极作为阴极、标准氢电极作为阳极构成原电池时，电池反应中各气体组分化学计量数之和；z 为电池反应转移的电子数。除氢电极以外，标准压力的改变对所有电极的标准电极电势均有影响，但一般只有零点几毫伏。

电时，铜电极上实际进行的确为还原反应。相反，若 $E^{\ominus}$(电极)为负值，$E^{\ominus}(Zn^{2+}|Zn)=-0.762\ 0\ V$，则 $\Delta G_m^{\ominus}(T, p)>0$，表明当各反应组分均处在标准态时，电池反应 $Zn^{2+}+H_2(g)=\!=\!=Zn+2H^+$ 不能自发进行，即在该条件下，$H_2(g)$不能还原 Zn^{2+}，而其逆反应能自发进行，也就是说，电池自然放电时，锌电极上实际进行的不是还原反应，而是氧化反应。

由此可见，还原电极电势的高低，反映了电极氧化态物质获得电子变成还原态物质趋势的大小。随电势的升高，氧化态物质获得电子变为还原态物质的趋势在增强；而反过来，随电势的降低，还原态物质失去电子变成氧化态物质的趋势在增强。

根据式(7.5.2)，原电池的电动势是两个电极电势之差，即 $E=E_{右}-E_{左}$，这样计算出的 E 若为正值，则表示在该条件下电池反应能自发进行。

与式(7.5.2)类似，原电池的标准电动势

$$E^{\ominus}=E^{\ominus}_{右}-E^{\ominus}_{左} \tag{7.7.2}$$

7.7.2 原电池电动势的计算

利用标准电极电势和能斯特方程，可以计算由任意两个电极构成电池的电动势。方法有二：一是先按电极的能斯特方程式(7.7.1)分别计算两个电极的电极电势 $E_{左}$ 和 $E_{右}$，然后按式(7.5.2)计算电池的电动势 E；二是先按式(7.7.2)计算电池的标准电动势 $E^{\ominus}$，然后按电池的能斯特方程式(7.6.8)计算电池的电动势 E。

【例 7.7.1】 试计算 25 ℃ 时下列电池的电动势。

$$Zn|ZnSO_4(b=0.001\ mol/kg)||CuSO_4(b=1.0\ mol/kg)|Cu$$

解：采用第一种方法，由两电极的电极电势求电池的电动势。先写出电极反应

阳极反应：$Zn \longrightarrow Zn^{2+}+2e^-$

阴极反应：$Cu^{2+}+2e^- \longrightarrow Cu$

电极电势表达式(7.7.1)中，纯固体的活度为 1，离子的活度应按式(7.4.13) $a_+=\gamma_+\left(\dfrac{b_+}{b^{\ominus}}\right)$，根据离子的浓度及活度因子求出其活度。

由于单个离子的活度因子无法测定，故常近似认为 $\gamma_+=\gamma_-=\gamma_{\pm}$。查表 7.4.1，25 ℃ 时 0.001 mol/kg $ZnSO_4$ 水溶液的 $\gamma_{\pm}=0.734$，1.00 mol/kg $CuSO_4$ 水溶液的 $\gamma_{\pm}=0.047$。查表 7.7.1，$E^{\ominus}(Zn^{2+}|Zn)=-0.762\ 0\ V$，$E^{\ominus}(Cu^{2+}|Cu)=0.341\ 7\ V$。电极反应 $z=2$，于是

$$\begin{aligned}E_{左}&=E(Zn^{2+}|Zn)=E^{\ominus}(Zn^{2+}|Zn)-\frac{0.059\ 16\ V}{2}\lg\frac{a(Zn)}{a(Zn^{2+})}\\&=E^{\ominus}(Zn^{2+}|Zn)-\frac{0.059\ 16\ V}{2}\lg\frac{1}{\gamma(Zn^{2+})\cdot\left[\dfrac{b(Zn^{2+})}{b^{\ominus}}\right]}\\&=-0.762\ 0\ V-\frac{0.059\ 16\ V}{2}\lg\frac{1}{0.734\times0.001}=-0.854\ 7\ V\end{aligned}$$

$$E_{右}=E(Cu^{2+}|Cu)=E^{\ominus}(Cu^{2+}|Cu)-\frac{0.059\ 16\ V}{2}\lg\frac{a(Cu)}{a(Cu^{2+})}$$

$$=E^{\ominus}(Cu^{2+}|Cu)-\frac{0.059\,16\ V}{2}\lg\frac{1}{\gamma(Cu^{2+})\cdot\left[\frac{b(Cu^{2+})}{b^{\ominus}}\right]}$$

$$=0.341\,7\ V-\frac{0.059\,16\ V}{2}\lg\frac{1}{0.047\times1.0}=0.302\,4\ V$$

最后，得电池电动势

$$E=E_{右}-E_{左}=1.157\ V$$

【例 7.7.2】 写出下列电池的电极和电池反应，并利用电池的能斯特方程计算 25 ℃下 $b(HCl)=0.1$ mol/kg 时的电池电动势。

$$Pt|H_2(g,\ 100\ kPa)|HCl(b)|AgCl(s)|Ag$$

解：采用第二种方法，按电池的能斯特方程求算电池电动势。先写出电极和电池反应，

阳极反应：$\frac{1}{2}H_2(g,\ 100\ kPa)\longrightarrow H^+(b)+e^-$

阴极反应：$AgCl(s)+e^-\longrightarrow Ag(s)+Cl^-(b)$

电池反应：$\frac{1}{2}H_2(g,\ 100\ kPa)+AgCl(s)=\!=\!=H^+(b)+Ag(s)+Cl^-(b)$

首先计算电池的标准电动势，查表 7.7.1，可知 $E^{\ominus}[Cl^-|AgCl(s)|Ag]=0.222\,16$ V，$E^{\ominus}[H^+|H_2(g)|Pt]=0$ V 电池的标准电动势为

$$E^{\ominus}=E^{\ominus}[Cl^-|AgCl(s)|Ag]-E^{\ominus}[H^+|H_2(g)|Pt]=(0.222\,16-0)V=0.222\,16\ V$$

根据电池反应，可由电池的能斯特方程计算电池的电动势

$$E=E^{\ominus}-\frac{RT}{F}\ln\frac{a(Ag)a(H^+)a(Cl^-)}{a(AgCl)\left[\frac{p(H_2)}{p^{\ominus}}\right]^{\frac{1}{2}}}$$

由于上式中 $a(Ag)=1$，$a(AgCl)=1$，$\frac{p(H_2)}{p^{\ominus}}=1$，所以实际只要计算 $a(H^+)a(Cl^-)$ 的值代入即可。由于此题中 H^+ 和 Cl^- 是构成一个电解质溶液的两种离子，故可通过平均离子活度 $a_{\pm}$ 及平均离子活度因子 $\gamma_{\pm}$ 来计算(如离子不在同一溶液中，则需分别计算其活度)：

$$a(H^+)\cdot a(Cl^-)=a_{\pm}^2=\gamma_{\pm}^2\left(\frac{b_{\pm}}{b^{\ominus}}\right)^2=\gamma_{\pm}^2\left(\frac{b}{b^{\ominus}}\right)^2$$

查表 7.4.1，25 ℃下 $b=0.1$ mol/kg 的 HCl 水溶液的 $\gamma_{\pm}=0.796$，代入上面的能斯特方程，可有

$$E=E^{\ominus}-\frac{RT}{F}\ln[a(H^+)a(Cl^-)]=E^{\ominus}-\frac{RT}{F}\ln a_{\pm}^2$$

$$=E^{\ominus}-\frac{2RT}{F}\ln a_{\pm}=E^{\ominus}-\frac{2RT}{F}\ln\frac{\gamma_{\pm}b}{b^{\ominus}}$$

$$=0.222\,16\ V-2\times0.059\,16\ V\times\lg(0.796\times0.1)$$

$$=0.352\,2\ V$$

由该题可知，在已知电解质浓度 b 的情况下，只要查出该浓度下的 $\gamma_{\pm}$，即可通过能斯特方程计算电池的电动势。反过来，这也为测定电解质溶液的平均离子活度和平均离子

活度因子提供了一个方便、准确的方法。将待测电解质溶液和适当的电极组成电池，测定其在不同浓度下的电动势，即可通过电池的能斯特方程计算不同浓度下的 $a_{\pm}$，进而得到不同浓度的 $\gamma_{\pm}$。许多电解质溶液的 $\gamma_{\pm}$ 正是由这种方法测定得到的。

7.7.3 液体接界电势和盐桥

在两种不同溶液的界面上存在的电势差称为液体接界电势或扩散电势。液体接界电势是由于溶液中离子扩散速度不同而引起的。例如，两种浓度不同的 HCl 溶液界面上，HCl 从浓溶液向稀溶液扩散，在扩散过程中，H^+ 的运动速度比 Cl^- 的运动速度快，所以在稀溶液的一边将出现过剩的 H^+ 而使稀溶液带正电，同时在浓溶液的一边则由于留下过剩的 Cl^- 而带负电。这样，在界面两边便产生了电势差。电势差的产生，一方面使 H^+ 运动速度降低，另一方面使 Cl^- 运动速度增加。最后达到稳定状态，两种离子以相同的速度通过界面，电势差保持恒定，这就是液体接界电势。

液体接界电势的计算可用下列说明。设由同一种电解质 $AgNO_3$ 的两种不同浓度的溶液形成如下的液体接界：

$$-)AgNO_3(a_{\pm,1}) \,\vdots\, AgNO_3(a_{\pm,2})(+$$

两溶液的平均离子活度分别为 $a_{\pm,1}$、$a_{\pm,2}$，“$\vdots$”代表有接界电势的液体接界，其液体接界电势为 E(液接)。

在可逆情况下，有物质的量为 n 的电子即 nF 的电荷量通过液体接界面，则有电功

$$W'_{\mathrm{r}}=\Delta G=-nFE(\text{液接}) \tag{7.7.3}$$

式中，ΔG 是电迁移过程中的吉布斯函数变。由于通过的电荷量是阴、阳离子迁移的电荷量之和，设离子迁移数与 $AgNO_3$ 溶液的浓度无关，则这一过程将有 t_+n 的 Ag^+，从平均活度为 $a_{\pm,1}$ 的溶液通过界面迁移至平均活度为 $a_{\pm,2}$ 的溶液，与此同时，有 t_-n 的 NO_3^-，从平均活度为 $a_{\pm,2}$ 的溶液通过界面迁移至平均活度为 $a_{\pm,1}$ 的溶液。由化学势的定义式 $\mu=\mu^{\ominus}+RT\ln a$，可得出这一过程的吉布斯函数变

$$\begin{aligned}\Delta G&=\Delta G(Ag^+)+\Delta G(NO_3^-)\\&=t_+nRT\ln\frac{a_{+,2}}{a_{+,1}}+t_-nRT\ln\frac{a_{-,1}}{a_{-,2}}\end{aligned}$$

设 $AgNO_3$ 溶液中 $a_+=a_-=a_{\pm}$，则

$$\Delta G=(t_+-t_-)nRT\ln\frac{a_{\pm,2}}{a_{\pm,1}} \tag{7.7.4}$$

结合式(7.7.3)，可得

$$E(\text{液接})=(t_+-t_-)\frac{RT}{F}\ln\frac{a_{\pm,1}}{a_{\pm,2}} \tag{7.7.5}$$

式(7.7.5)只适用两接界溶液中电解质种类相同且为 1-1 型电解质。若为其他类型电解质，甚至两接界溶液的电解质种类不同，可用同样的原理推导。

由上可知，液体接界电势的大小及符号和两电解质溶液的平均离子活度有关，也和电解质的本性有关。

【例 7.7.3】 已知 25 ℃时 $AgNO_3$ 溶液中离子迁移数 $t_+=0.470$，且与溶液浓度无关，两 $AgNO_3$ 溶液平均离子活度 $a_{\pm,1}=0.10$，$a_{\pm,2}=1.00$，求液体接界电势。

解：$t_-=1-t_+=0.530$，因溶液电解质均为 $AgNO_3$，且为 1-1 型，故将有关数值代入式(7.7.5)，可得

$$E(\text{液接})=(t_+-t_-)\frac{RT}{F}\ln\frac{a_{\pm,1}}{a_{\pm,2}}$$

$$=(0.470-0.530)\times\frac{8.314\ \text{J/(mol}\cdot\text{K)}\times 298.15\ \text{K}}{96\ 485\ \text{C/mol}}\ln\frac{0.10}{1.00}=0.003\ 5\ \text{V}$$

从上例中可知，液体接界电势数值不是太小，在精确测量中不容忽略，因此必须设法消除。为了尽量减小液体接界电势，通常在两液体之间连接上一个称作“盐桥”的高浓度电解质溶液。这个电解质的阴、阳离子需有极为接近的迁移数。用高浓度的电解质溶液作为盐桥连接两液体，主要扩散作用出自盐桥，若盐桥中阴、阳离子有近似相同的迁移数，则液体接界电势就会降低到最小值。KCl 的饱和溶液最适合盐桥的条件，实际应用时一般用琼脂做载体将 KCl 溶液固定在 U 形管中。但应注意，盐桥溶液不能与原溶液发生作用，例如对于 $AgNO_3$ 溶液来说，就不能用 KCl 溶液作为盐桥，而必须改用其他合适的电解质溶液。

7.8 电极的分类

虽然任何电极上进行的反应从本质上说都是电子得失的氧化-还原反应，但通常根据电极材料和与它相接触的溶液将电极分为三类。

7.8.1 第一类电极

这类电极的特点是电极直接与它的离子溶液相接触，参与反应的物质存在于两个相中，电极有一个相界面。第一类电极又可分为金属电极和非金属电极：金属电极是由 0 价金属和它的离子溶液组成的电极；非金属电极则除 0 价非金属及其离子溶液外，还需借助惰性金属电极(如铂电极、钯电极等)来共同组成电极，惰性金属电极不参加电极反应，只起电子传输作用。常见的非金属电极有氢电极、氧电极和卤素电极。

1. 金属电极和卤素电极

金属电极和卤素电极的电极反应均较简单，例如锌电极，电极表示为 $Zn^{2+}|Zn$，电极反应为

$$Zn^{2+}+2e^-\longrightarrow Zn$$

又如氯电极，电极表示为 $Cl_2(g)|Cl^-|Pt$，电极反应为

$$Cl_2(g)+2e^-\longrightarrow Cl^-$$

2. 氢电极

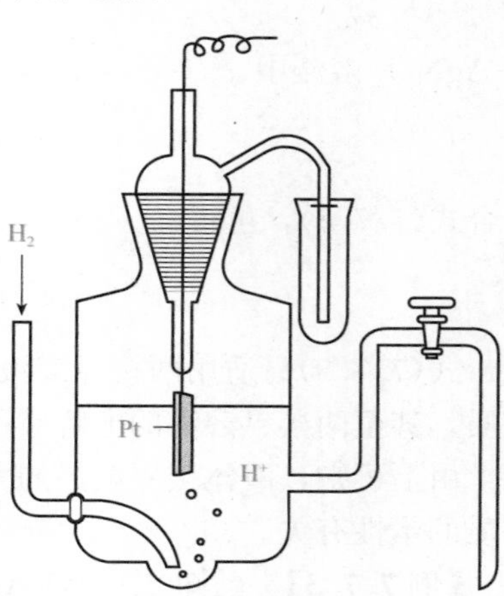

图 7.8.1　氢电极构造

标准氢电极是重要的参比电极，它是定义标准电极电势的基础。氢电极为典型的非金属气体电极，其结构如图 7.8.1 所示。将镀有铂黑的铂片浸入含有 H^+ 的溶液，并不断通入氢气，使溶液被氢气饱和，即构成气体

氢电极。该电极的电极反应

$$H^+ + 2e^- \longrightarrow H_2(g)$$

标准电极电势

$$E^{\ominus}[H^+ | H_2(g)] = 0$$

氢电极的最大优点是其电极电势随温度改变很小。它的使用条件比较苛刻，既不能用在含有氧化剂的溶液中，也不能用在含有汞或砷的溶液中。

通常所说的作为参比电极的氢电极是由铂电极和含有 H^+ 的酸性溶液所组成的电极，而氢电极也可将铂片浸入碱性溶液构成，其电极表示为 $H_2O, OH^- | H_2(g) | Pt$，电极反应为

$$2H_2O + 2e^- \longrightarrow H_2(g) + 2OH^-$$

25 ℃下碱性氢电极的标准电极电势 $E^{\ominus}[H_2O, OH^- | H_2(g)] = -0.828$ V，其值可借助水的离子积计算得出，见例 7.8.1。

【例 7.8.1】 将碱性氢电极和酸性氢电极组成如下电池：

$$Pt | H_2(g, 100\ kPa) | H^+ \| H_2O, OH^- | H_2(g, 100\ kPa) | Pt$$

写出电极、电池反应和电池电动势的能斯特方程，并计算 $E^{\ominus}[H_2O, OH^- | H_2(g)]$。

解：该电池由酸性氢电极作阳极、碱性氧电极作阴极，其电极反应为

阳极反应：$\frac{1}{2}H_2(g, 100\ kPa) \longrightarrow H^+ + e^-$

阴极反应：$H_2O + e^- \longrightarrow OH^- + \frac{1}{2}H_2(g, 100\ kPa)$

电池反应：$H_2O = OH^- + H^+$

由能斯特方程，有

$$E = E^{\ominus} - \frac{RT}{F}\ln\frac{a(H^+)a(OH^-)}{a(H_2O)}$$

其中，$E^{\ominus} = E^{\ominus}[H_2O, OH^- | H_2(g)] - E^{\ominus}[H^+ | H_2(g)]$。电池反应达到平衡时，$E=0$，则

$$E^{\ominus} = \frac{RT}{F}\ln K_w$$

即
$$E^{\ominus}[H_2O, OH^- | H_2(g)] = E^{\ominus}[H^+ | H_2(g)] + \frac{RT}{F}\ln K_w$$

因 $E^{\ominus}[H^+ | H_2(g)] = 0$，且 25 ℃时水的离子积 $K_w = 1.008 \times 10^{-14}$，代入得

$$E^{\ominus}[H_2O, OH^- | H_2(g)] = \frac{RT}{F}\ln K_w$$

$$= 0.059\ 16\ V \times \lg(1.008 \times 10^{-14}) = -0.828\ V$$

3. 氧电极

氧电极在结构上与氢电极类似，也是将镀有铂黑的铂片浸入酸性或碱性(常见)溶液中构成，只是通入的气体为 $O_2(g)$。

酸性氧电极：　　$H_2O, H^+ | O_2(g) | Pt$

电极反应：　　$O_2(g) + 4H^+ + 4e^- \longrightarrow 2H_2O$

25 ℃下：　　$E^{\ominus}[H_2O, H^+ | O_2(g)] = 1.229$ V

碱性氧电极：　　$H_2O, OH^- | O_2(g) | Pt$

电极反应：　　　　　　　$O_2+2H_2O+4e^- \longrightarrow 4OH^-$

25 ℃下：　　　　　　$E^{\ominus}[H_2O, OH^- | O_2(g)]=0.401\ V$

碱性氧电极与酸性氧电极的标准电极电势之间的关系与氢电极的类似，同样可用例 7.8.1 中的方法推导：

$$E^{\ominus}[H_2O, OH^- | O_2(g)]=E^{\ominus}[H_2O, H^+ | O_2(g)]+\frac{RT}{F}\ln K_w$$

该式也可以借助反应的 $\Delta_r G_m^{\ominus}$ 以其与 $E^{\ominus}$ 和 $K^{\ominus}$ 的关系来推导。

从上面的推导结果可以看到，无论是氢电极还是氧电极，其碱性电极电势均为酸性电极电势加上一个 $\frac{RT}{F}\ln K_w$ 项，而这一规律也适用后面的金属-难溶氧化物电极。

7.8.2　第二类电极

第二类电极包括金属-难溶盐和金属-难溶氧化物电极，这类电极的特点是参与反应的物质存在于三个相中，电极有两个相界面。

1. 金属-难溶盐电极

这类电极是由金属和它的难溶盐以及具有与难溶盐相同阴离子的易溶盐溶液组成。最常用的有银-氯化银电极和甘汞电极。

银-氯化银电极是在金属银上覆盖一层氯化银，然后将它浸入含有 Cl^- 的溶液中构成的，如图 7.8.2 所示。

甘汞电极如图 7.8.3 所示，底部为金属 Hg，上面是由 Hg 和 $Hg_2Cl_2(s)$ 制成的糊状物，再上面为 KCl 溶液。导线为铂丝，装入玻璃管，插到仪器底部。

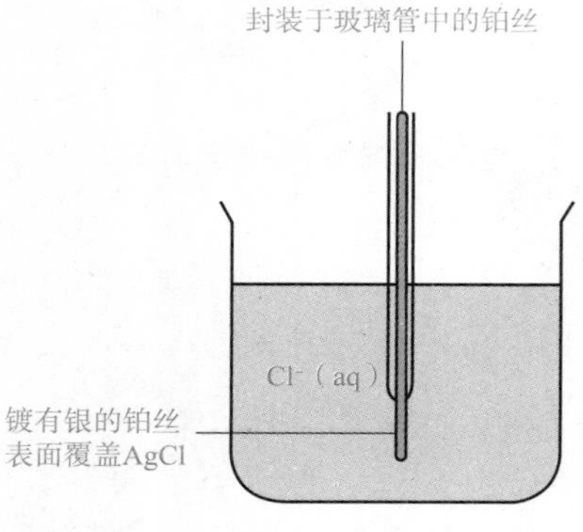

图 7.8.2　银-氯化银电极

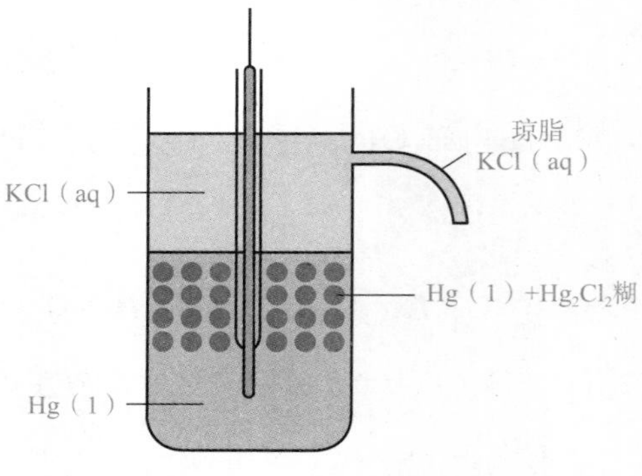

图 7.8.3　甘汞电极

甘汞电极可表示为 $Cl^- | Hg_2Cl_2(s) | Hg$，电极反应为

$$Hg_2Cl_2(s)+2e^- \longrightarrow 2Hg+2Cl^-$$

电极电势为

$$E(\text{甘汞})=E^{\ominus}(\text{甘汞})-\frac{RT}{F}\ln a(Cl^-)$$

由此式可知，甘汞电极的电极电势在温度恒定时只与 Cl^- 的活度有关，按 KCl 水溶液浓度的不同，常用的甘汞电极有三种，见表 7.8.1。

表 7.8.1　不同浓度甘汞电极的电极电势

KCl 浓度	E_t/V	E(298.15 K)/V
0.1 mol/dm^3	$0.3335-7\times10^{-5}(t/℃-25)$	0.333 5
1 mol/dm^3	$0.2799-2.4\times10^{-4}(t/℃-25)$	0.279 9
饱和	$0.2410-7.6\times10^{-4}(t/℃-25)$	0.241 0

甘汞电极的优点是容易制备，电极电势稳定。在测量电池电动势时，常用甘汞电极做参比电极。

【例 7.8.2】 已知 25 ℃时，下列电池的电动势 E=0.609 5 V，试计算待测溶液的 pH 值。

$$\mathrm{Pt}\,|\,\mathrm{H_2}(\mathrm{g},\ 100\ \mathrm{kPa})\,|\,\text{待测溶液}\,\|\,\mathrm{KCl}(0.1\ \mathrm{mol/dm^3})\,|\,\mathrm{Hg_2Cl_2(s)}\,|\,\mathrm{Hg}$$

解：查表 7.8.1 知

$$E_{右}=E[\mathrm{Cl^-}\,|\,\mathrm{Hg_2Cl_2(s)}\,|\,\mathrm{Hg}]=0.3335\ \mathrm{V}$$

$$E_{左}=E[\mathrm{H^+}\,|\,\mathrm{H_2(g)}]=E^{\ominus}[\mathrm{H^+}\,|\,\mathrm{H_2(g)}]-\frac{RT}{2F}\ln\frac{\dfrac{p(\mathrm{H_2})}{p^{\ominus}}}{a(\mathrm{H^+})^2}$$

因 $E^{\ominus}[\mathrm{H^+}\,|\,\mathrm{H_2(g)}]=0$，$\dfrac{p(\mathrm{H_2})}{p^{\ominus}}=1$，$-\lg a(\mathrm{H^+})=\mathrm{pH}$，故

$$E_{左}=-0.05916\ \mathrm{V}\cdot\mathrm{pH}$$

由式 $E=E_{右}-E_{左}$，已知 E=0.609 5 V，故

$$0.6095=0.3335-(-0.05916\ \mathrm{V}\cdot\mathrm{pH})$$

解得

$$\mathrm{pH}=4.67$$

甘汞电极的电极反应也可看成是分两步同时进行的，由一个难溶盐的溶解反应(1)和一个亚汞离子的还原反应(2)组成：

(1) $\mathrm{Hg_2Cl_2(s)}\longrightarrow \mathrm{Hg_2^{2+}}+2\mathrm{Cl^-}$

(2) $\mathrm{Hg_2^{2+}}+2\mathrm{e^-}\longrightarrow 2\mathrm{Hg}$

反应(1)和反应(2)之和即为甘汞电极的电极反应：

(3) $\mathrm{Hg_2Cl_2(s)}+2\mathrm{e^-}\longrightarrow 2\mathrm{Hg}+2\mathrm{Cl^-}$

由此可知，甘汞电极与金属 $\mathrm{Hg_2^{2+}}\,|\,\mathrm{Hg}$ 电极的标准电极电势之间存在着一定的关系，现推导如下：

因　　反应(3)=反应(2)+反应(1)

所以有　　$\Delta_r G_m^{\ominus}(3)=\Delta_r G_m^{\ominus}(2)+\Delta_r G_m^{\ominus}(1)$

因 $\Delta_r G_m^{\ominus}(3)=-zFE^{\ominus}(\text{甘汞})$，$\Delta_r G_m^{\ominus}(2)=-zFE^{\ominus}(\mathrm{Hg_2^{2+}}\,|\,\mathrm{Hg})$，$\Delta_r G_m^{\ominus}(1)=-RT\ln K_{sp}$

所以可得

$$E^{\ominus}(\text{甘汞})=E^{\ominus}(\mathrm{Hg_2^{2+}}\,|\,\mathrm{Hg})+\frac{RT}{zF}\ln K_{sp}$$

即甘汞电极的标准电极电势为金属汞-亚汞电极的标准电极电势加上一个$\dfrac{RT}{zF}\ln K_{sp}$项。此规律也可推广到其他难溶盐，即其他难溶盐与其相应金属的标准电极电势之间也存在着类似的关系：

$$E^{\ominus}(\text{难溶盐})=E^{\ominus}(\text{金属})+\frac{RT}{zF}\ln K_{sp}$$

2. 金属-难溶氧化物电极

以锑-氧化锑电极为例。在锑棒上覆盖一层三氧化二锑，将其浸入含有 H^+ 或 OH^- 的溶液中就构成了锑-氧化锑电极。

酸性溶液中：$H_2O, H^+ \mid Sb_2O_3(s) \mid Sb$

电极反应：$Sb_2O_3(s)+6H^+ +6e^- \longrightarrow 2Sb+3H_2O$

碱性溶液中：$H_2O, OH^- \mid Sb_2O_3(s) \mid Sb$

电极反应：$Sb_2O_3(s)+3H_2O+6e^- \longrightarrow 2Sb+6OH^-$

酸性电极的电极电势取决于 H^+ 的活度，碱性电极的电极电势取决于 OH^- 的活度。与氢电极和氧电极类似，该电极的碱性电极电势比酸性电极电势也是多了一个$\frac{RT}{F}\ln K_w$项，推导从略。

锑-氧化锑电极为固体电极，应用起来很方便，可用于测定溶液的 pH 值。注意不能将其应用于强酸性溶液。

7.8.3 第三类电极

第三类电极又称为氧化还原电极。当然任何电极上发生的反应均为氧化还原反应，但这里的氧化还原电极特指参加氧化还原反应的物质都在溶液一个相中，电极极板(通常用 Pt)只起输送电子的作用，不参加电极反应，电极只有一个相界面。例如电极 $Fe^{3+}, Fe^{2+} \mid Pt$和电极 $MnO_4^-, Mn^{2+}, H^+, H_2O \mid Pt$。

两电极的电极反应分别为

$$Fe^{3+} +e^- \longrightarrow Fe^{2+}$$

$$MnO_4^- +8H^+ +5e^- \longrightarrow Mn^{2+} +4H_2O$$

氧化还原电极以前一般多以贵金属作为电极材料，如铂和金等，但现在有许多材料可用作惰性电极，如玻璃碳、碳纤维、石墨、炭黑以及半导体氧化物等，只要电极材料既可传输电子，又在所应用的电势范围内不发生反应就可以。

7.9 原电池的设计

前面介绍了如何由电池的图式表示写出电极反应、电池反应，以及进行有关的热力学计算，这是研究原电池的一方面。另一方面，如果能将化学反应或物理化学过程设计成原电池，就可利用电化学方法和手段来测量热力学数据，也可通过已有热力学数据来研究电化学过程的性质，所以原电池的设计是研究原电池热力学的一个重要内容。本节通过一些实例来说明如何将一些化学反应和物理化学过程设计成原电池，进而加深对原电池热力学的理解。

原则上说，对于 $\Delta G<0$ 的反应都可设计成原电池，设计的方法是将给定反应分解成两个电极反应：一个发生氧化反应作为阳极；一个发生还原反应作为阴极。两个电极反应之和应等于总反应。一般可先写出一个电极反应，然后从总反应中减去这个电极反应，

即得到另一个电极反应。注意写出的电极反应应符合三类电极的特征，书写时可参考表 7.7.1 中列出的电极反应。之后写出电池表示，按顺序从左到右依次列出阳极至阴极间各个相，相与相之间用垂线隔开，若为双液电池，在两溶液间用双(虚)垂线表示加盐桥。

对于明显的氧化还原反应，电池设计较容易，但对于某些反应和过程，如中和反应、沉淀反应、扩散过程等，表面上看不出氧化还原反应，要设计成原电池就困难一些。下面通过一些例子加以说明。

7.9.1 氧化还原反应

这类反应从总反应式很容易看出哪些物质发生了氧化反应，哪些物质发生了还原反应，例如反应

$$Cu^{2+} + Cu = 2Cu^{+}$$

$$阳极：Cu \longrightarrow Cu^{+} + e^{-}$$

$$阴极：Cu^{2+} + e^{-} \longrightarrow Cu^{+}$$

两电极反应之和即为总的电池反应，与所给反应相符，说明设计合理。要注意此电池两溶液中 Cu^{+} 的活度应相等。由电极反应可写出电池表示为

$$Cu | Cu^{+} \| Cu^{2+}, Cu^{+} | Pt$$

对于同一个化学反应，有时可设计出不止一个电池。上面的反应还可设计成

$$阳极：Cu \longrightarrow Cu^{2+} + 2e^{-}$$

$$阴极：2Cu^{2+} + 2e^{-} \longrightarrow 2Cu^{+}$$

这两个电极反应之和也等于总的电池反应，但电池表示为

$$Cu | Cu^{2+} \| Cu^{2+}, Cu^{+} | Pt$$

此电池要求两溶液中 Cu^{+} 的活度要相同，否则加和时无法消掉一个。

对比上面两个电池可知，由于总的化学反应相同，故在相同反应条件下，两电池反应 $\Delta_r G_m$ 相同，在可逆放电时的电功相同。由于两个电池的电极反应转移的电子数不同，第一个电池 $z=1$，第二个电池 $z=2$，所以同是发生 1 mol 总反应，两个电池输出的电荷量不同，根据 $\Delta_r G_m = -zFE$，两个电池的电动势 E 也不相同，$E_1 = 2E_2$。在标准状态下有 $\Delta_r G^{\ominus}_{m,1} = 2\Delta_r G^{\ominus}_{m,2}$，$E^{\ominus}_1 = 2E^{\ominus}_2$。

又如将氢气与氧气的反应设计成电池，反应为

$$H_2(g) + \frac{1}{2}O_2(g) = H_2O(l)$$

先写出较容易的阳极反应：$H_2(g) \longrightarrow 2H^{+} + 2e^{-}$

再由总反应减去阳极反应可得阴极反应：

$$\frac{1}{2}O_2(g) + 2H^{+} + 2e^{-} \longrightarrow H_2O(l)$$

电池图式表示为 $Pt | H_2(g) | H^{+}(aq) | O_2(g) | Pt$

该反应还可设计成碱性的氢氧电池。

一些化合物的生成反应，如能设计成电池，则可通过测定电池的电动势及其温度系数，得到该化合物的摩尔生成吉布斯函数、摩尔熵变、反应的摩尔生成焓、反应的平衡常数等热力学数据。例如，AgCl 的生成反应为

$$Ag+\frac{1}{2}Cl_2(g)=\!=\!=AgCl$$

设计成电池，

$$阳极：Ag+Cl^- \longrightarrow AgCl+e^-$$

$$阴极：\frac{1}{2}Cl_2(g)+e^- \longrightarrow Cl^-$$

电池表示为 $Ag \mid AgCl(s) \mid Cl^-(a) \mid Cl_2(g) \mid Pt$

测定该电池在 25 ℃标准状态下的电动势 $E^\ominus$ 即可得到 AgCl 的标准摩尔生成吉布斯函数 $\Delta_r G_m^\ominus(AgCl)=-zFE^\ominus$，以及标准平衡常数 $K^\ominus=\exp\left(\frac{zFE^\ominus}{RT}\right)$；测定电池的温度系数，可得到反应的标准摩尔熵变 $\Delta_r S_m^\ominus=zF\left(\frac{\partial E^\ominus}{\partial T}\right)_p$，进而得到反应的标准摩尔生成焓 $\Delta_f H_m^\ominus=-zFE^\ominus+zFT\left(\frac{\partial E^\ominus}{\partial T}\right)_p$。

从上述几个设计实例可以看到，电池设计的关键步骤在于从反应中找到某种电极所特有的物质。例如，反应中 AgCl 就只在银电极中出现，所以可以确定欲设计电池中必定有一个银电极，确定银电极后，用电池反应和银电极反应做差就可以得到另外一个电极。

7.9.2 中和反应

此类反应从表面看来为酸碱中和反应，例如：

$$H^+ + OH^- =\!=\!= H_2O$$

反应的始、末态氢和氧的价态都没发生变化，但要使之在电池中进行，必须使电极上发生氧化还原反应。可先写出较容易的阴极反应：

$$H^+ + e^- \longrightarrow \frac{1}{2}H_2$$

再由总反应减去阴极反应可得阳极反应：

$$\frac{1}{2}H_2(g)+OH^- \longrightarrow H_2O+e^-$$

电池表示为 $Pt \mid H_2(g,\ p) \mid OH^-,\ H_2O \| H^+(aq) \mid H_2(g,\ p) \mid Pt$。注意此电池要求两电极的氢气压力要相等。

该反应也可设计成用氧气作为电极的电池

$$Pt \mid O_2(g,\ p) \mid OH^-,\ H_2O \| H^+,\ H_2O \mid O_2(g,\ p) \mid Pt$$

此时要求两电极的氧气压力要相等。

7.9.3 沉淀反应

此类反应从表面看来为沉淀反应，例如：

$$Ag^+ + Cl^- =\!=\!= AgCl(s)$$

因有难溶盐 AgCl 生成，所以有一个电极应为 $Cl^- \mid AgCl(s) \mid Ag$ 二类电极，电极反应为

$$阳极：Ag+Cl^- \longrightarrow AgCl+e^-$$

$$阴极：Ag^+ + e^- \longrightarrow Ag$$

电池表示为

$$Ag|AgCl(s)|Cl^-||Ag^+|Ag$$

利用这一电池可求难溶盐的溶度积，见下例。

【例 7.9.1】 利用表 7.7.1 的数据，求 25 ℃时 AgCl(s)在水中的溶度积 K_{sp}。

解：利用电池 $Ag|AgCl(s)|Cl^-||Ag^+|Ag$ 的电池反应

$$Ag^+ + Cl^- \!=\!=\!= AgCl(s)$$

写出电池的能斯特方程 $E=E^{\ominus}-\dfrac{RT}{F}\ln\dfrac{a[AgCl(s)]}{a(Ag^+)a(Cl^-)}$

其中 $$E^{\ominus}=E^{\ominus}(Ag^+|Ag)-E^{\ominus}[Cl^-|AgCl(s)|Ag]$$

查表 7.7.1 可知 25 ℃时 $E^{\ominus}(Ag^+|Ag)=0.799\ 4\ V$，$E^{\ominus}[Cl^-|AgCl(s)|Ag]=0.222\ 16\ V$。因纯固体活度 $a[AgCl(s)]=1$，在电池反应达到平衡时，$E=0$，$a(Ag^+)a(Cl^-)=K_{sp}$，故有

$$E^{\ominus}=\frac{RT}{F}\ln\frac{1}{K_{sp}}$$

25 ℃时

$$0.799\ 4\ V-0.222\ 16\ V=-0.059\ 16\ \lg K_{sp}$$

$$\lg K_{sp}=-9.757\ 3$$

得

$$K_{sp}=1.749\times10^{-10}$$

7.9.4 浓差电池

这类电池从表面上看并没有发生化学反应，只是物质从高浓度向低浓度发生了扩散，如气体的扩散、离子的扩散。例如以下两个过程：

(1) $H_2(g, p_1) \longrightarrow H_2(g, p_2)$ $(p_1<p_2)$

(2) $Ag^+(a_1) \longrightarrow Ag^+(a_2)$ $(a_1<a_2)$

对于氢气扩散过程，可设计电池如下：

阳极：$H_2(g, p_1) \longrightarrow 2H^+(a)+2e^-$

阴极：$2H^+(a)+2e^- \longrightarrow H_2(g, p_2)$

两个电极的 H^+ 活度应一致，否则相加后无法消掉。为此两个电极可共用一个酸溶液，组成一个单液电池：

$$Pt|H_2(g, p_1)|H^+(a)|H_2(g, p_2)|Pt$$

由于电池的两个电极相同，所以电池的 $E^{\ominus}=0$，由能斯特方程，有

$$E=-\frac{RT}{2F}\ln\frac{p_2}{p_1}$$

$p_1>p_2$ 时，$E>0$，扩散过程能自发进行。

第二个银离子扩散过程，可设计电池如下：

阳极：$Ag \longrightarrow Ag^+(a_2)+e^-$

阴极：$Ag^+(a_1)+e^- \longrightarrow Ag$

电池为 $$Ag|Ag^+(a_2)||Ag^+(a_1)|Ag$$

同样，由于两电极相同，所以电池的 $E^{\ominus}=0$，电动势为

$$E=-\frac{RT}{F}\ln\frac{a_2}{a_1}$$

$a_1>a_2$ 时，$E>0$，扩散过程能自发进行。

以上两个电池均是利用阴、阳两电极上反应物的浓度(或气体压力)的差别来工作的，故称为浓差电池。浓差电池按照电极物质浓度不同[如 $H_2(g)$]，或电解质溶液浓度不同，又可进一步分为电极浓差电池和电解质浓差电池。无论哪种浓差电池，其标准电池电动势都为零，即 $E^{\ominus}=0$。

7.10 分解电压

如前所述，对于 $\Delta G<0$ 的自发反应，原则上都可设计成电池，产生电功；对于 $\Delta G>0$ 的非自发反应，则环境必须对系统做功，方可使反应进行，例如电解反应则需在外加电源输入电流的情况下方可进行。

在使用电解池进行电解反应时，外加电压往往需大于某一值后方可使反应进行。以电解盐酸水溶液为例，利用图 7.10.1 的装置，可测出外加电压的大小与反应快慢，即电流大小的关系。在大气压力下于 1 mol/dm^3 HCl 溶液中放入两个铂电极，按照图 7.10.1 的装置将这两个电极与电源相连接。图中 G 为安培计，V 为伏特计，R 为可变电阻。当外加电压很小时，几乎没有电流通过电路。电压增加，电流略有增加。在电压增加到某一数值后，电流就随电压直线上升，同时两极出现气泡。这个过程的电流和电压关系可用图 7.10.2 表示。图中，D 点所示的电压是使电解质在两极持续不断分解所需的最小外加电压，称为分解电压。不过当电压继续增加到一定程度时，受电极反应速率及离子在电解质溶液中传输速度的限制，电流将不再随电压的增加而增加，而出现图中的平台。

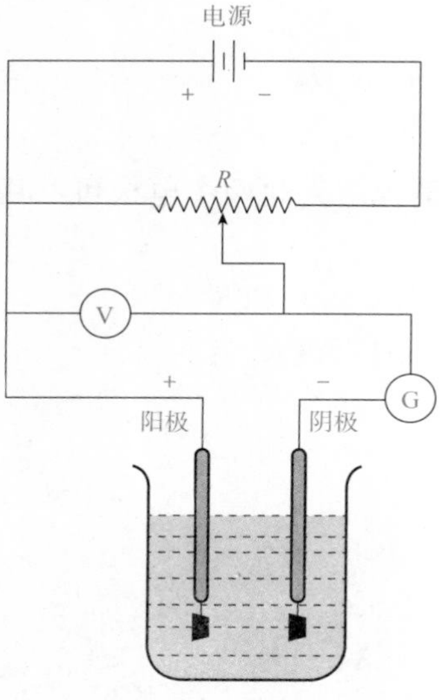

图 7.10.1　测定分解电压的装置

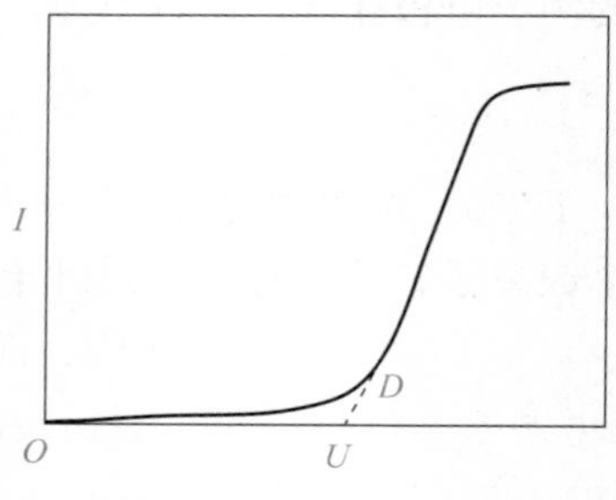

图 7.10.2　测定分解电压的电流-电压曲线

在外加电压的作用下，盐酸溶液中的氢离子向阴极(负极)运动，并在阴极取得电子被还原为氢气：

$$2H^+ + 2e^- \longrightarrow H_2(g)$$

同时，氯离子向阳极(正极)运动，并在阳极失去电子被氧化成氯气：

$$2Cl^- \longrightarrow Cl_2(g) + 2e^-$$

总的电解反应为

$$2H^+ + 2Cl^- = H_2(g) + Cl_2(g)$$

上述电解产物与溶液中的相应离子在阴极和阳极上分别形成了氢电极和氯电极，而构成如下电池：

$$Pt|H_2(g, p)|HCl(1\ mol/dm^3)|Cl_2(g, p)|Pt$$

这是一个自发电池，电池的氢电极应为阳极(负极)，氯电极应为阴极(正极)。电池的电动势正好和电解时的外加电压相反，称为反电动势。

在外加电压小于分解电压时，形成的反电动势正好和外加电压相对抗(数值相等)，似乎不应有电流通过，但由于电解产物从两极慢慢地向外扩散，使得它们在两极的浓度略有减少，因而在电极上仍有微小电流连续通过，使得电解产物得以补充。

在达到分解电压时，电解产物的浓度达到最大，氢和氯的压力达到大气压力而呈气泡逸出。此时反电动势达到极大值 E_{max}，此后如再增大外电压 U，电流 I 就直线上升，即 $I=\frac{U-E_{max}}{R}$，R 为电解池的电阻。

当外加电压等于分解电压时，两极的电极电势分别称为氢和氯的析出电势。

表 7.10.1 中列出一些实验结果。表中数据表明，用平滑铂片做电极时，HNO_3、H_2SO_4 和 NaOH 溶液的分解电压 $E_{分解}$ 都很相近，这是由于这些溶液的电解产物都是氢和氧，实质上都是电解水。表中的 $E_{理论}$ 即相应的原电池的电动势，可由能斯特方程计算得出。$E_{理论}$ 与 $E_{分解}$ 两者数值常不相等，后者常大于前者。

表 7.10.1　几种电解质溶液的分解电压(室温，铂电极)

电解质溶液	$c/(mol \cdot dm^{-3})$	电解产物	$E_{分解}/V$	$E_{理论}/V$
HCl	1	H_2 和 Cl_2	1.31	1.37
HNO_3	1	H_2 和 O_2	1.69	1.23
H_2SO_4	0.5	H_2 和 O_2	1.67	1.23
NaOH	1	H_2 和 O_2	1.69	1.23
$CdSO_4$	0.5	Cd 和 O_2	2.03	1.26
$NiCl_2$	0.5	Ni 和 Cl_2	1.85	1.64

当电流 I 通过电解池时，由于电解质溶液、导线和接触点等具有一定的电阻 R，必须外加电压克服，此即欧姆电位降 IR。采取适当措施可使 IR 数值降低忽略不计。由此可见，分解电压大于相应原电池的电动势，主要是析出电极电势偏离理论计算的平衡电极电势的原因。图 7.10.2 中电流-电压曲线上所表示出来的关系是两个电极电势变化的总结果，所以无法从这条曲线来了解每个电极的特性。为了对每个电极上的过程进行深入的研究，应当讨论电流密度(单位电极-溶液界面的电流)与电极电势的关系。

7.11 极化作用

7.11.1 电极的极化

当电极上无电流通过时，电极处于平衡状态，与之相对应的是平衡(可逆)电极电势。随着电极上电流密度的增加，电极的不可逆程度越来越大，电极电势对平衡电极电势的偏离程度越来越远。电流通过电极时，电极电势偏离平衡电极电势的现象称为电极的极化。某一电流密度下的电极电势与其平衡电极电势之差的绝对值称为超电势，以 η 表示。显然，η 的数值表示极化程度的大小。

根据极化产生的原因，极化可简单地分为两类，即浓差极化和电化学极化，并将与之相应的超电势称为浓差超电势和活化超电势。

1. 浓差极化

以 Zn^{2+} 的阴极还原过程为例说明。

当电流通过电极时，由于阴极表面附近液层中的 Zn^{2+} 沉积到阴极上，因而降低了它在阴极附近的浓度。如果本体溶液的 Zn^{2+} 来不及补充上去，则阴极附近液层中 Zn^{2+} 的浓度将低于它在本体溶液中的浓度，就好像是将此电极浸入一个浓度较小的溶液中一样，而通常所说的平衡电极电势都是指相应本体溶液的浓度而言，显然，此电极电势将低于其平衡值。这种现象称为浓差极化。用搅拌的方法可使浓差极化减小，但由于电极表面扩散层的存在，故不可能将其完全除去。

2. 电化学极化

仍以 Zn^{2+} 的阴极还原过程为例说明。

当电流通过电极时，由于电极反应的速率是有限的，因而当外电源将电子供给电极以后，Zn^{2+} 来不及立即被还原而及时消耗掉外界输送的电子，结果使电极表面上积累了多于平衡状态的电子，电极表面上自由电子数量的增多就相当于电极电势向负方向移动。这种由于电化学反应本身的迟缓性而引起的极化称为电化学极化。

综上所述，阴极极化的结果，使电极电势变得更负。同理可得，阳极极化的结果，使电极电势变得更正。实验证明电极电势与电流密度有关。描述电流密度与电极电势间关系的曲线称为极化曲线。

7.11.2 测定极化曲线的方法

电极的极化曲线可用图 7.11.1 所示的仪器装置测定。A 是一个电解池，内盛电解质溶液、两个电极(阴极是待测电极)和搅拌器。电极-溶液界面面积已预先知道。将两电极通过开关 K、安培计 G 和可变电阻 R 与外电池 B 相连。调节可变电阻可改变通过待测电极的电流，其数值可由安培计读出。将浸入溶液的电极面积除以电流，就得到电流密度。为了测量待测电极在不同电流密度下的电极电势，需在电解池中加入一个参比电极(通常用甘汞电极），将待测电极和参比电极连上电位计，由电位计测出不同电流密度下的电动势，由于参比电极的电极电势是已知的，故可得到不同电流密度下待测电极的电极电势。以电极电势 $E_{阴}$ 为纵坐标，电流密度 J 为横坐标，将测量结果绘制成图，即得阴极极化曲线，如图 7.11.2 所示。

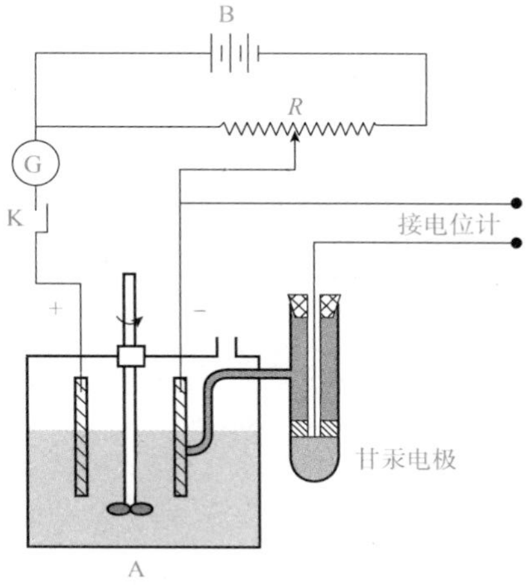

图 7.11.1　测定极化曲线的装置

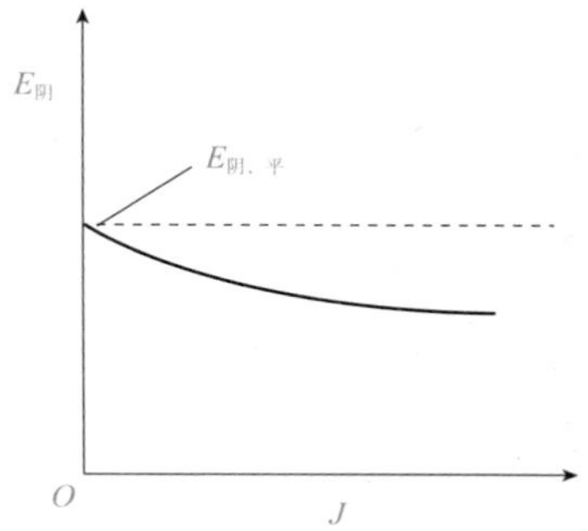

图 7.11.2　阴极极化曲线示意

由计算得到的阴极平衡电极电势 $E_{阴,平}$，减去由实验测得的不同电流密度下的阴极电极电势 $E_{阴}$，就可得到不同电流密度下的阴极超电势。这一关系可表示为

$$\eta_{阴}=E_{阴,平}-E_{阴} \tag{7.11.1}$$

对于阳极，由测得不同电流密度下的阳极电极电势 $E_{阳}$，减去计算得到的阳极平衡电极电势 $E_{阳,平}$，就可得到不同电流密度下的阳极超电势。其关系为

$$\eta_{阳}=E_{阳}-E_{阳,平} \tag{7.11.2}$$

这样算出的阴极和阳极的超电势均为正值。

影响超电势的因素有很多，如电极材料、电极表面状态、电流密度、温度、电解质性质和浓度，以及溶液中的杂质等。故超电势的测定常不能得到完全一致的结果。

1905 年，塔费尔(Tafel)曾提出一个经验式，表明氢超电势 η 与电流密度 J 的关系，称为塔费尔公式

$$\eta=a+b\lg J \tag{7.11.3}$$

式中，a 和 b 为经验常数。

7.11.3　电解池与原电池极化的差别

如前所述，就单个电极来说，阴极极化的结果是电极电势变得更负，阳极极化的结果是电极电势变得更正。

当两个电极组成电解池时，由于电解池的阳极是正极，阴极是负极，阳极电势的数值大于阴极电势的数值，所以在电极电势对电流密度的图中，阳极极化曲线位于阴极极化曲线的上方，如图 7.11.3(a)所示。随着电流密度的增加，电解池端电压增大，也就是说在电解时电流密度若增加，则消耗的能量也增多。

在原电池中恰恰相反。原电池的阳极是负极，阴极是正极，阳极电势的数值比阴极电势的数值小，因而在电极电势对电流密度的图中，阳极极化曲线位于阴极极化曲线的下方，如图 7.11.3(b)所示。所以原电池的端点的电势差随着电流密度的增大而减小，即随着电池放电电流密度的增大，原电池做的电功减小。

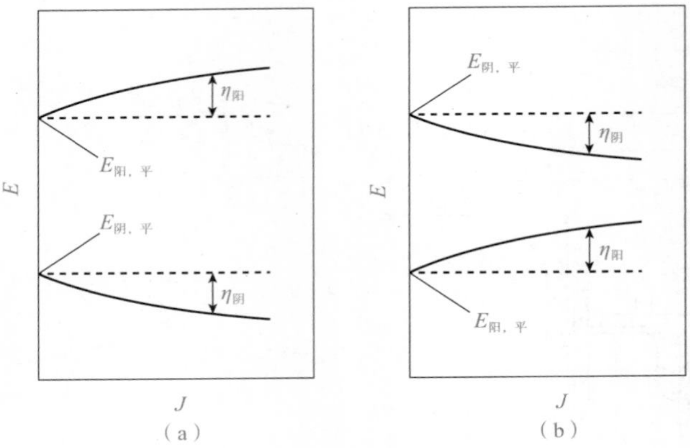

图 7.11.3　极化曲线示意

(a)电解池；(b)原电池

7.12　电解时的电极反应

对电解质水溶液进行电解时，需要加多大的分解电压，以及在阳极(正极)、阴极(负极)各得到哪种电解产物，是电解时的首要问题。

由于水溶液中总是存在着 H^+ 和 OH^-，所以，即使是单一电解质的水溶液，除该电解质的离子以外，还要考虑 H^+、OH^- 是否可以发生电极反应。至于混合电解质水溶液，可以发生的电极反应就更多了。

原则上说，凡是能放出电子的氧化反应都有可能在阳极上发生，例如，阴离子的放电，OH^- 离子氧化成氧气，可溶性金属电极氧化成金属离子等。同样，凡是能取得电子的还原反应都可能在阴极上发生，例如，金属离子还原成金属，或还原成低价离子，H^+ 还原成氢气等。

对于在阳极、阴极均有多种反应可以发生的情况下，在电解时，阳极上总是优先发生极化电极电势较低的反应；阴极上总是优先发生极化电极电势较高的反应。为此，首先要根据电极反应的活度(或气体的压力)计算出各电极反应的极化电极电势。若不考虑浓差极化，阳极和阴极的极化电极电势为

$$E_{阳} = E_{阳,平} + \eta_{阳}$$

$$E_{阴} = E_{阴,平} - \eta_{阴}$$

然后，按上述原则加以判断。优先发生氧化反应的极化电极电势与优先发生还原反应的极化电极电势之差，即为分解电压。换句话说，在对该电解质水溶液电解时，外加电压达到如上分解电压时，在阳极上发生的是极化电极电势最低的氧化反应，在阴极上发生的

是极化电极电势最高的还原反应。当然，如果外加电压很大，其他的电极反应也可能同时进行。可见，电解时发生什么反应，与电解质的本质、电极反应物浓度、电极材料、超电势等均有关。

例如用铂电极电解 1 mol/dm^3 HCl 溶液时，阴极上只能是 H^+ 被还原成氢气而析出；若电解含有一定浓度 $FeCl_3$ 的上述盐酸溶液，阴极上的反应则不是 H^+ 还原成氢气，而是 Fe^{3+} 还原成 Fe^{2+}。这是因为后一反应的电极电势高于前一反应的电极电势的缘故。又如用铂电极作阳极电解 1 mol/dm^3 $AgNO_3$ 水溶液，在电极上发生 OH^- 被氧化成氧气的反应；若阳极换用 Ag 电极，则电极上不是析出氧气，而是发生电极上的 Ag 被氧化成 Ag^+ 的反应。这是因为后一反应的电极电势低于前一反应的电极电势的缘故。

【例 7.12.1】 在 25 ℃，用锌电极作为阴极电解 $a_{\pm}=1$ 的 $ZnSO_4$ 水溶液，若在某一电流密度下氢气在锌极上的超电势为 0.7 V，问在常压下电解时，阴极析出的物质是氢气还是金属锌？

解：锌在阴极上的超电势可以忽略，查表 7.7.1，$E^{\ominus}(Zn^+ \mid Zn)=-0.762\ 0$ V，因 $a(Zn^+)=1$，故

$$E(Zn^+ \mid Zn)=E^{\ominus}(Zn^+ \mid Zn)-\frac{0.059\ 16}{2}\lg\frac{1}{a(Zn^{2+})}$$
$$=-0.762\ 0\ \text{V}$$

氢气在阴极上析出时的平衡电势为

$$E[H^+ \mid H_2(g),\text{平}]=E^{\ominus}[H^+ \mid H_2(g)]-\frac{0.059\ 16}{2}\lg\frac{\frac{p(H_2)}{p^{\ominus}}}{a(H^+)^2}$$

电解在常压下进行，氢气析出时应有 $p(H_2)=101.325$ kPa，水溶液可以近似认为中性，并假定 $a(H^+)=10^{-7}$，于是

$$E[H^+ \mid H_2(g),\text{平}]=E^{\ominus}[H^+ \mid H_2(g)]-\frac{0.059\ 16}{2}\lg\frac{\frac{101.325}{100}}{(10^{-7})^2}$$
$$=-0.414\ 3\ \text{V}$$

考虑到氢气在锌极上超电势 $\eta_{阴}=0.7$ V，故氢气析出时的极化电极电势为

$$E[H^+ \mid H_2(g)]=E[H^+ \mid H_2(g),\text{平}]-\eta_{阴}=-1.114\ 3\ \text{V}$$

可见若不存在氢的超电势，因 $E[H^+ \mid H_2(g),\text{平}]>E(Zn^{2+} \mid Zn)$，则阴极上应当析出氢气；由于氢的超电势的存在，$E(Zn^{2+} \mid Zn)>E[H^+ \mid H_2(g)]$，故在阴极上为 Zn 的析出。

以上分析，未考虑浓差极化，这可以通过搅拌使之降至最小，故忽略不计。

本章小结

本章主要介绍热力学在电化学中的应用，主要分三部分。

(1) 电解质溶液。无论是原电池还是电解池，其内部的导电物质都是电解质溶液。电解质溶液的导电机理不同于导线中的金属导体(由电子定向运动而导电)，它是由溶液中离子的定向运动而导电，而且是由正、负离子共同完成的。所以电解质溶液的导电能力不仅

与电解质的浓度有关，还与正、负离子的运动速度有关。由此引出摩尔电导率Λ_m以及离子迁移数t_+、t_-的概念。通过电导的测定，可以计算弱电解质的解离度α、平衡常数$K^\ominus$以及难溶盐的K_{sp}等有用的热力学数据。当电解质溶液浓度较高时，需引入平均离子活度$a_\pm$及平均离子活度因子$\gamma_\pm$的概念来进行有关热力学计算。

(2)原电池热力学。将化学平衡等温方程用于可逆电池反应，得到计算原电池电动势的能斯特方程，该方程可用于不同浓度、温度下原电池电动势的计算。利用原电池的电动势、温度系数与热力学函数之间的关系，一方面可由热力学函数计算原电池的电动势，另一方面可通过电化学实验来测定热力学函数、活度因子以及平衡常数等重要热力学数据。不同的电极可组成不同的电池，了解不同材料电极的性质，有助于更深入地了解原电池的性质。

(3)电极的极化。无论是原电池还是电解池，在有电流通过时，电极都会发生极化。极化的结果造成阳极的电极电势升高，阴极的电极电势降低。总的结果是造成电解池的分解电压随电流密度的增加而增大，而原电池的端电压随电流密度的增加而减小。

习题

1. 用铂电极电解 $CuCl_2$ 溶液。通过的电流为 20 A，经过 15 min 后，问：

(1)在阴极上能析出多少质量的 Cu?

(2)在 27 ℃、100 kPa 下阳极上能析出多少体积的 $Cl_2(g)$?

2. 用 Pb(s)电极电解 $Pb(NO_3)_2$ 溶液，已知溶液浓度为 1 g 水中含有 $Pb(NO_3)_2$ 1.66×10^{-2} g。通电一段时间，测得与电解池串联的银库仑计中有 0.165 8 g 的银沉积。阳极区的溶液质量为 62.50 g，其中含有 $Pb(NO_3)_2$ 1.151 g，计算 Pb^{2+} 的迁移数。

3. 用银电极电解 $AgNO_3$ 溶液。通电一段时间后，阴极上有 0.078 g 的 Ag(s)析出，阳极区溶液质量为 23.376 g，其中含 $AgNO_3$ 0.236 g。已知通电前溶液浓度为 1 kg 水中溶有 7.39 g $AgNO_3$。求 Ag^+ 和 NO_3^- 的迁移数。

4. 已知 25 ℃时 0.02 mol/dm³ KCl 溶液的电导率为 0.276 8 S/m。在一电导池中充以此溶液，25 ℃时测得其电阻为 453 Ω。在同一电导池中装入同样体积的质量浓度为 0.555 g/dm³ 的 $CaCl_2$ 溶液，测得电阻为 1 050 Ω。计算：

(1)电导池系数。

(2)$CaCl_2$ 溶液的电导率。

(3)$CaCl_2$ 溶液的摩尔电导率。

5. 质量摩尔浓度为 b 的 $FeCl_3$ 水溶液(设其在水溶液中能完全解离)，其平均活度因子为 $\gamma_\pm$，计算 $FeCl_3$ 水溶液中 $FeCl_3$ 的活度 a。

6. 已知 25 ℃时 $\Lambda_m^\infty(NH_4Cl)=0.012\ 625\ S\cdot m^2/mol$，$t(NH_4Cl)=0.490\ 7$。试计算 $\Lambda_m^\infty(NH_4^+)$及 $\Lambda_m^\infty(Cl^-)$。

7. 25 ℃时将电导率为 0.141 S/m 的 KCl 溶液装入一电导池，测得其电阻为 525 Ω，在同一电导池中装入 0.1 mol/dm³ 的 $NH_3\cdot H_2O$，测得电阻为 2 030 Ω。利用表 7.3.2 中的数据计算 $NH_3\cdot H_2O$ 的解离度 α 及解离常数 $K^\ominus$。

8. 25 ℃时纯水的电导率为 5.5×10^{-6} S/m，密度为 997.0 kg/m³。H_2O 中存在下列平衡：$H_2O \rightleftharpoons H^+ + OH^-$，计算此时 H_2O 的摩尔电导率、解离度和 H^+ 的浓度。

9. 已知 25 ℃时水的离子积 $K_w=1.008\times10^{-14}$，NaOH、HCl 和 NaCl 的 Λ_m^∞ 分别等于 0.024 811 S·m²/mol、0.042 616 S·m²/mol 和 0.012 645 S·m²/mol。

(1)求 25 ℃时纯水的电导率。

(2)利用该纯水配制 AgBr 饱和水溶液，测得溶液的电导率 κ(溶液)$=1.664\times10^{-5}$ S/m。求 AgBr(s)在纯水中的溶解度。

10. 应用德拜-休克尔极限公式计算 25 ℃时 0.002 mol/dm³ $CaCl_2$ 溶液中 $\gamma(Ca^{2+})$、$\gamma(Cl^-)$和 $\gamma_\pm$。

11. 现有 25 ℃，0.01 mol/kg 的 $BaCl_2$ 水溶液。计算溶液的离子强度 I 以及 $BaCl_2$ 的平均离子活度因子 $\gamma_\pm$ 和平均离子活度 $a_\pm$。

12. 电池 Pt|H_2(101.325 kPa)|HCl(0.1 mol/kg)|Hg_2Cl_2(s)|Hg 电动势 E 与温度 T 的关系为

$$E/V=0.069\,4+1.881\times10^{-3}T/K-2.9\times10^{-6}(T/K)^2$$

(1)写出电极反应和电池反应。

(2)计算 25 ℃时该反应的 Δ_rG_m、Δ_rS_m、Δ_rH_m 以及电池恒温可逆放电时该反应过程的 $Q_{r,m}$。

(3)若反应在电池外在同样温度下恒压进行，计算系统与环境交换的热。

13. 25 ℃时，电池 Zn|$ZnCl_2$(0.555 mol/kg)|AgCl(s)|Ag的电动势 $E=1.015$ V。已知 $E^\ominus(Zn^{2+}|Zn)=-0.762\,0$ V，$E^\ominus(Cl^-|AgCl|Ag)=0.222\,2$ V，电池电动势的温度系数$\left(\frac{\partial E}{\partial T}\right)_p=-4.02\times10^{-4}$ V/K。

(1)写出电池反应。

(2)计算反应的标准平衡常数 $K^\ominus$。

(3)计算电池反应可逆热 $Q_{r,m}$。

(4)求溶液中 $ZnCl_2$ 的平均离子活度因子 $\gamma_\pm$。

14. 应用表 7.4.1 中的数据计算 25 ℃时下列电池的电动势。

$$Cu|CuSO_4(b_1=0.01\text{ mol/kg})||CuSO_4(b_2=0.1\text{ mol/kg})|Cu$$

15. 25 ℃时，电池 Pt|H_2(g，100 kPa)|HCl(b=0.1 mol/kg)|Cl_2(g，100 kPa)|Pt 电动势为 1.488 1 V，计算 HCl 溶液中 HCl 的平均离子活度因子 $\gamma_\pm$，以及上述反应的标准平衡常数 $K^\ominus$。

16. 25 ℃时，实验测定电池 Pb|$PbSO_4$(s)|H_2SO_4(0.01 mol/kg)|H_2(g，$p^\ominus$)|Pt 的电动势为 0.170 5 V。已知 25 ℃时，$\Delta_fG_m^\ominus(H_2SO_4$，aq$)=\Delta_fG_m^\ominus(SO_4^{2-}$，aq$)=-744.53$ kJ/mol，$\Delta_fG_m^\ominus(PbSO_4$，s$)=-813.0$ kJ/mol。

(1)写出上述电池的电极反应和电池反应。

(2)求 25 ℃时的 $E^\ominus[SO_4^{2-}|PbSO_4|Pb]$。

(3)计算 0.01 mol/kg H_2SO_4 溶液的 $a_\pm$ 和 $\gamma_\pm$。

17. 浓差电池 Pb|$PbSO_4$(s)|$CdSO_4(b_1，\gamma_{\pm,1})$||$CdSO_4(b_2，\gamma_{\pm,2})$|$PbSO_4$(s)|Pb，其中 $b_1=0.2$ mol/kg，$\gamma_{\pm,1}=0.1$；$b_2=0.02$ mol/kg，$\gamma_{\pm,2}=0.32$。已知在两液体接界处离子的迁移数的平均值为 $t(Cd^{2+})=0.37$。

(1)写出电池反应。

(2)计算 25 ℃时液体接界电势 E(液接)及电池电动势 E。

18. 电池 $Pt|H_2(g, 100\ kPa)|$待测 pH 值的溶液$||1\ mol/dm^3\ KCl|Hg_2Cl_2(s)|Hg$ 在 25 ℃时测得电池电动势 $E=0.664$ V，试计算待测溶液的 pH 值。

19. 将反应 $Ag(s)+\frac{1}{2}Cl_2(g, p^{\ominus})=\!=\!=AgCl(s)$ 设计成原电池。已知在 25 ℃时，$\Delta_f H_m^{\ominus}(AgCl, s)=-127.07$ kJ/mol，$\Delta_f G_m^{\ominus}(AgCl, s)=-109.79$ kJ/mol，标准电极电势 $E^{\ominus}[Ag^+ | Ag]=0.799\ 4$ V，$E^{\ominus}[Cl^- | Cl_2(g) | Pt]=1.357\ 9$ V。

(1)写出电极反应和电池图示。

(2)求 25 ℃电池可逆放电 $2F$ 电荷量时的热 Q_r。

(3)求 25 ℃时 AgCl 的溶度积 K_{sp}。

20. 已知铅酸蓄电池

$$Pb|H_2SO_4(b=1.00\ mol/kg), H_2O|PbSO_4(s), PbO_2(s)|Pb$$

在 25 ℃时的电动势 $E=1.928\ 3$ V，$E^{\ominus}=2.050\ 1$ V。该电池的电池反应为

$$Pb+PbO_2(s)+2SO_4^{2-}+4H^+=\!=\!=2PbSO_4(s)+2H_2O$$

(1)请写出该电池的电极反应。

(2)计算该电池中硫酸溶液的活度 a、平均离子活度 $a_{\pm}$ 及平均离子活度因子 $\gamma_{\pm}$。

(3)已知该电池的温度系数为 5.664×10^{-5} V/K，计算电池反应的 $\Delta_r G_m$、$\Delta_r S_m$、$\Delta_r H_m$ 及可逆热 $Q_{r,m}$。

21. 在 25 ℃时，有一含 Zn^{2+} 和 Cd^{2+} 的质量摩尔浓度均为 0.10 mol/kg 的溶液，用电解沉积的方法将它们分离。请问：

(1)通电后是析出氢气还是金属，哪种金属首先在阴极析出？用未镀铂黑的铂做阴极，H_2 在铂上的超电势为 0.6 V，在 Cd 上的超电势为 0.8 V。

(2)第二种金属开始析出时，前一金属剩余浓度为多少？设活度因子均为 1。$E^{\ominus}[Zn^{2+}|Zn]=-0.762$ V，$E^{\ominus}[Cd^{2+}|Cd]=-0.403$ V。

22. 电池 $Pt|H_2(g, 100\ kPa)|HCl(b=0.1\ mol/kg)|Cl_2(g, 100\ kPa)|Pt$ 在 25 ℃时的电动势为 1.488 1 V。[已知 $E^{\ominus}[Cl^-|Cl_2(g)|Pt]=1.357\ 9$ V]

(1)写出电池反应(电子得失数 $z=2$)。

(2)试计算 HCl 溶液中 HCl 的平均离子活度因子。

(3)求上述反应的标准平衡常数 $K^{\ominus}$。

23. 已知反应 $H_2(p^{\ominus})+Ag_2O(s)=\!=\!=2Ag(s)+H_2O(l)$ 在 298 K 时的恒容热效应 $Q_V=-252.79$ kJ/mol。

(1)将该反应设计成可逆电池。

(2)测得该电池的电动势温度系数为 $\left(\frac{\partial E}{\partial T}\right)_p=-5.044\times10^{-4}$ V/K，计算该反应的 $\Delta_r G_m$、$\Delta_r S_m$、$\Delta_r H_m$。

(3) 计算电极 $OH^-(aq) | Ag_2O(s) | Ag(s)$ 的标准电极电势。已知 25 ℃时，$K_w=1.0\times10^{-14}$。

24. 有如下电池

$$Cu(s)|Cu(Ac)_2(0.1\ mol/kg)|AgAc(s)|Ag(s)$$

已知 25 ℃时该电池电动势为 0.372 V，35 ℃时该电池电动势为 0.374 V。设该电池电动势 E 随温度变化是均匀的。已知 25 ℃时 $E^{\ominus}[Ag^{+}|Ag]=0.799$ V，$E^{\ominus}[Cu^{2+}|Cu]=0.3417$ V。

(1)写出电极反应和电池反应。

(2)25 ℃时，当 $z=2$ 时，求电池反应的 $\Delta_r G_m$、$\Delta_r S_m$、$\Delta_r H_m$。

(3)求 25 ℃时 AgAc(s)的溶度积。设离子活度因子均为 1。

第 8 章　化学反应动力学

学习目标

熟悉反应速率、消耗速率、生成速率的定义以及它们之间的关系；掌握基元反应以及它们质量作用定律的使用；了解反应级数、速率常数和半衰期的物理意义，熟悉简单级数反应的积分方程和相关计算；掌握温度对反应速率的影响(阿伦尼乌斯方程)以及活化能的物理意义；了解碰撞理论和过渡态理论。

实践意义

我们听说过^{14}C断代法可以推测某些生物或生物制品或者含有机物的古董的历史年代，该方法的发明者凭此获得诺贝尔化学奖，其原理是利用有机物中^{14}C的衰变半衰期定值为5 730年的特性推测年代，一般断代误差不大于40年，反应半衰期不变性这与反应的级数有关，什么叫反应级数？其代表着什么？硅藻泥室内涂料真的能除甲醛吗？其降解甲醛还需要其他条件配合吗？

对任何化学反应来说，总是有两个最基本的问题。第一，此反应有没有可能实现，其最后的结果将如何，即反应的方向和限度；第二，此反应欲达到最后的结果需多长时间，即反应的速率。前者属于化学热力学的范畴，后者属于化学动力学的范畴。例如氢和氧反应生成水，此反应的摩尔吉布斯函数变 $\Delta_r G_m^{\ominus} = -237.2\ \mathrm{kJ/mol}$，其自发趋势是很大的，但实际上将氢和氧放在一个容器，好几年也觉察不到有生成水的痕迹，这是由于此反应的速率太慢了；盐酸和氢氧化钠的中和反应，$\Delta_r G_m^{\ominus} = -79.91\ \mathrm{kJ/mol}$，反应趋势比上述反应要小，但此反应的速率非常快，瞬时即可完成。因此说化学热力学只解决了反应的可能性问题，化学动力学的机理研究可以判断反应是否实际进行。

化学动力学研究浓度、压力、温度以及催化剂等各种因素对反应速率的影响；还研究反应进行时要经过哪些具体的步骤，即所谓反应的机理。所以，化学动力学是研究化学反应速率和反应机理的学科。

通过化学动力学的研究，可以知道如何控制反应条件，提高主反应的速率，以增加化工产品的产量；可以知道如何抑制或减慢副反应的速率，以减少原料的消耗，减轻分离操作的负担，并提高产品的质量。化学动力学是化学反应工程的主要理论基础之一。化学动力学的研究，不论在理论上还是实践上，都具有重要的意义。

各种化学反应的速率，其差别是很大的，有的反应速率很慢，人们难以觉察，如岩石的风化和地壳中的一些反应。有的反应速率很快，如离子反应、爆炸反应等，瞬时即可完成。有的反应速率则比较适中，基本完成反应所需时间在几十秒到几十天的范围，大多数有机化学反应即属于此。经典动力学所研究的对象绝大多数是速率比较适中的反应，但由此所得到的有关反应速率的基本规律有着重要的意义。由于化学动力学比热力学复杂得多，所以相对来说，化学动力学还不成熟，许多领域尚有待开发，近些年，随着现代技术手段的不断发展，化学动力学的研究十分活跃，进展非常迅速。

8.1 化学反应动力学的基本概念

表示化学反应的反应速率与浓度等参数间的关系式，或浓度与时间等参数间的关系式，称为化学反应的速率方程式，简称速率方程，或称动力学方程。本节讨论反应速率与浓度间关系的微分式。

8.1.1 反应速率的定义

所谓反应速率，就是化学反应进行的快慢程度。如何定量地表示反应速率，历史上曾出现过各种方法。目前，国际上已普遍采用以反应进度 ξ 随时间的变化率来定义反应速率。化学反应计量式

$$0=\sum_{\mathrm{B}}\nu_{\mathrm{B}}\mathrm{B}$$

该反应的反应进度为

$$\mathrm{d}\xi=\frac{\mathrm{d}n_{\mathrm{B}}}{\nu_{\mathrm{B}}}$$

转化速率定义为

$$\upsilon_{转}=\frac{\mathrm{d}\xi}{\mathrm{d}t}=\frac{1}{\nu_{\mathrm{B}}}\frac{\mathrm{d}n_{\mathrm{B}}}{\mathrm{d}t} \tag{8.1.1}$$

即用单位时间内发生的反应进度来定义转化速率。转化速率的单位为 mol/s，mol 的基本单元指整个反应。转化速率的数值与用来表示速率的物质 B 的选择无关，与化学计量式的写法有关，故应用定义式(8.1.1)时必须指明化学反应方程式。

单位体积单位时间内发生的反应进度定义为(基于浓度的)反应速率：

$$\upsilon=\frac{1}{V}\cdot\frac{\mathrm{d}\xi}{\mathrm{d}t}=\frac{1}{V}\cdot\frac{\mathrm{d}n_{\mathrm{B}}}{\nu_{\mathrm{B}}\mathrm{d}t} \tag{8.1.2}$$

其单位为 $\mathrm{mol/(m^3\cdot s)}$。同样，此定义与用来表示速率的物质 B 的选择无关，但与化学计量式的写法有关。

若为恒容，则 $\mathrm{d}c_{\mathrm{B}}=\frac{\mathrm{d}n_{\mathrm{B}}}{V}$，则

$$\upsilon=\frac{1}{\nu_{\mathrm{B}}}\cdot\frac{\mathrm{d}c_{\mathrm{B}}}{\mathrm{d}t} \tag{8.1.3}$$

习惯上可选用某种反应物或产物的浓度随时间的变化率来表示组分速率。对任一化学反应

$$(-\nu_A)A+(-\nu_B)B \longrightarrow \nu_Y Y+\nu_Z Z$$

A 的消耗速率
$$\upsilon_A=-\frac{1}{V}\cdot\frac{dn_A}{dt} \tag{8.1.4}$$

Z 的生成速率
$$\upsilon_Z=\frac{1}{V}\cdot\frac{dn_Z}{dt} \tag{8.1.5}$$

恒容条件下

A 的消耗速率
$$\upsilon_A=-\frac{dc_A}{dt} \tag{8.1.6}$$

Z 的生成速率
$$\upsilon_Z=\frac{dc_Z}{dt} \tag{8.1.7}$$

需要注意的是反应速率永远为正值。对于特定反应，反应速率 υ 是唯一确定的，与物质 B 的选择无关，故 υ 不需注以下角；反应物的消耗速率或产物的生成速率均随物质 B 的选择而异，故在易混淆时须指明所选择的物质 A 或 Z，并用下角注明所选择的组分。

对任意化学反应，则有

$$\upsilon=\frac{1}{\nu_A}\frac{dc_A}{dt}=\frac{1}{\nu_B}\frac{dc_B}{dt}=\frac{1}{\nu_Y}\frac{dc_Y}{dt}=\frac{1}{\nu_Z}\frac{dc_Z}{dt}$$

即
$$\upsilon=\frac{\upsilon_A}{-\nu_A}=\frac{\upsilon_B}{-\nu_B}=\frac{\upsilon_Y}{\nu_Y}=\frac{\upsilon_Z}{\nu_Z} \tag{8.1.8}$$

也就是说，各不同物质的消耗速率或生成速率，与各自的化学计量数的绝对值成正比。例如

$$N_2+3H_2 \longrightarrow 2NH_3$$

$$\upsilon=-\frac{dc_{N_2}}{dt}=-\frac{1}{3}\frac{dc_{H_2}}{dt}=\frac{1}{2}\frac{dc_{NH_3}}{dt}$$

$$\upsilon=\upsilon_{N_2}=\frac{\upsilon_{H_2}}{3}=\frac{\upsilon_{NH_3}}{2}$$

对于恒温恒容气相反应，由于组分的分压与其物质的量成正比，反应速率也可以分压为基础用相似的方式来定义。

$$\upsilon_p=\frac{1}{\nu_B}\cdot\frac{dp_B}{dt} \tag{8.1.9}$$

同样

$$\upsilon_p=\frac{1}{\nu_A}\frac{dp_A}{dt}=\frac{1}{\nu_B}\frac{dp_B}{dt}=\frac{1}{\nu_Y}\frac{dp_Y}{dt}=\frac{1}{\nu_Z}\frac{dp_Z}{dt}$$

因为 $p_B=\dfrac{n_B RT}{V}=c_B RT$，恒温恒容下 $dp_B=RTdc_B$，所以

$$\upsilon_p=\upsilon RT \tag{8.1.10}$$

8.1.2 基元反应和非基元反应

化学动力学的研究结果表明，许多化学反应实际进行的具体步骤，并不是按照其计量方程式所表示的那样，由反应物直接作用生成产物，例如：

$$H_2+Cl_2 \longrightarrow 2HCl$$

该反应并不是由一个氢气分子和一个氯气分子直接作用生氯化氢分子，而是经历一系列具

体步骤方可实现的。因此计量方程式仅表示反应的宏观总效果，称为总反应。已经证明上述反应的具体步骤包括下列四个反应

① $Cl_2 \longrightarrow 2Cl\cdot$；

② $Cl\cdot + H_2 \longrightarrow HCl + H\cdot$；

③ $H\cdot + Cl_2 \longrightarrow HCl + Cl\cdot$；

④ $2Cl\cdot + M$(第三体)$\longrightarrow Cl_2 + M$(第三体)。

这四个反应才是由反应物分子直接作用而生成产物的，它们的总效果在宏观上与总反应一致。这种由反应物分子(或离子、原子、自由基等)直接作用而生成新产物的反应，称为基元反应。值得任意的是，基元反应不仅是反应物分子直接作用，而且必须是生成新产物的过程。反应物分子虽经直接作用但未生成新产物的过程不是基元反应。上述每一个简单的反应步骤，都是一个基元反应，而总的反应为非基元反应。

基元反应为组成一切化学反应的基本单元。所谓一个反应的反应机理(或反应历程)，一般是指该反应进行过程中所涉及的所有基元反应。例如上述四个基元反应就构成了反应 $H_2 + Cl_2 \longrightarrow 2HCl$ 的反应机理。要注意的是，反应机理中各基元反应的代数和应等于总的计量方程，这是判断一个机理是否正确的先决条件。

对于基元反应，直接作用所必需的反应物微观粒子(分子、原子、离子、自由基)数，称为反应分子数。依据反应分子数的不同，基元反应可区分为单分子反应、双分子反应和三分子反应。在氯化氢气相合成反应的机理中，基元反应：①可视为单分子反应，②和③都是双分子反应，④是三分子反应，其中 M 表示第三体，可以是气相中的任何分子，也可以是器壁，其作用只是转移能量。对于该反应而言，M 的作用必须存在，该反应方可实现。四分子同时碰撞在一起的机会极少，四分子以上的反应实际上至今也未发现。绝大多数基元反应都是双分子反应。应当强调指出，反应分子数是针对基元反应而言的，表示反应微观过程的特征。

8.1.3 基元反应的速率方程——质量作用定律

1867 年，挪威化学家古德贝格(Guldberg)和数学家瓦格总结大量实验结果指出，基元反应的速率与反应物的有效质量成正比，此即为质量作用定律。有效质量指反应物浓度的 n 次方，即在恒温下，基元反应的速率与各反应物浓度幂的乘积成正比。各浓度的幂为其化学计量数的绝对值。对于基元反应可按化学反应方程式直接书写其速率方程。

对于基元反应 $a\mathrm{A} + b\mathrm{B} + \cdots \longrightarrow$ 产物

其速率方程为

$$v = kc_{\mathrm{A}}^{a}c_{\mathrm{B}}^{b}\cdots \tag{8.1.11}$$

速率方程中的比例常数 k 叫作反应速率常数。温度一定，反应速率常数为一定值，与浓度无关。其物理意义为各有关浓度均为单位浓度时的反应速率。基元反应的速率常数 k 是该反应的特征基本物理量。同一温度下，比较几个反应的 k，可以大略知道它们反应能力的大小，k 越大，则反应越快。

质量作用定律只适用基元反应。对于非基元反应，只能对其反应机理中的每一个基元反应应用质量作用定律。如果一物质同时出现在机理中两个或两个以上的基元反应中，则对该物质应用质量作用定律时应当注意：其净的消耗速率或净的生成速率应是这几个基元

反应的总和。

例如，化学计量反应

$$A+B \longrightarrow Z$$

的反应机理为

$$A+B \xrightarrow{k_1} X$$

$$X \xrightarrow{k_{-1}} A+B$$

$$X \xrightarrow{k_2} Z$$

则有

$$-\frac{dc_A}{dt}=-\frac{dc_B}{dt}=k_1 c_A c_B-k_{-1} c_X$$

$$\frac{dc_X}{dt}=k_1 c_A c_B-k_{-1} c_X-k_2 c_X$$

$$\frac{dc_Z}{dt}=k_2 c_X$$

8.1.4 化学反应速率方程的一般形式

一般来说，不同于基元反应，计量反应的速率方程不能由质量作用给出。反应的速率方程通常只能通过实验方可确定。

对于化学计量反应

$$aA+bB+\cdots \longrightarrow yY+zZ+\cdots$$

由实验数据得出的经验速率方程，常常也可写成与质量作用定律相类似的形式：

$$\upsilon=kc_A^{n_A} c_B^{n_B}\cdots \tag{8.1.12}$$

式中，各浓度的幂 n_A 和 n_B 等(一般不等于各组分的计量系数的绝对值)，分别称为反应组分 A 和 B 等的反应分级数，量纲为 1。反应总级数(简称反应级数)n 为各组分反应分级数的代数和，即

$$n=n_A+n_B+\cdots \tag{8.1.13}$$

反应级数的大小表示浓度对反应速率影响的程度，级数越大，则反应速率受浓度的影响越大。

反应速率常数 k 的单位为$(mol/m^3)^{1-n}/s$，与反应级数有关。

根据式(8.1.8)，如果用化学反应中不同物质的消耗速率或生成速率表示反应的速率，则各不同物质的消耗速率常数或生成速率常数与各自计量数的绝对值成正比。

$$k=\frac{k_A}{-\nu_A}=\frac{k_B}{-\nu_B}=\frac{k_Y}{\nu_Y}=\frac{k_Z}{\nu_Z}$$

k 表示反应速率常数。

例如

$$N_2+3H_2 \longrightarrow 2NH_3$$

$$\upsilon=\upsilon_{N_2}=\frac{\upsilon_{H_2}}{3}=\frac{\upsilon_{NH_3}}{2}$$

$$k=k_{N_2}=\frac{k_{H_2}}{3}=\frac{k_{NH_3}}{2}$$

反应分子数和反应级数是两个不同的概念，对非基元反应不能应用反应分子数概念，而只能应用反应级数、反应分级数。反应级数必须通过实验测定。对于基元单分子反应即为一级反应，双分子反应即为二级反应，三分子反应即为三级反应，只有这三种情况。反应分级数(级数)一般为零、整数或半整数(正或负)。反应分子数为正整数。对于速率方程不符合式(8.1.12)的反应，不能应用反应级数的概念。

例如

$$H_2 + Br_2 \longrightarrow 2HBr$$

的速率方程为

$$\frac{dc_{HBr}}{dt} = \frac{kc_{H_2} c_{Br_2}^{\frac{1}{2}}}{1 + \frac{k' c_{HBr}}{c_{Br_2}}}$$

不能应用反应级数的概念。

8.1.5 用气体组分的分压表示的速率方程

对于有气体组分参加的 $\sum_B \nu_B(g) \neq 0$ 的化学反应，在恒温恒容下，随着反应的进行，系统的总压必随之而变。这时只要测定系统在不同时间的总压，即可得知反应的进程。

由反应的化学计量式可得出反应中某气体组分 A 的分压与系统总压之间的关系。在这种情况下，往往用反应中某气体 A 的分压 p_A 随时间的变化率来表示反应的速率。

若 A 代表反应物，反应为

$$aA \longrightarrow \text{产物}$$

反应级数为 n，则 A 的消耗速率为

$$-\frac{dc_A}{dt} = k_A c_A^n$$

基于分压 A 的消耗速率为

$$-\frac{dp_A}{dt} = k_{p,A} p_A^n$$

式中，$k_{p,A}$为基于分压的速率常数，其单位为 Pa^{1-n}/s。

因恒温恒容下 A 为理想气体时，$p_A = c_A RT$，将其代入上式，有

$$-\frac{dc_A}{dt}RT = k_{p,A} c_A^n (RT)^n$$

得

$$-\frac{dc_A}{dt} = k_{p,A} c_A^n (RT)^{n-1}$$

则

$$k_A = k_{p,A}(RT)^{n-1} \tag{8.1.14}$$

8.1.6 反应速率的测定

由式 $\upsilon = kc_A^{n_A} c_B^{n_B} \cdots$ 可知，要确定一个反应的速率方程，需要监测不同时刻反应物或生成物的浓度，这就需要能够检测反应系统中存在的组分及其含量。反应混合物浓度的测定有化学法和物理法。

1. 化学法

用化学法来测定不同时刻反应物或产物的浓度，这种方法一般用于液相反应。此方法的要点是当取出样品后，必须立即“冻结”反应，即要使反应不再继续进行，并尽可能快地

测定浓度。冻结的方法有骤冷、冲稀、加阻化剂或移走催化剂等。化学法的优点是设备简单，可直接测得浓度；其最大的缺点是在没有合适的冻结反应的方法时，很难测得指定时刻的浓度，因而往往误差较大，目前已很少采用。

2. 物理法

这种方法的基点在于测量与某种物质浓度呈单值关系的一些物理性质随时间的变化，然后换算成不同时刻的浓度值。可利用的物理性质有压力、体积、旋光度、折光率、电导、电容率、颜色、光谱等。物理法的优点是迅速而且方便，特别是可以不中止反应、无须取样，可进行连续测定，便于自动记录。缺点是由于测量浓度是通过间接关系，如果反应系统有副反应或少量杂质对所测量的物理性质有较灵敏的影响时，易造成较大的误差。

现代动力学研究中各种现代分析方法被广泛应用。

(1)气相色谱或液相色谱。其原理是利用反应混合物各组分在固定相和流动相中的分配系数不同从而对其加以分离、定量(利用峰面积)。对组分的确定常将其与光谱(液体样品)、质谱(气体样品)连用来实现。

(2)质谱。将样品汽化并用电子束对其加以轰击使之电离。电离的分子及其分解产生的碎片被导入与离子流运动方向相垂直的磁场。这些离子将按质荷比进行分布形成质谱，从而对化合物进行鉴别及确定其相对分子质量。

(3)光谱技术。包括微波光谱、红外光谱、拉曼光谱、可见及紫外光谱等。这些光谱谱线的位置(频率)及谱带的精细结构被用于化合物的鉴别，谱线的强度用于确定化合物的含量，而谱线的宽度可用于过渡态及激发态的确定。

(4)核磁共振谱。用于核自旋量子数为 1/2 的核，如^{1}H、^{13}C 等。当这些核处于磁场中时，其简并的自旋能级发生分裂，用垂直于该磁场的微波照射样品使核自旋发生跃迁而产生光谱。谱线的位置(化学位移)依赖核所处的化学环境，而谱线的分裂反映了相邻核之间的耦合。核磁共振谱主要用于化合物的鉴别。

(5)电子自旋共振谱。同核一样电子具有自旋，其有两个简并的自旋量子态$\left(m_s=\pm\frac{1}{2}\right)$。同核磁共振一样，电子的自旋量子态在磁场中被分裂，然后用微波使其激发跃迁而产生电子自旋共振谱。该谱对于含有未配对电子的分子(自由基)是极其重要的检测手段。这些方法不仅用于实时地监测反应系统组分浓度随时间的变化，而且由于其能够精确地检测反应系统中微量的中间体，在反应机理的研究中起着关键性的作用。

8.2 速率方程的积分形式

虽然速率方程的微分形式 $v=kc_A^{n_A}c_B^{n_B}\cdots$能明显地反映反应速率与反应物浓度的关系，但在化工生产中人们更注重经过一定时间反应后，各物质的浓度是多少，或者要达到一定的产率需要反应多长时间的问题。解决这两个问题，就需将速率方程转化为积分形式。积分形式即 c_A 与 t 的函数关系式。下面将对各简单级数的速率方程进行积分。显然，n 不同，所得积分形式不同，具有的特征也不同。

8.2.1 零级反应

对于反应 $A \longrightarrow$ 产物

若反应的速率与反应物A浓度的零次方成正比，该反应即为零级反应：

$$-\frac{dc_A}{dt}=kc_A^0=k \tag{8.2.1}$$

零级反应实际是反应速率与反应物浓度无关的反应，也就是说，不管A的浓度为多少，单位时间A发生反应的数量是恒定的。一些光化学反应及复相催化反应可表现为零级反应。

将式(8.2.1)积分

$$-\int_{c_{A,0}}^{c_A} dc_A=k\int_0^t dt$$

得

$$c_{A,0}-c_A=kt \tag{8.2.2}$$

式中，$c_{A,0}$为反应开始($t=0$)时反应物A的浓度，即A的初始浓度；c_A为反应至某一时刻t时反应物A的浓度。

零级反应的动力学特征如下：

(1)由式(8.2.1)可知，零级反应的速率常数k的物理意义是单位时间内A的浓度减少的量，其单位与υ_A相同，为$mol/(m^3 \cdot s)$。

(2)由式(8.2.2)可见，零级反应c_A-t呈直线关系，如图8.2.1所示。

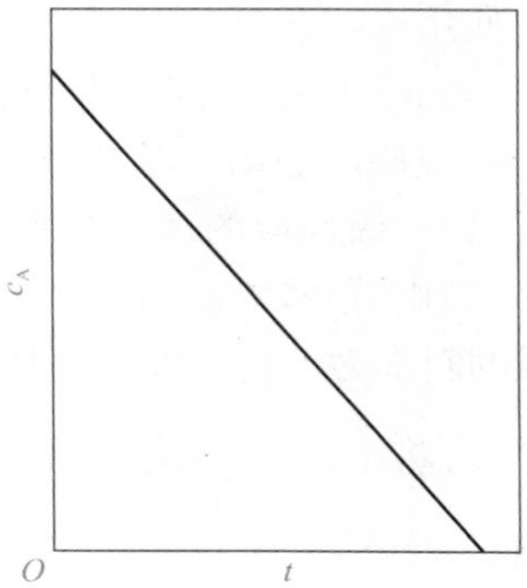

图8.2.1 零级反应的直线关系

(3)反应物消耗一半所需要的时间称为反应的半衰期，以符号$t_{\frac{1}{2}}$表示。

将$c_A=\frac{c_{A,0}}{2}$代入式(8.2.2)，得零级反应的半衰期为

$$t_{\frac{1}{2}}=\frac{c_{A,0}}{2k} \tag{8.2.3}$$

此式表明零级反应的半衰期正比于反应物的初始浓度。

8.2.2 一级反应

对于反应 $aA \longrightarrow$ 产物

若反应的速率与反应物A浓度的一次方成正比，该反应即为一级反应：

$$\upsilon=-\frac{1}{a}\frac{dc_A}{dt}=kc_A$$

或

$$-\frac{dc_A}{dt}=k_Ac_A \tag{8.2.4}$$

式中，$k_A=ak$。单分子基元反应为一级反应，一些物质的分解反应和重排反应也表现为一级反应，一些放射性元素的蜕变，也可以认为是一级反应。

将式(8.2.4)积分

$$-\int_{c_{A,0}}^{c_A}\frac{dc_A}{c_A}=k_A\int_0^t dt$$

得一级反应的积分形式

$$\ln\frac{c_{A,0}}{c_A}=k_At \tag{8.2.5}$$

即

$$\ln c_A=-k_At+\ln c_{A,0} \tag{8.2.6}$$

或者

$$c_A=c_{A,0}e^{-k_At} \tag{8.2.7}$$

也可采用 A 的转化率进行计算。某一时刻反应物 A 反应的分数称为该时刻 A 的转化率，即

$$x_A=\frac{c_{A,0}-c_A}{c_{A,0}} \tag{8.2.8}$$

即

$$c_A=c_{A,0}(1-x_A) \tag{8.2.9}$$

代入式(8.2.5)得

$$\ln\frac{1}{1-x_A}=k_At \tag{8.2.10}$$

使用这些公式可以求速率常数 k_A 的数值，只要知道 k_A 和 $c_{A,0}$ 的值，即可求任意 t 时刻反应物的浓度。

一级反应的动力学特征如下：

(1)一级反应的速率常数 k_A 的单位为 s^{-1}。

(2)由式(8.2.6)可见，一级反应 $\ln c_A$-t 呈直线关系，直线的斜率为$-k_A$，截距为 $\ln c_{A,0}$，如图 8.2.2 所示。

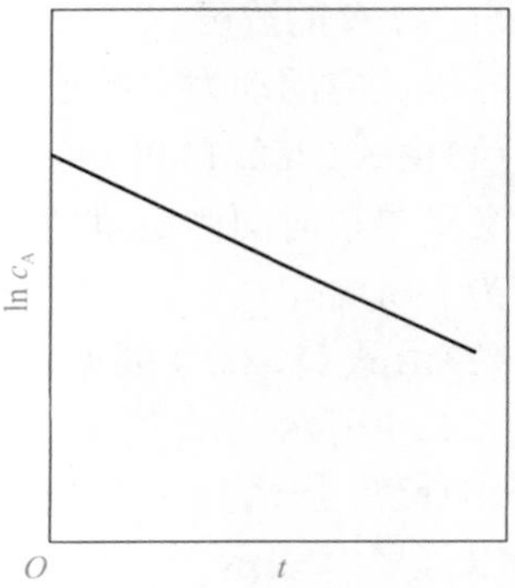

图 8.2.2　一级反应的直线关系

(3)将 $c_A=\frac{c_{A,0}}{2}$ 代入式(8.2.5)，得一级反应的半衰期

$$t_{\frac{1}{2}}=\frac{\ln 2}{k_A}=\frac{0.693\ 1}{k_A} \tag{8.2.11}$$

此式表明一级反应的半衰期与反应物的初始浓度无关。

【例 8.2.1】 某药物在人体血液中呈现简单级数反应，如果在上午 8 点给病人注射一针该药物，测得不同时刻 t，药物在血液中的浓度 c，得到表 8.2.1 中的数据。

表 8.2.1　不同时刻 t，药物在血液中的浓度 c

t/h	4	8	12	16
c/[mg·(100 cm^3)$^{-1}$]	0.480	0.326	0.222	0.151

当以 $\ln c_A$ 对 t 作图得一直线，斜率为$-0.096\ 29\ h^{-1}$，试求：

(1)反应级数。

(2)反应的速率常数 k_A 和半衰期。

(3)若该药物在血液中浓度不低于 0.37 mg/(100 cm^3)才为有效，则约需何时注射第二针？

解：(1)由题意，以 $\ln c_A$ 对 t 作图为一直线，说明该反应是一级反应。

(2)直线的斜率为$-k_A$，即 $k_A=0.096\ 29\ h^{-1}$。

反应的半衰期

$$t_{\frac{1}{2}}=\frac{\ln 2}{k}=\frac{\ln 2}{0.09629\ \text{h}^{-1}}=7.199\ \text{h}$$

(3)由一级反应速率公式，即

$$\ln\frac{c_{A,0}}{c_A}=k_A t$$

选用第一组实验数据处理，即

$$\ln\frac{c_{A,0}}{0.480}=0.09629\times 4$$

$$c_{A,0}=0.706\ \text{mg}/(100\ \text{cm}^3)$$

$$t=\frac{1}{k_A}\ln\frac{c_{A,0}}{c_A}=\frac{1}{0.09629\ \text{h}^{-1}}\ln\frac{0.706\ \text{mg}/(100\ \text{cm}^3)}{0.37\ \text{mg}/(100\ \text{cm}^3)}$$
$$=6.71\ \text{h}$$

8.2.3 二级反应

二级反应有两种类型

$$a\text{A}\longrightarrow\text{产物}$$

或

$$a\text{A}+b\text{B}\longrightarrow\text{产物}$$

反应速率与 A 的浓度的平方成正比，或与 A 和 B 的浓度的乘积成正比的反应称为二级反应。

$$\upsilon=-\frac{1}{a}\frac{\text{d}c_A}{\text{d}t}=kc_A^2$$

或

$$\upsilon=-\frac{1}{a}\frac{\text{d}c_A}{\text{d}t}=-\frac{1}{b}\frac{\text{d}c_B}{\text{d}t}=kc_Ac_B$$

二级反应是常见的一种反应，特别是在溶液中的有机化学反应有很多都是二级反应。

1. 一种反应物的情况

$$a\text{A}\longrightarrow\text{产物}$$

速率方程为

$$-\frac{\text{d}c_A}{\text{d}t}=k_Ac_A^2 \tag{8.2.12}$$

将上式积分

$$-\int_{c_{A,0}}^{c_A}\frac{\text{d}c_A}{c_A^2}=k_A\int_0^t\text{d}t$$

得

$$\frac{1}{c_A}-\frac{1}{c_{A,0}}=k_At \tag{8.2.13}$$

根据反应物 A 的转化率 x_A 的定义式，将 $c_A=c_{A,0}(1-x_A)$代入上式可得

$$\frac{1}{c_{A,0}}\cdot\frac{x_A}{1-x_A}=k_At \tag{8.2.14}$$

式(8.2.13)和式(8.2.14)都是二级反应速率方程的积分式。

二级反应的动力学特征如下：

(1)二级反应的速率常数 k_A 的单位为 $m^3/(mol \cdot s)$。

(2)由式(8.2.13)可见，二级反应 $1/c_A$-t 呈直线关系，直线的斜率为 k_A，截距为 $1/c_{A,0}$，如图 8.2.3 所示。

(3)将 $c_A = \frac{c_{A,0}}{2}$ 代入式(8.2.13)，得二级反应的半衰期

$$t_{\frac{1}{2}} = \frac{1}{k_A c_{A,0}} \tag{8.2.15}$$

此式表明二级反应的半衰期与反应物的初始浓度成反比。

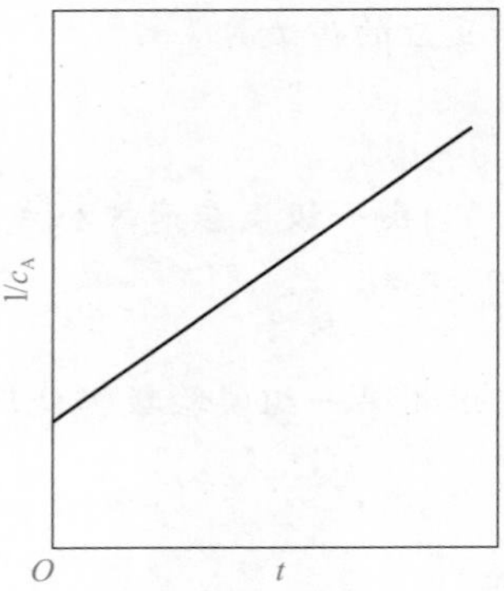

图 8.2.3 二级反应的直线关系

【例 8.2.2】 已知反应 $NO_2(g) \longrightarrow NO(g) + \frac{1}{2}O_2(g)$ 为二级反应，在 673 K 时将 $NO_2(g)$ 通入反应器，使其压力为 26.66 kPa，则反应半衰期为 68.4 s；求当反应器中的压力达到 32.0 kPa 时所需时间。

解：

$$t_{\frac{1}{2}} = \frac{1}{k_p \cdot p_{A,0}}$$

$$k_p = \frac{1}{t_{\frac{1}{2}} \cdot p_{A,0}} = 5.48 \times 10^{-7} (Pa^{-1} \cdot s^{-1})$$

$$NO_2(g) \longrightarrow NO(g) + \frac{1}{2}O_2(g)$$

$$t=0 \qquad p_{A,0} \qquad 0 \qquad 0$$

$$t=t \qquad p_A \qquad p_{A,0}-p_A \qquad \frac{1}{2}(p_{A,0}-p_A)$$

$$p = p_A + (p_{A,0}-p_A) + \frac{1}{2}(p_{A,0}-p_A) = \frac{3}{2}p_{A,0} - \frac{1}{2}p_A$$

$$p_A = 3p_{A,0} - 2p = 3\times 26.66 - 2\times 32.0 = 15.98 \text{ kPa}$$

$$\frac{1}{p_A} - \frac{1}{p_{A,0}} = k_p t$$

$$t = \frac{1}{k_p}\left(\frac{1}{p_A} - \frac{1}{p_{A,0}}\right) = 45.7 \text{ s}$$

2. 两种反应物的情况

$$aA + bB \longrightarrow 产物$$

速率方程为

$$v = -\frac{1}{a}\frac{dc_A}{dt} = -\frac{1}{b}\frac{dc_B}{dt} = kc_Ac_B \tag{8.2.16}$$

(1)当 $\frac{c_{B,0}}{c_{A,0}} = \frac{b}{a}$ 时，即各反应组分的初始浓度与其计量系数之比相等时，反应进行到任何时刻 t 都有 $\frac{c_B}{c_A} = \frac{b}{a}$。代入式(8.2.16)得

$$-\frac{dc_A}{dt} = \frac{b}{a}akc_A^2 = bkc_A^2 = k_Bc_A^2$$

或

$$-\frac{dc_B}{dt} = \frac{a}{b}bkc_B^2 = akc_B^2 = k_Ac_B^2$$

积分结果与上述一种反应物的情况相同。

(2)当$\frac{c_{B,0}}{c_{A,0}} \neq \frac{b}{a}$时，设A和B的初始浓度分别为$c_{A,0}$和$c_{B,0}$，在任何时刻A和B的消耗量与它们的计量系数成正比，即

$$\frac{c_{A,0}-c_A}{c_{B,0}-c_B}=\frac{a}{b}$$

解得$c_B=a^{-1}bc_A+(c_{B,0}-a^{-1}bc_{A,0})$，将之代入速率方程(8.2.16)，得

$$-\frac{dc_A}{dt}=akc_A[a^{-1}bc_A+(c_{B,0}-a^{-1}bc_{A,0})]$$

即
$$-\frac{dc_A}{c_A[a^{-1}bc_A+(c_{B,0}-a^{-1}bc_{A,0})]}=ak\,dt$$

对上式积分得

$$\frac{1}{ac_{B,0}-bc_{A,0}}\ln\frac{\frac{c_B}{c_{B,0}}}{\frac{c_A}{c_{A,0}}}=kt \tag{8.2.17}$$

上式中如果令$c_x=c_{A,0}-c_A$，即c_x为在时刻t反应物A消耗的浓度，则$c_A=c_{A,0}-c_x$。由于反应按计量方程进行，此时反应物B消耗的浓度为$\left(\frac{b}{a}\right)c_x$，所以$c_B=c_{B,0}-\left(\frac{b}{a}\right)c_x$。将$c_A$和$c_B$代入式(8.2.17)得

$$\frac{1}{ac_{B,0}-bc_{A,0}}\ln\frac{c_{A,0}(ac_{B,0}-bc_x)}{ac_{B,0}(c_{A,0}-c_x)}=kt \tag{8.2.18}$$

8.2.4 n级反应

这里只考虑最简单的两种情况。

(1)只有一种反应物：

$$aA \longrightarrow \text{产物}$$

(2)多种反应物：

$$aA+bB+\cdots \longrightarrow \text{产物}$$

各反应组分的初始浓度与其计量系数之比相等：$\frac{c_A}{a}=\frac{c_B}{\mathrm{b}}=\cdots$。

n级反应速率方程的微分式为

$$-\frac{dc_A}{dt}=k_A c_A^n \tag{8.2.19}$$

将上式积分

$$-\int_{c_{A,0}}^{c_A}\frac{dc_A}{c_A^n}=k_A\int_0^t dt$$

得

$$\frac{1}{n-1}\left(\frac{1}{c_A^{n-1}}-\frac{1}{c_{A,0}^{n-1}}\right)=k_A t \tag{8.2.20}$$

n级反应的动力学特征如下：

(1)n级反应的速率常数k_A的单位为$(\mathrm{mol\cdot m^{-3}})^{1-n}/\mathrm{s}$。

(2)由式(8.2.20)可见，n级反应$1/c_A^{n-1}-t$呈直线关系。

(3)将 $c_A=\frac{c_{A,0}}{2}$ 代入式(8.2.20)，得 n 级反应的半衰期为

$$t_{\frac{1}{2}}=\frac{2^{n-1}-1}{(n-1)k_A c_{A,0}^{n-1}} \quad (n\neq1) \tag{8.2.21}$$

此式表明 n 级反应的半衰期与 $c_{A,0}^{n-1}$ 成反比。

现将各简单级数反应的速率方程积分式及动力学特征列于表 8.2.2。

表 8.2.2 具有简单级数反应的速率方程积分式及动力学特征

级数	微分式	积分式	半衰期	k 的单位	直线关系
零级	$-\frac{dc_A}{dt}=kc_A{}^0$	$c_{A,0}-c_A=kt$	$t_{\frac{1}{2}}=\frac{c_{A,0}}{2k}$	浓度/时间	c_A-t
一级	$-\frac{dc_A}{dt}=k_Ac_A$	$\ln\frac{c_{A,0}}{c_A}=k_At$	$t_{\frac{1}{2}}=\frac{\ln2}{k_A}$	时间$^{-1}$	$\ln c_A-t$
二级	$-\frac{dc_A}{dt}=k_Ac_A^2$	$\frac{1}{c_A}-\frac{1}{c_{A,0}}=k_At$	$t_{\frac{1}{2}}=\frac{1}{k_Ac_{A,0}}$	浓度$^{-1}$/时间$^{-1}$	$\frac{1}{c_A}-t$
n 级 ($n\neq1$)	$-\frac{dc_A}{dt}=k_Ac_A^n$	$\frac{1}{c_A^{n-1}}-\frac{1}{c_{A,0}^{n-1}}=(n-1)k_At$	$t_{\frac{1}{2}}=\frac{2^{n-1}-1}{(n-1)k_Ac_{A,0}^{n-1}}$	浓度$^{1-n}$·时间$^{-1}$	$\frac{1}{c_A^{n-1}}-t$

8.3 速率方程的确定

在一般的动力学研究中，通常并不能直接测得反应的瞬时速率，而只能以某种直接或间接的方法，测得在不同时间反应物或产物的浓度。动力学研究的目的是要建立反应的速率方程，即要找出反应速率与反应物浓度(有时还包括产物及催化剂浓度)的关系。如何根据不同时刻的浓度求算反应级数对建立速率方程是至关重要的一步。如果反应有简单级数，则只要测出反应级数就可建立速率方程；如果反应没有简单级数，则表明反应是比较复杂的，这对推断反应机理也将有直接的帮助。

8.3.1 尝试法

尝试法是看某一化学反应的 c_A 与 t 之间的关系适合于哪一级的速率方程积分式，从而确定该反应的反应级数。

(1)将不同时间测出的反应物浓度的数据代入各反应级数的积分公式，求算其速率常数 k 的数值，如果按某个公式计算的 k 为一常数，则该公式的级数即为反应级数。

(2)利用各级反应速率方程积分形式的线性关系来确定反应级数。因为

对一级反应，$\ln c_A$-t 呈直线关系；

对二级反应，$\frac{1}{c_A}$-t 呈直线关系；

对三级反应，$\frac{1}{c_A^2}$-t 呈直线关系；

对零级反应，c_A-t 呈直线关系。

所以将实验数据按上述不同形式作图，如果有一种图成直线，则该图代表的级数即为反应级数。

【例 8.3.1】 气体 1,3-丁二烯在较高温度下能进行二聚反应。

$$2C_4H_6(g) \longrightarrow C_8H_{12}(g)$$

将 1,3-丁二烯放在 326 ℃的容器中，不同时间测得的总压 p 如表 8.3.1：

表 8.3.1 1,3-丁二烯二聚反应的时间和压力

t/min	8.02	12.18	17.30	24.55	33.00	42.50	55.08	68.05	90.05	119.00
p/kPa	79.90	77.88	75.63	72.89	70.36	67.90	65.35	63.27	60.43	57.69

实验开始时(t=0)，1,3-丁二烯在容器中的压力是 84.25 kPa。试求反应级数及速率常数。

解：由于给定的数据为系统的总压，需要求取 1,3-丁二烯的分压：

$$2C_4H_6(g) \longrightarrow C_8H_{12}(g)$$

$$t=0 \qquad p_{A,0} \qquad 0 \qquad p_0=p_{A,0}$$

$$t=t \qquad p_A \qquad \frac{1}{2}(p_{A,0}-p_A) \qquad p=\frac{1}{2}(p_{A,0}+p_A)$$

故得 $p_A=2p-p_{A,0}$。反应时间 t 时，系统中 A 的分压 p_A 列于表 8.3.2。

表 8.3.2 反应时间 t 时，系统中 A 的分压 p_A

t/min	0	8.02	12.18	17.30	24.55	33.00	42.50	55.08	68.05	90.05	119.00
p_A/kPa	84.25	75.55	71.51	67.01	61.53	56.47	51.55	46.45	42.29	36.61	31.13

按 0、1、1.5、2 级反应的线性关系作图(图 8.3.1)。

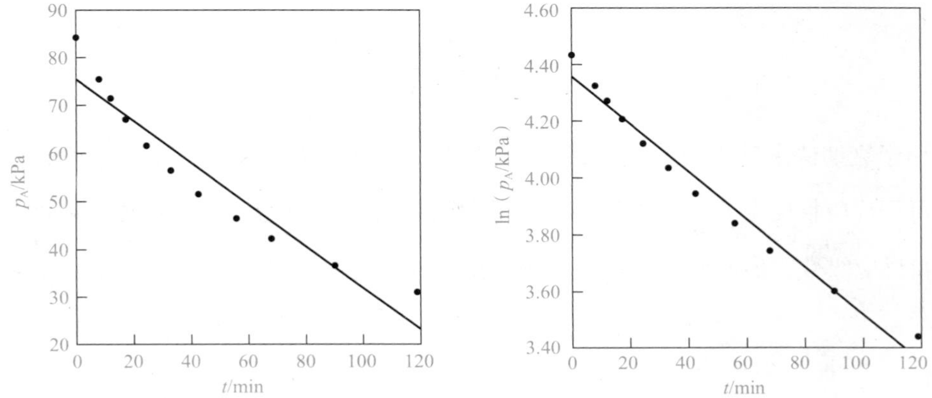

图 8.3.1 压力和时间线性关系图

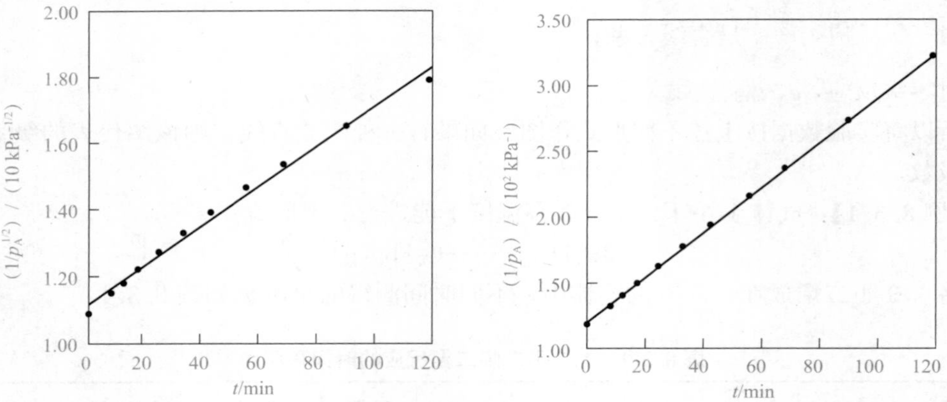

图 8.3.1 压力和时间线性关系图(续)

容易看出，$\frac{1}{p_A}$与 t 呈很好的直线关系，因此该反应为二级反应。速率方程为

$$\frac{1}{p_A}-\frac{1}{p_{A,0}}=k_{p,A}t$$

将$\left(t,\ \frac{1}{p_A}\right)$做线性回归，得到回归直线的斜率为 $1.704\times10^{-4}(\mathrm{kPa}^{-1}\cdot\mathrm{min}^{-1})$，此即为1,3-丁二烯二聚反应的速率常数：$k_{p,A}=1.704\times10^{-4}(\mathrm{kPa}^{-1}\cdot\mathrm{min}^{-1})$。

8.3.2 半衰期法

由表 8.2.2 可以看出，不同级数的反应，其半衰期与反应物起始浓度的关系是不同的。$n(n\neq1)$级反应的半衰期为

$$t_{\frac{1}{2}}=\frac{2^{n-1}-1}{(n-1)k_A c_{A,0}^{n-1}}$$

将上式取对数，则

$$\ln t_{\frac{1}{2}}=\ln\frac{2^{n-1}-1}{(n-1)k_A}+(1-n)\ln c_{A,0} \tag{8.3.1}$$

当有两组 $c_{A,0}$ 和 $t_{\frac{1}{2}}$ 数据时，可计算出反应级数 n

$$n=1-\frac{\ln\frac{t_{\frac{1}{2}}}{t'_{\frac{1}{2}}}}{\ln\frac{c_{A,0}}{c'_{A,0}}} \tag{8.3.2}$$

利用半衰期法求反应级数比尝试法要可靠些。半衰期法的原理实际上并不限于半衰期 $t_{\frac{1}{2}}$，也可用反应物反应了$\frac{1}{3}$、$\frac{2}{3}$、$\frac{3}{4}$等的时间代替半衰期，而且只需要一次实验的 c_A-t 曲线即可求得反应级数。但它的缺点是反应物不止一种而起始浓度又不相同时，半衰期法就变得较为复杂了。

8.3.3 初始速率法

上面讨论了确定反应级数的尝试法和半衰期法，它们都是基于反应速率方程的积分形

式进行的。当产物对反应速率有干扰时，上述方法则不适用。为了排除产物对反应速率的影响，可以测定不同初始浓度下的初始反应时间($t=0$)的反应速率，由 c_A-t 曲线在 $t=0$ 处的斜率确定，如图 8.3.2 所示。再利用反应速率的微分形式来确定反应级数。由于采用了初始速率，此时反应生成的产物的量可以忽略不计，从而排除了产物的生成对反应速率的影响。此外，通过进行一系列实验，每次实验只改变一个组分，如 A 的初始浓度，而保持除 A 外其余组分的初始浓度不变，来考察反应的初始速率随 A 组分初始浓度的变化，从而得到 A 组分的反应分级数。通过对每个组分应用同样的处理，即可确定反应所有的分级数。

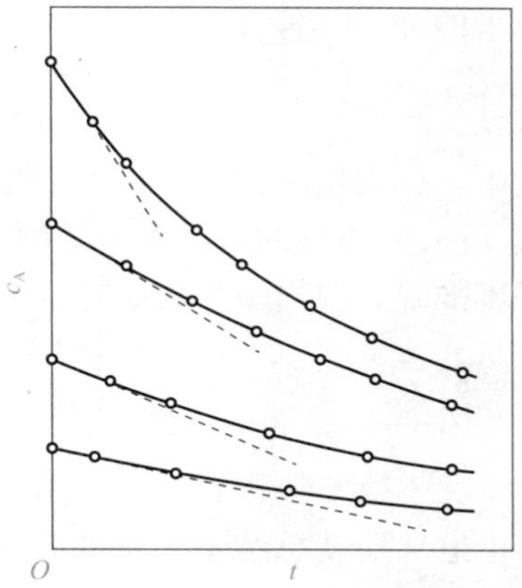

图 8.3.2　由 c_A-t 图求反应的初始速率

下面以确定反应组分 A 的分级数为例来说明应用初始速率法的过程。

设反应的速率方程为

$$\upsilon=kc_A^{n_A}c_B^{n_B}c_C^{n_C} \tag{8.3.3}$$

则初始速率为

$$\upsilon_0=kc_{A,0}^{n_A}c_{B,0}^{n_B}c_{C,0}^{n_C}$$

对其求对数，得

$$\ln\upsilon_0=\ln k+n_A\ln c_{A,0}+n_B\ln c_{B,0}+n_C\ln c_{C,0}$$

改变 A 的初始浓度，而保持其余组分的初始浓度不变重复进行多次实验，可得到一系列的不同 A 初始浓度下的 υ_0 数据。由于每次实验 B、C 等的初始浓度相同，故

$$\ln\upsilon_0=n_A\ln c_{A,0}+K \tag{8.3.4}$$

式中，K 为常数。$\ln\upsilon_0$-$\ln c_{A,0}$ 呈直线关系，其斜率即为 A 的分级数 n_A。

8.3.4　隔离法

同样针对速率方程式(8.3.3)。在该法中除要确定反应分级数的组分如 A 外，还要使其他组分的浓度大量过量，即 $c_{B,0}\gg c_{A,0}$、$c_{C,0}\gg c_{A,0}$ 等，因此在反应过程中可以认为这些组分的浓度为常数，从而得到假 n_A 级反应：

$$\upsilon_A=(k_Ac_{B,0}^{n_B}c_{C,0}^{n_C})c_A^{n_A}=k'c_A^{n_A} \tag{8.3.5}$$

其反应级数可通过尝试法或半衰期法得到。利用同样的步骤即可确定所有组分的分级数。

8.4　温度对反应速率的影响

前面讨论浓度对反应速率的影响时都是有温度一定这一前提的，现在讨论温度对反应速率的影响时，也需把浓度的影响消除，所以通常都是讨论速率常数 k 随温度的变化。

温度比浓度对反应速率的影响更为显著，一般说来反应的速率常数随温度的升高而很快增大。实验表明，对于均相热化学反应，反应温度每升高 10 K，其反应速率常数变为

原来的 2～4 倍，即

$$\frac{k_{T+10\ \mathrm{K}}}{k_T}\approx 2\sim 4 \tag{8.4.1}$$

式中，k_T为温度 t 时的速率常数；$k_{T+10\ \mathrm{K}}$为同一化学反应在温度$(T+10\ \mathrm{K})$时的速率常数。式(8.4.1)被称为范特霍夫规则。此比值也称为反应速率的温度系数。范特霍夫规则虽然并不准确，但当缺少数据时，可用它作粗略估算。

8.4.1 阿伦尼乌斯方程

阿伦尼乌斯

关于速率常数 k 与反应温度 T 之间的定量关系，早在 1889 年，阿伦尼乌斯就总结了大量的实验数据，提出了经验公式，此公式微分形式为

$$\frac{\mathrm{d}\ln k}{\mathrm{d}T}=\frac{E_\mathrm{a}}{RT^2} \tag{8.4.2}$$

式中，E_a为阿伦尼乌斯活化能，通常称为活化能，其单位为 J/mol。阿伦尼乌斯方程表明，$\ln k$ 随 T 的变化率与活化能 E_a成正比。也就是说，活化能越高，随温度的升高反应速率增加得越快，即活化能越高，则反应速率对温度越敏感。若同时存在几个反应，则高温对活化能高的反应有利，低温对活化能低的反应有利，生产上往往利用这个道理来选择适宜温度加速主反应，抑制副反应。上式还表明，$\ln k$ 随 T 的变化率与 T^2 成反比，活化能相同时，升高相同的温度，原始温度高的，反应速率常数增加得少。

若温度变化范围不大，E_a可视作常数，将式(8.4.2)积分，则得阿伦尼乌斯方程的定积分式

$$\ln\frac{k_2}{k_1}=-\frac{E_\mathrm{a}}{R}\left(\frac{1}{T_2}-\frac{1}{T_1}\right) \tag{8.4.3}$$

利用此式可由已知数据求算所需的 E_a、T 或 k。

阿伦尼乌斯方程的不定积分形式为

$$\ln k=-\frac{E_\mathrm{a}}{RT}+\ln A \tag{8.4.4}$$

或

$$k=A\mathrm{e}^{-E_\mathrm{a}/(RT)} \tag{8.4.5}$$

式中，A 称为指数前因子或指前因子，又称为表观频率因子，其单位与 k 相同。

式(8.4.4)表明，$\ln k$-$\frac{1}{T}$为直线关系，通过直线的斜率和截距即可求得活化能 E_a及指前因子 A。

式(8.4.2)～式(8.4.5)是阿伦尼乌斯方程的几种不同的形式。阿伦尼乌斯方程适用基元反应和非基元反应，甚至某些非均相反应；也可以用于描述一般的速率过程如扩散过程等。

以上讨论的是温度对反应速率影响的一般情况，并不是所有的反应都能符合阿伦尼乌斯方程，也有更为复杂的特殊情况，如图 8.4.1 所示。

(a)表示爆炸反应，温度达到燃点时，反应速率突然增大。

(b)酶催化反应，温度太高太低都不利于生物酶的活性，某些受吸附速率控制的多相催化反应，也有类似情况。

(c)有些反应，如碳的氧化，可能由于温度升高，副反应产生较大影响而复杂化。

(d)温度升高，速率反而下降，如 $2NO+O_2 \longrightarrow 2NO_2$ 就属于这种情况。

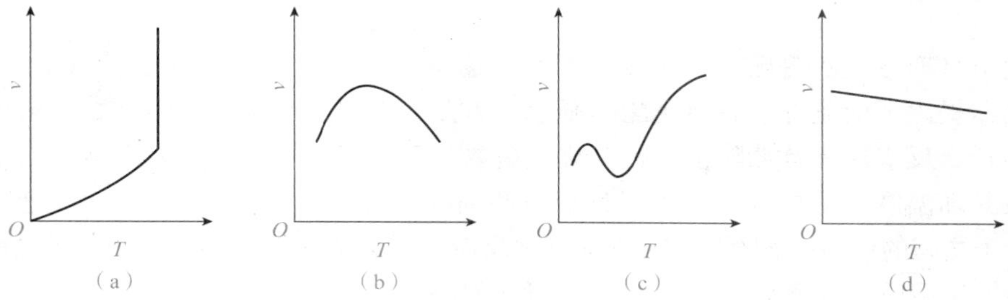

图 8.4.1　温度对反应速率影响的特例

(a)爆炸反应；(b)酶催化反应；(c)温度升高，副反应影响较大的反应；(d)温度升高，反应速度下降的反应

【例 8.4.1】 $N_2O(g)$的热分解反应为 $2N_2O(g) \longrightarrow 2N_2(g)+O_2(g)$，在一定温度下反应半衰期与初始压力成反比。在 970 K 时 $N_2O(g)$的初始压力为 39.2 kPa，测得半衰期为 1 529 s；在 1 030 K 时 $N_2O(g)$的初始压力为 53.3 kPa，测得半衰期为 212 s。

(1)判断该反应级数。

(2)计算两个温度下的速率常数。

(3)求反应的活化能。

(4)在 1 030 K 时，当 $N_2O(g)$的初始压力为 53.3 kPa 时，计算总压达到 64.0 kPa 所需的时间。

解：(1)因为反应半衰期与初始压力成反比，所以该反应为二级反应。

(2)由 $t_{\frac{1}{2}}=\dfrac{1}{k_p \cdot p_{A,0}}$，得

$$k_{p1}=\frac{1}{t_{\frac{1}{2}} \cdot p_{A,0}}=1.7\times10^{-8}(Pa^{-1}\cdot s^{-1})$$

$$k_{p2}=\frac{1}{t_{\frac{1}{2}} \cdot p_{A,0}}=9.8\times10^{-8}(Pa^{-1}\cdot s^{-1})$$

(3)由 $\ln\dfrac{k_{p2}}{k_{p1}}=-\dfrac{E_a}{R}\left(\dfrac{1}{T_2}-\dfrac{1}{T_1}\right)$，得

$$\ln\frac{9.8\times10^{-8}}{1.7\times10^{-8}}=-\frac{E_a}{8.314}\times\left(\frac{1}{1\,030}-\frac{1}{970}\right)$$

$$E_a=242.5\ kJ/mol$$

(4)　$2N_2O(g) \longrightarrow 2N_2(g)+O_2(g)$

$t=0$　　$p_{A,0}$　　0　　0

$t=t$　　p_A　　$p_{A,0}-p_A$　　$\frac{1}{2}(p_{A,0}-p_A)$

$$p_{总}=p_A+(p_{A,0}-p_A)+\frac{1}{2}(p_{A,0}-p_A)=\frac{3}{2}p_{A,0}-\frac{1}{2}p_A$$

$$p_A=3p_{A,0}-2p_{总}=3\times53.3-2\times64.0=31.9\ kPa$$

$$\frac{1}{p_A}-\frac{1}{p_{A,0}}=k_{p2}t$$

$$t=\frac{1}{k_{p2}}\left(\frac{1}{p_A}-\frac{1}{p_{A,0}}\right)=128\ s$$

8.4.2 活化能

阿伦尼乌斯方程的提出，大大促进了反应速率理论的发展。为了解释这个经验公式，阿伦尼乌斯提出了活化分子和活化能的概念。为什么不同的反应的速率常数 k 的值相差那么大？为什么反应速率常数随温度的变化呈指数关系？究竟是什么内在因素在决定着 k 值的大小及其随温度变化的大小？为了解释这些问题，阿伦尼乌斯提出了一个设想，即不是反应物分子之间的任何一次直接作用都能发生反应，只有那些能量相当高的分子之间的直接作用方能发生反应。这里以反应 $2HI \longrightarrow H_2 + 2I\cdot$ 为例讨论基元反应的活化能的意义。两个 HI 分子要起反应，它们首先要发生碰撞。在图 8.4.2 所示的碰撞中，两个 HI 分子内的两个 H 互相接近，从而形成新的 H—H 键，同时原来的 H—I 键断开，变成产物 $H_2 + 2I\cdot$。但是，由于 H—I 键使得 H 带部分正电荷而造成两个 HI 分子中 H 与 H 之间的斥力，使它们难以接近到足够的程度，以形成新的 H—H 键；又由于 H—I 键的引力，使这个键难以断开。因此，并不是任何 HI 分子发生图 8.4.2 所示的相互碰撞均能起反应，而是只有那些具有足够能量的 HI 分子的碰撞才能克服新键形成前的斥力和旧键断开前的引力，而反应生成产物。

图 8.4.2 基元反应 HI 分子碰撞示意

通过碰撞能够起反应的分子称为活化分子，显然它们是那些能量超过某一临界值的分子，其数量只占全部分子的很小的一部分。普通分子只有吸收一定的能量变成活化分子后才能起反应。这个活化过程通常是通过分子间的碰撞，即热活化来实现的，也可以通过光活化、电活化等来完成。

无论是普通分子还是活化分子，每个分子的能量不都是完全相同的。统计热力学研究表明，活化能为 1 mol 活化分子的平均能量与 1 mol 所有反应物分子平均能量之差，不能将其简单地看作能垒。

因为不同的反应所需活化能的数值并不相同，因此对不同的反应来说，在反应物总分子数相同的情况下，活化分子的数目是不同的，在一定温度下，活化能越大，活化分子所占的比例就越小，因而反应速率常数就越小。对于一定的反应，温度越高，活化分子所占的比例就越大，则反应速率常数就越大。

大多数基元反应的活化能为 0～330 kJ/mol，双分子反应的活化能趋向低于单分子反应活化能；个别自由原子、自由基参与的基元反应，活化能为零。

上面分析了基元反应 $2HI \longrightarrow H_2 + 2I\cdot$ 的进行需要活化能。此反应逆向进行，即 $H_2 + 2I\cdot \longrightarrow 2HI$ 也同样需要活化能。这是因为要使 H—H 键断开并生成 H—I 键，反应物分子同样必须具有足够的能量。

正、逆向反应的活化分子均要通过同样的活化状态 I⋯H⋯H⋯I 才能实现反应。此状态两边的键断开即得到正向反应的产物 $H_2 + 2I\cdot$，从中间的键断开即得到逆向反应的产物 2HI。因此，无论是正向反应还是逆向反应，活化状态下每摩尔活化分子的能量既高于相应每摩尔反应物分子的能量，也高于相应每摩尔产物分子的能量，如图 8.4.3 所示。图中以 $E_{a,1}$、$E_{a,-1}$ 分别代表正向反应和逆向反应的活化能。

因此，无论是正向反应还是逆向反应，反应物分子均要翻越一定高度的“能峰”才能变成产物分子，这一能峰即为反应的临界能。能峰越高，反应的阻力就越大，反应就越难以进行。

每摩尔普通能量的反应物分子要吸收 $E_{a,1}$ 的活化能变成活化分子，再反应生成普通能量的产物分子，并放出能量 $E_{a,-1}$，净结果是从反应物到产物，反应净吸收了$(E_{a,1}-E_{a,-1})$的能量。下面将证明这一差值等于反应的摩尔恒容热 Q。

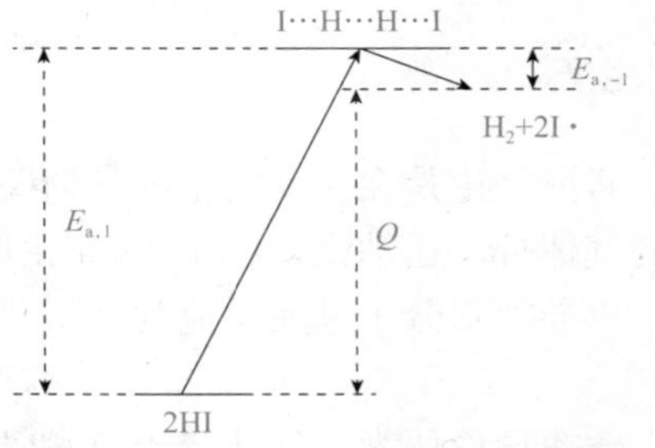

图 8.4.3　正、逆反应的活化能与反应热

8.4.3　活化能与反应热的关系

对于一个正向、逆向都能进行的反应，例如：

$$A+B \underset{k_{-1}}{\overset{k_1}{\rightleftharpoons}} Y+Z$$

其正、逆反应速率常数分别为 k_1 和 k_{-1}，正、逆反应的活化能分别为 $E_{a,1}$ 和 $E_{a,-1}$，则正、逆反应速率分别为 $v_+=k_1c_Ac_B$ 和 $v_-=k_{-1}c_Yc_Z$。当正向反应与逆向反应两者的速率相等时，反应物与产物处于平衡状态，即反应达平衡时有

$$k_1c_Ac_B=k_{-1}c_Yc_Z$$

平衡常数为

$$K_c=\frac{c_Yc_Z}{c_Ac_B}=\frac{k_1}{k_{-1}} \tag{8.4.6}$$

范特霍夫方程

$$\frac{\mathrm{d}\ln K_c}{\mathrm{d}T}=\frac{\Delta_r U_m^\ominus}{RT^2} \tag{8.4.7}$$

根据阿伦尼乌斯方程

$$\frac{\mathrm{d}\ln k_1}{\mathrm{d}T}=\frac{E_{a,1}}{RT^2} \qquad \frac{\mathrm{d}\ln k_{-1}}{\mathrm{d}T}=\frac{E_{a,-1}}{RT^2}$$

两式相减得

$$\frac{\mathrm{d}\ln \dfrac{k_1}{k_{-1}}}{\mathrm{d}T}=\frac{E_{a,1}-E_{a,-1}}{RT^2}$$

将上式与(8.4.7)比较，得

$$E_{a,1}-E_{a,-1}=\Delta_r U_m^\ominus \tag{8.4.8}$$

式中，$\Delta_r U_m^\ominus$ 为从 A+B 变成 Y+Z 时的摩尔热力学能变，在恒容时，$Q_{V,m}=\Delta_r U_m^\ominus$。因此，化学反应的摩尔恒容反应热在数值上等于正向反应与逆向反应的活化能之差。

8.5　反应机理简介

为了从理论上阐述基元反应的动力学特征，并对反应速率进行定量计算，科学家们提出了一系列化学反应速率理论。这些理论基本上可分为两类：一是碰撞理论；二是过渡态理论。

8.5.1 碰撞理论

碰撞理论是在接受阿伦尼乌斯关于活化状态和活化能概念的基础上，利用已经建立起来的气体分子运动论，在 1918 年由路易斯(Lewis)建立起来的。

以异类双分子基元反应为例

$$A+B \longrightarrow 产物$$

碰撞理论认为：气体分子 A 和 B 必须通过有效碰撞才可能发生反应。有效碰撞是活化分子之间的碰撞，即只有碰撞动能大于或等于某临界能(或阈能)ε_c的活化碰撞才能发生反应。因此，求出单位时间单位体积中 A、B 分子间的碰撞数，以及活化碰撞数占上述碰撞数的分数，即可导出反应速率方程。

单位时间、单位体积内分子 A 与 B 的碰撞次数称为碰撞数，以符号 Z_{AB}表示，单位为 $m^{-3}\cdot s^{-1}$。假设 A 与 B 为半径分别为 r_A 和 r_B 的硬球，设 B 静止，A 对 B 的相对速率为 u_{AB}。显然，当 A 与 B 间的距离 d_{AB}小于两球半径之和(r_A+r_B)时，A 和 B 发生碰撞。A 与静止 B 的碰撞频率 $Z_{A\to B}$(单位为 s^{-1})可以这样计算：设想一个以(r_A+r_B)为半径的圆，这个圆的面积 $\sigma=\pi(r_A+r_B)^2$ 称为碰撞截面。当这个以 A 的中心为圆心的碰撞截面，沿 A 前进的方向运动时，单位时间内在空间要扫过一个圆柱形的体积 $\pi(r_A+r_B)^2u_{AB}$。凡中心在此圆柱体内的 B 球，都能与 A 相撞。如图 8.5.1 所示。

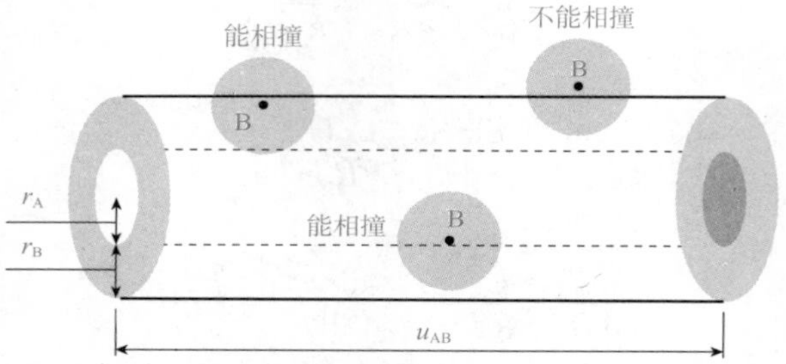

图 8.5.1 单位时间碰撞截面 $\pi(r_A+r_B)^2$ 在空间扫过的体积(外圆柱体)

因此，一个 A 分子单位时间能碰到 B 分子的次数，即碰撞频率 $Z_{A\to B}$应等于此圆柱体的体积与气体分子 B 的分子浓度 c_B 的乘积，即

$$Z_{A\to B}=\pi(r_A+r_B)^2u_{AB}c_B \tag{8.5.1}$$

若 A 的分子浓度为 c_A，则单位时间、单位体积内分子 A 与分子 B 的碰撞数为

$$Z_{AB}=\pi(r_A+r_B)^2u_{AB}c_Ac_B \tag{8.5.2}$$

由分子运动论可知，气体分子 A 与 B 的平均相对速率为

$$u_{AB}=\left(\frac{8k_BT}{\pi\mu}\right)^{\frac{1}{2}} \tag{8.5.3}$$

式中，k_B为玻尔兹曼常数；$\mu=\dfrac{m_Am_B}{m_A+m_B}$为这两个分子的折合质量。

将式(8.5.3)代入式(8.5.2)，整理后得碰撞数

$$Z_{AB}=(r_A+r_B)^2\left(\frac{8\pi k_BT}{\mu}\right)^{\frac{1}{2}}c_Ac_B \tag{8.5.4}$$

碰撞的一对分子称为相撞分子对(简称分子对)。相撞分子对的运动可以分解为两项：一项是分子对整体的运动；另一项是两分子相对于其共同质心的运动。

分子对作为整体的质心运动与反应毫不相干，只有相对于质心运动的平动能，才能克服两分子间的斥力以及旧键的引力转化为势能，从而翻越反应的能峰。所谓碰撞动能 ε，就是指这种相对于质心运动的平动能，即沿 A、B 分子连心线互相接近的平动能。

由分子运动论可知，相撞分子对的碰撞动能 $\varepsilon \geqslant \varepsilon_c$ 的活化碰撞数占碰撞数的分数，即为活化碰撞分数

$$q = e^{-\frac{E_c}{RT}} \tag{8.5.5}$$

式中，$E_c = L\varepsilon_c$，L 为阿伏伽德罗常数；E_c为摩尔临界能，常简称临界能。

因此，用单位时间、单位体积反应的反应物的分子个数表示的速率方程为

$$-\frac{dc_A}{dt} = Z_{AB} e^{-\frac{E_c}{RT}} \tag{8.5.6}$$

将式(8.5.4)代入上式，得

$$-\frac{dc_A}{dt} = (r_A + r_B)^2 \left(\frac{8\pi k_B T}{\mu}\right)^{\frac{1}{2}} e^{-\frac{E_c}{RT}} c_A c_B \tag{8.5.7}$$

对于同类双分子反应 A+A ⟶ 产物，有

$$-\frac{dc_A}{dt} = 16 r_A^2 \left(\frac{\pi k_B T}{m_A}\right)^{\frac{1}{2}} e^{-\frac{E_c}{RT}} c_A^2 \tag{8.5.8}$$

式(8.5.7)及式(8.5.8)即是按碰撞理论导出的双分子基元反应的速率方程。可以看出，适用基元反应的质量作用定律是碰撞理论的自然结果。

8.5.2 过渡态理论

碰撞理论只告诉人们当碰撞动能大于临界能才能发生反应，并未提出碰撞动能是怎样转化为反应分子内部的势能，怎样达到化学键新旧交替的活化状态，以及怎样翻越反应能峰等细节。为此，它将化学平衡理论与过渡状态相结合便形成过渡态理论。过渡态理论也称为活化配合物理论，是 1935 年由艾林(Eyring E)、伊文斯(Evans MG)、鲍兰尼(Polangi M)等人提出来的，后经不少人修正而逐渐完善。

过渡态理论的基本出发点是把参加反应的反应物分子及形成的产物分子作为一个系统，该系统的势能便是组成原子之间距离的函数，$E_P = f(r_1, r_2)$。因此，一个化学反应可看作一个(代表)点在此多原子系统势能空间中的运动，由系统的势能变化来描述化学反应过程。

根据基本出发点，过渡态理论形成有三个要点：

(1)反应物分子要转变成产物，必须经过具有高势能的过渡状态——活化配合物，在此活化配合物中，旧键被加长削弱，新键开始形成。

(2)活化配合物不稳定，能分解为原反应物并迅速达成平衡(实为非平衡态，假定仍遵循热力学平衡规律)。

(3)活化配合物及反应物服从 B-M 分布律，据此，基元反应的过程(详细机理)可表示为

$$A + B—C \longrightarrow A\cdots B\cdots C \longrightarrow A—B + C$$

为了呈现基元反应中过渡态的形成与分解过程的能量变化，艾林等在统计力学、量子力学基础上于 1954 年设计出一种位能面图，成功地描述了反应体系中原子间距与势能变化的关系。

对三原子体系(由原子 A 和双原子分子 B—C 组成)的势能 E_P 应是三个核间距 r_{AB}、r_{BC}、r_{AC}的函数：$E_P=f(r_{AB}, r_{BC}, r_{AC})$，可见应在四维空间中描述 E_P 与 r_i 的变化关系。根据碰撞应在旧键、新键轴连接线上最为有效的方位要求，假定只讨论 A、B、C 三原子处于同一条直线上的碰撞。由图 8.5.1 可见，对于共线碰撞 $r_{AC}=r_{AB}+r_{BC}$，即 r_{AC}变化时 E_P 的贡献可蕴含在r_{AB}、r_{BC}的变化之中。这样，三原子体系的 E_P 可认为只是r_{AB}、r_{BC}的函数：$E_P=f(r_{AB}, r_{BC})$，便可以在三维坐标中描述 E_P 与 r_{AB}、r_{BC}的变化关系。这种 E_P 随r_{AB}、r_{BC}变化的关系如图 8.5.2 所示。

可见，它是一个与 r_{AB}、r_{BC}有关的曲面，将呈现反应体系势能随原子间距变化的曲面称为势能面。由于立体图形应用不方便，仿效地形图中等高线的方法，可将势能面上的等势能值的各点连接起来形成等势能线，并投射到底面上，便得到等位能曲线图。线上所标数字与 E_P 成正比，数字越大，E_P 越高。

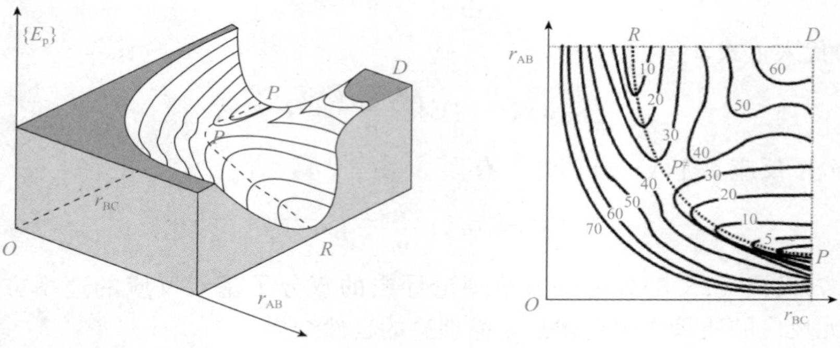

(a) (b)

图 8.5.2　势能面 $E_P=f(r_{AB}, r_{BC})$与其等位能曲线

(a)势能面；(b)等位能曲线

此图中的纵坐标为 r_{AB}、横坐标为 r_{BC}。化学反应的代表点在势能面上的运动：对于反应物，A 与 B、C 间距离较远，相互排斥较小，故势能较低，位于 R 点；形成的产物 AB 与 C 相距也远，E_P 较低，位于 P 点。由 R 至 P 可有许多条途径，根据能量最低原理，它应沿 $R\to P^{\neq}\to P$ 的虚线运动。此条线以反应坐标形式绘出图 8.5.2(b)。

反应物分子及原子经相互碰撞传递能量，有一部分分子吸收能量而由 R 点爬至 $P^{\neq}$(鞍点)，此为活化过程，即 A 与 B 趋近，而 B 与 C 渐远离。所吸收的能量用于克服分子间斥力和削弱旧键，从而形成了活化配合物，即三原子结合的若即若离的过渡状态 $P^{\neq}$。$P^{\neq}$可沿右山各点下降到另一谷底，即分解形成产物，也可沿原路返回至 R 点。由图可见，由 $R\to P^{\neq}\to P$ 的虚线，显然是一条能量相对最低的反应途径。把此线画在二维空间即图 8.5.3，由图可知，反应物转化为产物必须越过势能垒 E_b，E_b是活化配合物与反应物两者最低能量之差值。

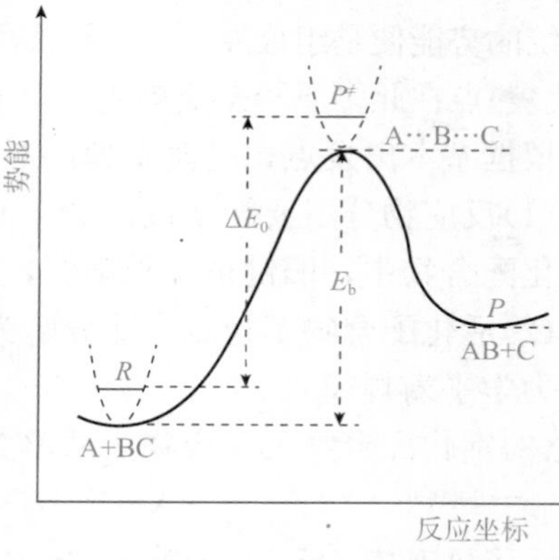

图 8.5.3　势能-反应坐标图

本章小结

化学动力学是研究化学反应速率和反应机理问题的。

在恒容情况下，反应速率表示为

$$\upsilon=\frac{1}{\nu_B}\cdot\frac{dc_B}{dt}$$

反应速率可通过物理方法或化学方法测定不同时间反应组分的浓度来得到。

速率方程的微分式表示化学反应的反应速率与浓度间关系。通常，一个化学反应并非由按其计量式所示的反应物分子直接发生碰撞来进行的，而是由一系列基元反应组成，所有基元反应的列表称为该反应的反应机理。一个反应的反应机理只能通过实验建立。基元反应的速率方程可以由质量作用定律来给出，非基元反应的速率方程需通过实验测定。

为了得到反应系统在时刻 t 的组成，对各级反应的速率方程微分式进行积分，得到速率方程的积分形式，即浓度与时间的关系式。本章着重介绍了简单级数反应的速率方程的积分形式，以及速率常数的单位、直线关系、半衰期与初始浓度的关系这几个动力学特征。

反应的级数可通过尝试法、半衰期法、初始速率法等加以确定。前两者基于速率方程的积分形式，而后者基于速率方程的微分形式。反应速率常数由速率方程的积分形式对实验数据的拟合得到。

反应速率常数 k 是温度的函数，其随温度的变化可由阿伦尼乌斯方程确定。阿伦尼乌斯方程既适用基元反应，也适用非基元反应。反应速率理论主要包括碰撞理论和过渡态理论。前者以气体分子运动论为基础，能够给出正确的阿伦尼乌斯方程的形式，但不能用于计算活化能。由于不考虑分子的结构，也不能通过计算给出正确的指前因子。过渡态理论则以量子力学为基础，考虑分子的结构，研究反应过程中反应系统势能的变化，从而能对反应过程进行正确、详细的描述。

习题

1. 某物质按一级反应进行分解。已知反应完成 40%所需时间为 50 min，试求该反应的速率常数以及完成 80%反应所需时间。

2. N_2O_5 在 25 ℃时分解反应的半衰期为 5.70 h，且与 N_2O_5 的初始压力无关。试求此反应在 25 ℃条件下完成 90%所需时间。

3. 高温时气态二甲醚的分解为一级反应

$$CH_3OCH_3 \longrightarrow CH_4+CO+H_2$$

迅速将二甲醚引入一个 504 ℃的已抽成真空的瓶中，并在不同时刻 t 测定瓶内压力 p(表 8.1)。

表 8.1　3 题表

t/s	0	390	665	1 195	2 240	3 155	∞
p/kPa	41.60	54.40	62.40	74.93	95.19	103.9	124.1

(1)用作图法求速率常数。

(2)求半衰期。

4. 25 ℃时，酸催化蔗糖转化反应

$$C_{12}H_{22}O_{11}(蔗糖)+H_2O \longrightarrow C_6H_{12}O_6(葡萄糖)+C_6H_{12}O_6(果糖)$$

的动力学数据见表 8.2(蔗糖的初始浓度 c_0 为 1.002 3 mol/dm^{-3}，时刻 t 的浓度为 c)。

表 8.2　4 题表

t/min	0	30	60	90	130	180
$(c_0-c)/(mol\cdot dm^{-3})$	0	0.100 1	0.194 6	0.277 0	0.372 6	0.467 6

(1)试证明此反应为一级反应，并求速率常数及半衰期。

(2)若蔗糖转化 95%，需多长时间?

5. 对于一级反应，试证明转化率达到 87.5%所需时间为转化率达到 50%所需时间的 3 倍。对于二级反应又应为多少?

6. 某一级反应 A ⟶ 产物，初始反应速率为 1×10^{-3} $mol/(dm^3\cdot min)$，1 h 后反应速率为 0.25×10^{-3} $mol/(dm^{-3}\cdot min)$。求速率常数、半衰期及初始浓度。

7. 偶氮甲烷(CH_3NNCH_3)气体的分解反应

$$CH_3NNCH_3(g) \longrightarrow C_2H_6(g)+N_2(g)$$

为一级反应。在 287 ℃的真空密闭恒容容器中充入初始压力为 21.332 kPa 的偶氮甲烷气体，反应进行 1 000 s 时测得系统的总压为 22.732 kPa，求反应速率常数及半衰期。

8. 在恒温条件下，有下列气相反应

$$A(g) \longrightarrow 2B(g)+C(g)$$

已知该反应速率常数 $k_p=1.92\times10^{-2}$/min，当反应开始时，在一恒容的容器中只有反应物 A 存在，压力为 $p_{A,0}=0.229\ 4\times10^5$ Pa，求系统总压达到 $0.320\ 2\times10^5$ Pa 时所需时间。

9. 某药物分解反应为一级反应，该药物分解 30%即无效，今在 50 ℃、60 ℃和 70 ℃分别测得它每小时分解 0.07%、0.16%和 0.35%，后以不同温度下的反应速率常数对温度作图，即作 $\ln k-1/T$ 图，可得 $\ln k=m/T+b$ 形式，其斜率 $m=-8.938\times10^3$，截距 $b=$ 20.402。试求：

(1)该药物在室温下(25 ℃)保存，有效期为多少?

(2)如果在人体内(37 ℃)该药物分解的动力学规律与上述情况相同，已知该药物在人体内分解 0.10%后即失效，为保持药物在人体内的浓度，在第一次服药后，何时再服药?

10. 587 ℃时，某有机物二聚反应

$$2A(g) \longrightarrow A_2(g)$$

已知该反应为二级反应，实验测定数据见表 8.3。

表 8.3　10 题表

t/s	0	20	40	60	80	100
p/Pa	84 526	74 541	68 488	64 515	61 648	59 355

p 为 t 时刻系统总的压力，求该反应的速率常数 k。

11. 某二级反应 $A(g)+B(g) \longrightarrow 2D(g)$ 在 T、V 恒定的条件下进行。当反应物初始浓

度为 $c_{A,0}=c_{B,0}=0.2\ mol/dm^3$ 时，反应的初始速率为 $-\left(\frac{dc_A}{dt}\right)_{t=0}=5\times10^{-2}\ mol/(dm^3\cdot s)$。求反应速率常数 k_A 及 k_D。

12. 某二级反应 A+B ⟶ C，两种反应物的初始浓度皆为 1 mol/dm³，经 10 min 后反应 25%，求 k。

13. 在 OH^- 离子的作用下，硝基苯甲酸乙酯的水解反应为

$$NO_2C_6H_4COOC_2H_5+H_2O\longrightarrow NO_2C_6H_4COOH+C_2H_5OH$$

在 15 ℃时的动力学数据见表 8.4。

表 8.4　13 题表

t/s	120	180	240	330	530	600
酯的转化率/%	32.95	41.75	48.8	58.05	69.0	70.35

两反应物的初始浓度皆为 0.05 mol/dm³。求此二级反应的速率常数 k。

14. 某溶液中反应 A+B ⟶ C，开始时反应物 A 与 B 的物质的量相等，没有产物 C。1 h 后 A 的转化率为 75%，问 2 h 后 A 尚有多少未反应？假设：

(1)对 A 为一级，对 B 为零级。

(2)对 A、B 皆为一级。

15. 反应 A+2B ⟶ D 的速率方程为 $-\frac{dc_A}{dt}=kc_Ac_B$，25 ℃时 $k=2\times10^{-4}\ dm^3/(mol\cdot s)$。

(1)若初始浓度 $c_{A,0}=0.02\ mol/dm^3$，$c_{B,0}=0.04\ mol/dm^3$，求该反应的半衰期；

(2)若将过量的挥发性固体反应物 A 与 B 装入 5 dm³ 密闭容器，问 25 ℃时 0.5 mol A 转化为产物需多长时间？已知 25 ℃时 A 和 B 的饱和蒸气压分别为 10 kPa 和 2 kPa。

16. 在 500 ℃及初压 101.325 kPa 下，某碳氢化合物发生气相分解反应的半衰期为 2 s。若初压降为 10.133 kPa，则半衰期增加为 20 s，求反应速率常数 k_p。

17. 恒温恒容条件下发生某化学反应：$2AB(g)\longrightarrow A_2(g)+B_2(g)$。当 AB(g)的初始浓度分别为 0.02 mol/dm³ 和 0.2 mol/dm³ 时，反应的半衰期分别为 125.5 s 和 12.55 s。求该反应级数 n 及反应速率常数 k。

18. 在抽空的刚性容器中，引入一定量的纯 A 气体(压力为 $p_{A,0}$)发生如下反应：

$$A(g)\longrightarrow B(g)+2C(g)$$

设反应能进行完全，经恒温到 323 K 时开始计时，测定系统总压随时间的变化关系见表 8.5。

表 8.5　18 题表

t/min	0	30	50	∞
p/kPa	53.33	73.33	80.00	106.66

试用尝试法，判定该反应是否为二级反应？

19. 在 326 ℃的密闭容器中，盛有 1,3-丁二烯，其二聚反应为 $2C_4H_6(g)\longrightarrow C_8H_{12}(g)$。在不同时刻测得容器中的压力 p 见表 8.6。

表 8.6　19 题表

t/min	0.00	3.25	12.18	24.55	42.50	68.05
p/kPa	84.25	82.45	77.87	72.85	67.89	63.26

试用尝试法求反应级数与速率常数。

20. 氰酸铵在水溶液中转化为尿素的反应为 $NH_4OCN \longrightarrow CO(NH_2)_2$。测得数据见表 8.7。

表 8.7　20 题表

初始浓度 $c_{A,0}/(mol \cdot dm^{-3})$	0.05	0.10	0.20
半衰期 $t_{\frac{1}{2}}$/h	37.03	19.15	9.45

试确定反应级数。

21. 试将反应的半衰期 $t_{\frac{1}{2}}$ 及反应物消耗 $\dfrac{3}{4}$ 所需时间 $t_{\frac{3}{4}}$ 之比值表示成反应级数 n 的函数，并计算对于零、一、二级反应来说，此比值各为多少？

22. 856 ℃时 NH_3 在钨表面上分解，当 NH_3 的初始压力为 13.33 kPa 时，100 s 后，NH_3 的分压降低了 1.80 kPa；当 NH_3 的初始压力为 26.66 kPa 时，100 s 后，降低了 1.87 kPa。试求反应级数。

23. 已知某反应，活化能 E_a=80 kJ/mol，试求：

(1)由 20 ℃变到 30 ℃，其速率常数增大了多少倍？

(2)由 100 ℃变到 110 ℃，其速率常数增大了多少倍？

24. 在水溶液中，2-硝基丙烷与碱作用为二级反应。其速率常数与温度的关系为

$$\lg k[dm^3/(mol \cdot min)] = 11.90 - 316\,3\,\frac{1}{T/K}$$

求反应的活化能，并求当两种反应物的初始浓度均为 8.0×10^{-3} mol/dm^3、10 ℃反应的半衰期为多少。

25. 环氧乙烷的分解反应为一级反应，已知在 380 ℃时，半衰期为 $t_{\frac{1}{2}}$=363 min，活化能为 E_a=217.67 kJ·mol，试求在 450 ℃时分解 75%环氧乙烷，需要多长时间？

26. 某物质的分解反应为一级反应，速率常数 k 随热力学温度的关系为

$$\ln k = 27.6 - \frac{436\,00}{T} + 2\ln T$$

试求该分解反应在 500k 时的活化能 E_a。

27. 65 ℃时 N_2O_5 气相分解的反应速率常数为 $k_1 = 0.292\ min^{-1}$，活化能为 E_a= 103.3 kJ/mol，求 80 ℃时的 k_2 及 $t_{\frac{1}{2}}$。

28. 双光气分解反应 $ClCOOCCl_3(g) \longrightarrow 2COCl_2(g)$ 为一级反应。将一定量双光气迅速引入一个 280 ℃的容器中，751 s 后测得系统的压力为 2.710 kPa；经过长时间反应后系统压力为 4.008 kPa。305 ℃时重复实验，经 320 s 系统压力为 2.838 kPa；反应完后系统压力为 3.554 kPa。求活化能。

29. 乙醛(A)蒸气的热分解反应为 $CH_3CHO(g) \longrightarrow CH_4(g) + CO(g)$。518 ℃下在一恒容容器中的压力变化有如下两组数据(表 8.8)。

表 8.8　29 题表

纯乙醛的初压 $p_{A,0}$/kPa	100 s 后系统总压 p/kPa
53.329	66.661
26.664	30.531

(1)求反应级数 n、反应速率常数 k_p。

(2)若活化能为 190.4 kJ/mol，在什么温度下其反应速率常数为 518 ℃下的 2 倍?

30. 某反应由相同初始浓度开始到转化率达 20%所需时间，在 40 ℃时为 15 min，60 ℃时为 3 min。试计算此反应的活化能。

第 9 章　界面化学

学习目标

掌握表面张力产生的原因和结果以及影响因素，理解表面张力、表面功、表面吉布斯函数、弯曲液面上的附加压力和饱和蒸气压以及表面吸附等概念；理解常见的界面现象（如亚稳态现象、吸附现象、润湿现象、毛细管现象等）的原理；了解界面张力如何引入热力学基本方程；学会应用拉普拉斯方程、开尔文公式、朗格缪尔吸附等温式、吉布斯吸附等温式以及杨氏方程等进行相关的理论分析和计算。

实践意义

收集洁白的雪花和晶莹剔透的雨滴会发现，它们都含有微不可见的尘埃作为凝结核，人们每天使用的洗涤剂、洗手液、洗发水、柔顺剂等都是同一类物质，为什么经常把它们称为“工业味精”？食品包装中经常看到的干燥剂是怎样起干燥作用的？为什么在荷叶上的水滴如明珠一样？

界面化学是化学、物理、生物、材料和信息等学科之间相互交叉与渗透的一门重要的边缘科学，是当前三大科学技术（生命科学、材料科学和信息科学）前沿领域的桥梁。由于界面上的分子环境具有特殊性，有许多特殊的物理和化学性质。界面化学是在原子或分子尺度上探讨两相界面上发生的化学过程以及化学过程前驱的一些物理过程。

自然界中的物质一般以气、液、固三种相态存在。三种相态相互接触可产生五种界面：气-液、气-固、液-液、液-固、固-固界面。界面即所有两相的接触面。一般常把与气体接触的界面称为表面，如气-液界面常称为液体表面，气-固界面常称为固体表面。

界面不是一个没有厚度的纯粹几何面，它有一定的厚度，可以是多分子层，也可以是单分子层，这一层的结构和性质与它邻近的两侧不一样，故有时又将界面称为界面相。自然界中的许多现象都与界面的特殊性质有关，如在光滑玻璃上的微小汞滴会自动呈球形、脱脂棉易于被水润湿、水在玻璃毛细管中会自动上升、固体表面会自动吸附其他物质、微小的液滴易于蒸发等。

一般情况下，界面的质量和性质与体相相比可忽略不计。当物质被高度分散时，界面的作用会很明显。例如，直径 1 cm 的球形液滴，表面积是 3.141 6 cm^2；当将其分散为 10^{18}个直径为 10 nm 的球形小液滴时，其总表面积可高达 314.16 m^2，是原来的 10^6 倍。此时，界面的作用就成为一个不可忽视的因素了。由此可知，对一定量的物质而言，分散度越高，其表面积越大，表面效应也就越明显。

物质的分散度可用比表面积 a_s 来表示，其定义为单位质量物质的表面积，即

$$a_s = \frac{A_s}{m} \tag{9.0.1}$$

单位为 m^2/kg。

小颗粒的分散系统往往具有很大的比表面积，因此由界面特殊性引起的系统特殊性十分突出。人们把粒径为 1～1 000 nm 的粒子组成的分散系统称为胶体，由于其具有极高的分散度和很大的比表面积，会产生特有的界面现象，所以经常把胶体与界面现象一起来研究，称为胶体表面化学。在界面化学这一章中，将应用物理化学的基本原理，对界面的特殊性质及现象进行讨论和分析。

9.1 界面张力

9.1.1 液体的表面张力、表面功及表面吉布斯函数

物质表面层的分子与内部分子周围的环境不同，以与饱和蒸气相接触的液体表面分子与内部分子受力情况为例，如图 9.1.1 所示，分析表面张力的产生。

在液体内部的任一分子，皆处于同类分子的包围之中，平均来看，该分子与其周围分子间的吸引力是对称的，各个相反方向上的力彼此相互抵消，其合力为零。因此它在液体内部移动时并不需要外界对它做功。然而表面层中的分子，则处于力场不对称的环境中。液体内部分子对表面层中分子的吸引力，远远大于液面上蒸气分子对它的吸引力，使表面层中的分子受到指向液体内部的拉力，因而液体表面的分子总是趋于向液体内部移动，力图缩小表面积。液体表面就如同一层绷紧的富有弹性的膜。这就是小液滴总是呈球形，肥皂泡要用力吹才能变大的原因，因为相同体积的物体球形表面积最小，扩张表面就需要对系统做功。

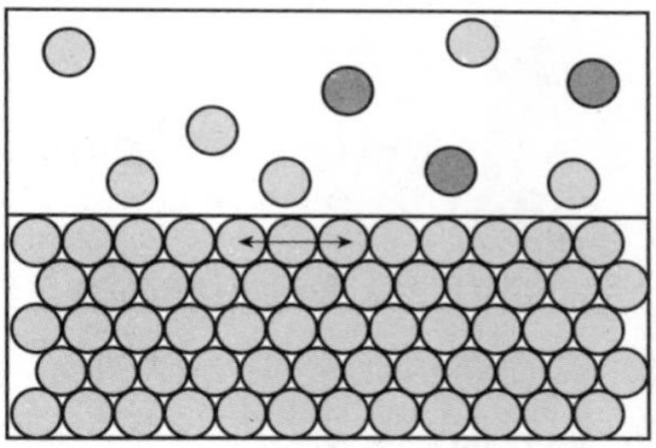

图 9.1.1　液体表面分子受力情况示意

假如用细钢丝制成一个框架，如图 9.1.2 所示，其中一边是可自由活动的金属丝，将此金属丝固定后使框架蘸上一层肥皂膜。若放松金属丝，肥皂膜会自动收缩以减小表面积。这时欲使膜维持不变，需在金属丝上施加一相反的力 F，其大小与金属丝的长度成正比，比例系数以 γ 表示，因膜有两个表面，所以液面上分子的作用力总长度为 $2l$，故可得

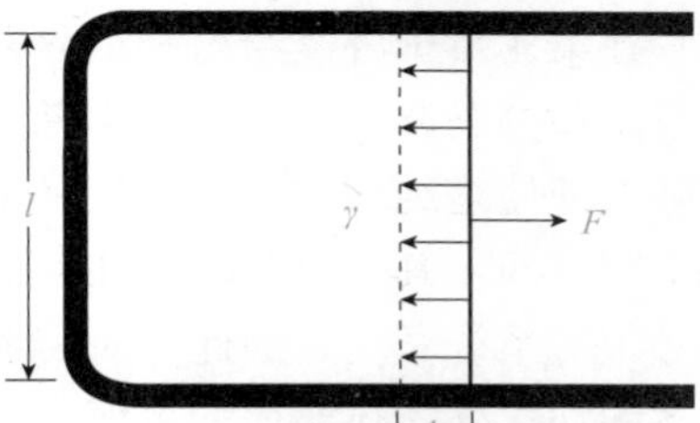

图 9.1.2　表面张力和表面功示意

$$F = 2\gamma l \tag{9.1.1}$$

即
$$\gamma=\frac{F}{2l} \tag{9.1.2}$$
γ 即表面张力，它可看作引起液体表面收缩的单位长度上的力，其单位为 N/m。

表面张力的方向是和液面相切的，并和两部分的分界线垂直。如果液面是平面，表面张力就在这个平面上；如果液面是曲面，表面张力则在这个曲面的切面上，垂直作用于液体表面的单位长度。

也可以从另一角度来理解表面张力，若要使图 9.1.2 中的液膜增大 dA_s 的面积，则需抵抗表面张力，在力 F 的作用下使金属丝向右移动 dx 距离，忽略摩擦力的影响，这一过程所做的可逆非体积功为
$$\delta W_r'=Fdx=2\gamma l dx=\gamma dA_s \tag{9.1.3}$$
式中，$dA_s=2ldx$ 为增大的液体表面积。将上式移项可得
$$\gamma=\frac{\delta W_r'}{dA_s} \tag{9.1.4}$$
由此可知，γ 也表示使系统增加单位表面所需的可逆功，即把一部分分子由内部移到表面上来，需要克服内部拉力而做的功(此功并非传统意义上的体积功，它源于液体有自动收缩的趋势，即表面具有表面张力之故，此功是表面功，故是非体积功)，单位为 J/m^2。IUPAC 以此式来定义 γ，称 γ 为表面功。

由于恒温恒压下，可逆非体积功等于系统的吉布斯函数变，即
$$\delta W_r'=dG_{T,p}=\gamma dA_s \tag{9.1.5}$$
故
$$\gamma=\left(\frac{\partial G}{\partial A_s}\right)_{T,p} \tag{9.1.6}$$
即 γ 又等于恒温恒压下系统增加单位面积时所增加的吉布斯函数，称表面吉布斯函数，单位为 J/m^2。

表面张力是从力的角度描述系统表面的某强度性质，而表面功及表面吉布斯函数是从能量角度描述系统表面同一性质。表面张力、表面功、表面吉布斯函数三者虽为不同的物理量，但它们的量值和量纲是等同的。

与液体表面类似，其他界面，如固体表面、液-液界面、液-固界面等，由于界面层的分子同样受力不对称，所以也存在着界面张力。

9.1.2 热力学公式

在第 4 章中曾经给出多组分多相系统的四个热力学基本公式，根据热力学第一定律和第二定律的联合公式，这是不考虑表面层的分子，只考虑系统本体情况时所得到的公式。实际上即使是纯液体与其蒸气平衡共存时，必然也存在一个表面相，且具有不可分离性。这个交界面，其实不是一个几何面，而是两相之间的过渡区。如果要增加系统的表面积，就必须对系统做功。因此，对需要考虑表面层(或表面相)的系统，由于多了一个表面相，在体积功之外，还要增加表面功。相应的热力学公式为
$$dG=-SdT+Vdp+\sum_{\alpha}\sum_{B}\mu_{B(\alpha)}dn_{B(\alpha)}+\gamma dA_s \tag{9.1.7}$$
$$dU=TdS-pdV+\sum_{\alpha}\sum_{B}\mu_{B(\alpha)}dn_{B(\alpha)}+\gamma dA_s \tag{9.1.8}$$

$$dH = TdS + Vdp + \sum_{\alpha} \sum_{B} \mu_{B(\alpha)} dn_{B(\alpha)} + \gamma dA_s \tag{9.1.9}$$

$$dA = -SdT - pdV + \sum_{\alpha} \sum_{B} \mu_{B(\alpha)} dn_{B(\alpha)} + \gamma dA_s \tag{9.1.10}$$

式中

$$\gamma = \left(\frac{\partial G}{\partial A_s}\right)_{T,p,n_{B(\alpha)}} = \left(\frac{\partial U}{\partial A_s}\right)_{S,V,n_{B(\alpha)}} = \left(\frac{\partial H}{\partial A_s}\right)_{S,p,n_{B(\alpha)}} = \left(\frac{\partial A}{\partial A_s}\right)_{T,V,n_{B(\alpha)}} \tag{9.1.11}$$

下角标中 $n_{B(\alpha)}$ 表示各相中各物质的物质的量均不变。

式(9.1.11)中第一个等式表明界面张力 γ 等于恒温恒压、各相中各物质的量不变时，增加单位界面面积时所增加的吉布斯函数。其余三个等式的意义类似。

在恒温恒压、各相中各物质的量不变时，由式(9.1.7)得

$$dG = \gamma dA_s \tag{9.1.12}$$

此式表明在上述条件下由于相界面面积变化而引起系统的吉布斯函数变，因这一变化反映在界面上，也称为界面吉布斯函数变。

9.1.3 界面张力及其影响因素

界面张力与形成界面的两相物质的性质密切相关，凡能影响两相性质的因素，对界面张力均有影响，现分述如下：

1. 界面张力与物质的本性有关

不同物质分子之间的作用力不同，对界面上的分子影响也不同。以液体表面为例，通常气相是空气或液体本身的蒸气，或是被液体蒸气饱和了的空气。一般情况下，气相对液体的表面张力影响不大。不同液体表面张力之间的差异主要是由液体分子之间的作用力不同而造成的。一般说来，极性液体，例如水，有较大的表面张力，而非极性液体的表面张力较小。另外，熔融的盐以及熔融的金属，分子间分别以离子键和金属键相互作用，故它们的表面张力也很高。固体分子间的相互作用力远大于液体分子间的相互作用力，所以固体物质一般要比液体物质具有更大的表面张力。一种液体与不互溶的其他液体形成液-液界面时，因界面层分子所处的力场取决于两种液体，故不同的液-液界面的界面张力不同。

2. 温度对界面张力的影响

同一种物质的界面张力因温度不同而异，当温度升高时物质的体积膨胀，分子间的距离增加，分子之间的相互作用减弱，所以界面张力一般随温度的升高而减小。液体的表面张力受温度的影响较大，且表面张力随温度的升高近似呈线性下降。当温度趋于临界温度时，饱和液体与饱和蒸气的性质趋于一致，相界面趋于消失，此时液体的表面张力趋于零。

纯液体表面张力 γ 随温度的变化关系可用经验式表示

$$\gamma = \gamma_0 \left(1 - \frac{T}{T_c}\right)^n \tag{9.1.13}$$

式中，T_c 为液体的临界温度；γ_0、n 为经验常数，与液体性质有关。

3. 压力对表面张力的影响

压力对表面张力的影响原因比较复杂。增加气相的压力，可使气相的密度增加，减轻

液体表面分子受力不对称的程度；此外可使气体分子更多地溶于液体，改变液相成分。这些因素的综合效应，一般是使表面张力下降。通常每增加 1 MPa 的压力，表面张力约降低 1 mN/m。例如 20 ℃时，101.325 kPa 下水和 CCl_4 的 γ 分别为 72.8 mN/m 和 26.8 mN/m，而在 1 MPa 下分别是 71.8 mN/m 和 25.8 mN/m。

9.2 弯曲液面的附加压力及其后果

9.2.1 弯曲液面的附加压力——拉普拉斯方程

一般情况下，液体表面是水平的，而液滴、水中的气泡的表面则是弯曲的。液面可以是凸的，也可以是凹的。

在一定外压下，水平液面下的液体所承受的压力就等于外界压力。但凸液面下的液体，不仅要承受外界的压力，还要受到因液面弯曲而产生的附加压力 Δp。下面通过图 9.2.1 的凸液面来说明产生附加压力的原因。

取球形液滴的某一球缺，如图 9.2.1 所示，凸液面上方为气相，其压力为 p_g，凸液面下方为液相，其压力为 p_l。球缺底边为一圆周，表面张力即作用在圆周线上，垂直于圆周线且与液滴的表面相切。沿圆周线一圈的表面张力的合力，在底面垂直方向上的分量不为零，这样液面下液体的压力 p_l，就大于液面外的压力 p_g。将任何弯曲液面凹面一侧的压力以 $p_内$ 表示，凸面一侧的压力以 $p_外$ 表示，则 $p_内 > p_外$，两者之差称为附加压力，即

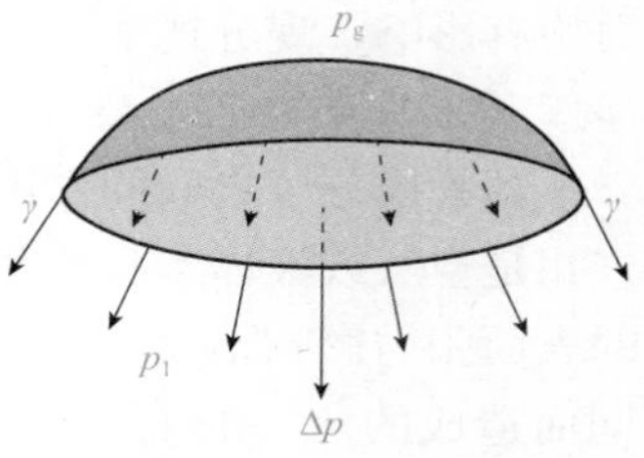

图 9.2.1　弯曲液面的附加压力

$$\Delta p = p_内 - p_外 \tag{9.2.1}$$

凹面一侧的压力总是大于凸面一侧的压力，这样定义的附加压力，其数值总是正值。对于液滴(凸液面)，附加压力 $\Delta p = p_内 - p_外 = p_l - p_g$；而对于液体中的气泡(凹液面)，则附加压力 $\Delta p = p_内 - p_外 = p_g - p_l$。附加压力的方向总指向曲率半径中心。

以下推导弯曲液面的附加压力 Δp 与液面曲率半径的关系。设有一个凸液面 AB，如图 9.2.2 所示，其球心为 O，球半径为 r，球缺底面圆心为 O_1，底面半径为 r_1，液体表面张力为 γ。将作用在球缺底面圆周上的表面张力沿垂直方向与水平方向分解，水平分力相互平衡，垂直分力指向液体内部，其单位周长的垂直分力为 $\gamma\cos\alpha$。α 为表面张力与其垂直分力之间的夹角。根据球缺底面圆周长为 $2\pi r_1$，得垂直分力在圆周上的合力为

$$F = 2\pi r_1 \gamma \cos\alpha$$

因 $\cos\alpha = \frac{r_1}{r}$，球缺底面面积为 πr_1^2，故弯曲液面对于单位水平面上的附加压力(即压强)为

$$\Delta p = \frac{2\pi r_1 \gamma \frac{r_1}{r}}{\pi r_1^2}$$

整理后得

$$\Delta p=\frac{2\gamma}{r} \tag{9.2.2}$$

此式称为拉普拉斯(Laplace)方程。拉普拉斯方程表明弯曲液面的附加压力与液体表面张力成正比，与曲率半径成反比，曲率半径越小，附加压力越大。

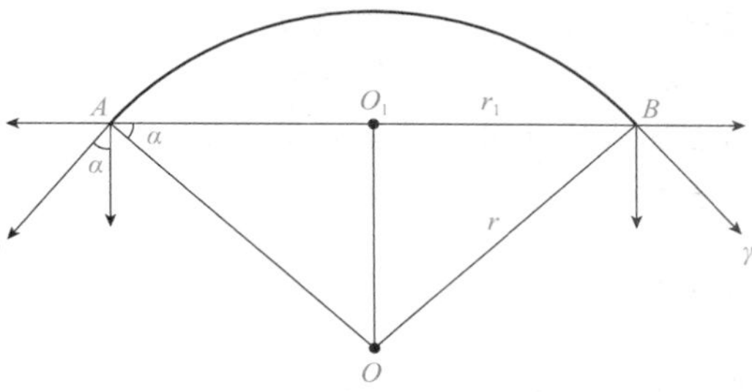

图 9.2.2　弯曲液面的附加压力与液面曲率半径的关系

因按式(9.2.1)定义的 Δp 为凹面一侧的压力减去凸面一侧的压力，Δp 总为正值，故计算中曲率半径 r 总取正值。

式(9.2.2)适用计算小液滴或液体中的小气泡的附加压力。对于空气中的肥皂泡，因其有内、外两个气-液界面，故附加压力 $\Delta p=\frac{4\gamma}{r}$。

弯曲液面的附加压力是产生毛细现象的原因。把半径为 r 的毛细管垂直插入某液体，如果该液体能润湿管壁，液体将在管中呈凹液面，液体与管壁的接触角 $\theta<90°$，液体将在毛细管中上升，如图 9.2.3 所示。

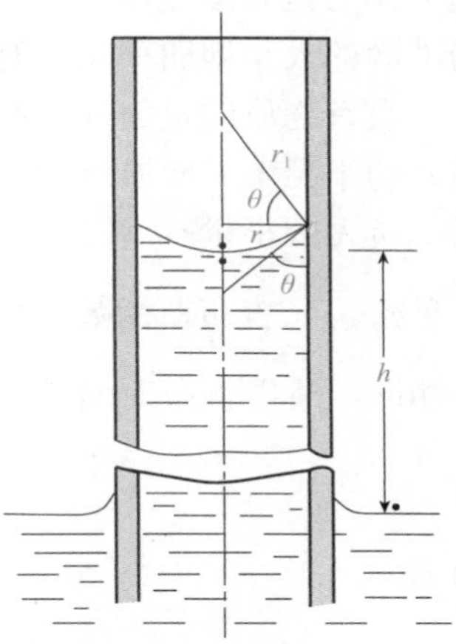

图 9.2.3　毛细现象示意

由于附加压力 Δp 指向大气，而使凹液面下的液体所承受的压力小于管外水平液面下的压力。在这种情况下，液体将被压入管内，直至上升的液柱所产生的静压力 ρgh 与附加压力 Δp 在量值上相等，方可达到力的平衡，即

$$\Delta p=\frac{2\gamma}{r_1}=\rho gh \tag{9.2.3}$$

接触角与毛细管半径 r 及弯曲液面曲率半径 r_1 之间的关系为 $\cos\theta=\frac{r}{r_1}$，将此式代入式(9.2.3),可得到液体在毛细管中上升的高度

$$h=\frac{2\gamma\cos\theta}{r\rho g} \tag{9.2.4}$$

在一定温度下，毛细管越细，液体的密度越小，液体在毛细管中上升得越高。

当液体不能润湿管壁，即 $\theta>90°$，$\cos\theta<0$ 时，液体在毛细管内呈凸液面，h 为负值，代表液面在管内下降的深度。例如将玻璃毛细管插入汞液内，可观察到汞在毛细管内下降的现象。

由上述讨论可知，弯曲液面之所以会产生附加压力，其根本原因是表面张力的存在，而毛细管现象是弯曲液面具有附加压力的必然结果。

小知识

北魏末年的农学专著《齐民要术》中有言："锄不厌数，勿以无草而中缀。"意思是"锄地次数不怕多，没有草也要锄"，所以清除杂草并不是锄地的唯一目的，甚至除草只是次要目的。土壤在过水后会形成更多通往地表的毛细管，下层土壤水分会在毛细作用下沿毛细管运动到表层，下层土壤水更易到达表层，容易加快土壤水分的蒸发，不利于保墒(保持土壤的水分)。如果锄地仅仅只是增加土壤透气性，则松土后土中孔隙过大，可能会加大蒸发，使土壤失水。实际上锄地的作用则是使表层土松动，松动表土，会截断土壤毛细管运动到表层的路径，表层土起到类似遮挡层的作用，可减少水分蒸发，有利于保墒。

9.2.2 微小液滴的饱和蒸气压——开尔文公式

开尔文

在一定温度和外压下，纯液体有一定的饱和蒸气压，这只是对平液面而言。实验表明微小液滴的饱和蒸气压要高于相应具有平液面液体的饱和蒸气压，这不仅与物质的本性、温度及外压有关，还与液滴的大小即曲率半径有关。

设有物质的量为 $\mathrm{d}n$ 的微量液体，由平液面转移到半径为 r 的小液滴的表面上，使小液滴的半径由 r 增加到$(r+\mathrm{d}r)$，面积由 $4\pi r^2$ 增加到 $4\pi(r+\mathrm{d}r)^2$，面积的增量为 $8\pi r\mathrm{d}r$(忽略二阶无穷小量)，此过程表面吉布斯函数增加了 $8\pi r\gamma\mathrm{d}r$。转移前后，$\mathrm{d}n$ 液体的蒸气压由 p 变成 p_r，吉布斯函数的增量为$(\mathrm{d}n)RT\ln\left(\frac{p_r}{p}\right)$(假设蒸气为理想气体)。两过程的始、末态相同，所以吉布斯函数的增量相等，有

$$(\mathrm{d}n)RT\ln\frac{p_r}{p}=8\pi\gamma r\mathrm{d}r$$

因为

$$\mathrm{d}n=\frac{4\pi r^2(\mathrm{d}r)\rho}{M}$$

所以

$$RT\ln\frac{p_r}{p}=\frac{2\gamma M}{\rho r}=\frac{2\gamma V_\mathrm{m}}{r} \tag{9.2.5}$$

式(9.2.5)就是著名的开尔文公式。式中，p_r为液滴的曲率半径为r 时的饱和蒸气压；p 为平液面的饱和蒸气压；ρ、M、γ 分别为液体的密度、摩尔质量和表面张力。上式只用于计算在温度一定下，凸液面(如微小液滴)的饱和蒸气压随球形半径的变化。对于在一定温度下的某液态物质而言，式中的 T、M、γ 及ρ 皆为定值，此时 p_r只是 r 的函数。

对于凹液面，由于转移的液体到凹液面上将导致液面曲率半径减小，所以 $\mathrm{d}r$ 为负值，而 $\mathrm{d}n$ 为正值，因此 $\mathrm{d}n=-\frac{4\pi r^2(\mathrm{d}r)\rho}{M}$。所以开尔文公式出现负号，$RT\ln\frac{p_r}{p}=-\frac{2\gamma V_\mathrm{m}}{r}$。

由该式可知，凹液面的曲率半径越小，与其平衡的饱和蒸气压越小。

运用开尔文公式可以说明许多表面效应。例如在毛细管内，某液体若能润湿管壁，管内液面将呈凹液面。在某温度下，蒸气对平液面尚未达到饱和，但对毛细管内的凹液面来说，可能已经达到过饱和状态，这时蒸气在毛细管内将凝结成液体，这种现象称为毛细管凝结。硅胶是一种多孔性物质，具有很大的内表面，可自动地吸附空气中的水蒸气，在毛细管内发生凝结现象，而达到使空气干燥的目的。

9.2.3 亚稳状态及新相的生成

系统由于分散度增加、粒径减小而引起的液体或固体饱和蒸气压升高的现象，只有在颗粒粒径很小、纳米级左右时，才会达到可以觉察的程度。在通常情况下，这些表面效应是可以完全忽略不计的。在蒸气冷凝、液体凝固、液体沸腾以及溶液结晶等过程中，由于新相要从无到有生成，故最初生成的新相的核是极其微小的，其比表面积和表面吉布斯函数都很大，因此在系统中要产生新相是极为困难的。由于新相种子难以生成，进而会产生过饱和蒸气、过冷或过热液体，以及过饱和溶液等。这些状态均是亚稳状态，是热力学不完全稳定的状态。一旦新相生成，亚稳态则失去稳定，而最终达到稳定的相态。

1. 过饱和蒸气

过饱和蒸气之所以能够存在，是因为开始要由蒸气生成极微小的液滴(新相)时，所需的蒸气压远远大于平液面上的蒸气压。如图 9.2.4 所示，曲线 OC 和 $O'C'$ 分别表示正常液体和微小液滴的饱和蒸气压曲线。由于小液滴的饱和蒸气压要大于具有平液面液体的饱和蒸气压，所以小液滴的蒸气压曲线位于正常液体蒸气压曲线的上方。在某温度下缓慢提高蒸气的压力(如在气缸内缓慢压缩)至 A 点，蒸气对通常液体已达到饱和状态，但对微小液滴未达到饱和状态，所以蒸气在 A 点不能凝结出微小液滴。要继续提高蒸气的压力至 B 点，达到小液滴的饱和蒸气压时，才可能凝结出微小液滴。这种在正常相平衡条件下应该凝结而未凝结的蒸气，称为过饱和蒸气。

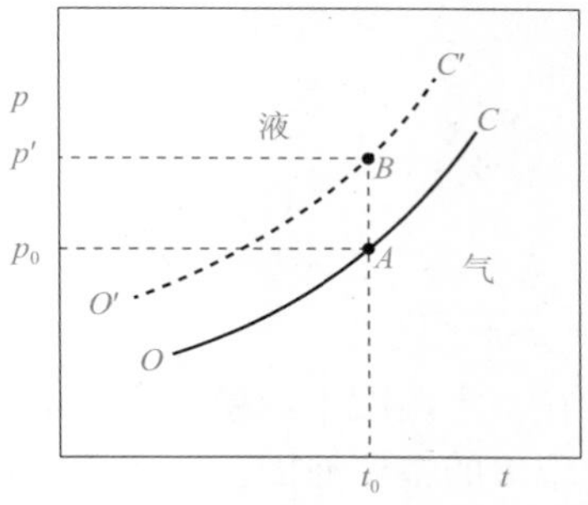

图 9.2.4 产生蒸气过饱和现象示意

当蒸气中有灰尘存在或容器的内表面粗糙时，这些物质可以成为蒸气的凝结中心，使液滴核心易于生成及长大，在蒸气过饱和程度较小的情况下就可以开始凝结。人工降雨的原理，就是当云层中的水蒸气达到饱和或过饱和的状态时，在云层中用飞机喷洒微小的 AgI 颗粒，此时 AgI 颗粒就成为水的凝结中心，使新相(水滴)生成时所需要的过饱和程度大大降低，云层中的水蒸气就容易凝结成水滴而落向大地。

2. 过热液体

如果液体中没有可提供新相种子(气泡)的物质存在，液体在沸腾温度时将难以沸腾。这主要是因为液体在沸腾时，不仅在液体表面上进行汽化，而且在液体内部要自动地生成气泡(新相)。由于弯曲液面的附加压力，使气泡难以形成。如图 9.2.5 所示，纯水的深处，假设存在一个微小气泡，小气泡存在时内部气体的压力为弯曲液面对小气泡的附加压力 Δp、小气泡所受的静压力 $p_{静}=\rho gh$ 及大气压力，即 $p_g=p_{大气}+p_{静}+\Delta p$。小气泡内气体的压力远高于 100 ℃时水的饱和蒸气压，所以小气泡不可能存在。若要使小气泡存在，必须继续加热，使小气泡内水蒸气的压力达到气泡存在所需压力，此时小气泡才可能产生，并不断长大，液体才开始沸腾。此时液体的温度必然高于该液体的正常沸点。这种按照相平衡条件，应当沸腾而不沸腾的液体，称为过热液体。弯曲液面的附加压力是造成液体过热的主要原因。在科学实验中，为了防止液体过热现象，常在液体中投入一些素烧瓷片或毛细管等物质。因为这些多孔性物质的孔中储存有气体，加热时这些气体成为新相种子，因而绕过了产生极微小气泡的困难阶段，使液体的过热程度大大降低。

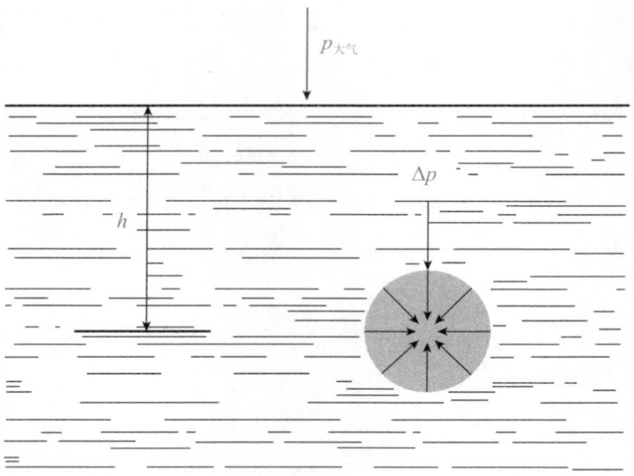

图 9.2.5　产生过热液体示意

3. 过冷液体

在一定温度下，微小晶体的饱和蒸气压恒大于普通晶体的饱和蒸气压，这是液体产生过冷现象的主要原因。这可以通过图 9.2.6 来说明。图中，CO'线为平面液体的蒸气压曲线，AO为普通晶体的饱和蒸气压曲线。由于微小晶体的饱和蒸气压大于普通晶体的饱和蒸气压，故微小晶体的饱和蒸气压曲线$A'O'$一定在AO线的上边。O点和O'点对应的温度t_f和t_f'分别为普通晶体和微小晶体的凝固点(严格说来为三相点，这里忽略两者之间的微小差异)。

当液体冷却时，其饱和蒸气压沿CO'曲线下降到O点，这时与普通晶体的蒸气压相等，按照相平衡条件，应当有晶体析出，但由于新生成的晶体(新相)极微小，其凝固点较低，此时对微小晶体尚未达到饱和状态，所以不会有微小晶体析出。温度必须继续下降到正常凝固点以下如O'点，液体才能达到微小晶体的饱和状态而开始凝固。这种按照相平衡条件，应当凝固而未凝固的液体，称为过冷液体。例如纯净水，有时可冷却到－40 ℃，仍呈液态而不结冰。在过冷液体中，若加入小晶体作为新相种子，则能使液体迅速凝固成晶体。

4. 过饱和溶液

在一定温度下，溶液浓度已超过饱和浓度，而仍未析出晶体的溶液称为过饱和溶液。之所以会产生过饱和现象，是由于同样温度下小颗粒晶体的溶解度大于普通晶体溶解度。小颗粒晶体之所以会有较大的溶解度，是因为小颗粒晶体的饱和蒸气压恒大于普通晶体的蒸气压。

如图 9.2.7 所示，AO线和$A'O'$线分别代表某物质普通晶体和微小晶体的饱和蒸气压曲线，因微小晶体的蒸气压大于同样温度下普通晶体的蒸气压，故$A'O'$线在AO线上方。OC线和$O'C'$线分别代表稀溶液和浓溶液中该物质在气相中的蒸气分压，显然，该物质浓溶液的蒸气压要高于稀溶液的蒸气压。

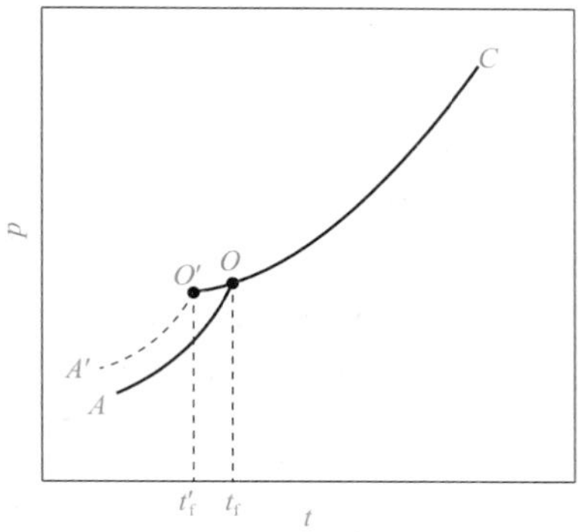

图 9.2.6　产生过冷液体示意

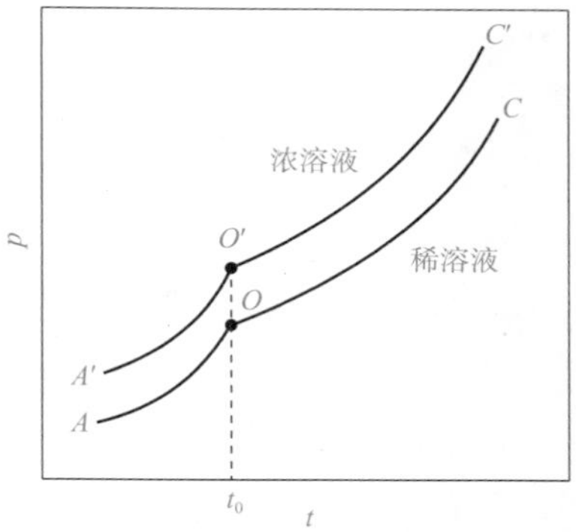

图 9.2.7　分散度对溶解度的影响

在温度 t_0 时，稀溶液的 OC 线与普通晶体的蒸气压曲线相交，表明此稀溶液已达到饱和，应可析出晶体，但因微小晶体的溶解度较高，故此时还不能从溶液中析出微小晶体，只能将溶剂进一步蒸发，使溶液浓度达到一定过饱和程度，才会使微小晶体析出。

在结晶操作中，若溶液的过饱和程度太大，一旦开始结晶，将会迅速生成许多很细小的晶粒，不利于过滤和洗涤，因而影响产品质量。在生产中，常采用向结晶器中投入小晶体作为新相种子的方法，防止溶液发生过饱和现象，从而获得较大颗粒的晶体。

从热力学上说，上述四种过饱和状态都不是处于真正的平衡状态，而是处于相对不稳定的亚稳(或称介稳)状态，但有时这些状态能维持相当长时间不变。亚稳状态之所以可能存在，皆与新相种子难以生成有一定关系。在科研和生产中，有时需要破坏这种状态，如上述的结晶过程和过热爆沸现象；有时需要保持这种亚稳状态长期存在，如金属的淬火，就是将金属制品加热到一定温度，保持一段时间后，将其在水、油或其他介质中迅速冷却，保持其在高温时的相态，如硬度很高的马氏体结构，这种物质的结构，虽属亚稳状态，但在室温下很难转变。所以经过淬火可以改变金属制品的性能，从而达到制品所要求的质量。

小知识

很多民间俗语来自对自然现象的某些规律的统计和总结，具有科学的解释，如“响水不开，开水不响”。意思是在水没有沸腾之前一段时间水壶中的水会发出很响的啸叫声，水沸腾后声音变小发出“咕噜咕噜”的声音。水没有沸腾之前在受热面上局部温度达到沸点，生成水蒸气饱和的气泡，气泡成长到一定的体积受浮力作用离开热源，因为此时水温低于沸点，离开热源的气泡冷却，水蒸气液化气泡变小，同时由于气泡半径变小，指向气泡内部的附加压力急剧变大，两个因素同时作用使得气泡急剧变小快速消失引起水的震动，在水没有沸腾之前液面以上没有大量的水蒸气生成，是气泡并没有上浮到液面逸出的佐证，加热面附近的水中不断的重复这一过程使得水发出震动的啸叫声音。当水沸腾后水温达到沸点，在气泡上升过程中水压逐渐变低气泡不断变大，附加压力随之变小，到达水面时气泡内压力与大气压相差不大，破裂时声音不大，所以“响水不开，开水不响”。

9.3 气固吸附

固体表面分子与液体表面分子一样，也具有表面吉布斯函数。由于固体不具有流动性，不能像液体那样以尽量减少表面积的方式降低表面吉布斯函数。但是，固体表面分子能对碰到固体表面上的气体分子产生吸引力，使气体分子在固体表面上发生相对地聚集，以降低固体的表面吉布斯函数，使具有较大表面积的固体系统趋于稳定。在恒温恒压下，吉布斯函数降低的过程是自发过程，所以固体表面会自发地将气体富集，使气体在固体表面的浓度(或密度)不同于气相中的浓度(或密度)。这种在相界面上某种物质的浓度不同于体相浓度的现象称为吸附。具有吸附能力的固体物质称为吸附剂，被吸附的物质称为吸附质。例如用活性炭吸附甲烷气体，活性炭是吸附剂，甲烷是吸附质。

气固吸附知识在生产实践和科学实验中应用较为广泛，例如复相催化作用、色层分析方法、气体的分离与纯化、废气中有用成分的回收等，都与气固吸附现象有关。

9.3.1 物理吸附与化学吸附

按固体表面分子对被吸附气体分子作用力本质的不同，吸附可区分为物理吸附和化学吸附两种类型。在物理吸附中，固体表面分子与气体分子之间的吸附力是范德华力，即使气体分子凝聚为液体的力，所以物理吸附类似气体在固体表面上发生液化。在化学吸附中，固体表面分子与气体分子之间可有电子的转移、原子的重排、化学键的破坏与形成等，吸附力远大于范德华力而与化学键力相似，所以化学吸附类似发生化学反应。正因为这两种吸附力本质上的不同，导致物理吸附与化学吸附特征上的一系列差异，表 9.3.1 列出其中主要的几项差别。

表 9.3.1 物理吸附与化学吸附的区别

吸附参数	物理吸附	化学吸附
吸附力	范德华力	化学键力
吸附分子层	被吸附分子可以形成单分子层，也可以形成多分子层	被吸附分子只能形成单分子层
吸附选择性	无选择性，任何固体皆能吸附任何气体，易液化者易被吸附	有选择性，指定吸附剂只对某些气体有吸附作用
吸附热	较小，与气体凝结热相近，为 $2\times10^4\sim4\times10^4$ J/mol	较大，近于化学反应热，为 $4\times10^4\sim4\times10^5$ J/mol
吸附速率	较快，速率受温度影响小，易达平衡，较易脱附	较慢，升温则速率加快，不易达平衡，较难脱附

物理吸附与化学吸附是不能截然分开的，两者有时可同时发生，如氧在钨上的吸附。有些系统，在低温时发生物理吸附而在高温时发生化学吸附，如氢在镍上的吸附。

9.3.2 吸附曲线

气相中的分子可被吸附到固体表面，已被吸附的分子也可以脱附(或称解吸)而逸回气相。在温度及气相压力一定的条件下，当吸附速率与脱附速率相等，即单位时间内被吸附到固体表面上的气体量与脱附而逸回气相的气体量相等时，达到吸附平衡状态，此时吸附在固体表面上的气体量不再随时间而变化。达到吸附平衡时，单位质量吸附剂所吸附气体的物质的量 n 或其在标准状况下(0 ℃、101.325 kPa)所占有的体积 V，称为吸附量，即

$$n^{a}=\frac{n}{m} \tag{9.3.1}$$

$$V^{a}=\frac{V}{m} \tag{9.3.2}$$

单位分别为 mol/kg 或 m^3/kg。

固体对气体的吸附量是温度和气体压力的函数。为了便于找出规律，在吸附量、温度、压力三个变量中，常常固定一个变量，测定其他两个变量之间的关系，这种关系可用曲线表示。在恒压下，反映吸附量与温度之间关系的曲线称为吸附等压线；吸附量恒定时，反映吸附的平衡压力与温度之间关系的曲线称为吸附等量线；在恒温下，反映吸附量与平衡压力之间关系的曲线称为吸附等温线。

上述三种吸附曲线中重要、常用的是吸附等温线。三种曲线相互联系，例如测定一组吸附等温线，可以分别求算出吸附等压线和吸附等量线。

吸附等温线大致可归纳为五种类型，如图 9.3.1 所示，其中除第Ⅰ种为单分子层吸附等温线外，其余四种皆为多分子层吸附等温线。

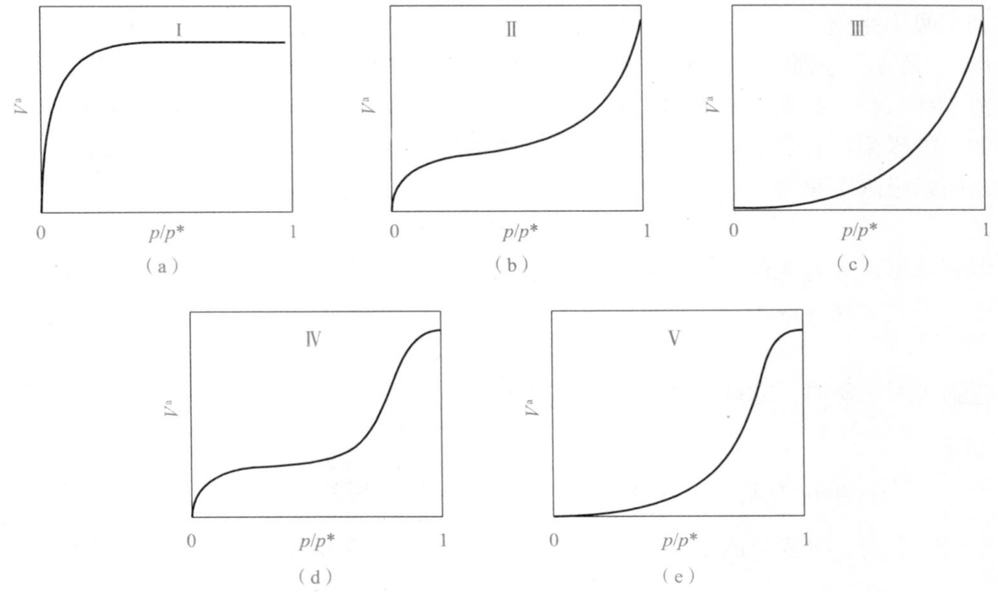

图 9.3.1 五种类型的吸附等温线

(a)单分子层吸附等温线；(b)～(e)多分子层吸附等温线

根据大量的实验结果，人们曾提出许多描述吸附的物理模型及等温线方程，下面介绍几种较为重要、应用较广泛的吸附等温方程式。

9.3.3 朗格缪尔单分子层吸附理论及吸附等温方程式

1916年，朗格缪尔(Langmuir)根据大量的实验事实提出了第一个气固吸附理论，并导出朗格缪尔单分子层吸附等温方程式。其基本假定如下：

(1)气体在固体表面上的吸附是单分子层的。固体表面上的原子力场是不饱和的，有剩余价力，也就是说固体表面有吸附力场存在，该力场的作用范围大约相当于分子直径的大小，即为0.2～0.3 nm，只有气体分子碰撞到固体的空白表面上，进入此力场作用的范围内，才有可能被吸附，如果碰撞到已被吸附的分子上则不再被吸附。因此固体表面对气体分子只能发生单分子层吸附。

(2)吸附分子之间无相互作用。因此，吸附分子从固体表面解吸时不受其他吸附分子的影响。

(3)固体表面是均匀的。固体表面上各吸附位置的吸附能力是相同的，每个位置上只能吸附一个分子。摩尔吸附热是常数，不随表面覆盖程度的大小而变化。

(4)吸附平衡是动态平衡。气体分子碰撞到固体的空白表面上，可以被吸附。若被吸附的分子所具有的能量，足以克服固体表面对它的吸引力，它可以重新回到气相，这种现象称为解吸(或脱附)。当吸附速率大于解吸速率时，整个过程表现为气体被吸附。但随着吸附量的逐渐增加，固体表面上未被气体分子覆盖的部分(空白面积)就越来越少，气体分子碰撞到空白面积上的可能性就必然减少，吸附速率逐渐降低。与此相反，随着固体表面覆盖程度的增加，解吸速率越来越大。当吸附速率与解吸速率相等时，从表观上看，气体不再被吸附或解吸，但实际上吸附与解吸仍在不断地进行，只是两者的速率相等而已，这时达到了吸附平衡。

以 k_1 及 k_{-1} 分别代表吸附与解吸的速率常数，θ 为任一瞬间固体表面被覆盖的分数，称为覆盖率，$(1-\theta)$则代表固体表面上空白面积的分数。若以 n 代表固体表面上具有吸附能力的总的吸附位置数，则吸附速率应与气体的压力 p 及固体表面上的空位数 $(1-\theta)N$ 成正比，所以吸附速率为

$$v_{吸附}=k_1 p(1-\theta)N$$

解吸速率，应与固体表面上被覆盖的吸附位置数，或者说是与被吸附分子的数目 θN 成正比，因此解吸速率为

$$v_{解吸}=k_{-1}\theta N$$

达到吸附平衡时，这两个速率应相等，即

$$k_1 p(1-\theta)N=k_{-1}\theta N$$

令 $b=\dfrac{k_1}{k_{-1}}$，单位为 Pa^{-1}。从本质上看，b 为吸附作用的平衡常数，也称为吸附系数，其大小与吸附剂、吸附质的本性及温度有关。b 值越大，表示吸附能力越强。则有

$$\theta=\frac{bp}{1+bp} \tag{9.3.3}$$

现以 V^a 代表覆盖率为 θ 时的平衡吸附量，V_m^a 代表达到吸附饱和状态时的饱和吸附量。

由于每个具有吸附能力的位置只能吸附一个气体分子，故

$$\theta=\frac{V^{a}}{V_{m}^{a}} \tag{9.3.4}$$

因此朗格缪尔吸附等温式还可以写成下列形式：

$$V^{a}=V_{m}^{a}\frac{bp}{1+bp} \tag{9.3.5}$$

或

$$\frac{1}{V^{a}}=\frac{1}{V_{m}^{a}}+\frac{1}{V_{m}^{a}b}\cdot\frac{1}{p} \tag{9.3.6}$$

由式(9.3.6)可知，若以$\frac{1}{V^{a}}$对$\frac{1}{p}$作图，应得一条直线，由直线的斜率和截距，可求出V_{m}^{a}和b。

朗格缪尔吸附等温式适用单分子层吸附，它能较好地描述第Ⅰ类吸附等温线在不同压力范围内的吸附特征。

当压力很低或吸附较弱(b很小)时，$bp\ll 1$，则式(9.3.5)可简化为

$$V^{a}=V_{m}^{a}bp$$

即吸附量与压力成正比，这与吸附等温线在低压时几乎是一条直线的事实相符合。

当压力足够高或吸附较强(b很大)时，$bp\gg 1$，则

$$V^{a}=V_{m}^{a}$$

这表明固体表面上吸附达到饱和状态，吸附量达到最大值。Ⅰ型吸附等温线上的水平线段就反映了这种情况。

当压力大小或吸附作用力适中时，吸附量V^{a}与平衡压力p呈曲线关系。

总体来说，如果固体表面比较均匀，并且吸附只限于单分子层，朗格缪尔公式能够较好地描述实验结果。对于一般的化学吸附及低压、高温下的物理吸附，朗格缪尔公式取得了很大的成功，并且对后来的吸附理论的发展起到重要的奠基作用。应当指出，朗格缪尔的基本假设局限于它只能较满意地解释单分子层理想吸附，如Ⅰ型吸附等温线。对于多分子层吸附，或者单分子层吸附但吸附分子之间有较强相互作用的情况，如Ⅱ至Ⅴ型吸附等温线，都不能给予解释。

9.3.4 吸附经验式——弗罗因德利希公式

弗罗因德利希(Freundlich)提出了描述第Ⅰ类吸附等温线的经验方程式，如

$$V^{a}=kp^{n} \tag{9.3.7}$$

式中，n和k是两个经验常数，对于指定的吸附系统，它们是温度的函数。k值可视为单位压力时的吸附量，一般说来，k随温度的升高而降低。n的数值一般在0与1之间，它的大小反映压力对吸附量影响的强弱。弗罗因德利希公式一般适用中压范围。

对式(9.3.7)取对数，可得

$$\lg V^{a}=\lg k+n\lg p \tag{9.3.8}$$

式(9.3.8)表明若以$\lg V^{a}$对$\lg p$作图，可得一条直线，由直线的斜率和截距可求出n和k。

弗罗因德利希经验式形式简单，计算方便，应用相当广泛。经验式中的常数没有明确的物理意义，在此式适用的范围内，只能概括地表达一部分实验事实，而不能说明吸附作用的机理。值得指出的是，弗罗因德利希经验式还适用固体吸附剂自溶液吸附溶质的情况，此时需将压力p换成浓度c。

9.4 固-液界面

固体与液体接触，可产生固-液界面。固-液界面上发生的过程一般分两类来讨论：一类是吸附，另一类是润湿。固-液界面上的吸附与固体吸附气体的情况类似，固体表面由于力场的不对称性，对溶液中的分子也同样具有吸附作用。润湿是固体与液体接触后，液体取代原来固体表面上的气体而产生固-液界面的过程。

9.4.1 接触角与杨氏方程

当一液滴在固体表面上不完全展开时，在气、液、固三相交界处，气-液界面张力与固-液界面张力之间、将液体夹在其中的夹角 θ 称为接触角，如图 9.4.1 所示。

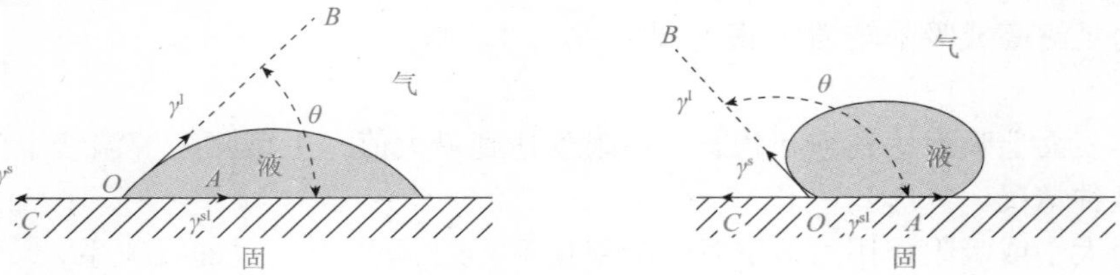

图 9.4.1 接触角示意

有三种界面张力同时作用于 O 点处的液体上：固体表面张力 γ^s 力图把液体拉向左方，以覆盖更多的气-固界面；固-液界面张力 γ^{sl} 则力图把液体拉向右方，以缩小固-液界面；而液体表面张力 γ^l 则力图把液体拉向液面的切线方向，以缩小气-液界面。当固体表面为光滑的水平面，上述三种力处于平衡状态时，存在下列关系：

$$\gamma^s = \gamma^{sl} + \gamma^l \cos\theta \tag{9.4.1}$$

该式称为杨氏方程，是托马斯·杨（Young T）于 1805 年得出的。杨氏方程只适用光滑的表面。

9.4.2 润湿现象

润湿是固体表面上的气体被液体取代的过程。在一定的温度和压力下，润湿过程的推动力（或趋势）可用表面吉布斯函数的改变量 ΔG 来衡量，吉布斯函数减少得越多，越易于润湿。按润湿程度的深浅或润湿性能的优劣，润湿一般可分为三类：沾湿、浸湿和铺展。在许多工业领域，如选矿、采油、洗涤、防水、油漆等领域中，润湿的程度都是一个非常重要的性能指标。

沾湿过程是气-固和气-液界面消失，形成固-液界面的过程，单位面积上沾湿过程的吉布斯函数变为

$$\Delta G_a = \gamma^{sl} - \gamma^l - \gamma^s \tag{9.4.2}$$

若沾湿过程自发，则有 $\Delta G_a < 0$。

浸湿是将固体浸入液体，气-固界面完全被固-液界面取代的过程。在恒温恒压下，单位面积上浸湿过程的吉布斯函数变为

$$\Delta G_i=\gamma^{sl}-\gamma^{s} \tag{9.4.3}$$

如浸湿为自发过程，则有 $\Delta G_i<0$。

铺展是少量液体在固体表面上自动展开并形成一层薄膜的现象。用铺展系数 S 作为衡量液体在固体表面能否铺展的判据，在一定 T、p 下，单位面积上铺展过程的吉布斯函数变为

$$S=\Delta G_s=\gamma^{s}-\gamma^{ls}-\gamma^{l} \tag{9.4.4}$$

$S\geqslant0$，则液体能在固体表面上发生铺展；若 $S<0$，则不能铺展。

将杨氏方程 $\gamma^{s}=\gamma^{sl}+\gamma^{l}\cos\theta$ 分别代入式(9.4.2)～式(9.4.4)，可有

沾湿过程：$\Delta G_a=\gamma^{sl}-\gamma^{l}-\gamma^{s}=-\gamma^{l}(\cos\theta+1)$ (9.4.5)

浸湿过程：$\Delta G_i=\gamma^{sl}-\gamma^{s}=-\gamma^{l}\cos\theta$ (9.4.6)

铺展过程：$\Delta G_s=\gamma^{sl}+\gamma^{l}-\gamma^{s}=-\gamma^{l}(\cos\theta-1)$ (9.4.7)

如某一润湿过程可以进行，必有此过程的 $\Delta G<0$，因液体的表面张力 $\gamma^{l}>0$，这时接触角一定满足以下条件：

沾湿过程：$\theta\leqslant180°$；

浸湿过程：$\theta\leqslant90°$；

铺展过程：$\theta=0°$或不存在。

习惯上，人们更常用接触角来判断液体对固体的润湿：把 $\theta<90°$ 的情形称为润湿；$\theta>90°$时称为不润湿；$\theta=0°$或不存在时称为完全润湿；$\theta=180°$时称为完全不润湿。例如水在玻璃上的接触角 $\theta<90°$(非常干净的玻璃与非常纯净的水之间的 $\theta=0°$)，水可在玻璃毛细管中上升，通常说水能润湿玻璃；而汞在玻璃上的接触角 $\theta=140°$，汞在玻璃毛细管中下降，通常说汞不能润湿玻璃。

润湿与铺展在生产实践中有着广泛的应用。例如脱脂棉易被水润湿，但经憎水剂处理后，可使水在其上的接触角 $\theta>90°$，这时水滴在布上呈球状，不易进入布的毛细孔，经振动很容易脱落。利用该原理可制成雨衣和防雨设备。农药喷洒在植物上，若能在叶片及虫体上铺展，将会明显提高杀虫效果。另外，在机械设备的润滑、矿物的浮选、注水采油、金属焊接、印染及洗涤等方面皆涉及与润湿理论有密切关系的技术。

9.4.3 固体自溶液中的吸附

固体自溶液中的吸附也是界面化学中的一个重要方面，但固体自溶液中的吸附，由于有溶剂存在，要比固体对气体的吸附复杂得多。目前从理论上定量地处理溶液吸附还比较困难。从大量的实验结果中，人们总结出许多有用的规律，对处理溶液吸附的问题有一定的指导意义。

固体自溶液中对溶质的吸附量，可根据吸附前后溶液浓度的变化来计算，即

$$n^{a}=\frac{V(c_0-c)}{m} \tag{9.4.8}$$

式中，n^{a} 为单位质量的吸附剂在溶液平衡浓度为 c 时的吸附量；m 为吸附剂的质量；V 为溶液体积；c_0 和 c 分别为溶液的配制浓度和吸附平衡后的浓度。在恒温恒压下，测定吸附量随浓度的变化关系，即可得到溶液吸附等温线。

固体自稀溶液中的吸附，其吸附等温线一般与气体吸附时的第Ⅰ类型等温线类似，为单分子层吸附，可用朗格缪尔吸附等温式来描述：

$$n^{a}=\frac{n_{m}^{a}bc}{1+bc} \tag{9.4.9}$$

式中，b 为吸附系数，它不仅与溶质的性质有关，还与溶剂的性质以及温度有关；n_{m}^{a} 为单分子层饱和吸附量，如已知每个吸附质分子所占有效面积，可由 n_{m}^{a} 计算吸附剂的比表面积。弗罗因德利希公式也可用来描述溶液中的单分子层吸附等温线，只需将式中的压力 p 换成浓度 c，即

$$n^{a}=kc^{n} \tag{9.4.10}$$

式中，k、n 为两个经验常数。

固体自稀溶液中的吸附受许多因素的影响，如吸附剂孔径的大小、被吸附分子的大小、温度、吸附剂-吸附质-溶剂三者的相对极性以及吸附剂的表面化学性质等。其中极性对溶液吸附有着非常重要的影响。一般说来，极性吸附剂易于吸附极性物质，非极性吸附剂易于吸附非极性物质；而极性物质在非极性溶剂中溶解度低，因而易于从非极性溶剂中被吸附出来，反之，非极性物质易于从极性溶剂中被吸附出来。所以总体来说，极性吸附剂易于从非极性溶剂中吸附极性溶质，非极性吸附剂易于从极性溶剂中吸附非极性溶质。例如，硅胶为极性吸附剂，可用来吸附非极性的有机溶剂中的微量水，使有机溶剂干燥；活性炭为非极性吸附剂，染料及蔗糖水溶液的脱色一般可用它来进行。对于有机同系物，如乙酸、丙酸、丁酸、戊酸等，因随碳原子数的增加，非极性增加，所以硅胶从一定量给定浓度的溶液中对其吸附量的顺序为乙酸＞丙酸＞丁酸＞戊酸；而用活性炭来进行这一吸附时，吸附量的顺序为戊酸＞丁酸＞丙酸＞乙酸。

9.5 溶液的表面吸附

9.5.1 溶液表面的吸附现象

一般来说，由于溶质分子的存在，溶液的表面张力与纯溶剂有所不同。如果在表面层中溶质分子比溶剂分子所受到的指向溶液内部的引力还要大一些，则这种溶质的溶入会使溶液的表面张力增大。由于尽量降低系统表面吉布斯函数的自发趋势，这种溶质趋向于较多地进入溶液内部而较少地留在表面层，这样就造成了溶质在表面层中比在本体溶液中浓度小的现象。如果在表面层中溶质分子比溶剂分子所受到的指向溶液内部的引力要小一些，则这种溶质的溶入会使溶液的表面张力减小。溶质分子趋向在表面层聚集，造成溶质在表面层中比在本体溶液中浓度大的现象。这种溶质在溶液表面层(或表面相)中的浓度与在溶液本体(或体相)中浓度不同的现象称为溶液表面的吸附。

例如，在一定温度的纯水中，分别加入不同种类的溶质时，溶质的浓度对溶液表面张力的影响大致可分为三种类型，如图 9.5.1 所示。曲线Ⅰ表明，随着溶液浓度的增加，溶液的表面张力稍有增大。就水溶液而言，属于此种类型的溶质有无机盐类、不挥发性酸、

碱以及含有多个—OH 的有机化合物(如蔗糖、甘油等)。由于它们是无机的酸、碱、盐类物质，在水中可解离为正、负离子，使溶液分子之间的相互作用增强，使溶液的表面张力增大，进而使表面吉布斯函数升高(多羟基类有机化合物作用类似)。为降低这类物质的影响，使溶液的表面张力增大得少一些，这类物质会自动地减小在表面的浓度，使得它在表面层的浓度低于本体浓度，这种现象称为负吸附。凡是能使溶液表面张力增大的物质，皆称为表面惰性物质。

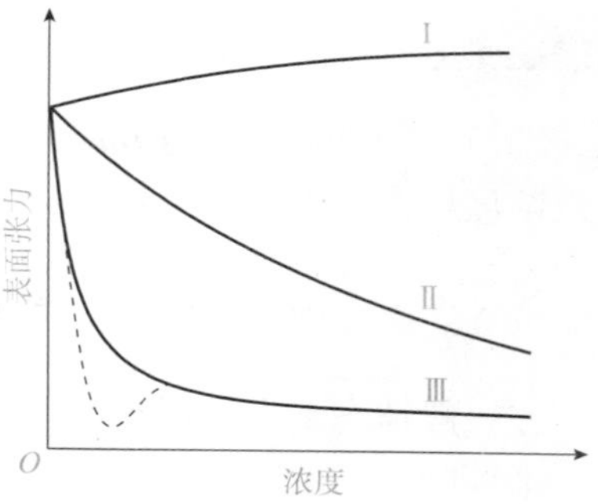

图 9.5.1　表面张力与浓度关系示意

曲线Ⅱ表明，随着溶质浓度的增加，水溶液的表面张力逐渐减小，大部分的低级脂肪酸、醇、醛等极性有机物质的水溶液皆属此类。曲线Ⅲ表明，在水中加入少量的某溶质时，却能引起溶液的表面张力急剧减小，至某一浓度之后，溶液的表面张力几乎不再随溶液浓度的上升而变化。属于此类的化合物可以表示为 rX，其中 r 代表含有 10 个或 10 个以上碳原子的烷基；X 则代表极性基团，一般可以是—OH、—COOH、—CN、—$CONH_2$、—COOR，也可以是离子基团，如—SO_3^-、—NH_3^+、—COO^- 等。这类曲线有时会出现图 9.5.1 所示的虚线部分，这可能是由于某种杂质的存在而引起的。当溶剂中加入这些物质后，由于它们都是有机类化合物，分子之间的相互作用较弱，当它们富集于表面时，会使表面层中分子间的相互作用减弱，使溶液的表面张力减小，进而降低表面吉布斯函数。所以这类物质会自动地富集到表面，使得它在表面的浓度高于本体浓度，这种现象称为正吸附。凡是能使溶液表面张力减小的物质，皆称为表面活性物质。习惯上，只把那些溶入少量就能显著减小溶液表面张力的物质，称为表面活性剂。常见的有硬脂酸钠、长碳氢链有机酸盐和烷基磺酸盐，即肥皂和各种洗涤剂等。

9.5.2　吉布斯吸附等温式

1878 年，吉布斯用热力学方法导出了溶液表面张力随浓度变化率 $\frac{d\gamma}{dc}$ 与表面吸附量 Γ 之间的关系，即著名的吉布斯吸附等温式，即

$$\Gamma=-\frac{c}{RT}\cdot\frac{d\gamma}{dc} \tag{9.5.1}$$

式中，c 是溶液本体浓度；Γ 是溶液表面张力。Γ 是在单位面积的表面层中，所含溶质的物质的量与同量溶剂在溶液本体中所含溶质物质的量的差值，称为溶质的表面过剩或表面吸附量，单位为 mol/m^2。Γ 可以是正值，也可以是负值。

由吉布斯吸附等温式可知，在一定温度下，当 $\frac{d\gamma}{dc}<0$，即增加浓度使表面张力减小时，$\Gamma>0$，即溶质在表面层发生正吸附；当 $\frac{d\gamma}{dc}>0$，即增加浓度使表面张力增大时，$\Gamma<0$，即溶质在表面层发生负吸附；当 $\frac{d\gamma}{dc}=0$，$\Gamma=0$，说明此时无吸附作用。这一结论与实验结果完全一致。

用吉布斯吸附等温式计算某溶质的吸附量时，可由实验测定一组恒温下不同浓度 c 时

的表面张力Γ，以Γ对c作图，得到Γ-c曲线。将曲线上某指定浓度c下的斜率$\frac{d\gamma}{dc}$代入式(9.5.1)，即可求得该浓度下溶质在溶液表面的吸附量。将不同浓度下求得的吸附量对溶液浓度作图，可得到Γ-c曲线，即溶液表面的吸附等温线。

9.5.3 表面活性物质在吸附层的定向排列

在一般情况下，表面活性物质的Γ-c曲线的形式如图9.5.2所示。在一定温度下，系统的平衡吸附量Γ和浓度c之间的关系与固体对气体的吸附很相似，也可用和朗格缪尔单分子层吸附等温式相似的经验公式来表示，即

$$\Gamma=\Gamma_m\frac{kc}{1+kc} \tag{9.5.2}$$

式中，k为经验常数，与溶质的表面活性大小有关。由上式可知，当浓度很小时，Γ与c呈直线关系；当浓度较大时，Γ与c呈曲线关系；当浓度足够大时，则呈现一个吸附量的极限值，即$\Gamma=\Gamma_m$。此时若再增加浓度，吸附量不再改变，说明溶液的表面吸附已达到饱和状态，溶液中的溶质不再能更多地吸附于表面，所以Γ_m称为饱和吸附量。Γ_m可以近似地看作在单位表面上定向排列呈单分子层吸附时溶质的物质的量。由实验测出Γ_m值，即可算出每个被吸附的表面活性物质分子的横截面积a_m，即

$$a_m=\frac{1}{\Gamma_m L} \tag{9.5.3}$$

式中，L为阿伏伽德罗常数。

从分子结构的观点来看，表面活性物质的分子中都同时含有亲水性的极性基团(如—OH、—COOH、—$CONH_2$等)，以及憎水性的非极性基团(如碳链或环)。如油酸的分子模型可用图9.5.3表示。在水溶液中，表面活性物质的亲水基团因受到极性很强的水分子的吸引而有竭力钻入水中的趋势。憎水性的非极性基团是亲油的，则倾向于翘出水面或钻入非极性的有机溶剂或油类的另一相，使表面活性分子定向排列在界面层。

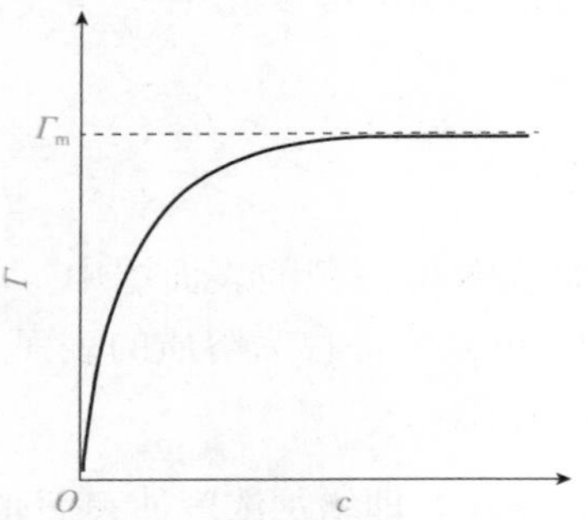

图9.5.2 表面活性物质的Γ-c曲线

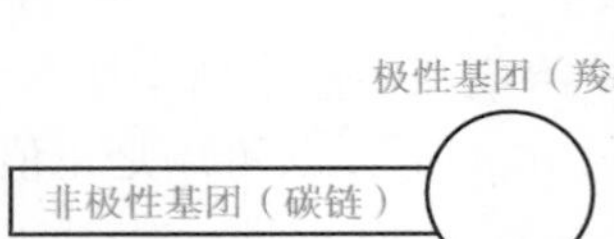

图9.5.3 油酸的分子模型

9.5.4 表面活性剂

1. 表面活性剂的分类

表面活性剂是指加入少量就能显著减小溶液表面张力的一类物质，通常能大幅减小水

的表面张力。表面活性剂的分类方法有很多，可以从用途、物理性质或化学性质或化学结构等方面进行分类，常见的一种是依据分子结构上的特点来分类。表面活性剂溶于水后，凡能发生电离的，称为离子型表面活性剂；不能电离的，则称为非离子型表面活性剂。离子型表面活性剂按其具有活性作用的是正离子还是负离子，又分为正离子型表面活性剂和负离子型表面活性剂(表 9.5.1)。应当注意，正离子型表面活性剂和负离子型表面活性剂一般不能混合使用，否则表面活性剂会发生沉淀而失去表面活性作用。

表 9.5.1　表面活性剂的分类

类别		实例
离子型	负离子型	羧酸盐、硫酸酯盐、磺酸盐、磷酸酯盐，如 $C_{16}H_{31}COO^- Na^+$（肥皂）、$C_{12}H_{25}SO_3^- Na^+$（洗涤剂）
	正离子型	胺盐，如 $C_{16}H_{33}NH_3^+ Cl^-$
非离子型		酯类、酰胺类、聚氧乙烯醚类

2. 表面活性剂的基本性质

表面活性剂分子由于其结构上的双亲性特点，能够在两相界面上相对聚集。当浓度大到一定程度时，能达成饱和吸附，此时在界面上，表面活性剂分子整齐地定向排列着，形成紧密的单分子层，使两相几乎脱离了接触。

在溶液内部，当浓度很小时，表面活性剂分子会三三两两地将憎水基相靠拢而分散在水中。当浓度大到一定程度时，众多的表面活性剂分子会结合成很大的基团，形成具有一定形状的胶束。此时，形成胶束的众多表面活性剂分子，其亲水的极性基朝外，与水分子相接触；而非极性基朝里，被包藏在胶束内部，两相几乎脱离了与水分子的接触。因此以胶束形式存在于水中的表面活性剂是比较稳定的(图 9.5.4)。

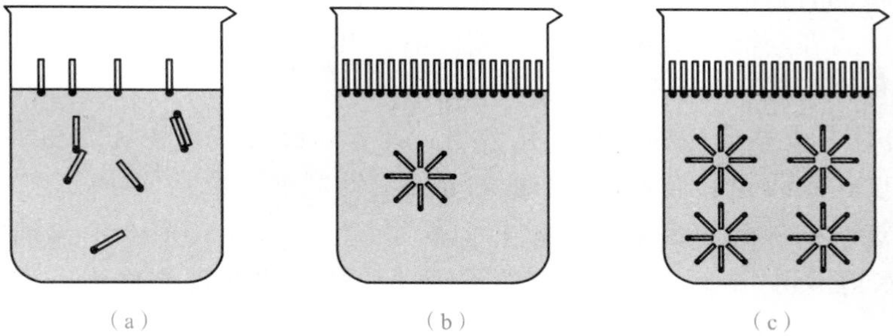

图 9.5.4　表面活性剂分子在溶液本体及表面层中的分布

(a)稀溶液；(b)开始形成胶束的溶液；(c)大于临界胶束浓度的溶液

表面活性剂在水溶液中形成胶束所需的最低浓度，称为临界胶束浓度，以 cmc(critical micelle concentration 的缩写)表示。实验表明，cmc 不是一个确定的数值，而常表现为一个窄的浓度范围。临界胶束浓度与在溶液表面形成饱和吸附所对应的浓度基本上一致。表面活性剂的水溶液在浓度加大过程中，系统中许多性质的变化规律，如表面张力、电导率、渗透压、去污能力、密度等，都以临界胶束浓度为分界而出现明显转折(图 9.5.5)。可以通过这些性质随浓度变化规律的测量而得知临界胶束浓度的数值。表面活性剂的临界胶束浓度都很小，一般为 0.001～0.002 mol/dm^3。

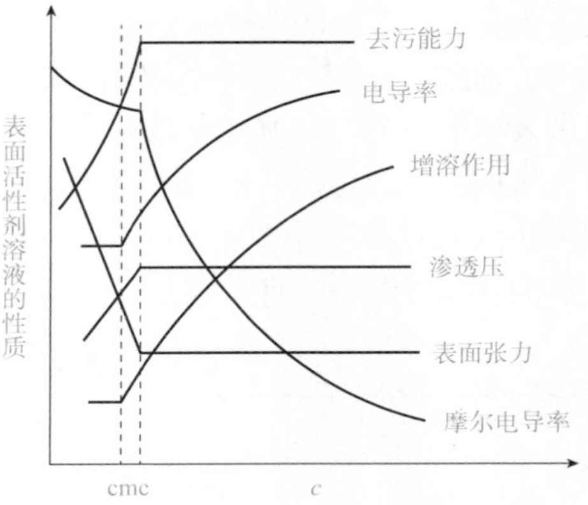

图 9.5.5　表面活性剂溶液的性质与浓度关系示意

3. 表面活性剂的作用

(1)润湿作用。在生产和生活中，人们常常需要改变某种液体对某种固体的润湿程度。有时要把不润湿变为润湿，有时则正好相反。这些都可以借助表面活性剂而实现。

例如，普通的棉布因纤维中有醇羟基基团而呈亲水性，所以很易被水润湿，不能防雨。过去曾采用将棉布涂油或上胶的办法制成雨布，虽能防雨但透气性变得很差，做成雨衣穿着既不舒适又较笨重。后经研究采用表面活性剂处理棉布，使其极性基与棉纤维的醇羟基结合，而非极性基伸向空气，使得与水的接触角加大，变原来的润湿为不润湿，制成了既能防水又可透气的雨布。实验证明，用季铵盐与氟氢化合物混合处理过的棉布经大雨冲淋 168 h 而不透湿。

再如，有些矿石中所含有用矿物较少，冶炼前需经富集。为此先将矿石粉碎成细末，投入水中。由于矿物和矿渣都易润湿，均沉于水底。在水中加入少量某种表面活性剂，其极性基仅能与有用矿物表面发生选择性化学吸附，而非极性基向外伸展，因此当向水中鼓空气泡时，矿物粉末便逃离水相而附着在气泡上随之升到水面。与此同时，矿渣因不能吸附所加表面活性剂，其表面依然亲水，所以仍沉在水底。这就是浮选法富集矿物的基本原理。

有时，也需要增加固液润湿程度。如喷洒农药杀灭害虫时，农药溶液对植物茎叶表面润湿性不好，喷洒时药液易呈珠状而滚落地面造成浪费，留在植物上的也不能很好展开，杀虫效果不佳。若在药液中加入少许某种表面活性剂，提高润湿程度，喷洒时药液易在茎叶表面展开，可大大提高农药利用率和杀虫效果。

(2)增溶作用。一些非极性的碳氢化合物，如苯、已烷、异辛烷等在水中的溶解度是非常小的。浓度达到或超过临界胶束浓度的表面活性剂水溶液能“溶解”相当量的碳氢化合物，形成完全透明、外观与真溶液非常相似的系统。例如，100 cm^3 含油酸钠的质量比值为 0.10 的水溶液可“溶解”10 cm^3 苯而不呈现浑浊。这种现象称为表面活性剂的增溶作用。

表面活性剂是由于胶束而产生增溶作用的。在胶束内部，相当于液态的碳氢化合物。根据性质相近相溶原理，非极性有机溶质较易溶于胶束内部的碳氢化合物之中，这就形成了增溶现象。因此，只有表面活性剂的浓度达到临界胶束浓度以上，有胶束形成时，才能有增溶作用。

应当注意，碳氢化合物被增溶后，能形成非常类似真溶液的稳定系统，但实验证明，这类系统不同于真溶液，如溶液依数性值比相应的真溶液小得多，这证明增溶系统并未分散至分子水平的均匀程度，溶质是以分子基团整体而溶入的。

增溶作用的应用相当广泛。例如用肥皂或合成洗涤剂洗去大量油污时，增溶有相当重要的作用。一些生理现象也与增溶作用有关，例如脂肪类食物，只有靠胆汁的增溶作用“溶解”之后才能被人体有效吸收。

(3)乳化作用。一种液体以细小液珠的形式分散在另一种与它不互溶的液体之中所形成的系统称为乳状液。这两种不互溶液体，其中之一是水，另一种是有机物，统称为油。若油以小液珠形式分散在水中，则称为水包油型乳状液，记作“O/W”，如牛奶就是奶油分散在水中形成 O/W 型乳状液；若水呈小水珠分散在油中，则称为油包水型乳状液，记作“W/O”，如含水分的石油就是细小水珠分散在油中形成的 W/O 型乳状液。

乳状液一般都不稳定，分散的小液珠有自动聚结而使系统分成油、水两层的趋势。有时，人们需要制备较稳定的乳状液。例如金属切削时所用的润滑冷却液是 O/W 型乳状液，其中水主要起冷却作用，油起防腐蚀和润滑作用；农药、杀虫剂常制成 O/W 型乳状液然后喷洒，便于用少量药物处理较大面积的作物。制备较稳定的乳状液可通过加入少量表面活性剂而实现，称为乳化作用。只要把少量表面活性剂加入两种互不相溶的液体之中，经剧烈搅拌或超声振荡，就可制成较稳定的乳状液。制备不同类型的乳状液应选择不同的表面活性剂。表面活性剂分子在油水界面上的吸附使界面张力减小，即使系统的表面能降低，所以系统能够较为稳定。

有时，人们希望能破坏乳状液使分散液珠聚结。例如，原油中的水分严重腐蚀石油设备，应该破坏乳状液以除去水分；又如需要破坏橡胶乳浆以制得橡胶等。乳状液的破坏称为去乳化，表面活性剂也具有去乳化作用。例如，以某种负离子型表面活性剂乳化的 O/W 系统可加入另一种正离子型表面活性剂，使得两种不同的表面活性剂分子的极性基相互结合，于是伸向水中的就是非极性基，原来较稳定的系统就变成不稳定的了。

乳化或去乳化，除采用表面活性剂外，还有其他多种方法。

(4)去污作用。许多油类对衣物、餐具等润湿良好，在其上能自动地铺展，但很难溶于水中，只用水是洗不干净衣物上的油污的。在洗涤时，必须用肥皂、洗涤剂等表面活性剂。这是因为这些表面活性剂可以减小水溶液与衣物等固体物质间的界面张力 γ^{WS}，当 γ^{WS} 小于油污对衣物等的界面张力 γ^{OS} 时，使得水对衣物的接触角 $\theta<90°$，而油不能润湿衣物，经机械摩擦和水流的带动，油污可以从固体表面上脱落。另外，表面活性剂的乳化作用，使脱落的油污分散在水中，最终达到洗涤的目的。

总之，表面活性剂在工业生产和日常生活中均有广泛应用，其作用除上述的润湿、增溶、乳化、去乳化和去污作用外，还有起泡、助磨等作用，这里不再一一介绍。

本章小结

本章主要讨论了由于界面上的分子受力不对称，产生了界面张力，从而引起了一系列界面现象；主要介绍了表面张力、表面功和表面吉布斯函数、弯曲液面上的附加压力、小液滴上的饱和蒸气压以及表面吸附等概念；解释了一些常见的界面现象如亚稳态现象、吸附现象、润湿现象、毛细管现象等。学生应重点学会应用拉普拉斯方程、开尔文公式、朗格缪尔吸附等温式、吉布斯吸附等温式，以及杨氏方程等进行相关的理论分析和计算。

习题

1. 请回答下列问题：

(1)何谓表面功？表面功就是表面吉布斯函数吗？

(2)常见的亚稳态有哪些？为什么产生亚稳态？如何防止亚稳态的产生？

(3)在一个封闭的钟罩内，有大小不等的两个球形液滴，问：长时间放置后，会出现什么现象？

(4)下雨时，液滴落在水面上形成一个大气泡，试说明气泡的形状和理由。

(5)物理吸附与化学吸附最本质的区别是什么？

(6)在一定温度、压力下，为什么物理吸附都是放热过程？

2. 在分析化学中，质量分析法是比较准确的定量分析方法。如测定溶液中 Cl^- 的含量，常用硝酸银，通过生成氯化银沉淀而进行分析。在实验中，为什么将沉淀和溶液放置一段时间，即所说的“陈化”，这是什么道理？

3. 今在玻璃管一端，吹出一个肥皂泡，泡与管连通，用手堵住另一端管口，由于肥皂泡体积不变，所以泡内气体所受压力与泡外压力相等。当手指离开管口后，肥皂泡一定脱离管口，飘向空中，是这样吗？

4. 在玻璃毛细管里装入水，如图 9.1 所示，当毛细管左端微微加热时，管内的水如何移动？为什么？

5. 在一玻璃管两端各有一大小不等的肥皂泡，如图 9.2 所示，当开启活塞使两泡相通时，两泡体积将如何变化？为什么？

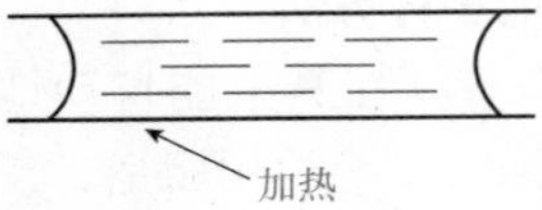

图 9.1　4 题图

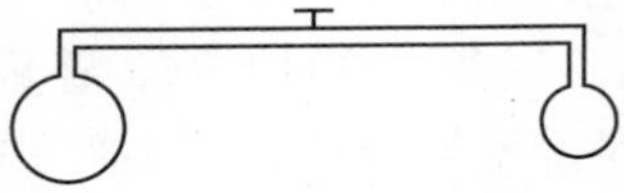

图 9.2　5 题图

6. 计算 373.15 K 时，水中存在的半径为 0.1 μm 的小气泡和空气中存在的半径为 0.1 μm 的小液滴，其弯曲液面承受的附加压力。已知 373.15 K 时水的表面张力为 58.91×10^{-3} N/m。

7. 在 298.15 K，若使半径为 1 mm 的水滴的比表面积增加 10^3 倍，则需将水滴分散到何种程度？环境需做功多少？此时系统的表面吉布斯函数增加多少？已知 298.15 K 时，水的表面张力 γ 为 71.97×10^{-3} N/m。

8. 纯水的表面张力与温度 T 的关系符合下列方程：

$$\gamma=7.564\times10^{-2}-4.95\times10^{-6}T\ \text{N/m}$$

设水的表面积改变时，总体积不变，试求：

(1)在 283.15 K、101.325 kPa，可逆地使水的表面积增加 1 cm^2 时，必须对系统做功多少？

(2)计算该过程中系统的 ΔU、ΔH、ΔS 及 ΔG。

9. 已知 20 ℃时水的表面张力为 0.072 8 N/m，如果把水分散成小水珠，试计算当水珠半径分别为 1.00×10^{-3} cm、1.00×10^{-4} cm、1.00×10^{-5} cm 时，曲面下的附加压力为多少？

10. 已知 20 ℃时水的饱和蒸气压为 2.34×10^{3} Pa，试求半径为 1.00×10^{-8} m 的小水滴的蒸气压为多少？

11. 100 ℃时，水的表面张力为 5.89×10^{-2} N/m，密度为 958.4 kg/m^{3}。问直径为 10^{-7} m 的球形凹面上，100 ℃时的水蒸气压力为多少？在 101.325 kPa 下，能否从 100 ℃的水中蒸发出直径为 10^{-7} m 的水蒸气泡？

12. 20 ℃时，将直径为 0.2 mm 的毛细管插入苯，已知该温度下苯的表面张力为 28.9×10^{-3} N/m，密度为 879 kg/m^{3}。试求：

(1)苯在毛细管中上升的最大高度。

(2)若使毛细管中液面不上升，使与外围液体保持水平，应加多大的压力？

13. 水蒸气迅速冷却至 25 ℃时会发生过饱和现象。已知 25 ℃时水的表面张力为 71.97×10^{-3} N/m，密度为 997 kg/m^{3}。当过饱和水蒸气压力为平液面水的饱和蒸气压的 4 倍时，试求最初形成的水滴半径为多少？每个水滴中含有多少个水分子？

14. 在 473.15 K 时，测定氧在某催化剂上的吸附作用，当平衡压力为 101.325 kPa 和 1 013.25 kPa时，每千克催化剂吸附氧气的量(已换算成标准状况)分别是 2.5 dm^{3} 和 4.2 dm^{3}，设该吸附服从朗格缪尔吸附等温式，计算当氧的吸附量为饱和吸附量的一半时，平衡压力为多少？

15. 25 ℃时，将少量的某表面活性物质溶解在水中，当溶液的表面吸附达到平衡后，实验测得该溶液的浓度为 0.2 mol/m^{3}。用很薄的刀片刮去已知面积的该溶液的表面薄层，测得在表面层中活性剂的吸附量为 3×10^{-6} mol/m^{2}。已知在 25 ℃时，纯水的表面张力为 71.97×10^{-3} N/m。假设在很稀的浓度范围内溶液的表面张力与溶液的浓度呈线性关系，计算上述溶液的表面张力。

16. 已知在 273.15 K 时，用活性炭吸附 $CHCl_3$，其饱和吸附量为 93.8 dm^{3}/kg，若 $CHCl_3$ 的分压力为 13.375 kPa，其平衡吸附量为 82.5 dm^{3}/kg。试求：

(1)朗格缪尔吸附等温式中的 b 值。

(2)$CHCl_3$ 的分压为 6.667 2 kPa 时，平衡吸附量为多少？

17. 19 ℃时，丁酸水溶液的表面张力可以表示为

$$\gamma=\gamma_0-a\ln(1+bc)$$

式中，γ_0 为纯水的表面张力；a 和 b 皆为常数。设活度系数均为 1，试求：

(1)该溶液中丁酸的表面吸附量 Γ 和浓度 c 的关系式。

(2)若已知 $a=13.1\times10^{-3}$ N/m，$b=19.62$ dm^{3}/mol。试计算 $c=0.200$ mol/dm^{3} 时的 Γ 为多少？

(3)当丁酸的浓度足够大，达到 $bc\gg1$ 时，饱和吸附量 Γ_∞ 为多少？设此时表面上丁酸成单分子层吸附，试计算在液面上每个丁酸分子所占的截面面积。

第 10 章　胶体化学

学习目标

了解溶液、胶体分散系统、粗分散系统的定义，了解溶胶、高分子溶液和缔合胶体的区别，掌握溶胶的特征，了解溶胶的光学性质、动力学性质和电学性质，理解 ζ 电势的概念；掌握溶胶的稳定与聚沉的影响因素，包括 DLVO 理论、电解质的影响；了解粗分散系统的性质。

实践意义

水性涂料的环保性能优势使得近些年水性涂料发展迅速，水性涂料这种粗分散系统是怎样稳定存在的？豆浆和牛奶这种乳液的稳定性有什么提示？近些年人们非常关注 PM2.5 的危害性，这些 PM2.5 颗粒以及更大的颗粒在空气中为什么没在重力的作用下很快沉降，而形成很长时间不散的雾霾？

随着科学技术的发展和进步，人类对客观世界的认识也不断深入，并不断从宏观和微观两个层次深入。所谓宏观，是指研究对象的尺寸很大，其下限是人的肉眼可以观察到的最小物体($r \approx 1\ \mu m$)，而上限是无限的，目前人们对宏观认识的尺度已经延伸到上百亿光年。在这个基础上相继建立了一些科学领域，如经典力学、经典热力学、地球或天体物理学乃至空间科学。所谓微观，是指上限为原子、分子，而下限是一个无下限的时空。随着各种新的认知仪器的不断进步，人们已经对分子、原子、电子、中子、介子和超子等十分微小的领域有所了解，时间概念也已缩小到飞秒(10^{-15} s)的数量级，一些描述微观世界的学科(如量子力学、原子核物理和粒子物理学等)相继建立。20 世纪 80 年代，随着纳米材料的出现，在宏观世界与微观世界之间的介观世界(mesoscopic system)引起人们的注意，胶体化学作为纳米材料制备的重要手段，受到前所未有的重视。

胶体化学是物理化学的一个重要分支，在化学、材料、物理、生物、医学等诸学科有广泛的应用。胶体化学所研究的主要对象是高度分散的多相系统。把一种或几种物质分散在一种介质中所构成的系统，称为分散系统。被分散的物质称为分散相，而另一种呈连续分布的物质称为分散介质。

按分散相粒子的大小，分散系统常分为真溶液(粒子直径 $d<1$ nm)、胶体分散系统($1\ \text{nm}<d<1\ 000$ nm)和粗分散系统($d>1\ 000$ nm)。

真溶液又称分子分散系统，分散物质以分子、原子或离子形式均匀地分散在分散介质中时，形成的系统即为真溶液。通常所说的真溶液，是指液态真溶液，常见的蔗糖或酸、碱、盐的水溶液等。显然，真溶液为均相系统，溶质和溶剂间不存在相界面，且不会自动分离成两相，是热力学稳定系统，常表现为透明、不发生光散射、溶质扩散快、溶质和溶剂均可透过半透膜等。

粗分散系统包括悬浮液、乳状液、泡沫、粉尘等。粗分散系统的分散相和分散介质间有明显的相界面，分散相粒子易自动发生聚集而与分散介质分开，因为多相，它为热力学不稳定系统，且表现为不透明、浑浊、分散相不能透过滤纸等特征。

胶体分散系统的分散相通常由许多难溶的分子或原子（通常 $10^3 \sim 10^6$ 个）组成的粒子分散在分散相中形成，又称为憎液溶胶，简称溶胶，也可以是没有相界面的大分子或胶束，后者称为高分子溶液或缔合胶体。

(1)溶胶由于分散相粒子很小，且分散相与分散介质间有很大的相界面、很高的界面能，因而溶胶是热力学不稳定系统，极易被破坏而聚沉，聚沉之后往往不能恢复原态。溶胶的多相性、高分散性和热力学不稳定性特征决定了它有许多不同于真溶液和粗分散系统的性质，如光散射等。

(2)高分子溶液的分子大小达到了胶体的粒径范围，但由于分子与溶剂不存在相界面，且不会自动发生聚沉，因而属于分子粒子分散的系统，却具有胶体的一些特性。高分子化合物在适当的介质中可以自动溶解而形成均相溶液，沉淀后重新再加入溶剂高分子化合物又可以自动再分散，因而它是稳定、可逆的热力学平衡系统。由于被分散物和分散介质之间的亲和能力很强，过去曾被称为亲液溶胶，显然，使用“高分子溶液”这个名称应更能反映其实际情况。由于高分子溶液和憎液溶胶在性质上有显著的不同，而高分子物质在实用及理论上又具有重要意义，因此近年来，高分子化合物已经逐渐形成一个独立的学科。所以，物理化学中胶体化学主要研究憎液溶胶。

(3)缔合胶体（有时也称为胶体电解质）分散相是由表面活性剂缔合形成的胶束。通常以水作为分散介质，胶束中表面活性剂的亲油基团自发相互聚集，亲水基团向外，形成规则排列的胶束结构。分散相与分散介质之间有很好的亲和性，因此也是一类均相的热力学稳定系统。

胶体系统还可以按分散相和分散介质的聚集状态分类。依据分散相和分散介质聚集状态的不同，溶胶分为气溶胶（分散介质为气态）、液溶胶（分散介质为液态）和固溶胶（分散介质为固态），见表 10.0.1。

表 10.0.1　按照分散介质的聚集状态分类

分散介质	分散相	名称	实例
气	液	气溶胶	云、雾、霾、扬尘
	固		
	气		
液	液	泡沫、乳状液、液溶胶、悬浮液	肥皂、泡沫、牛奶、含水原油、金溶胶、油墨、泥浆
	固		
固	气	固溶胶	泡沫、塑料、珍珠、蛋白石、有色玻璃、某些合金
	液		
	固		

根据分散相粒子的大小，分散系统可分为真溶液、胶体系统和粗分散系统。

真溶液被分散物质以分子、原子或离子(质点直径 $d<1$ nm)形式均匀地分散在分散介质中时，形成的系统即为真溶液。它分固态溶液、液态溶液和气态溶液(混合气体)。通常所说的真溶液是指液态真溶液，如乙醇或氯化钠的水溶液等。很显然，真溶液为均相系统，溶质、溶剂间不存在相界面，且不会自动分层。

10.1 溶胶的制备

溶胶粒子粒径小于可滤出的粗分散粒子，而大于真溶液的小分子，所以可采用两种途径制备。将大块物质利用胶体磨等手段，磨成直径 1～1 000 nm 的粒子，即分散法；或使更小粒子凝聚成胶体粒子，即凝聚法。分散法包括研磨法、胶溶法、超声波分散法和电分散法。凝聚法一般包括化学凝聚法和物理凝聚法。

10.1.1 分散法

分散法是把大块或粗分散的物料分散成为高分散的胶体。分散过程利用高强度的机械功或电功，破坏系统的表面功，从而制备小尺寸的溶胶粒子。分散法常采用下列设备和方法。

(1)研磨法：用粉碎设备将粗粒子研磨变细，适用脆而易碎的物质，柔韧性的物质可以先硬化后粉碎。

(2)胶溶法：又称为解胶法，就是将新鲜的凝聚胶粒分散在介质中重新形成溶胶的方法。

(3)超声波分散法：用高频率超声波传入介质，对分散相产生很大的撕碎力，从而达到分散效果，主要用来制备乳状液。

(4)电分散法：以金属为电极，利用直流电产生电弧，在电弧的作用下，电极表面的金属汽化，遇水冷却而成为胶粒。水中加入少量碱即可形成稳定的溶胶，主要用来制备金属水溶胶。

10.1.2 凝聚法

与分散法相反，凝聚法是由分子(或原子、离子)的分散状态凝聚为胶体分散状态的一种方法。凝聚法通常可分为物理凝聚法和化学凝聚法两种。

1. 物理凝聚法

物理凝聚法常见的有蒸气凝聚法和过饱和法。蒸气凝聚法是将蒸气状态的粒子凝聚为胶体状态的方法。过饱和法是改变溶剂或用冷却的方法使溶质的溶解度降低，由于过饱和，溶质从溶剂中分离出来凝聚成溶胶。用此法可制得难溶于水的树脂、脂肪等水溶胶，也可用于制备难溶于有机溶剂的物质的有机溶胶。

2. 化学凝聚法

利用生成不溶性物质的化学反应，通过控制析晶过程，使不溶性物质分子结合生成的难溶物微粒停留在胶核尺度，形成溶胶的方法，称为化学凝聚法。它是实验室制备溶胶的常用方法，一般采用较大的过饱和浓度或较低的操作温度，减缓晶体长大的速率以利于晶核的大量形成，防止难溶性物质的聚沉，即可得到溶胶。

10.1.3 溶胶的净化

制备溶胶的过程可能会引入一定的电解质分子或离子等杂质。这些杂质会影响溶胶的稳定性，因而需要净化。一般采用渗析的净化方法。渗析法是利用溶胶粒子不能透过半透膜的性质，分离出溶胶中的电解质。渗析时将溶胶装入渗析袋，并将其放入流水，一定时间后，大部分可溶性杂质穿过半透膜随水流去。可以通过检查膜外流水中的离子来监测渗析情况。为了加快渗析速度，可以在装有溶胶的半透膜两侧外加一个电场，使多余的电解质离子向相应的电极做定向移动，这种方法称为电渗析法。经常通过减压或加压的办法改变半透膜两侧的压力差，使杂质快速通过半透膜，这种方法称为超过滤净化法。

10.2 溶胶的光学特性

溶胶的光学性质，是其高度的分散性和多相的不均匀性特点的反映。对光学性质的研究，不仅可以帮助人们理解溶胶的一些光学现象，还可以帮助人们研究溶胶粒子的大小、形状及其运动的规律。

10.2.1 丁达尔效应

1869 年，英国物理学家丁达尔(Tyndall)发现，在暗室里，将一束光线照射到溶胶上，在入射光的垂直方向上，可观察到一个发亮的光通道，这种现象称为丁达尔效应。对纯水或真溶液，用肉眼观察不到此种现象，故丁达尔效应常用于鉴别溶胶与真溶液。

光束投射到分散系统上，可以发生光的吸收、反射、散射或折射。当入射光的频率与分子的固有频率相同时，发生光的吸收；当光束与系统不发生任何相互作用时，发生光的透射；当入射光的波长小于分散相粒子的尺寸时，发生光的反射；当入射光的波长大于分散相粒子的尺寸时，发生光的散射。可见光的波长为 400～760 nm，一般胶粒的尺寸为 1～1 000 nm，当可见光束投射于溶胶时，如粒子的直径小于可见光波长，则发生光的散射现象。光作为一种电磁波，其振动的频率数量级高达 10^{15} Hz，光的照射相当于外加电磁场作用于胶粒，使围绕分子或原子运动的电子产生被迫振动，而质量远大于电子的原子核则无法跟上振动，这样被光照射的微小晶体上的每个分子，便以一个次级光源的形式，向四面八方辐射出与入射光有相同频率的次级光波，由此可知，产生丁达尔效应的实质是胶粒散射光被肉眼在垂直方向上观察到。丁达尔效应又称乳光效应，其散射光的强度，可用瑞利公式计算。

10.2.2 瑞利公式

1871 年，瑞利(Rayleigh)假设粒子的尺寸远小于入射光的波长时，可把粒子视为点光源；粒子间的距离较远，可不考虑各个粒子散射光之间的相互干涉；粒子不导电。基于这些假设，应用经典的电磁波理论，首先导出了稀薄气溶胶散射光强度的计算式。后经其他学者推广到稀的液溶胶系统。当入射光为非偏振光时，单位体积液溶胶的散射光强度 I，可近似地用下列公式表示：

$$I=\frac{9\pi^2V^2C}{2\lambda^4l^2}\left(\frac{n^2-n_0^2}{n^2+2n_0^2}\right)(1+\cos^2\alpha)I_0 \tag{10.2.1}$$

式中，I_0 为入射光的强度；I 为散射光的强度；λ 为入射光波长；V 为每个分散相粒子的体积；C 为单位体积中的粒子数，又称数密度；n 和 n_0 分别为分散相及介质的折射率；α 为散射角，即观察的方向与入射光方向间的夹角；l 为观察者与散射中心的距离。由式(10.2.1)可总结以下规律：

(1)单位体积的散射光强度与每个粒子体积的平方成正比，真溶液溶质粒子的体积小，仅可产生极微弱的散射光；粗分散的悬浮液粒子的尺寸大部分大于可见光的波长，不能产生乳光效应。只有溶胶具有明显的丁达尔效应，故可依此来鉴别分散系统的种类。

(2)散射光强度与入射光波长的 4 次方成反比，即波长越短，其散射光越强。白光中的蓝、紫光波长最短，散射光最强；而红光的波长最长，其散射作用最弱，透过性强。因此，当用白光照射溶胶时，在与入射光垂直的方向上观察呈淡蓝色，这就是胶体和乳液能观察到乳光的原因。透过光则呈现橙红色，这就是危险信号灯用红光的原因。为了避免与红灯混淆并尽可能提高光的透过性，汽车雾灯用波长与红光相近的黄光，养路工、环卫工的工装用橘黄色。

(3)分散相与介质的折射率相差越大，散射光越强，憎液胶体分散相与介质之间有明显的相界面存在，其折射率相差较大，乳光效应很强。高分子真溶液是均相系统，乳光很弱，故可依此来区别高分子溶液与溶胶。

(4)散射光强度与粒子的数密度成正比。对于物质种类相同，仅粒子数密度不同的溶胶，若测量条件相同，两个溶胶的乳光强度之比应等于其数密度之比，因此，若已知其中一个溶胶的数密度，即可求出另一溶胶的数密度。乳光强度又称为浊度，浊度计就是根据这一原理设计的。

小知识

空气中的微尘和小水滴分散在空气中容易形成气溶胶，这些微尘和水滴等分散相粒径很小，阳光中波长短的蓝、紫色光的散射光较强，长波的红光等很少散射，而人眼对紫色光没有蓝色那么敏感，所以我们看到晴朗的天空是蔚蓝色的。

朝霞和晚霞是由阳光被远方的云雾反射和折射后，经过了更多地面空气中较大颗粒的尘埃和水滴后，波长短的蓝、紫色光被尘埃和水滴吸收与反射，剩余更多的透过性强的长波红光所致。朝霞之所以会出现，说明东方的天空有较厚的云层和较大的湿度，导致空气中含有更多的水滴和尘埃，随着地球自转，云层会逐渐西移来到观察者的上空，天气转为阴雨的可能性增加。晚霞出现时西方的天空有较厚的云层，随着地球的自转，云彩越来越远，因此第二天极有可能是一个大晴天。这就是"朝霞不出门，晚霞行千里"俗语的原理。

一般均相体系分子间不存在折射率差异，不应有光散射现象。实验发现某些情况下也能产生微弱的乳光效应，这主要是由于它们在局部范围内发生密度的涨落，使折射率产生差异所致。所以万里晴空呈现的蔚蓝色除来自气溶胶的散射之外，更大的贡献来自大气密度的涨落引起太阳光的散射作用，这种大气密度的涨落引起的均相体系的光散射称为分子散射，这种分子散射现象最早由斯莫鲁霍夫斯基(Smoluchowski)提出。干净海水才会产生分子散射现象而显现漂亮的碧蓝色，洁净的天空才会显现漂亮的蔚蓝色，作为化学工作者倡导绿色化学，保护我们的蓝色星球理应更多一份担当和责任。

10.2.3 暗视野显微镜与粒子大小的近似测定

暗视野显微镜是根据丁达尔效应，观察溶胶粒子的存在和运动，甚至估测粒径的一种显微镜，又称为超显微镜。它可以观察普通显微镜所观察不到的溶胶粒子，是研究胶体化学的一种重要仪器。普通显微镜之所以观察不到溶胶的微粒，是由于人在入射光的反方向观察时，胶粒的散射光受到透射光的干扰，显得非常微弱，就好像白昼看星星，一无所见。暗视野显微镜是用强光源(常用弧光)照射，在黑暗的视野条件下从垂直于入射光的方向上观察。这样就避开了透射光的干扰，所看到的是粒子的散射，只要粒子散射的光线有足够的强度，就可以在整个黑暗的背景内看到一个个闪闪发光、不断移动的光点，这恰似黑夜观天可见满天星斗闪烁。应当指出，在暗视野显微镜下看到的并非粒子本身的大小，而是其散射光，而散射光的影像要比胶粒的投影大数倍之多。虽然暗视野显微镜看不到溶胶粒子的形状与大小，但可用它来估算溶胶粒子的平均大小。

如已知单位体积溶胶中分散相的总质量 m 和所含溶胶粒子的个数 C(可由暗视野显微镜测出)，则两者相除可求得每个溶胶粒子的质量 $m_{cp}=\frac{m}{C}$。再假设粒子为球形，其半径为 r，密度为 ρ，则可求得溶胶粒子的半径。此外，利用暗视野显微镜观察粒子的乳光变化，也可粗略推测其形状。例如粒子为球形时，则不论粒子怎样转动，各方向所显现的乳光均相同，即每个粒子的乳光不因方向而变。如果粒子为片状和棒状，则不同方向所散射的光强度不等，因此胶粒明暗不定。要测定溶胶粒子的真正大小和形状，还必须借助其他仪器，例如激光粒度仪、马尔文激光粒度仪、扫描电子显微镜或透射电子显微镜等。

10.3 溶胶的动力学性质

10.3.1 布朗运动

1827 年，植物学家布朗(Brown)在显微镜下，看到了悬浮于水中的花粉粒子处于不停息、无规则的运动状态。后来发现，分散介质中的其他微粒(如炭木粉末和矿石粉末等)也有这种现象。在溶胶分散系统中，随着暗视野显微镜的出现，人们观察到分散介质中溶胶粒子也处于永不停息、无规则的运动之中，这种运动即为布朗运动。

在分散系统中，分散介质的分子皆处于无规则的热运动状态，它们从四面八方连续不断地撞击分散相的粒子。对于粗分散的粒子来说，在某一瞬间可能被数以千万次的撞击，从统计的观点来看，各个方向上所受撞击的概率应当相等，合力为零，所以不能发生位移。即使是在某一方向上遭到较多次数的撞击，因其质量太大，难以发生位移，而无布朗运动。

对于接近或达到溶胶大小的粒子，与粗分散的粒子相比，它们所受到的撞击次数要小得多。在各个方向上所遭受的撞击力，完全相互抵消的概率甚小。某一瞬间，粒子从某一方向受到的冲量大，便向该方向位移，统计结果胶粒发生无序运动，即布朗运动。由此可见，布朗运动是分子热运动的必然结果，是胶粒的热运动。

爱因斯坦和斯莫鲁霍夫斯基分别于1905年和1906年提出了解释布朗运动的理论，它们认为尽管布朗运动看来复杂而无规则，但在一定条件下，在一定时间内粒子所移动的平均位移具有一定的数值。爱因斯坦利用分子运动理论的一些基本概念和公式，并假设胶体粒子是球形的，得出爱因斯坦-布朗平均位移公式

$$\bar{x}=\left(\frac{RTt}{3\pi Lr\eta}\right)^{1/2} \tag{10.3.1}$$

式中，$\bar{x}$ 为在时间 t 间隔内粒子的平均位移；r 为粒子的半径；η 为分散介质的黏度；T 为热力学温度；R 为摩尔气体常数；L 为阿伏伽德罗常数。

10.3.2 扩散

对真溶液，当存在浓度梯度时，溶质、溶剂分子会因分子热运动而发生定向迁移从而趋于浓度均一的扩散过程。同理，对存在浓度梯度的溶胶分散系统，尽管从微观上每个溶胶粒子的布朗运动是无序的，向各个方向运动的概率都相等，但从宏观上来说，由于较高浓度区域内单位体积溶胶所含溶胶粒子质点数多，而较低浓度区域内单位体积溶胶所含溶胶粒子质点数少，则当人为划定任一垂直于浓度梯度方向的截面时，虽然较高浓度和较低浓度侧均有溶胶粒子因无序的布朗运动通过此截面，但由较高浓度一侧通过截面进入较低浓度一侧的溶胶粒子质点数会多，总的结果是溶胶粒子发生了由高浓度向低浓度的定向迁移过程，这种过程即为溶胶粒子的扩散。

溶胶的扩散与溶液中溶质的扩散类似，也可用菲克第一扩散定律来描述：

$$\frac{\mathrm{d}n}{\mathrm{d}t}=-DA_{\mathrm{s}}\frac{\mathrm{d}c}{\mathrm{d}x} \tag{10.3.2}$$

该式表示单位时间通过某一截面的物质的量$\frac{\mathrm{d}n}{\mathrm{d}t}$与该处的浓度梯度$\frac{\mathrm{d}c}{\mathrm{d}x}$及截面面积$A_{\mathrm{s}}$成正比，其比例系数 D 称为扩散系数。式中的负号是因为扩散方向与浓度梯度方向相反。扩散系数的物理意义：单位浓度梯度下，单位时间通过单位面积的物质的量。D 的单位为 $\mathrm{m^2/s}$，通常以扩散系数的大小来衡量物质扩散能力的大小。从不同半径溶胶粒子的扩散系数可以看出，粒子越小，扩散系数越大，粒子的扩散能力越强。胶粒与真溶液相比，粒子要大得多，所以胶粒的扩散速率一般是真溶液的几百分之一。

10.3.3 沉降与沉降平衡

多相分散系统中的粒子因受重力作用而下沉的过程，称为沉降。对应粗分散系统，例如泥沙的悬浮液中的粒子由于重力的作用最终要逐渐地沉降于容器底部。分析高度分散的分散相粒子所受作用力的情况，可分为两个方面：一是重力场的作用，它力图把粒子拉向

容器底部，使之发生沉降；另一方面是因布朗运动所产生的扩散作用，当沉降作用使底部粒子的浓度高于上部时，由浓差引起的扩散作用则使粒子趋于均匀分布。沉降与扩散是两个相反的作用。当粒子很小，受重力影响很小可忽略时，主要表现为扩散，例如真溶液；当粒子较大，受重力影响占主导作用时，主要表现为沉降，如粗分散系统，如浑浊的泥水悬浮液等；当粒子的大小适中，重力作用和扩散作用相近时，构成沉降平衡，粒子沿高度方向沉降平衡形成浓度梯度。如图 10.3.1 所示，粒子在底部的数密度较高，上部数密度较低，一些胶体系统在适当条件下会出现沉降平衡。对于微小粒子在重力场中的沉降平衡，贝林(Perri)曾推导出平衡时粒子数密度随高度的分布定律：

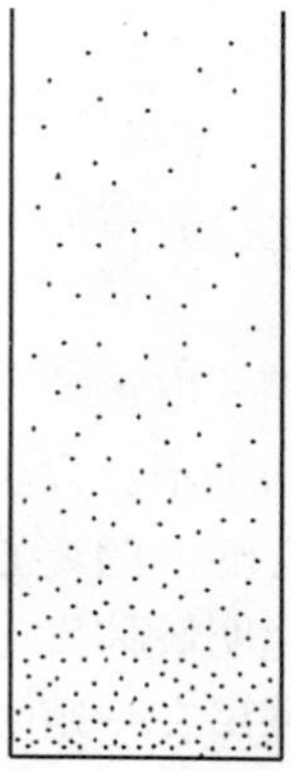

图 10.3.1　沉降平衡

$$\ln\frac{C_2}{C_1}=-\frac{Mg}{RT}\left(1-\frac{\rho_0}{\rho}\right)(h_2-h_1) \tag{10.3.3}$$

式中，C_1 和 C_2 分别为高度 h_1 和 h_2 处粒子的数密度；M 为粒子的摩尔质量；g 为重力加速度；ρ 和 ρ_0 分别为粒子和介质的密度。式(10.3.3)不受粒子形状的限制，但要求粒子大小相等。由于溶胶粒子的沉降与扩散速度都很慢，因此要达到沉降平衡，往往需要很长时间。而在普通条件下，温度的波动即可引起溶胶的对流而妨碍沉降平衡的建立。所以实际上，很难看到高分散系统的沉降平衡。

$$\ln\frac{p_2}{p_1}=-\frac{Mg}{RT}(h_2-h_1) \tag{10.3.4}$$

式(10.3.4)是重力场作用下地球表面上大气分子的浓度随距地面高度变化的方程，因气体压力不大，可近似看作理想气体，若不考虑大气温度随高度的变化，则不同高度处，$\frac{p_2}{p_1}=\frac{C_2}{C_1}$。对于大气中的气体分子，因不存在浮力，不必进行浮力校正，即$\frac{1-\rho_0}{\rho}=1$，所以两个方程形式完全相同，表明气体分子的热运动与胶体粒子的布朗运动本质上是相同的。

对于空气中任一种气体，应用公式(10.3.4)，则 p 为其分压。如对于 O_2，可以算出在 25 ℃，高度每增加 5.473 km，其浓度或分压要降低一半。同时，可以看出越接近地面，在空气中 CO_2、NO_2 等相对分子质量较大的气体含量越高。

10.4　溶胶的电学性质

溶胶是一个高度分散的非均相系统，分散相的固体粒子与分散介质之间存在着明显的相界面。实验发现：在外电场的作用下，固、液两相可发生相对运动；反过来，在外力的作用下，迫使固、液两相进行相对运动时，又可产生电势差。人们把溶胶这种与电势差有关的相对运动称为电动现象。

10.4.1 电动现象

这里介绍四种电动现象：电泳、电渗、流动电势、沉降电势。

1. 电泳

在外电场的作用下，溶胶粒子在分散介质中定向移动的现象，称为电泳。中性粒子在外电场中不会发生定向移动，电泳现象说明溶胶粒子是带电的。在装有 $Fe(OH)_3$ 溶胶的超离心滤液的离心管中能看到胶体和清液的清晰界面，在电场的作用下界面明显向阴极移动，说明胶体发生了电泳现象，同时说明 $Fe(OH)_3$ 胶体带正电。

测出在一定时间内界面移动的距离，即可求得粒子的电泳速度。电势梯度越大、粒子带电越多、粒子的体积越小，电泳速度越大；介质的黏度越大，电泳速度则越小。表 10.4.1 给出了溶胶粒子和一些离子在电位梯度为 100 V/m 时的运动速度。可以看出，在相同的电位梯度下，溶胶粒子与离子定向移动的速度，具有相同的数量级。溶胶粒子的质量约为一般离子的 1 000 倍，所以胶粒所带电荷的数量应该是一般离子所带电荷的 1 000 倍左右。

表 10.4.1 电位梯度为 100 V/m 时溶胶粒子与离子的运动速度

粒子	运动速度 $v/(10^{-6}\ m\cdot s^{-1})$
H^+	32.6
OH^-	18.0
Na^+	4.5
K^+	6.7
Cl^-	6.8
$C_8H_{17}COO^-$	2.0
常见溶胶粒子	2～4

实验还表明，若在溶胶中加入电解质，则对电泳会有显著影响。随外加电解质的增加，电泳速度常会降低以至变为零，外加电解质还能改变胶粒带电的符号。

影响电泳的因素有带电粒子的大小、形状，粒子表面的电荷数目，溶剂中电解质的种类、离子强度以及 pH 值、温度和所加的电压等。对于两性电解质(如蛋白质)，在其等电点处，粒子在外加电场中不移动，不发生电泳现象，而在等电点前后粒子向相反的方向电泳。

2. 电渗

若溶胶粒子被吸附固定于棉花或固体粉末压制成的多孔塞，或者胶体形成凝胶态，在外电场作用下分散介质液体做定向流动，这种现象称为电渗。

用图 10.4.1 的仪器可以直接观察到电渗现象。当在电极上施以适当的外加电压时，从右侧刻度毛细管中液面的移动可以观察到液体的移动。

如果没有溶胶存在，液体(如水)与多孔性固体物质如素瓷片或毛细管接触后，固、液两相多会带上符号相反的电荷，此时，若在多孔材料或毛细管两端施加一定电压，液体也将通过多孔材料或毛细管而定向流动，这也是一种电渗。

实验表明，液体移动的方向因多孔塞的性质而异。例如当用滤纸、玻璃或棉花等构成多孔塞时，则水向阴极移动，这表示此时液相带正电荷；当用氧化铝、碳酸钡等物质构成多孔塞时，则水向阳极移动，显然此时液相带负电荷。和电泳一样，外加电解质对电渗速度的影响很显著，随电解质浓度的增加电渗速度降低，其甚至会改变液体流动的方向。

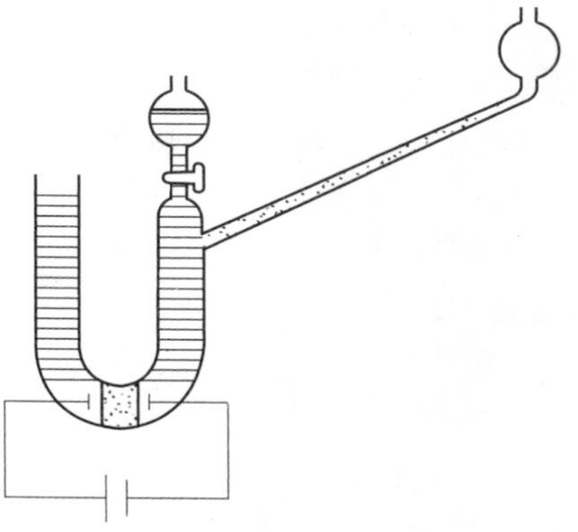

图 10.4.1　电渗测试装置

3. 流动电势

在外力的作用下，迫使液体通过多孔塞或毛细管定向流动，多孔塞两端所产生的电势差，称为流动电势。显然，此过程可视为电渗的逆过程。实验发现，胶体粒子被迫固定时的分散介质定向流动会产生流动电势。毛细管的表面是带电的，如果外力迫使液体流动，由于扩散层的移动，即液体将双电层的扩散层中的离子带走，因而与固体表面产生电势差。类似的用泵输送碳氢化合物也会产生流动电势，由于此类液体易燃，在流动过程中产生流动电势的电势差过高易产生火花，因此应采取相应的防护措施，如将油管接地或加入油溶性电解质，增加介质的电导，减小流动电势。

4. 沉降电势

分散相粒子在重力场或离心力场的作用下迅速移动时，在移动方向的两端所产生的电势差，称为沉降电势。显然，它是与电泳现象相反的过程。贮油罐中的油内常含有水滴，水滴的沉降常形成很高的沉降电势，甚至达到危险的程度。通常解决的办法是加入有机电解质，以增加介质的电导，用以降低沉降电势，减小发生危险的可能性。

电泳、电渗以及流动电势、沉降电势四种电动现象均说明，溶胶粒子和分散介质带有不同性质的电荷。但溶胶粒子为什么带电，溶胶粒子周围的分散介质中，反离子(与胶粒所带电荷符号相反的离子)是如何分布的，电解质是如何影响电动现象的，有关这类问题，直至双电层理论建立之后，才得到令人满意的解释。

10.4.2　扩散双电层理论

溶胶的分散相和分散介质的两相接触面往往带有符号相反的电荷，形成双电层，其原因有多种，这里介绍两种比较典型的原因：一种是离子吸附，固体表面从溶液中有选择性地吸附某种离子而带电，固体表面的带电离子通常被称为定位离子；另一种是固体解离，固体表面的分子在溶液中发生解离而使其带电，如蛋白质中的氨基酸分子，在 pH 值低时，形成带正电的氨基；在 pH 值高时，形成带负电的羧基。处在溶液中的带电固体表面，由于静电吸引力的作用，必然要吸引等电荷量的带有相反电荷的离子，这种离子可简称为反离子或异电离子，环绕在固体粒子的周围，这样便在固、液两相之间形成了双电层。下面简单介绍几个有代表性的双电层模型。

1. 亥姆霍兹模型

1879 年，亥姆霍兹首先提出在固、液两相之间的界面上形成双电层的概念。他认为正负离子整齐地排列于界面层的两侧，如图 10.4.2 所示。正、负电荷分布的情况就如同平行板电容器，故称为平板电容器模型。在平板电容器内电势直线下降，两层间的距离很小，与离子半径相当。在有外加电场作用时，带电质点和溶液中的反离子分别向相反电极移动，产生电动现象。

平板双电层理论虽然似乎也能解释一些电动现象，对早期电动现象的研究起了一定的作用，但也存在许多问题，如它不能解释电动过程中出现的 ζ 电势和 ζ 电势随电解质浓度而变化的现象。

ζ 电势，是指带电质点运动时固液两相发生相对移动时边界处与液体内部的电势差，因液体内部是电中性的，即电势为零，所以称这个电势差为 ζ 电势，或称电动电势。研究发现，带电质点的表面电势与质点运动时 ζ 电势数值不同。根据平板电容器理论，与带电质点一起运动的水化层的厚度远较平板双电层的厚度大，这样滑动面的 ζ 电势就应为零，质点应不发生电动现象，但这显然是与实际情况相矛盾的。

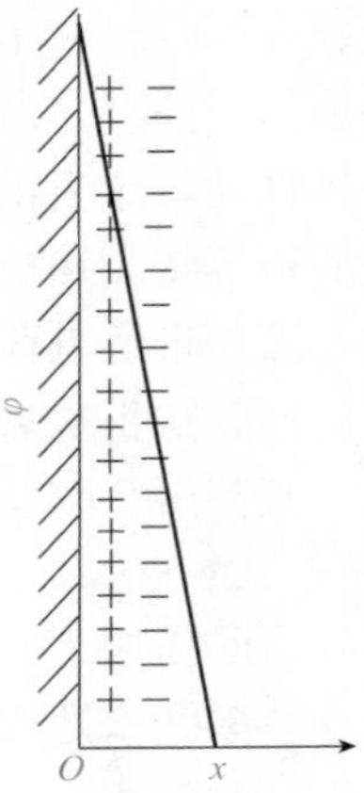

图 10.4.2　平板电容器模型

2. 古依-查普曼模型

古依(Gouy，1910 年)和查普曼(Chapman，1913 年)提出了扩散双电层理论，他们认为靠近质点表面的反离子是呈扩散状态分布在溶液中，而不是整齐排列在一个平面上的。这是因为反离子同时受到两个方向相反的作用：静电吸引力使其趋于靠近固体表面，而热运动又使其趋于均匀分布。这两种相反的作用达到平衡后，反离子呈扩散状态分布于溶液中，越靠近固体表面反离子浓度越高，随距离的增加，反离子浓度下降，形成一个反离子的扩散层，其模型如图 10.4.3 所示。

古依和查普曼假设，在质点表面可看作无限大的平面，且表面电荷分布均匀，溶剂的介电常数均匀不变的条件下，距表面一定距离 x 处的电势 φ 与表面电势 φ_0 的关系可用玻尔兹曼定律来描述，即

$$\varphi=\varphi_0 e^{-kx} \tag{10.4.1}$$

式中，k 的倒数具有双电层厚度的意义。该式表明扩散层中的电势随距表面的距离 x 的增加呈指数形式下降，而下降的快慢取决于 k 的大小。当离开固体表面足够远时，溶液中正负离子所带电量大小相等、符号相反，过剩的反离子浓度为零，此处对应的电势也为零。

古依-查普曼的扩散双电层理论正确地反映了反离子在扩散层中分布的情况及相应电势的变化，这些观点今天看来仍然是正确的。他们把离子视为点电荷，没有考虑反离子的吸附，也没有考虑离子的溶剂化，因而未能反映出在质点表面反离子固定层的存在，所以对 ζ 电势无法赋予更明确的物理意义。

3. 斯特恩模型

1924 年，斯特恩(Stern)对古依-查普曼的扩散双电层理论进行了修正，并提出一种更加接近实际的双电层模型。他认为，离子是有一定大小的，而且离子与质点表面除静电作用外，还有范德华吸引力。因此在靠近表面 1～2 个分子厚的区域内，反离子由于受到强烈的吸引，会牢固地结合在表面，形成一个紧密的吸附层，称为紧密层、固定吸附层或斯特恩层，其余反离子扩散地分布在溶液中，构成双电层的扩散部分，如图 10.4.4 所示。

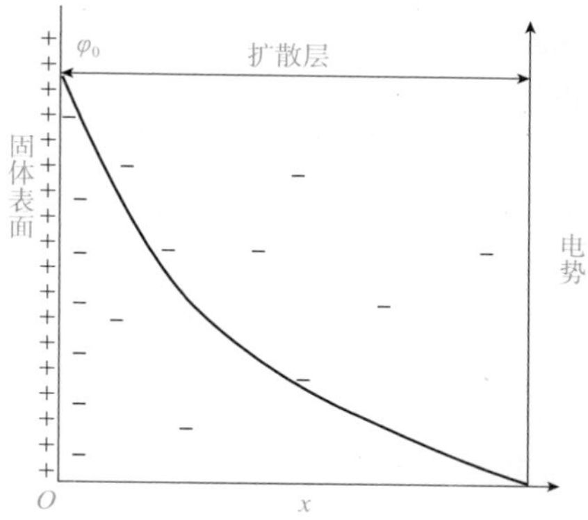

图 10.4.3　扩散双电层模型

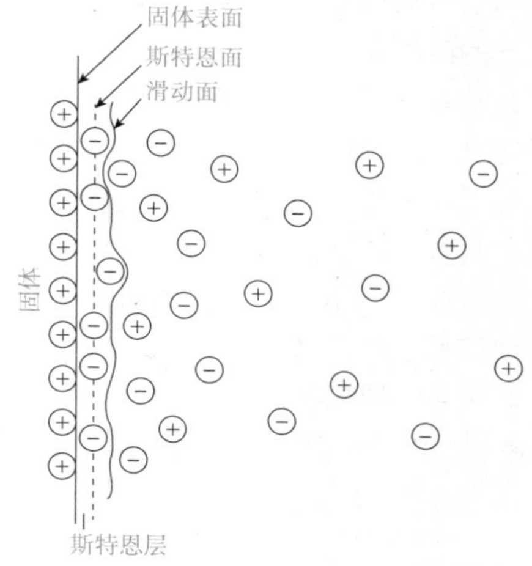

图 10.4.4　斯特恩模型结构

在斯特恩层中，除反离子外，还有一些溶剂分子同时被吸附。反离子的电性中心所形成的假想面，称为斯特恩面。在斯特恩面内，电势变化与亥姆霍兹平板模型相似，电势呈直线下降，如图 10.4.5 所示，由表面的 φ_0 直线下降到斯特恩面的 φ_δ，即斯特恩电势。在扩散层中，电势由 φ_δ 降至零，其变化情况与古依-查普曼的扩散双电层模型完全一致，可以用式(10.4.1)来描述，只需将式中的 φ_0 用 φ_δ 代替即可。所以说斯特恩模型是亥姆霍兹平板模型和古依-查普曼扩散双电层模型的结合。

当固、液两相发生相对移动时，斯特恩层中吸附在固体表面的反离子和溶剂分子与质点作为一个整体一起运动，其滑动面在斯特恩面稍靠外一些。滑动面与溶液本体之间的电势差，称为 ζ 电势。由图可以看出 ζ 电势与 φ_δ 电势在量值上相差甚小，但具有不同的含义。

只有在固、液两相发生相对移动时 ζ 电势才能显现出来。ζ 电势的大小，反映了胶粒带电的程度。ζ 电势越高，表明胶粒带电越多，其滑动面与溶液本体之间的电势差越大，扩散层也越厚。当溶液中电解质浓度增加时，介质中反离子的浓度加大，将压缩扩散层使其变薄，把更多的反离子挤进滑动面，中和固体表面电荷，使 ζ 电势在数值上变小，如图 10.4.6 所示。

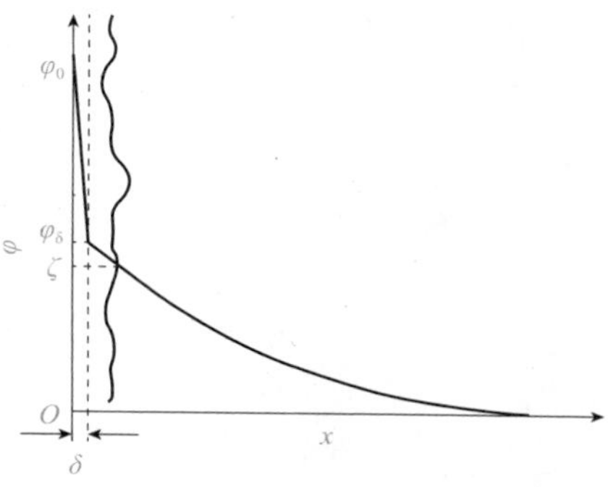

图 10.4.5　斯特恩模型电势示意

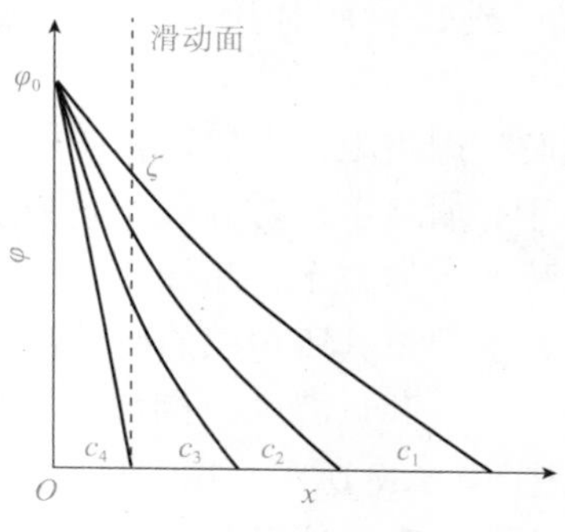

图 10.4.6　ζ 电势变化示意

当电解质浓度足够大时，可压缩使 ζ 电势为零。此时相应的状态，称为等电态。处于等电态的溶胶质点不带电，因此不会发生电动现象，电泳、电渗速度也必然为零，这时的溶胶非常容易聚沉。在极特殊情况下，当某些高价反离子或体积大的反离子(如表面活性离子)由于具有较高的吸附能而大量进入斯特恩层时，则可能使 ζ 电势反号。这是因为这些反离子因强烈的范德华力克服静电排斥而进入斯特恩层，使得滑动面相反电荷高于固体表面电荷数。

斯特恩模型给出了 ζ 电势明确的物理意义，很好地解释了溶胶的电动现象，并且可以定性地解释电解质浓度对溶胶稳定性的影响，使人们对双电层的结构有了更深入的认识。

溶胶粒子的 ζ 电势，通常利用电泳速度数据计算获得。对球形质点，当粒子半径 r 较大，而双电层厚度较小时，质点表面可当作平面处理，此时可用斯莫鲁霍夫斯基公式来描述 ζ 电势与电泳速度的关系：

$$u=\frac{v}{E}=\frac{\varepsilon\zeta}{\eta} \tag{10.4.2}$$

式中，v 为电泳速度；E 为电场强度；u 为胶核的电迁移率，或电泳速度，表示单位场强下的电泳速度；ε 为分散介质的介电常数。

当球形粒子半径较小，而双电层厚度较大时，可用休克尔公式来描述电泳速度 u 与 ζ 电势的关系：

$$u=\frac{v}{E}=\frac{\varepsilon\zeta}{1.5\eta} \tag{10.4.3}$$

在水溶液中，一般很难满足休克尔公式的条件，因此水溶液系统通常使用斯莫鲁霍夫斯基公式；休克尔公式一般用于非水溶液，只有在非水溶液中，电解质浓度方可降至极低，满足双电层厚度过大的条件。

10.4.3 溶胶的胶团结构

根据吸附及扩散双电层理论，可以想象出溶胶的胶团结构。由分子、原子或离子形成的固态微粒，称为胶核。胶核常具有晶体结构，具有晶体结构的固体颗粒可从周围的介质中选择性地吸附某种离子而使之带电。实验证明，晶体表面对那些能与组成固体表面的离子生成难溶物或电离度很小化合物的离子具有优先吸附作用，这一规则称为法扬斯-帕尼思(Fajans-Pancth)规则。依据这一规则，用 $AgNO_3$ 和 KI 制备 AgI 溶胶时，AgI 颗粒易于吸附 Ag^+ 或 I^-，而对 K^+ 和 NO_3^- 吸附极弱。因而 AgI 颗粒的带电符号取决于 Ag^+ 和 I^- 中哪种离子过量。

一旦胶核因吸附带电后，介质中的反离子一部分分布在滑动面以内，另一部分呈扩散状态分布于介质之中。若分散介质为水，所有的反离子都应当是水化的。滑动面所包围的带电体，称为胶体粒子，简称胶粒。

整个扩散层及其所包围的胶体粒子，则构成电中性的胶团。根据胶粒所带电荷极性把溶胶分成正溶胶和负溶胶。例如，在过量的 KI 溶液中，滴加少量的 $AgNO_3$ 稀溶液，KI 过量。如图 10.4.7 所示，以 KI 为稳定剂的 AgI 溶胶的胶团剖面：图中的小圆圈表示 AgI 微粒；AgI 微粒连同其表面上的 I^- 为胶核；第二个圆圈表示滑动面；最外边的圆圈表示扩散层外边界，即整个胶团的大小。

经常用胶团结构式表示溶胶的胶团结构，图 10.4.8 所示为 AgI 负溶胶的胶团结构式。胶核部分，m 个 AgI 分子聚集形成的胶核表面上吸附 n 个 I^- 离子，胶核表面则带 n 个负电荷；胶核表面吸附 $n-x$ 个 K^+ 离子形成斯特恩层，其外边界即滑动面以里为胶粒部分，带 x 个负电荷；加上扩散层中包含的 x 个 K^+ 构成整个胶团结构式。

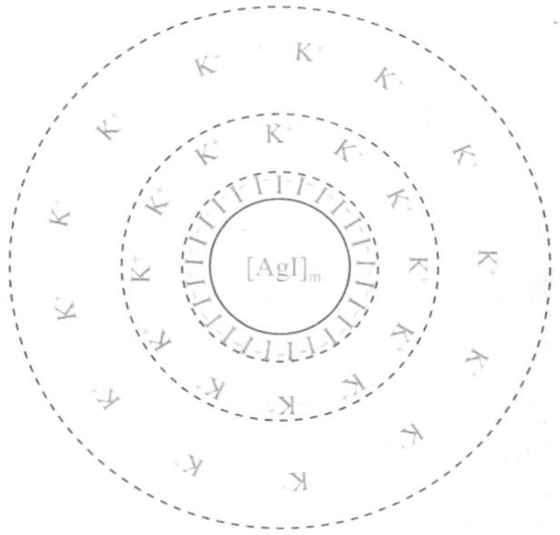

图 10.4.7　胶团剖面

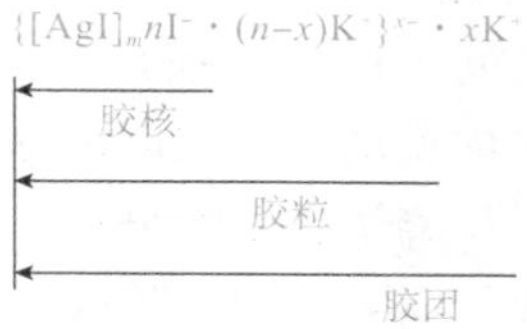

图 10.4.8　AgI 负溶胶胶团结构式

若在稀的 $AgNO_3$ 溶液中，缓慢地滴加少量的 KI 稀溶液，可得到 AgI 的正溶胶，过剩的 $AgNO_3$ 则起到稳定剂的作用。胶核由 m 个 AgI 分子形成的固体微粒的表面上吸附 n 个 Ag^+ 组成；胶核表面吸附 $n-x$ 个 NO_3^- 离子形成胶粒，带 x 个负电荷；加上扩散层中包含的 x 个 NO_3^- 构成整个胶团，即为 AgI 正溶胶的胶团结构式：

$$\{[AgI]_m nAg^+ \cdot (n-x)NO_3^-\}^{x+} \cdot xNO_3^-$$

再如 SiO_2 溶胶，当 SiO_2 微粒与水接触时，可生成弱酸 H_2SiO_3，它的解离产物 SiO_3^{2-} 不是全扩散到溶液中去，而是有一部分仍固定在 SiO_2 微粒的表面上，形成带负电荷的胶核，H^+ 则成为反离子。胶团结构式：

$$\{[SiO_2]_m nSiO_3^{2-} \cdot 2(n-x)H^+\}^{2x-} \cdot 2xH^+$$

在书写上述胶团结构时，应注意电荷平衡，即整个胶团中反离子 H^+ 所带的正电荷数 $2n$ 应等于胶核表面上的电荷数，也就是说整个胶团应当是电中性的。

根据扩散双电层理论所书写的胶团结构，目前尚存在不同的看法，我们应把它视为胶团结构的近似描述。

10.5　溶胶的稳定与聚沉

溶胶是热力学上的不稳定系统，粒子间有相互聚结而降低其表面能的趋势，即具有易于聚沉的不稳定性，因此在制备溶胶时必须有稳定剂存在。另外，由于溶胶的粒子小，布朗运动剧烈，因此在重力场中不易沉降，即具有动力稳定性。稳定的溶胶必须同时兼备不易聚沉的稳定性和动力稳定性。

10.5.1 溶胶的经典稳定理论——DLVO 理论

1941 年，由杰里亚金(Derjaguin)和朗道(Landau)以及 1948 年由维韦(Verwey)和奥弗比克(Overbeek)分别提出了带电胶体粒子稳定的理论，简称为 DLVO 理论。该理论可总结成如下四个要点：

(1)胶团之间既存在着斥力势能，也存在着引力势能。分散在介质中的胶团，可视为表面带电的胶核及环绕其周围带有相反电荷的离子氛组成，如图 10.5.1 所示，图中的虚线圈为胶核所带正电荷作用的范围，即胶团的大小。

在胶团之外任一点处，则不受正电荷的影响；在扩散层内任一点 B 处，因正电荷的作用未被完全抵消，仍表现出一定的正电性。因此，当两个胶团的扩散层未重叠时，如图 10.5.1(a)所示，两者之间不产生任何斥力；当两个胶团的扩散层发生重叠时，如图 10.5.1(b)所示，在重叠区内反离子的浓度增加，使两个胶团扩散层的对称性同时遭到破坏。这样既破坏了扩散层中反离子的平衡分布，也破坏了双电层的静电平衡。前一平衡的破坏使重叠区内过剩的反离子向未重叠区扩散，因而导致渗透性斥力的产生；后一平衡的破坏，则导致两胶团之间产生静电斥力。随着重叠区的加大，这两种斥力势能皆增加。

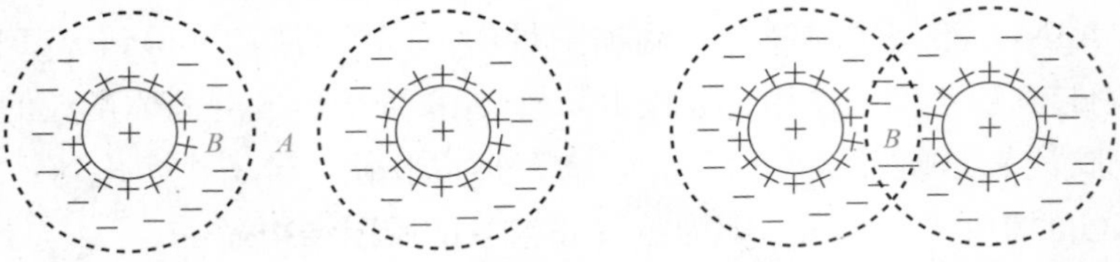

图 10.5.1 胶团相互作用示意
(a)扩散层未重叠；(b)扩散层重叠

一般分子或原子间的范德华力与两者之间距离的 6 次方成反比，也就是说，随着距离的增加，分子或原子间的范德华力将迅速消失，故称其为近程范德华力。溶胶中分散相微粒间的力势能，从本质上来看，仍具有范德华力的性质，但这种范德华力作用的范围要比一般分子直径大千百倍之多，故称其为远程范德华力。远程范德华力所产生的引力势能与粒子间距离的一次方或二次方成反比，也可能是其他更为复杂的关系。

(2)溶胶的相对稳定性或聚沉取决于斥力势能或引力势能的相对大小。当粒子间的斥力势能在数值上大于引力势能，而且足以阻止由于布朗运动使粒子相互碰撞而聚结时，则溶胶处于相对稳定的状态；当粒子间的引力势能在数值上大于斥力势能时，粒子将互相靠拢而发生聚沉。调整斥力势能和引力势能的相对大小，可以改变胶体系统的稳定性。

(3)斥力势能、引力势能以及总势能都随着粒子间距离的变化而变化，但是，由于斥力势能及引力势能与距离关系的不同，因此必然会出现在某一距离范围内引力势能占优势，而在另一范围内斥力势能占优势的现象。

(4)理论推导表明，加入电解质时，对引力势能影响不大，但对斥力势能的影响十分明显，所以电解质的加入会导致系统的总势能发生很大的变化。适当调整电解质的浓度，可以得到相对稳定的溶胶。

为了进一步分析引力势能及斥力势能对溶胶稳定性的影响，可参看图 10.5.2 所示的势能曲线。一对分散相微粒之间相互作用的总势能 E，可以用其斥力势能 E_R 及引力势能 E_A 之和来表示，即 $E=E_R+E_A$。图 10.5.2 中 x 代表粒子间的距离，虚线 E_A 和 E_R 分别为引力势能曲线和斥力势能曲线，实线为总势能曲线。距离较远时，E_A 和 E_R 皆趋于零；在较短距离时，E_A 曲线要比 E_R 曲线陡得多；当距离趋于零时，E_R 和 E_A 分别趋于正无穷大和负无穷大；当两个粒子从远处逐渐接近时，首先起作用的是引力势能，即在 a 点以前引力起主导作用；在 a 点与 b 点之间斥力势能起主导作用，且使总势能曲线出现极大值 E_{max}。此后，引力势能 E_A 在数值上迅速增加，且形成第一极小值。

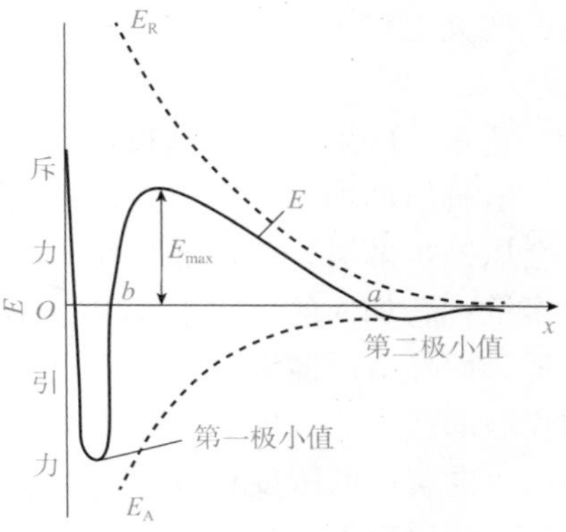

图 10.5.2　胶粒势能变化示意图

若两粒子再进一步靠近，由于两带电胶核之间产生强大的静电斥力而使总势能急剧加大。图中 E_{max} 为胶体粒子间净的斥力势能的数值。它代表溶胶发生聚沉时必须克服的“势垒”，当迎面相碰的一对溶胶粒子所具有的平动能足以克服这一势垒，它们才能进一步靠拢而发生聚沉。如果势垒足够高，一般胶体粒子的热运动则无法克服它，而使溶胶处于相对稳定的状态，若这一势垒不存在或者很小，则溶胶易于发生聚沉。

在总的势能曲线上出现两个极小值。距离较近而又较深的称为第一极小值。它如同一个陷阱，落入此陷阱的粒子则形成结构紧密而又稳定的聚沉物，故称其为不可逆聚沉或永久性聚沉。距离较远而又很浅的极小值称为第二极小值，并非所有溶胶皆可出现第二极小值，若粒子的直径小于 10 nm，即使出现第二极小值也一定是很浅的。对于较大的粒子，特别是形状较不对称的粒子，第二极小值会明显地出现，其值一般仅几个的数量级，粒子落入此处可形成较疏松的沉积物，但不稳定，外界条件稍有变动，沉积物可重新分离而成溶胶。

胶粒带电是溶胶稳定的主要因素，除此之外，溶剂化作用也是使溶胶稳定的重要原因，若水为分散介质，构成胶团双电层结构的全部离子都应当是水化的，在分散相粒子的周围，形成一个具有一定弹性的水化外壳。因布朗运动使一对胶团互相靠近时，水化外壳因受到挤压而变形，但每个胶团都力图恢复其原来的形状而又被弹开，由此可见，水化外壳的存在势必增加溶胶聚合的机械阻力，而有利于溶胶的稳定。最后，分散相粒子的布朗运动足够强时，就能够克服重力场的影响而不下沉，溶胶的这种性质，称为动力学稳定性。一般说来，分散相与分散介质的密度相差越小，分散介质的黏度越大，分散相的颗粒越小，布朗运动越强烈，溶胶的动力学稳定性就越强。

综上所述，分散相粒子的带电、溶剂化作用及布朗运动是溶胶三个重要的稳定原因。可想而知，中和胶粒电荷、降低溶剂化作用或提高胶粒体积以减弱布朗运动皆有利于溶胶聚沉。

10.5.2　溶胶的聚沉

溶胶中的分散相微粒互相聚结，颗粒变大，进而发生沉淀的现象，称为聚沉。任何溶胶从本质上来看都是不稳定的，所谓的稳定只是暂时的，总是要发生聚沉的，例如通过加热、辐射或加入电解质皆可导致溶胶的聚沉。许多溶胶对电解质都特别敏感，人们在这方面的研究也较为深入。

1. 电解质的聚沉作用

适量的电解质对溶胶起到稳定剂的作用。如果电解质加入得过多，尤其是含高价反离子的电解质的加入，往往会使溶胶发生聚沉。这主要是因为电解质的浓度或价数增加时，都会压缩扩散层，使扩散层变薄，斥力势能降低，当电解质的浓度足够大时就会使溶胶发生聚沉；若加入的反离子发生特性吸附，斯特恩层内的反离子数量增加，使胶粒的电荷量降低，而导致碰撞聚沉。一般说来，当电解质的浓度或价数增加使溶胶发生聚沉时，所必须克服的势垒的高度和位置皆发生变化。当电解质的浓度增加，所对应的势垒高度相应地降低。电解质的浓度对胶体粒子势能的影响随着电解质浓度的加大，溶胶聚沉时所需克服的势垒变得更低，当电解质的浓度加大到一定数值以后，引力势能占绝对优势，分散相粒子一旦相碰，即可合并。

使溶胶发生明显的聚沉所需电解质的最小浓度，称为该电解质的聚沉值。某电解质的聚沉值越小，表明其聚沉能力越大，因此，将聚沉值的倒数定义为聚沉能力。

舒尔策-哈迪(Schulze-Hardy)价数规则：电解质中能使溶胶发生聚沉的离子，是与胶粒带电符号相反的离子，即反离子，反离子的价数越高，聚沉能力越大。例如溶胶的胶粒带负电荷，起聚沉作用的是电解质的阳离子。

KCl、$MgCl_2$、$AlCl_3$ 的聚沉值分别为 49.5 mol/m^3、0.7 mol/m^3、0.093 mol/m^3，若以 K^+ 为比较标准，其聚沉能力有如下关系：

$$K^+ : Mg^{2+} : Al^{3+} = 1 : 70.7 : 532$$

一般可以近似地表示为反离子价数的 6 次方之比：

$$Me^+ : Me^{2+} : Me^{3+} = 1^6 : 2^6 : 3^6 = 1 : 64 : 729$$

上述比值是在其他因素完全相同的条件下导出的，表明同号离子的价数越高，聚沉能力越强。但也有许多反常现象，如 H^+ 虽为一价，却有很强的聚沉能力。应当指出，上述比例关系仅可作为一种粗略的估计，而不能作为严格的定量计算的依据。

对于同价离子来说，聚沉能力也各不相同。例如，同价阳离子，由于阳离子的水化能力很强，而且离子半径越小，水化能力越强，所以，水化层越厚，被吸附的能力越小，使其进入斯特恩层的数量减少，而使聚沉能力减弱；对于同价的阴离子，由于阴离子的水化能力很弱，所以阴离子的半径越小，吸附能力越强，聚沉能力越强。根据上述原则，某些一价阴、阳离子，对带相反电荷胶粒的聚沉能力大小的顺序，可排列为

$$H^+ > Cs^+ > Rb^+ > NH_4^+ > K^+ > Na^+ > Li^+$$

$$F^- > Cl^- > Br^- > NO_3^- > SCN^- > OH^-$$

这种将带有相同电荷的离子，按聚沉能力大小排列的顺序，称为感胶离子序。豆浆(带负电的大豆蛋白溶胶)中加入卤水(含 Na^+、Ca^{2+}、Mg^{2+} 等离子的电解质)制作豆腐的过程就是利用电解质使溶胶发生聚沉的实例。

与溶胶同号的离子对反离子的聚沉能力会产生影响。同号离子和反离子之间的库仑力作用会削弱反离子的聚沉能力，同号离子所带电荷越多影响越大，即价态高的比价态低的削弱作用强。

2. 高分子化合物的聚沉作用

高分子化合物是指摩尔质量 $M > 1 \sim 10^4$ kg/mol 的大分子化合物。它们在适当的溶剂

中，可自动地分散成高分子(或大分子)溶液。

高分子化合物以分子或离子的状态均匀地分布在溶液中，在分散质与分散介质之间无相界面存在，故高分子溶液是均匀分布的热力学稳定系统。这是高分子溶液与溶胶本质的差别。由于高分子化合物分子的大小，恰好是在胶体范围之内，而且又具有胶体的某些特性，因此又将高分子溶液称为亲液胶体。

在溶胶中加入高分子化合物既可能使溶胶稳定，也可能使溶胶聚沉。作为一个好的聚沉剂，应当是相对分子质量很大的线型聚合物。例如，聚丙烯酰胺及其衍生物就是一种良好的聚沉剂，其相对分子质量可高达几百万。聚沉剂可以是离子型的，也可以是非离子型的。我们仅从以下三个方面来说明高分子化合物对溶胶的聚沉作用。

(1)搭桥效应：一个长碳链的高分子化合物，可以同时和许多个分散相的微粒发生吸附，起到搭桥的作用，把胶粒连接起来，变成较大的聚集体而聚沉，如图 10.5.3 所示。

(2)脱水效应：高分子化合物对水有更强的亲和力，由于它的溶解与水化作用，使胶粒脱水，失去水化外壳而聚沉。

(3)中和效应：离子型的高分子化合物吸附在带电的胶粒上，可以中和分散相粒子的表面电荷，使粒子间的斥力势能降低，而使溶胶聚沉。

若在溶胶中加入较多的高分子化合物，许多个高分子化合物的一端吸附在同一个分散相粒子的表面上，如图 10.5.4 所示，或者是许多个高分子线团环绕在胶粒的周围，形成水化外壳，将分散相粒子完全包围起来，对溶胶起到保护作用。

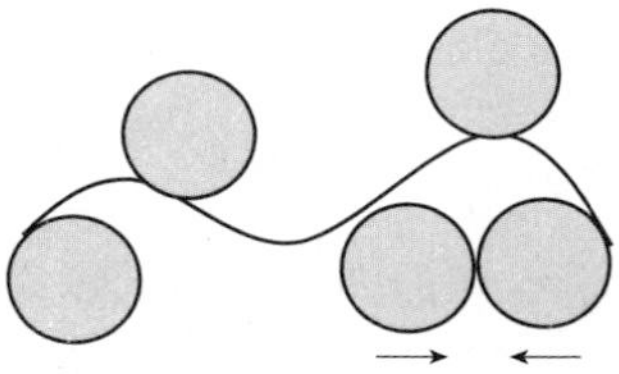

图 10.5.3　高分子对溶胶的聚沉

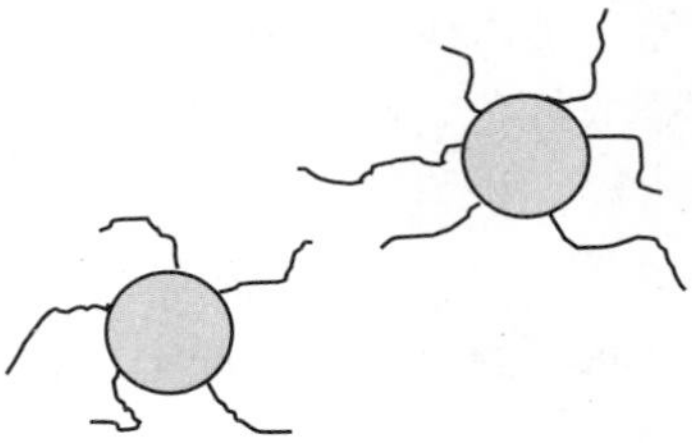

图 10.5.4　高分子对溶胶的稳定

在工业生产中就利用上述作用，如氧化铝球磨料在酸洗除铁杂质时，为防止 Al_2O_3 细颗粒呈胶粒流失，就加入 0.21%～0.23%的阿拉伯树胶，促使 Al_2O_3 粒子快速聚沉。例如血液中所含的难溶盐类物质，如碳酸钙、磷酸钙等就是靠血液中蛋白质保护而存在。医学上的滴眼用的蛋白银就是蛋白质所保护的银溶胶。诸如此类的高分子化合物的保护应用很多。

米粥表面淀粉和糊精遇冷凝结形成膜，俗称米油，其作用是阻止水分挥发，所以粥比水更不容易凉且"更烫嘴"。

10.6　乳状液

由两种(或两种以上)不互溶(或部分互溶)的液体所形成的分散系统称为乳状液。乳状液的分散度比典型的溶胶要低得多，分散相(液滴)的大小常为 1～5 μm，普通显微镜即可观察到。

人类生产及生活中常会遇到乳状液，如含水石油、炼油厂废水、乳化农药、动植物的乳汁等。根据需要，有些乳状液需设法破坏，以实现分离的目的，如石油脱水、废水净化；有些乳状液则应设法使之稳定，如乳化农药、牛奶、化妆品、乳液涂料等。因此，乳状液研究也有两方面的任务，即乳状液的稳定与破坏。

由经验可知，将两种纯的不互溶液体(如油和水)放在一起振荡，静置后很快就分为两层，即得不到稳定的乳状液。这是因为当液体分散成许多小液滴后，系统内两液体之间的界面变大，界面吉布斯函数增高，这是热力学不稳定状态，必然自发地趋于吉布斯函数的降低，即小液滴发生聚结成为大液滴，最后分成两层。

要想得到稳定的乳状液，必须有第三种物质存在，它能形成保护膜，并能显著地降低界面吉布斯函数，这种物质称为乳化剂。乳化剂使乳状液稳定的作用称为乳化作用。乳化剂对形成稳定的乳状液是极为重要的。常用的乳化剂多为表面活性物质，此外还有固体粉末等。

10.6.1 乳状液的分类及鉴别

鉴别乳状液是 O/W 型还是 W/O 型的方法如下：

1. 染色法

在乳状液中加入少许油溶性的染料(如苏丹Ⅲ)，振荡后取样在显微镜下观察，若内相(分散相)被染成红色，则为 O/W 型；若外相(分散介质)被染成红色，则为 W/O 型。本法也可采用水溶性染料。

2. 稀释法

取少量乳状液滴入水中或油中，若乳状液在水中能稀释，即为 O/W 型；在油中能稀释，即为 W/O 型。

3. 导电法

一般来说，水导电性强，油导电性差。因此，O/W 型乳状液的导电性能远好于 W/O 型乳状液，故可区别两者。乳状液中存在离子型乳化剂时，W/O 型乳状液也有较好的导电性。

10.6.2 乳状液的稳定

在乳化剂存在的情况下，乳状液能比较稳定地存在，其原因可归纳为如下几个方面：

1. 减小界面张力

将一种液体分散在与其不互溶的另一种液体中，这必然会导致系统相界面面积的增加，表面吉布斯函数增大，这是分散系统不稳定的根源。加入少量的表面活性剂，在两相之间的界面层产生正吸附，显著地减小界面张力，使系统的表面吉布斯函数减小，稳定性增加。例如室温下石蜡油与水之间的界面张力为 40.6 mN/m，加入乳化剂油酸将水相变成 1 mol/m^3 的油酸溶液，界面张力则减小至 31.05 mN/m，此时可形成相当稳定的乳状液。若将此水相加入 NaOH 皂化，界面张力则减小至 7.2 mN/m，稳定性会进一步提高。

2. 形成定向楔的界面

表面活性剂分子具有一端亲水而另一端亲油的特性，且其两端的横截面常大小不等。当它作为乳化剂被吸附在乳状液的界面层时，常呈现“大头”朝外、“小头”向里的几何构型，就如同一个个的楔子密集地钉在圆球上，极性的基团(“大头”)指向水相，而非极性一端(“小头”)则指向油类，采取这样的几何构型，可使分散相液滴的表面积最小，界面吉布斯函数最低，而且可以使界面膜更牢固，对乳状液的分散相起到保护作用。如 K、Na 等碱金属的皂类，含金属离子的一端是亲水的“大头”，作为乳化剂时，应形成 O/W 型乳状液；而 Ca、Mg、Zn 等两价金属的皂类，含金属离子的极性基团是“小头”，作为乳化剂时，则形成 W/O 型乳状液。也有例外，例如一价的银肥皂作为乳化剂时，却形成 W/O 型乳状液。

3. 形成扩散双电层

对于离子型表面活性物质，如阴离子型钠肥皂(RCOONa)，在 O/W 型乳状液中，可设想伸入水相的羧基“头”有一部分解离，则组成液珠界面的基团是带负电的$—COO^-$，反电性离子 Na^+ 分布在其周围，形成双电层。对于非离子型的表面活性物质，特别是在 W/O 型乳状液中，液珠带电是由于液珠与介质摩擦而产生的，犹如玻璃棒与毛皮摩擦而生电一样。带电符号取决于相接触的两物质介电常数的高低，介电常数高的物质带正电荷。在乳状液中，水的介电常数远比常见的其他液相高，故 O/W 型乳状液中的油珠多带负电，而 W/O 型中的水珠带正电。两相间双电层的存在，可防止乳状液因分散相粒子的相互碰撞、聚集而遭到破坏。

4. 界面膜的稳定作用

乳化过程也可理解为分散相液滴表面的成膜过程，界面膜的厚度，特别是膜的强度和韧性，对乳状液的稳定性起着举足轻重的作用。例如，水溶性的十六烷基磺酸钠与等量的油溶性的乳化剂异辛甾烯醇所组成的混合乳化剂，可形成带负电荷的 O/W 型乳状液。这是由于十六烷基磺酸钠在界面层中解离，而 Na^+ 又向水中扩散的结果。两种乳化剂皆定向地排列在油-水界面层中，形成比较牢固的界面膜，而且分散相的油滴皆带有负电荷，当两油滴互相靠近时，产生静电斥力，而更有利于乳状液的稳定。

5. 固体粉末的稳定作用

分布在乳状液界面层中的固体微粒也能起到稳定剂的作用。光滑的圆球形粒子分布在油-水界面上起到类似表面活性剂的作用稳定乳状液。根据空间效应，为了能使固体微粒在分散相的周围排列成紧密的固体膜，固体粒子的大部分应当处在分散介质之中。易被水润湿的黏土、Al_2O_3 等固体微粒，可形成 O/W 型乳状液；易被油类润湿的炭黑、石墨粉等可作为 W/O 型乳状液的稳定剂。另外，吸附在乳状液界面层中的固体微粒的尺寸应当远小于分散相的尺寸。固体微粒的表面越粗糙，形状越不对称，越有利于形成牢固的固体膜，乳状液更加稳定。

此外，乳状液的浓度、分散相与分散介质密度差的大小皆能影响乳状液的稳定性。

10.6.3 乳状液的去乳化

使乳状液破坏的过程，称为破乳或去乳化作用。此过程一般分为两步：首先，分散相的微小液滴絮凝成团，但这时仍未完全失去原来各自独立的属性；其次，凝聚过程，即分散相结合成更大的液滴，在重力场的作用下自动地分层。乳状液稳定的主要原因是乳化剂的存在，所以凡能消除或削弱乳化剂保护能力的因素，皆可达到破乳的目的。常用的方法如下：

(1)用不能形成牢固膜的表面活性物质代替原来的乳化剂，例如异戊醇，它的表面活性很强，但因碳氢链分叉而无法形成牢固的界面膜。

(2)加入某些能与乳化剂发生化学反应的物质，消除乳化剂的保护作用。例如在以油酸钠为稳定剂的乳状液中加入无机酸，使油酸钠变成不具有乳化作用的油酸，而达到破乳的目的。

(3)加入类型相反的乳化剂，如向O/W型乳状液中加入W/O型乳化剂。

(4)加热。温度升高，可降低乳化剂在油-水界面的吸附量，削弱保护膜对乳状液的保护作用，降低分散介质的黏度。

(5)物理方法，如离心分离、电泳破乳等。

近些年，由于环保要求而兴起的水性涂料研究和应用，有力地推动了乳状液理论的拓展和丰富，同样，乳状液理论的发展也对水性涂料的制备技术，起到正面的推动作用。

本章小结

胶体分散系统是分散相粒子尺度为1～1 000 nm的分散系统，包括溶胶、高分子溶液和缔合胶体，其中溶胶是本章讨论的重点。溶胶的高分散性、多相性及热力学不稳定性等特征决定了其基本性质。

本章简要介绍了溶胶的制备，重点介绍了其光学性质(丁达尔效应)、动力学性质(布朗运动、沉降及沉降平衡)和电学性质(四种电动现象及斯特恩扩散双电层理论)，在电学性质介绍中引出了ζ电势这一重要概念，之后介绍了溶胶的稳定与聚沉，主要内容包括DLVO理论、电解质对溶胶稳定与聚沉的影响。

高分子溶液作为分子尺度为1～1 000 nm的均相热力学稳定系统，其渗透压、黏度等性质不同于一般小分子真溶液，本章讨论了其对溶胶的聚沉和稳定作用。

最后介绍了属于粗分散系统的乳状液的基础知识。

习题

1. 如何定义胶体系统？总结胶体系统的主要特征。

2. 影响胶粒电泳速率的主要因素有哪些？电泳现象说明什么问题？

3. 有稳定剂存在时，胶粒优先吸附哪种离子？

4. 将人工培育的珍珠长期储藏在干燥箱内，为什么会失去原有的光泽？能否再恢复？

5. 当一束会聚光通过溶胶时，站在与入射光线垂直的方向看到光柱的颜色是淡蓝色；而站在入射光180°的方向看到的是橙红色，为什么？

6. 为什么有的烟囱冒出的是黑烟，有的却是青烟？

7. 为什么晴天的天空呈蓝色？为什么日出、日落时的彩霞特别鲜艳？

8. 为什么表示危险的信号灯用红色？为什么车辆在雾天行驶时，装在车尾的雾灯一般采用黄色？

9. 为什么在做旋光分析的实验时，光源用的是钠光灯？

10. 什么是ζ电势？如何确定ζ电势的正、负号？ζ电势在数值上一定要小于热力学电势吗？请说明原因。

11. K、Na等碱金属的皂类作为乳化剂时，易于形成O/W型乳状液；Zn、Mg等高价金属的皂类作为乳化剂时，则有利于形成W/O型乳状液。试说明原因。

12. 在NaOH溶液中用HCHO还原$HAuCl_4$可制得金溶胶：

$$HAuCl_4 + 5NaOH \longrightarrow NaAuO_2 + 4NaCl + 3H_2O$$

$$2NaAuO_2 + 3HCHO + NaOH \longrightarrow 2Au(s) + 3HCOONa + 2H_2O$$

(1)$NaAuO_2$是上述方法制得金溶胶的稳定剂，试写出该金溶胶胶团结构的表示式。

(2)已知该金溶胶中含Au(s)微粒的质量体积浓度$\rho(Au)=1.00\ kg/m^3$，金原子的半径$r_1=1.46\times10^{-10}$ m，纯金的密度$\rho=19.3\times10^3\ kg/m^3$，假设每个金的微粒皆球形，其半径$r_2=1.00\times10^{-8}$ m。试求：

①每dm^3溶胶中含有多少金胶粒？

②每dm^3溶胶中，胶粒的总表面积为多少？

③每个胶粒含有多少金原子？

13. 某离子半径为30×10^{-7} cm的金溶胶，25 ℃时，在重力场中达到沉降平衡后，在高度相距0.1 mm的某指定体积内，粒子数分别为277个和166个，已知金与分散介质的密度分别为$19.3\times10^3\ kg/m^3$及$1.00\times10^3\ kg/m^3$。试计算阿伏伽德罗常数为多少。

14. 在一烧杯中放有25 cm^3浓度为0.016 mol/dm^3的$AgNO_3$溶液，加入浓度为0.005 mol/dm^3的KBr溶液60 cm^3，制得AgBr溶胶。写出胶团结构。如将该溶胶进行电泳实验，电泳方向如何？将相同体积的该AgBr溶胶装入4支试管，然后往试管中分别加入浓度和体积均相同的下列电解质溶液：NaCl、$NaNO_3$、$Na_3Fe(CN)_6$、Na_2CO_3，哪一种更容易使上述溶胶聚沉？为什么？

15. 欲制备AgI的正溶胶。在浓度为0.016 mol/dm^3、体积为0.025 dm^3的$AgNO_3$溶液中最多只能加入0.005 mol/dm^3的KI溶液多少立方厘米。试写出该溶胶胶团结构的表示式。相同浓度的$MgSO_4$及$K_3Fe(CN)_6$两种溶液，哪一种更容易使上述溶胶聚沉？为什么？

16. 由电泳实验测得Sb_2S_3溶胶(设为球形粒子)，在电压210 V下(两极相距38.5 cm)，通过电流的时间为36 min 12 s，引起溶液界面向正极移动3.20 cm，该溶胶分散介质相对介电常数$\varepsilon_r=81.1$，黏度$\eta=1.03\times10^{-3}$ Pa·s，试求该溶胶的ζ电势。已知相对介电常数ε_r、介电常数ε及真空介电常数ε_0间有如下关系：

$$\varepsilon_r=\frac{\varepsilon}{\varepsilon_0} \qquad \varepsilon_0=8.854\times10^{-12}\ F/m \qquad 1\ F=1\ C/V$$

17. 写出由$FeCl_3$水解制得$Fe(OH)_3$溶胶的胶团结构。已知稳定剂为$FeCl_3$。在上述溶胶中加入相同浓度的NaCl、Na_2SO_4、Na_3PO_4时，哪种更容易使溶胶聚沉？为什么？

18. 在H_3AsO_3的稀溶液中通入H_2S气体，生成As_2S_3溶液。已知H_2S能电离成H^+和HS^-，试写出As_2S_3胶团结构。

19. 在两个充满 0.001 mol/dm^3 KCl 溶液的容器之间放一个 AgCl 晶体组成的多孔塞，其细孔道中也充满了 KCl 溶液，在多孔塞两侧放置两个平行板电极并通以直流电，试问：

(1)溶液将向何方流动？

(2)当 KCl 浓度增大时，在相同的外加电压下，溶液的流速有何变化？

(3)如果以 $AgNO_3$ 来代替 KCl，则溶液又将如何流动？

附　录

附录 1　常见物质的标准摩尔生成焓、标准摩尔生成吉布斯函数、标准摩尔熵和摩尔定压热容(298.15 K)

物质	$\Delta_f H_m^\ominus$/(kJ·mol^{-1})	$\Delta_f G_m^\ominus$/(kJ·mol^{-1})	$S_m^\ominus$/(J·mol^{-1}·K^{-1})	$C_{p,m}$/(J·mol^{-1}·K^{-1})
Ag(s)	0	0	42.712	25.48
Ag_2CO_3(s)	−506.14	−437.09	167.36	
Ag_2O(s)	−30.56	−10.82	121.71	65.57
Al(s)	0	0	28.315	24.35
Al_2O_3(α，刚玉)	−1 669.8	−2 213.16	0.986	79.0
$Al_2(SO_4)_3$(s)	−3 434.98	−3 728.53	239.3	259.4
Br_2(g)	30.71	3.109	245.455	35.99
Br_2(l)	0	0	152.3	75.6
C(金刚石)	1.896	2.866	2.439	6.07
C(石墨)	0	0	5.694	8.66
CO(g)	−110.525	−137.285	198.016	29.142
CO_2(g)	−393.511	−394.38	213.76	37.120
Ca(s)	0	0	41.63	26.27
CaC_2(s)	−62.8	−67.8	70.2	62.34
$CaCO_3$(方解石)	−1 206.87	−1 128.70	92.8	81.83
$CaCl_2$(s)	−795.0	−750.2	113.8	72.63
CaO(s)	−635.6	−604.2	39.7	48.53
$Ca(OH)_2$(s)	−986.5	−896.89	76.1	84.5
$CaSO_4$(硬石膏)	−1 432.68	−1 320.24	106.7	97.65
Cl_2(g)	0	0	222.948	33.9
Cu(s)	0	0	33.32	24.47
CuO(s)	−155.2	−127.1	43.51	44.4
Cu_2O(s)	−166.69	−146.33	100.8	69.8
F_2(g)	0	0	203.5	31.46
FeO(s)	−266.52	−244.3	54.0	51.1
Fe_2O_3(s)	−822.1	−741.0	90.0	104.6
Fe_3O_4(s)	−117.1	−1 014.1	146.4	143.42

续表

物质	$\Delta_f H_m^\ominus$/(kJ·mol^{-1})	$\Delta_f G_m^\ominus$/(kJ·mol^{-1})	$S_m^\ominus$/(J·mol^{-1}·K^{-1})	$C_{p,m}$/(J·mol^{-1}·K^{-1})
H_2(g)	0	0	130.695	28.83
D_2(g)	0	0	144.884	29.20
HBr(g)	−36.24	−53.22	198.60	29.12
HCl(g)	−92.311	−95.265	186.786	29.12
H_2O(g)	−241.825	−228.577	188.823	33.571
H_2O(l)	−285.838	−237.142	69.940	75.296
H_2O_2(l)	−187.61	−118.04	102.26	82.29
H_2S(g)	−20.146	−33.040	205.75	33.97
I_2(g)	62.242	19.34	260.60	36.87
N_2(g)	0	0	191.598	29.12
NH_3(g)	−46.19	−16.603	192.61	35.65
NO(g)	89.860	90.37	210.309	29.861
NO_2(g)	33.85	51.86	240.57	37.90
N_2O(g)	81.55	103.62	220.10	38.70
N_2O_4(g)	9.660	98.39	304.42	79.0
O_2(g)	0	0	205.138	29.37
O_3(g)	142.3	163.45	237.7	38.15
S(单斜)	0.29	0.096	32.55	23.64
S(斜方)	0	0	31.9	22.60
SO_2(g)	−296.90	−300.37	248.64	39.79
SO_3(g)	−395.18	−370.40	256.34	50.70
CH_4(g)，甲烷	−74.847	50.827	186.30	35.715
C_2H_2(g)，乙炔	226.748	209.200	200.928	43.928
C_2H_4(g)，乙烯	52.283	68.157	219.56	43.56
C_2H_6(g)，乙烷	−84.667	−32.821	229.60	52.650
C_3H_6(g)，丙烯	20.414	62.783	267.05	63.89
C_3H_6(g)，丙烷	−103.847	−23.391	270.02	73.51
C_4H_6(g)，1,3-丁二烯	110.16	150.74	278.85	79.54
C_4H_8(g)，1-丁烯	−0.13	71.60	305.71	85.65
C_4H_{10}(g)，正丁烷	−126.15	−17.02	310.23	97.45
C_4H_{10}(g)，异丁烷	−134.52	−20.79	294.75	96.82
C_6H_6(g)，苯	82.927	129.723	269.31	81.67

续表

物质	$\Delta_f H_m^\ominus$/(kJ·mol^{-1})	$\Delta_f G_m^\ominus$/(kJ·mol^{-1})	$S_m^\ominus$/(J·mol^{-1}·K^{-1})	$C_{p,m}$/(J·mol^{-1}·K^{-1})
C_6H_6(l)，苯	49.028	124.597	172.35	135.77
C_6H_{12}(g)，环己烷	−123.14	31.92	298.51	106.27
C_6H_{14}(g)，正己烷	−167.19	−0.09	388.85	143.09
C_6H_{14}(l)，正己烷	−198.82	−4.08	295.89	194.93
$C_6H_5CH_3$(g)，甲苯	49.999	122.388	319.86	103.76
$C_6H_5CH_3$(l)，甲苯	11.995	114.299	219.58	157.11
HCHO(g)，甲醛	−115.90	−110.0	220.2	35.36
HCOOH(g)，甲酸	−362.63	−335.69	251.1	54.4
HCOOH(l)，甲酸	−409.20	−345.9	128.95	99.04
CH_3OH(g)，甲醇	−201.17	−161.83	237.8	49.4
CH_3OH(l)，甲醇	−238.57	−166.15	126.8	81.6
CH_3CHO(g)，乙醛	−166.36	−133.67	265.8	62.8
CH_3COOH(l)，乙酸	−487.0	−392.4	159.8	123.4
CH_3COOH(g)，乙酸	−436.4	−381.5	293.4	72.4
C_2H_5OH(l)，乙醇	−277.63	−174.36	160.7	111.46
C_2HOH(g)，乙醇	−235.31	−168.54	282.1	71.1
CH_3COCH_3(l)，丙酮	−248.283	−155.33	200.0	124.73
CH_3COCH_3(g)，丙酮	−216.69	−152.2	296.00	75.3
$C_2H_5OC_2H_5$(l)，乙醚	−273.2	−116.47	253.1	
$CH_3COOC_2H_5$(l)，乙酸乙酯	−463.2	−315.3	259	
C_6H_5COOH(s)，苯甲酸	−384.55	−245.5	170.7	155.2
CH_3Cl(g)，氯甲烷	−82.0	−58.6	234.29	40.79
CH_2Cl_2(g)，二氯甲烷	−88	−59	270.62	51.38
$CHCl_3$(l)，氯仿	−131.8	−71.4	202.9	116.3
$CHCl_3$(g)，氯仿	−100	−67	296.48	65.81
CCl_4(l)，四氯化碳	−139.3	−68.5	214.43	131.75
CCl_4(g)，四氯化碳	−106.7	−64.0	309.41	85.51
C_6H_5Cl(l)，氯苯	116.3	−198.2	197.5	145.6
$NH(CH_3)_2$(g)，二甲胺	−27.6	59.1	273.2	69.37
C_5H_5N(l)，吡啶	78.87	159.9	179.1	
$C_6H_5NH_2$(l)，苯胺	35.31	153.35	191.6	199.6
$C_6H_5NO_2$(l)，硝基苯	15.90	146.36	244.3	

附录 2　常见有机物的标准摩尔燃烧焓(298.15 K)

物质		$\Delta_c H_m^\ominus$/(kJ·mol^{-1})	物质		$\Delta_c H_m^\ominus$/(kJ·mol^{-1})
CH_4(g)	甲烷	−890.31	$C_3H_8O_3$(l)	甘油	−1 664.4
C_2H_4(g)	乙烯	−1 410.97	C_6H_5OH(s)	苯酚	−3 063
C_2H_2(g)	乙炔	−1 299.63	HCHO(g)	甲醛	−563.6
C_2H_6(g)	乙烷	−1 559.88	CH_3CHO(g)	乙醛	−1 192.4
C_3H_6(g)	丙烯	−2 058.49	CH_3COCH_3(l)	丙酮	−1 802.9
C_3H_8(g)	丙烷	−2 220.07	$CH_3COOC_2H_5$(l)	乙酸乙酯	−2 254.21
C_4H_{10}(g)	正丁烷	−2 878.51	$(COOCH_3)_2$(l)	草酸甲酯	−1 677.8
C_4H_{10}(g)	异丁烷	−2 871.65	$(C_2H_5)_2O$(g)	乙醚	−2 730.9
C_4H_8(g)	丁烯	−2 718.6	HCOOH(l)	甲酸	−269.9
C_5H_{12}(g)	戊烷	−3 536.15	CH_3COOH(l)	乙酸	−871.5
C_6H_6(l)	苯	−3 267.62	$(COOH)_2$(s)	草酸	−246
C_6H_{12}(l)	环己烷	−3 919.91	C_6H_5COOH(s)	苯甲酸	−3 227.5
C_7H_8(l)	甲苯	−3 909.95	CS_2(l)	二硫化碳	−1 075
C_8H_{10}(l)	对二甲苯	−4 552.86	$C_6H_5NO_2$(l)	硝基苯	−3 097.8
$C_{10}H_8$(s)	萘	−5 153.9	$C_6H_5NH_2$(l)	苯胺	−3 397
CH_3OH(l)	甲醇	−726.64	$C_6H_{12}O_6$(s)	葡萄糖	−2 815.8
C_2H_5OH(l)	乙醇	−1 366.75	$C_{12}H_{22}O_{11}$(s)	蔗糖	−5 648
$(CH_2OH)_2$(l)	乙二醇	−1 192.9	$C_{10}H_{16}O$(s)	樟脑	−5 903.6

附录 3　常见气体的摩尔定压热容与温度的关系式和常数

$C_{p,m}=a+10^{-3}bT+10^{-6}cT^2/(J \cdot mol^{-1} \cdot K^{-1})$

物质	a	b	c	适用温度/K
H_2	26.88	4.347	−0.326 5	273～3 800
Cl_2	31.696	10.144	−4.038	300～1 500
Br_2	35.241	4.075	−1.487	300～1 500
O_2	28.17	6.297	−0.749 4	273～3 800
N_2	27.32	6.226	−0.950 2	273～3 800
HCl	28.17	1.810	1.547	300～1 500
H_2O	29.16	14.49	−2.022	273～3 800
CO	26.537	7.683 1	−1.172	300～1 500
CO_2	26.75	42.258	−14.25	300～1 500
CH_4	14.15	75.496	−17.99	298～1 500
C_2H_6	9.401	159.83	−46.229	298～1 500
C_2H_4	11.84	119.67	−36.51	298～1 500
C_2H_2	30.67	52.810	−16.27	298～1 500
C_6H_6	−1.71	324.77	−110.58	298～1 500
$C_6H_5CH_3$	2.41	391.17	−130.65	298～1 500
CH_3OH	18.40	101.56	−28.68	273～1 000
C_2H_5OH	29.25	166.28	−48.898	298～1 500
HCHO	18.82	58.379	−15.61	291～1 500
CH_3CHO	31.05	121.46	−36.58	298～1 500
$(CH_3)_2CO$	22.47	205.97	−63.521	298～1 500
HCOOH	30.7	89.20	−34.54	300～700
$CHCl_3$	29.51	148.94	−90.734	273～773

附录 4　常见物理化学专业词汇中英对照表

中文	英文
阿伦尼乌斯方程	Arrhenius equation
阿伦尼乌斯活化能	Arrhenius activation energy
暗视野显微镜	dark field microscope
饱和液体	saturated liquids
饱和蒸气	saturated vapor
饱和吸附量	saturated extent of adsorption
饱和蒸气压	saturated vapor pressure
比表面功	specific surface work
比表面吉布斯函数	specific surface Gibbs function
标准电动势	standard electromotive force
标准电极电势	standard electrode potential
标准摩尔反应焓	standard molar reaction enthalpy
标准摩尔反应吉布斯函数	standard Gibbs function of molar reaction
标准摩尔反应熵	standard molar reaction entropy
标准摩尔燃烧焓	standard molar combustion enthalpy
标准摩尔熵	standard molar entropy
标准摩尔生成焓	standard molar formation enthalpy
标准摩尔生成吉布斯函数	standard molar formation Gibbs function
标准平衡常数	standard equilibrium constant
标准氢电极	standard hydrogen electrode
标准态	standard state
标准压力	standard pressure
表观活化能	apparent activation energy
表面活性剂	surfactants
表面吸附量	surface excess
表面张力	surface tension
不可逆过程	irreversible process
不可逆过程热力学	thermodynamics of irreversible processes
不可逆相变化	irreversible phase change
布朗运动	Brownian movement
产率	yield
敞开系统	open system
超电势	over potential

续表

中文	英文
超高倍显微镜	ultramicroscope
沉降	sedimentation
沉降电势	sedimentation potential
沉降平衡	sedimentation equilibrium
粗分散系统	thick disperse system
催化剂	catalyst
单分子层吸附理论	mono molecule layer adsorption
弹式量热计	bomb calorimeter
道尔顿定律	Dalton law
道尔顿分压定律	Dalton partial pressure law
等温方程	equation at constant temperature
低共熔点	eutectic point
低共熔混合物	eutectic mixture
低会溶点	lower consolute point
第一类永动机	perpetual machine of the first kind
第二类永动机	perpetual machine of the second kind
电池电动势	electromotive force of cells
电池反应	cell reaction
电导	conductance
电导率	conductivity
电动势的温度系数	temperature coefficient of electromotive force
电动电势	zeta potential
电功	electric work
电化学	electrochemistry
电化学极化	electrochemical polarization
电极电势	electrode potential
电极反应	reactions on the electrode
电极种类	type of electrodes
电解池	electrolytic cell
电迁移率	electromobility
电渗	electroosmosis
电泳	electrophoresis
对行反应	reversible reactions
对应状态原理	principle of corresponding state

续表

中文	英文
反应级数	reaction orders
反应进度	extent of reaction
反应热	heat of reaction
反应速率	rate of reaction
反应速率常数	constant of reaction rate
非体积功	non-volume work
非依时计量学反应	time independent stoichiometric reactions
沸点升高	elevation of boiling point
分解电压	decomposition voltage
分散系统	disperse system
分散相	dispersion phase
分压	partial pressure
分压定律	partial pressure law
分子反应力学	mechanics of molecular reactions
分子间力	intermolecular force
封闭系统	closed system
附加压力	excess pressure
负极	negative pole
负吸附	negative adsorption
复合反应	composite reaction
甘汞电极	calomel electrode
感胶离子序	lyotropic series
杠杆规则	lever rule
高分子溶液	macromolecular solution
高会溶点	upper consolute point
隔离法	the isolation method
隔离系统	isolated system
共轭溶液	conjugate solution
固溶胶	solid sol
固相线	solid phase line
光反应	photoreaction
光敏反应	photosensitized reactions
广度性质	extensive property

续表

中文	英文
广度量	extensive quantity
规定熵	stipulated entropy
过饱和溶液	oversaturated solution
过饱和蒸气	oversaturated vapor
过渡状态理论	transition state theory
过冷水	super-cooled water
过冷液体	overcooled liquid
过热液体	overheated liquid
亥姆霍兹函数	Helmholtz function
亥姆霍兹函数判据	Helmholtz function criterion
焓	enthalpy
亨利常数	Henry constant
亨利定律	Henry law
恒沸混合物	constant boiling mixture
恒容热	heat at constant volume
恒外压	constant external pressure
恒压热	heat at constant pressure
化学动力学	chemical kinetics
化学反应计量式	stoichiometric equation of chemical reaction
化学反应计量数	stoichiometric coefficient of chemical reaction
化学反应进度	extent of chemical reaction
化学亲和势	chemical affinity
化学热力学	chemical thermodynamics
化学势	chemical potential
化学势判据	chemical potential criterion
化学吸附	chemisorptions
环境	environment
环境熵变	entropy change in environment
活度	activity
活化控制	activation control
活化能	activation energy
基元反应	elementary reactions
极化电极电势	polarization potential of electrode
极化曲线	polarization curves

续表

中文	英文
极化作用	polarization
胶冻	broth jelly
胶核	colloidal nucleus
胶凝作用	demulsification
胶束	micelle
胶体	colloid
胶体分散系统	dispersion system of colloid
胶体化学	collochemistry
胶体粒子	colloidal particles
接触电势	contact potential
接触角	contact angle
节流膨胀	throttling expansion
节流膨胀系数	coefficient of throttling expansion
结晶热	heat of crystallization
界面	interfaces
界面张力	surface tension
浸湿	immersion wetting
精馏	rectify
聚沉	coagulation
聚沉值	coagulation value
绝对温标	absolute temperature scale
绝热过程	adiabatic process
可逆电池	reversible cell
可逆过程	reversible process
可逆体积功	reversible volume work
可逆相变	reversible phase change
克拉佩龙方程	Clapeyron equation
克劳修斯不等式	Clausius inequality
克劳修斯-克拉佩龙方程	Clausius-Clapeyron equation
控制步骤	control step
扩散控制	diffusion controlled
拉普拉斯方程	Laplace's equation
拉乌尔定律	Raoult law
朗格缪尔吸附等温式	Langmuir adsorption isotherm formula

续表

中文	英文
离子的电迁移率	mobility of ions
离子的迁移数	transport number of ions
离子独立运动定律	law of the independent migration of ions
离子氛	ionic atmosphere
离子强度	ionic strength
理想气体	ideal gas
理想气体的微观模型	micro-model of ideal gas
理想气体反应的等温方程	isothermal equation of ideal gaseous reactions
理想气体绝热可逆过程方程式	adiabatic reversible process equation of ideal gases
理想气体状态方程	state equation of ideal gas
理想稀溶液	ideal dilute solution
理想液态混合物	perfect liquid mixture
粒子	particles
连串反应	consecutive reactions
链反应	chain reactions
临界常数	critical constant
临界点	critical point
临界胶束浓度	critical micelle concentration
临界温度	critical temperature
临界压力	critical pressure
零级反应	zero order reaction
流动电势	streaming potential
露点	dew point
露点线	dew point line
麦克斯韦关系式	Maxwell relations
毛细管凝结	condensation in capillary
毛细现象	capillary phenomena
摩尔反应焓	molar reaction enthalpy
摩尔气体常数	molar gas constant
摩尔定容热容	molar heat capacity under constant volume
摩尔定压热容	molar heat capacity under constant pressure
内能	internal energy
内压力	internal pressure
能斯特方程	Nernst equation

续表

中文	英文
凝固点	freezing point
凝固点降低	lowering of freezing point
凝胶	gelatin
凝聚态	condensed state
浓差极化	concentration polarization
浓差电池	concentration cells
帕斯卡	pascal
泡点	bubble point
泡点线	bubble point line
偏摩尔量	partial mole quantities
平衡态	equilibrium state
平衡态近似法	equilibrium state approximation
平均活度	mean activity
平行反应	parallel reactions
破乳	demulsification
铺展	spreading
汽化热	heat of vaporization
气溶胶	aerosol
气相线	vapor line
迁移数	transport number
潜热	latent heat
强度量	intensive quantity
强度性质	intensive property
亲液溶胶	lyophilic sol
热	heat
热机	heat engine
热机效率	efficiency of heat engine
热力学	thermodynamics
热力学第一定律	the first law of thermodynamics
热力学第二定律	the second law of thermodynamics
热力学第三定律	the third law of thermodynamics
热力学基本方程	fundamental equation of thermodynamics
热力学能	thermodynamic energy

续表

中文	英文
热力学温标	thermodynamic scale of temperature
热力学温度	thermodynamic temperature
熔化热	heat of fusion
溶胶	colloidal sol
溶解焓	dissolution enthalpy
溶液	solution
溶胀	swelling
乳化剂	emulsifier
乳状液	emulsion
润湿	wetting
润湿角	wetting angle
三相共存线	triple-phase line
熵	entropy
熵判据	entropy criterion
熵增原理	principle of entropy increase
渗透压	osmotic pressure
生成反应	formation reaction
升华热	heat of sublimation
实际气体	real gas
速率方程	rate equations
塔费尔公式	Tafel equation
体积功	volume work
统计热力学	statistic thermodynamics
途径	path
途径函数	path function
完美晶体	perfect crystalline
韦斯顿标准电池	Weston standard battery
稳态近似法	stationary state approximation
无限稀溶液	solutions in the limit of extreme dilution
物理化学	Physical Chemistry
物理吸附	physisorptions
吸附	adsorption
吸附等量线	adsorption isostere
吸附等温线	adsorption isotherm

续表

中文	英文
吸附等压线	adsorption isobar
吸附剂	adsorbent
吸附量	extent of adsorption
吸附热	heat of adsorption
吸附质	adsorbate
稀溶液的依数性	colligative properties of dilute solutions
稀释焓	dilution enthalpy
系统	system
系统点	system point
相	phase
相变	phase change
相变焓	enthalpy of phase change
相变热	heat of phase change
相律	phase rule
相图	phase diagram
悬浮液	suspension
循环过程	cyclic process
压力商	pressure quotient
压缩因子	compressibility factor
压缩因子图	diagram of compressibility factor
亚稳态	metastable state
盐桥	salt bridge
盐析	salting out
阳极	anode
杨氏方程	Young's equation
液体接界电势	liquid junction potential
液相线	liquid phase lines
一级反应	first order reaction
逸度	fugacity
逸度因子	coefficient of fugacity
阴极	cathode
荧光	fluorescence
永动机	perpetual motion machine
原电池	primary cell

续表

中文	英文
憎液溶胶	lyophobic sol
沾湿	adhesional wetting
沾湿功	the work of adhesional wetting
真溶液	true solution
真实气体	real gas
蒸气压下降	depression of vapor pressure
正常沸点	normal point
正吸附	positive adsorption
支链反应	branched chain reactions
直链反应	straight chain reactions
指前因子	pre-exponential factor
质量作用定律	mass action law
转化率	convert ratio
转化温度	conversion temperature
状态	state
状态方程	state equation
状态函数	state function
准一级反应	pseudo first order reaction
自由度	degree of freedom
自由度数	number of degree of freedom
自由膨胀	free expansion
组分数	component number
最低恒沸点	lower azeotropic point
最高恒沸点	upper azeotropic point
最佳反应温度	optimal reaction temperature

参考文献

[1] 天津大学物理化学教研室．物理化学(上、下册)[M]．6 版．北京：高等教育出版社，2017.

[2] 傅献彩，沈文霞，姚天扬，等．物理化学(上、下册)[M]．5 版．北京：高等教育出版社，2006.

[3] [英]Atkins P，[英]Paula J De．Physical Chemistry[M]．11 ed.，Oxford：Oxford University Press，2018.

[4] 印永嘉．物理化学简明教程[M]．4 版．北京：高等教育出版社，2007.

[5] 沈文霞，王喜章，许波连．物理化学核心教程[M]．3 版．北京：科学出版社，2016.

[6] 朱文涛．基础物理化学(上、下册)[M]．北京：清华大学出版社，2011.

[7] [德]哈曼，[英]哈姆内特，[德]菲尔施蒂希，等．电化学[M]．2 版．陈艳霞，夏兴华，蔡俊，译．北京：化学工业出版社，2020.

[8] 朱步瑶，赵振国．界面化学基础[M]．北京：化学工业出版社，1996.

[9] 江龙．胶体化学概论[M]．北京：科学出版社，2004.

[10] 王新平，王新葵，王旭珍．基础物理化学[M]．2 版．北京：高等教育出版社，2016.